# 線性代數

姚賀騰　編著

全華圖書股份有限公司

Preface

# 序

線性代數(Linear Algebra)基本上是出現在十七世紀，但一直到二十世紀時才逐漸發展成為一門獨立的數學分支，而在二十一世紀時更大量應用於工程電資領域，是一門非常重要的基礎數學。在線性代數的發展過程中作出貢獻的的數學家非常多，其中費馬和笛卡兒於十七世紀對於求解聯立方程組的問題首先引入線性代數的觀念求解，並利用平面直線與空間中平面之幾何關係討論聯立方程組的解。然而到十八世紀末，線性代數的領域還只是停留在二維平面與三維空間，直到十九世紀上半世紀才完成了推廣到 $n$ 維線性空間。隨著對於線性方程組和線性變換問題的深入討論，再加上行列式和矩陣在十八到十九世紀期間先後被提出，其為處理工程電資領域之線性問題提供了有力的解決工具，也開始了線性代數在工程電資領域的大量應用與發展。線性代數中因為向量概念的引入而形成了向量空間的概念，對於物理系統中的線性問題都可以用向量空間的觀點加以討論，這使得向量空間及其線性變換，已與其密不可分的矩陣理論構成了線性代數的主要內容。

近年來，線性代數被大量應用到工程電資領域，尤其是電資領域的學生，在專業科目中更是常常可以看到線性代數的身影，所以學好「線性代數」這一學科，可讓您一窺工程與電資領域相關專業領域之奧秘與原理，同時也是繼續深造就讀碩博士班做好論文研究的基石，所以如何學好「線性代數」就變成是一個非常重要的課題，也是您日後是否可以成為一位頂尖工程師的關鍵。有鑒於此，筆者在電資相關科系教書多年，充分瞭解電資領域相關專業學科所需具備之線性代數基礎及學生可以接受容納之課程份量與難易度，將累積二十多年的線性代數教學經驗與心得，以「老師易教(Easy-to-teach)」、「學生易學(Easy-to-study)」、「未來易用(Easy-to-use)」等三易原則將線性代數內容化繁為簡彙整集結成冊，藉此翻轉線性代數學習方式，提升大家學習線性代數的興趣，讓您可在最短的時間內對線性代數的內容做出全盤性理解，以利於對專業課程內容研讀時建立完整的系統化學習與應用，藉由線性代數的基礎知識建立完整的工程與電資系統之建模、化簡、分析與求解能力。另外，

Preface

近年來有關線性代數問題的求解電腦軟體工具蓬勃發展，其中 Matlab 更是公認的最佳求解軟體，為使讀者可以熟悉利用這些工具來驗證求解是否正確，本書在附錄中加入完整的 Matlab 求解線性代數問題的指令介紹與使用範例，希望可以幫助讀者於理論學習的同時亦可以熟悉利用軟體求解線性代數問題。筆者深切期盼這本書的誕生能給電資領域的學生克服線性代數抽象的學習障礙，提供給莘莘學子未來成為頂尖工程師的一盞明燈，為我國的大學教育盡一份最大的心力。

本教材內容相當豐富，在建立為電資領域所用之線性代數為基礎的前提下分成「矩陣運算與聯立方程組的解」、「向量空間」、「線性變換與矩陣表示式」、「內積空間與應用」及「特徵值與特徵向量及其應用」等五大部分，適合四年制大學部學生一學期三學分之線性代數課程。本書已經於本人所開設之「線性代數」課程中用過試行版，打字錯誤部分已經盡力修正，然雖經多次校訂，筆者仍擔心才疏學淺，疏漏難免，祈求各位先進與讀者可以給予指正，本人深表感激。而為提升本書之服務品質，本書設有「姚賀騰博士粉絲頁(https://www.facebook.com/yauiem/)」，歡迎各位先進與讀者可以至此粉絲頁與本人及所有學習中或有興趣之粉絲一起討論線性代數，對於相關校正部分，本人亦會隨時於粉絲頁發佈，歡迎大家一起加入。

本書於編著期間感謝國立台南大學喻永淡教授賢伉儷的鼓勵與支持，也感謝國立勤益科技大學電機工程系 陳瑞和教授賢伉儷多年來的情義相挺與照顧，亦感謝本人的所有研究生與助理幫忙校稿與製作簡報，最後感謝全華圖書協助出版本書以及上過我線性代數的許許多多我的學生提供寶貴意見，在此一併謝過！

Contents

# 目錄

Contents

# 1

# 矩陣運算與線性方程組

1-1　矩陣定義與基本運算

1-2　矩陣的列（行）運算與行列式

1-3　線性聯立方程組的解

1-4　Matlab 與矩陣運算

矩陣的由來已經有近三百年的歷史，在數學史上大致認定矩陣這個概念是由數學家凱萊（Cayley，1821-1895，英國）首先提出。矩陣的一個重要用途是解線性方程組，在線性方程組中，其未知函數（變量）的係數可以寫成矩陣形式，對於聯立方程組的求解，我們只要利用簡單的係數矩陣作運算即可。之後矩陣被大量用在求解線性變換上，是一門相當重要的代數工具，也常被用於統計分析、力學分析、電路學分析、光學與量子物理當中。

本章將從簡單的矩陣運算談起，然後介紹如何利用它來解聯立方程組。本章在各個專業領域用很多，是非常重要的一個章節。

## 1-1 矩陣定義與基本運算

我們在日常生活上常常需要處理大量的數據，例如家庭中每年每個月的開銷分析，假設某一年前三個月重要開銷如下：

| | 一月 | 二月 | 三月 | …… |
|---|---|---|---|---|
| 房 租 | 5000 | 5000 | 5000 | …… |
| 伙食費 | 8000 | 10000 | 7000 | …… |
| 交通費 | 2000 | 1500 | 2500 | …… |
| 教育費 | 10000 | 8000 | 12000 | …… |

如果我們要比較每個月或每年的某項開銷，或者比較某兩個月的開銷差異，那就需要用有系統的分析方法，其常用的方法爲矩陣，接下來我們介紹矩陣的定義與性質。

## 一、基本概念

如果班上某 4 位學生在某一學期的必修成績如下：

| | A 同學 | B 同學 | C 同學 | D 同學 |
|---|---|---|---|---|
| 微積分 | 70 | 54 | 90 | 65 |
| 國　文 | 80 | 90 | 64 | 64 |
| 英　文 | 65 | 70 | 52 | 60 |

則此成績可以用陣列的方式描述，如下：

$$\begin{bmatrix} 70 & 54 & 90 & 65 \\ 80 & 90 & 64 & 64 \\ 65 & 70 & 52 & 60 \end{bmatrix}。$$

### 1. 定義

設將 $m \times n$ 個實數（複數）排列成 $m$ 個列與 $n$ 個行之長方形陣列，則可得一個 $m \times n$ 實(複)矩陣。記為 $\boldsymbol{A}_{m\times n}$ 或 $\boldsymbol{A}=[a_{ij}]_{m\times n}$，稱其為 $m \times n$ 階矩陣(Matrix、Matrices)。

$$\boldsymbol{A}=\begin{bmatrix} a_{11} & a_{12} & \cdots & a_{1n} \\ a_{21} & a_{22} & \cdots & a_{2n} \\ \vdots & & & \vdots \\ a_{m1} & a_{m2} & \cdots & a_{mn} \end{bmatrix}_{m\times n}$$

其中 $m$ 是 $\boldsymbol{A}$ 的列數（Number of Row），$n$ 是 $\boldsymbol{A}$ 的行數（Number of Column），$a_{ij}$ 是 $\boldsymbol{A}$ 的第 $i$ 列第 $j$ 行的元素。

**Note**

一般矩陣會用粗體大寫英文字母表示。

**2. 名詞解釋**

(1) 行矩陣（行向量）(Column vector)

$$X_{n\times 1}=\begin{bmatrix} x_1 \\ x_2 \\ \vdots \\ x_n \end{bmatrix}\in\mathbb{R}^m\ (\mathbb{C}^n)$$

(2) 列矩陣（列向量）(Row vector)

$$Y_{1\times n}=\begin{bmatrix} y_1 & \cdots & y_n \end{bmatrix}\in\mathbb{R}^n\ (\mathbb{C}^n)$$

$\mathbb{R}^n$ 稱爲實數 $n$ 度空間，

$\mathbb{C}^n$ 稱爲複數 $n$ 度空間。

**Note**

設 $A=[a_{ij}]_{m\times n}\equiv\begin{bmatrix} a_{11} & a_{12} & \cdots & a_{1n} \\ a_{21} & & & \vdots \\ \vdots & & & \vdots \\ a_{m1} & a_{m2} & \cdots & a_{mn} \end{bmatrix}$，具有 $m$ 個列向量矩陣，$n$ 個行向量矩陣。

則 $A_{m\times n}=\begin{bmatrix} X_1 & X_2 & \cdots & X_n \end{bmatrix}=\begin{bmatrix} Y_1 \\ Y_2 \\ \vdots \\ Y_m \end{bmatrix}$，其中 $X_{i(i=1,2,\cdots\cdots,n)}$ 爲 $m\times 1$ 的行向量矩陣，

而 $Y_{i(i=1,2,\cdots\cdots,m)}$ 爲 $1\times n$ 的列向量矩陣。

## 範例 1

設矩陣 $A=\begin{bmatrix} -1 & 3 & \pi & 5 \\ 0 & 1 & 0.1 & \sqrt{2} \\ 0 & \frac{1}{2} & -4 & 0 \end{bmatrix}$，則

(1) $A$ 中第二列第三行之元素爲何？

(2) 寫出矩陣 $A$ 的階數（維度）。

(3) 寫出 $A$ 中所有列向量與行向量所形成集合。

---

**解** (1) $a_{23}=0.1$。

(2) $A$ 矩陣階數爲 $3\times 4$ 階。

(3) 矩陣 $\boldsymbol{A}$ 之所有列向量所形成集合為：

$$\left\{\begin{bmatrix}-1 & 3 & \pi & 5\end{bmatrix}, \begin{bmatrix}0 & 1 & 0.1 & \sqrt{2}\end{bmatrix}, \begin{bmatrix}0 & \frac{1}{2} & -4 & 0\end{bmatrix}\right\}。$$

矩陣 $\boldsymbol{A}$ 之所有行向量所形成集合為：

$$\left\{\begin{bmatrix}-1\\0\\0\end{bmatrix}, \begin{bmatrix}3\\1\\\frac{1}{2}\end{bmatrix}, \begin{bmatrix}\pi\\0.1\\-4\end{bmatrix}, \begin{bmatrix}5\\\sqrt{2}\\0\end{bmatrix}\right\}。$$

## 3. 方陣（Square matrix）

矩陣之行數 ＝ 列數 $\Rightarrow m = n$，

$$\boldsymbol{A}_{n\times n} = \begin{bmatrix} a_{11} & a_{12} & \cdots & a_{1n} \\ a_{21} & a_{22} & & \vdots \\ \vdots & & & \vdots \\ a_{n1} & \cdots & \cdots & a_{nn} \end{bmatrix}$$

主對角線（main diagonal）

**例如：** $\begin{bmatrix}1 & 2\\3 & 4\end{bmatrix}$ 為 $2\times 2$ 階方陣、$\begin{bmatrix}1 & 2 & 3\\-1 & 2 & 3\\4 & 5 & 1\end{bmatrix}$ 為 $3\times 3$ 階方陣。

## 4. 上三角矩陣（Upper triangular matrix）

設方陣 $\boldsymbol{U} = [a_{ij}]_{n\times n}$，若 $a_{ij} = 0$，$\forall i > j$，則稱 $\boldsymbol{U}$ 為上三角矩陣。

$$\boldsymbol{U}_{n\times n} = \begin{bmatrix} i > j & & i \le j \\ a_{ij} = 0 & & \end{bmatrix}$$

**例如：** $\begin{bmatrix}1 & 2 & 3\\0 & 2 & 3\\0 & 0 & 1\end{bmatrix}$ 為上三角矩陣。

**5.** 下三角矩陣（**Lower triangular matrix**）

設方陣 $\boldsymbol{L}=[a_{ij}]_{n\times n}$，若 $a_{ij}=0$，$\forall i<j$，則稱 $\boldsymbol{L}$ 爲下三矩陣。

$$\boldsymbol{L}_{n\times n}=\begin{bmatrix} & & i<j \\ i\geq j & & a_{ij}=0 \\ & & \end{bmatrix}$$

例如：$\begin{bmatrix}1&0&0\\2&2&0\\3&2&1\end{bmatrix}$爲下三角矩陣。

**6.** 對角矩陣（**Diagonal matrix**）

$a_{ij}=0$，$\forall i\neq j$，則對角矩陣 $\boldsymbol{D}_{n\times n}=\begin{bmatrix}a_{11}&&&0\\&a_{22}&&\\&&\ddots&\\0&&&a_{nn}\end{bmatrix}$。

例如：$\begin{bmatrix}1&0&0\\0&2&0\\0&0&1\end{bmatrix}$爲 3×3 之對角矩陣。

**7.** 單位矩陣（**Unit matrix**）

$\boldsymbol{A}=[a_{ij}]_{n\times n}$，若 $a_{ij}=\delta_{ij}=\begin{cases}1\ ;\ i=j\\0\ ;\ i\neq j\end{cases}$，則 $\boldsymbol{I}_n=\begin{bmatrix}1&&0\\&\ddots&\\0&&1\end{bmatrix}$，稱 $n$ 階單位矩陣。

例如：$\boldsymbol{I}_2=\begin{bmatrix}1&0\\0&1\end{bmatrix}$、$\boldsymbol{I}_3=\begin{bmatrix}1&0&0\\0&1&0\\0&0&1\end{bmatrix}$爲單位矩陣。

**8.** 零矩陣（**Null matrix, Zero matrix**）

$a_{ij}=0$，$\forall i$、$j$，則零矩陣 $\boldsymbol{O}_{n\times n}=\begin{bmatrix}\ddots&0\\0&\ddots\end{bmatrix}$。

例如：$\boldsymbol{O}_{2\times 2}=\begin{bmatrix}0&0\\0&0\end{bmatrix}$、$\boldsymbol{O}_{3\times 3}=\begin{bmatrix}0&0&0\\0&0&0\\0&0&0\end{bmatrix}$爲零矩陣。

**9.** 子矩陣（**Submatrix**）

設 $\boldsymbol{A}=[a_{ij}]_{n\times n}$，則將 $A$ 去掉若干個列與若干個行之元素後，所得矩陣稱爲 $A$ 之子矩陣。

**Note**

(1) $A$ 爲自己的子矩陣。

(2) 在 $A$ 之子矩陣中，行數 ＝ 列數者 $\Rightarrow$ $A$ 之子方陣。

(3) 設 $A\equiv[a_{ij}]_{n\times n}$ 爲方陣，則同時去掉 $A$ 中之數個相同足標的列與行後，所得子方陣，稱爲 $A$ 之主子方陣。

例如：$\boldsymbol{A}=\begin{bmatrix}1&4&7\\2&5&8\\3&6&9\end{bmatrix}$，

則 $\boldsymbol{A}$ 矩陣之子矩陣爲：

$[1\quad 4\quad 7]$、$[9]$、$\begin{bmatrix}1&4\\2&5\end{bmatrix}$、$\begin{bmatrix}4&7\\5&8\\6&9\end{bmatrix}$、……，

則 $\boldsymbol{A}$ 矩陣之主子方陣爲：

$[1]$、$[5]$、$[9]$、$\begin{bmatrix}1&4\\2&5\end{bmatrix}$、$\begin{bmatrix}1&7\\3&9\end{bmatrix}$、$\begin{bmatrix}5&8\\6&9\end{bmatrix}$、$\begin{bmatrix}1&4&7\\2&5&8\\3&6&9\end{bmatrix}$。

## 二、矩陣之基本代數運算

**1.** 矩陣的加減法與係數積（**Matrix addition and Scalar multiplication**）

(1) 矩陣的相等

若 $\boldsymbol{A}=[a_{ij}]_{m\times n}$ 、 $\boldsymbol{B}=[b_{ij}]_{m\times n}$，則定義 $\boldsymbol{A}=\boldsymbol{B}\Leftrightarrow a_{ij}=b_{ij}$。

(2) 矩陣的加減法

若 $\boldsymbol{A}=[a_{ij}]_{m\times n}$ 、 $\boldsymbol{B}=[b_{ij}]_{m\times n}$，則定義

$$\boldsymbol{A}+\boldsymbol{B}=[a_{ij}]_{m\times n}+[b_{ij}]_{m\times n}=[a_{ij}+b_{ij}]_{m\times n}$$

$$\boldsymbol{A}-\boldsymbol{B}=[a_{ij}]_{m\times n}-[b_{ij}]_{m\times n}=[a_{ij}-b_{ij}]_{m\times n}$$

**性質：**

矩陣加、減法必須 $\boldsymbol{A}$、$\boldsymbol{B}$ 具有相同階數，則

① $\boldsymbol{A}+\boldsymbol{B}=\boldsymbol{B}+\boldsymbol{A}$、$(\boldsymbol{A}+\boldsymbol{B})+\boldsymbol{C}=\boldsymbol{A}+(\boldsymbol{B}+\boldsymbol{C})$。

② $\boldsymbol{A}+\boldsymbol{0}=\boldsymbol{0}+\boldsymbol{A}=\boldsymbol{A}$、$\boldsymbol{A}+(-\boldsymbol{A})=-\boldsymbol{A}+\boldsymbol{A}=\boldsymbol{0}$。

③ $\boldsymbol{A}+\boldsymbol{B}=\boldsymbol{A}+\boldsymbol{C}$ ，則 $\boldsymbol{B}=\boldsymbol{C}$。

(3) 矩陣的係數積

設 $\boldsymbol{A}=[a_{ij}]_{m\times n}$ ，則定義 $\alpha\boldsymbol{A}=[\alpha a_{ij}]_{m\times n}$ 。

**性質：**

① $(\alpha+\beta)\boldsymbol{A}=\alpha\boldsymbol{A}+\beta\boldsymbol{A}$ 。

② $\alpha(\boldsymbol{A}+\boldsymbol{B})=\alpha\boldsymbol{A}+\alpha\boldsymbol{B}$ 。

**例如：** $\boldsymbol{A}=\begin{bmatrix}1&-1&3\\2&4&5\end{bmatrix}$、$\boldsymbol{B}=\begin{bmatrix}0&1&1\\-1&-2&-3\end{bmatrix}$，

則 $\boldsymbol{A}+2\boldsymbol{B}=\begin{bmatrix}1&-1&3\\2&4&5\end{bmatrix}+\begin{bmatrix}0&2&2\\-2&-4&-6\end{bmatrix}=\begin{bmatrix}1&1&5\\0&0&-1\end{bmatrix}$ 。

**2. 矩陣的轉置（Transpose）**

設 $\boldsymbol{A}=[a_{ij}]_{m\times n}$ ，則 $\boldsymbol{A}^T=[a_{ji}]_{n\times m}$ 稱爲 $\boldsymbol{A}$ 的轉置矩陣。

**例如：** $\boldsymbol{A}=\begin{bmatrix}1&2&-3\\5&0&7\end{bmatrix}$，則 $\boldsymbol{A}$ 的轉置矩陣爲 $\boldsymbol{A}^T=\begin{bmatrix}1&5\\2&0\\-3&7\end{bmatrix}$ 。

**性質：**

(1) $(\boldsymbol{A}^T)^T=\boldsymbol{A}$ 。

(2) $(\boldsymbol{A}+\boldsymbol{B})^T=\boldsymbol{A}^T+\boldsymbol{B}^T$ 。

(3) $(\alpha\boldsymbol{A})^T=\alpha\boldsymbol{A}^T$ 。

(4) $\boldsymbol{A}_{n\times n}=\dfrac{\boldsymbol{A}+\boldsymbol{A}^T}{2}+\dfrac{\boldsymbol{A}-\boldsymbol{A}^T}{2}$ 。

**3. 矩陣的共軛（Matrix Conjugation）**

$\boldsymbol{A}=[a_{ij}]_{m\times n}$ ，$\overline{\boldsymbol{A}}=[\overline{a_{ij}}]_{m\times n}$ 。

**性質：**

(1) $a_{ij}=\alpha+\beta i$，則$\overline{a_{ij}}=\alpha-\beta i$。

(2) $\boldsymbol{A}^H=\overline{\boldsymbol{A}}^T=\boldsymbol{A}^*$。

(3) $\overline{(\overline{\boldsymbol{A}})}=\boldsymbol{A}$；$(\overline{\boldsymbol{A}})^T=\overline{(\boldsymbol{A}^T)}$。

**例如：** $\boldsymbol{A}=\begin{bmatrix}1-3i & 2 & -3\\ 5 & i & 7+4i\end{bmatrix}$，則$\boldsymbol{A}$的共軛矩陣爲$\overline{\boldsymbol{A}}=\begin{bmatrix}1+3i & 2 & -3\\ 5 & -i & 7-4i\end{bmatrix}$。

## 4. 矩陣乘法（Matrix multiplication）

### (1) 定義

設$\boldsymbol{A}=[a_{ij}]_{m\times n}$、$\boldsymbol{B}=[b_{ij}]_{n\times l}$，則$\boldsymbol{A}\times\boldsymbol{B}=\boldsymbol{C}=[c_{ij}]_{m\times l}$，其中：

$$c_{ij}=\sum_{k=1}^{n}a_{ik}\,b_{kj}\text{ 。}$$

**Note**

$\boldsymbol{A}$的行數=$\boldsymbol{B}$的列數時，$\boldsymbol{A}\times\boldsymbol{B}$才有意義

矩陣乘法參考下方示意圖：

$$A_{m\times p}B_{p\times n}=\begin{pmatrix}a_{11} & a_{12} & \cdots & a_{1p}\\ a_{21} & a_{22} & \cdots & a_{2p}\\ \vdots & & & \vdots\\ a_{m1} & a_{m2} & \cdots & a_{mp}\end{pmatrix}\begin{pmatrix}b_{11} & b_{12} & \cdots & b_{1n}\\ b_{21} & b_{22} & \cdots & b_{2n}\\ \vdots & & & \vdots\\ b_{p1} & b_{p2} & \cdots & b_{pn}\end{pmatrix}$$

$$=\begin{bmatrix}a_{11}b_{11}+a_{12}b_{21}+\cdots+a_{1p}b_{p1} & \cdots & a_{11}b_{1n}+a_{12}b_{2n}+\cdots+a_{1p}b_{pn}\\ a_{21}b_{11}+a_{22}b_{21}+\cdots+a_{2p}b_{p1} & \cdots & a_{21}b_{1n}+a_{22}b_{2n}+\cdots+a_{2p}b_{pn}\\ \vdots & & \vdots\\ a_{m1}b_{11}+a_{m2}b_{21}+\cdots+a_{mp}b_{p1} & \cdots & a_{m1}b_{1n}+a_{m2}b_{2n}+\cdots+a_{mp}b_{pn}\end{bmatrix}$$

$$=\left[\sum_{k=1}^{p}a_{ik}b_{kj}\right]_{m\times n}$$

## 範例 2

求下列兩矩陣之乘積 $\boldsymbol{AB}$，

(1) $\boldsymbol{A}=\begin{bmatrix}1 & -2\\ 3 & 4\end{bmatrix}$、$\boldsymbol{B}=\begin{bmatrix}3 & 1\\ -2 & 0\end{bmatrix}$。

(2) $\boldsymbol{A}=\begin{bmatrix}5 & 3\\ -2 & 1\\ 0 & 7\end{bmatrix}$、$\boldsymbol{B}=\begin{bmatrix}3 & 1\\ -2 & 0\end{bmatrix}$。

---

解 (1) $\boldsymbol{AB}=\begin{bmatrix}1\times3+(-2)\times(-2) & 1\times1+(-2)\times0\\ 3\times3+4\times(-2) & 3\times1+4\times0\end{bmatrix}=\begin{bmatrix}7 & 1\\ 1 & 3\end{bmatrix}$。

(2) $\boldsymbol{AB}=\begin{bmatrix}5\times3+3\times(-2) & 5\times1+3\times0\\ (-2)\times3+1\times(-2) & (-2)\times1+1\times0\\ 0\times3+7\times(-2) & 0\times1+7\times0\end{bmatrix}=\begin{bmatrix}9 & 5\\ -8 & -2\\ -14 & 0\end{bmatrix}$。

■

**性質：**

① $\boldsymbol{A}(\boldsymbol{B}+\boldsymbol{C})=\boldsymbol{AB}+\boldsymbol{AC}$、$(\boldsymbol{B}+\boldsymbol{C})\boldsymbol{A}=\boldsymbol{BA}+\boldsymbol{CA}$。

② $\boldsymbol{A}\times\boldsymbol{0}=\boldsymbol{0}\times\boldsymbol{A}=\boldsymbol{0}$。

③ $\boldsymbol{A}_{n\times n}$，則 $\boldsymbol{A}^r\boldsymbol{A}^s=\boldsymbol{A}^{r+s}$、$(\boldsymbol{A}^r)^s=\boldsymbol{A}^{rs}$。

④ $(\boldsymbol{AB})^T=\boldsymbol{B}^T\boldsymbol{A}^T$。

⑤ $(\boldsymbol{A}^n)^T=(\boldsymbol{A}^T)^n$。

⑥ $\overline{(\boldsymbol{A}\times\boldsymbol{B})}=\overline{\boldsymbol{A}}\times\overline{\boldsymbol{B}}$。

**(2) 矩陣乘法不恆成立的性質**

① $\boldsymbol{AB}\neq\boldsymbol{BA}$。

例如：在範例 2 的(1)中，$\boldsymbol{BA}=\begin{bmatrix}3 & 1\\ -2 & 0\end{bmatrix}\begin{bmatrix}1 & -2\\ 3 & 4\end{bmatrix}=\begin{bmatrix}6 & -2\\ -2 & 4\end{bmatrix}\neq\begin{bmatrix}7 & 1\\ 1 & 3\end{bmatrix}=\boldsymbol{AB}$。

② $\boldsymbol{A}^n=\boldsymbol{O}\Rightarrow\boldsymbol{A}=\boldsymbol{O}$ 不一定成立。

例如：$\boldsymbol{A}=\begin{bmatrix}0 & 0\\ 1 & 0\end{bmatrix}$，則 $\boldsymbol{A}^2=\boldsymbol{O}$，但 $\boldsymbol{A}\neq\boldsymbol{O}$。

③ $\boldsymbol{A}^2=\boldsymbol{A}\Rightarrow\boldsymbol{A}=\boldsymbol{I}$ 或 $\boldsymbol{O}$ 不一定成立。

例如：$\boldsymbol{A}=\begin{bmatrix}\frac{1}{2} & \frac{-1}{2}\\ \frac{-1}{2} & \frac{1}{2}\end{bmatrix}\neq\boldsymbol{I}$ 或 $\boldsymbol{O}$，但 $\boldsymbol{A}^2=\boldsymbol{A}$。

④ 若 $\boldsymbol{A}\neq\boldsymbol{O}$、$\boldsymbol{B}\neq\boldsymbol{O}\Rightarrow\boldsymbol{AB}\neq\boldsymbol{O}$ 不一定成立。

例如：$\boldsymbol{AB}=\begin{bmatrix}2 & 3\\ 2 & 3\end{bmatrix}\begin{bmatrix}-3 & -3\\ 2 & 2\end{bmatrix}=\boldsymbol{O}$，但 $\boldsymbol{A}\neq\boldsymbol{O}$、$\boldsymbol{B}\neq\boldsymbol{O}$。

⑤ $(\boldsymbol{A}+\boldsymbol{B})^2=\boldsymbol{A}^2+\boldsymbol{AB}+\boldsymbol{BA}+\boldsymbol{B}^2\neq\boldsymbol{A}^2+2\boldsymbol{AB}+\boldsymbol{B}^2$，因爲 $\boldsymbol{AB}$ 不一定等於 $\boldsymbol{BA}$。

## 5. 方陣的跡數（Trace）

**定義：**

若 $\boldsymbol{A}_{n\times n}=[a_{ij}]_{n\times n}$ 爲方陣，則定義

$$\text{trace}(\boldsymbol{A})=\text{tr}(\boldsymbol{A})=a_{11}+a_{22}+\cdots\cdots+a_{nn}$$

（主對角線元素和）稱爲方陣 $\boldsymbol{A}$ 的跡數。

**性質：**

(1) $\text{tr}(\boldsymbol{A}\pm\boldsymbol{B})=\text{tr}(\boldsymbol{A})\pm\text{tr}(\boldsymbol{B})$。

(2) $\text{tr}(\alpha\boldsymbol{A})=\alpha\cdot\text{tr}(\boldsymbol{A})$。

(3) $\text{tr}(\boldsymbol{A}^T)=\text{tr}(\boldsymbol{A})$。

(4) $\text{tr}(\boldsymbol{A}^H)=\overline{\text{tr}(\boldsymbol{A})}$。

(5) $\text{tr}(\boldsymbol{A}\times\boldsymbol{B})=\text{tr}(\boldsymbol{B}\times\boldsymbol{A})$。

(6) $\text{tr}(\boldsymbol{AB})\neq\text{tr}(\boldsymbol{A})\text{tr}(\boldsymbol{B})$。

(7) $\text{tr}(\boldsymbol{A}^k)=(\text{tr}(\boldsymbol{A}))^k$ 不恒成立。

**Note**

舉例說明(3)、(5)、(6)與(7)的情況：

(3)的例子：$A=\begin{bmatrix}1 & 4 & 7\\ 2 & 5 & 8\\ 3 & 6 & 9\end{bmatrix}$，則 $\text{tr}(A)=\text{tr}(A^T)=1+5+9=15$。

若 $A=\begin{bmatrix}1 & -2\\ 3 & 4\end{bmatrix}$、$B=\begin{bmatrix}3 & 1\\ -2 & 0\end{bmatrix}$、$I_2=\begin{bmatrix}1 & 0\\ 0 & 1\end{bmatrix}$，

(5)的例子：$\text{tr}(\boldsymbol{AB})=10$、$\text{tr}(\boldsymbol{BA})=10$，所以 $\text{tr}(\boldsymbol{AB})=\text{tr}(\boldsymbol{BA})$。

(6)的例子：$\text{tr}(\boldsymbol{A})=5$、$\text{tr}(\boldsymbol{B})=3$，則 $\text{tr}(\boldsymbol{AB})\neq\text{tr}(\boldsymbol{A})\times\text{tr}(\boldsymbol{B})$。

(7)的例子：對任意 $k\neq 1$，$\text{tr}(I_2^{\ k})=\text{tr}\,(I_2)=2\neq 2^k=\text{tr}\,(I_2)^k$。

**6. 矩陣的展開（Matrix expansion）**

已知 $A_{m\times n}=\begin{bmatrix}A_1 & A_2 & \dots & A_n\end{bmatrix}=\begin{bmatrix}A^{(1)}\\ A^{(2)}\\ \vdots\\ A^{(m)}\end{bmatrix}$，

其中 $A_i$ 爲階數 $m\times 1$ 的行矩陣（向量），$A^{(j)}$ 爲階數 $1\times n$ 的列矩陣（向量）。

(1) 行展法則（Column vectors expansion）

$$AX=\begin{bmatrix}A_1 & A_2 & \cdots\cdots & A_n\end{bmatrix}_{1\times n}\begin{bmatrix}x_1\\ x_2\\ \vdots\\ x_n\end{bmatrix}_{n\times 1}=x_1A_1+x_2A_n+\cdots\cdots+x_nA_n$$

爲 $A$ 之行向量所形成之線性組合，其中 $x_i$ 爲純量。

(2) 列展法則（Row vectors expansion）

$$YA=\begin{bmatrix}y_1 & y_2 & \cdots\cdots & y_m\end{bmatrix}\begin{bmatrix}A^{(1)}\\ A^{(2)}\\ \vdots\\ A^{(m)}\end{bmatrix}_{m\times n}=y_1A^{(1)}+y_2A^{(2)}+\cdots\cdots+y_mA^{(m)}$$

爲 $A$ 之列向量矩陣所形成之線性組合，其中 $y_j$ 爲純量。

**例如：** $A=\begin{bmatrix}1 & 4 & 7\\ 2 & 5 & 8\\ 3 & 6 & 9\end{bmatrix}$，

則 $A$ 之行展爲 $AX=\begin{bmatrix}A_1 & A_2 & A_3\end{bmatrix}\begin{bmatrix}x_1\\ x_2\\ x_3\end{bmatrix}=x_1\begin{bmatrix}1\\ 2\\ 3\end{bmatrix}+x_2\begin{bmatrix}4\\ 5\\ 6\end{bmatrix}+x_3\begin{bmatrix}7\\ 8\\ 9\end{bmatrix}$。

且 $A$ 之列展爲：

$$YA=\begin{bmatrix}y_1 & y_2 & y_3\end{bmatrix}\begin{bmatrix}A^{(1)}\\ A^{(2)}\\ A^{(3)}\end{bmatrix}=y_1\begin{bmatrix}1 & 4 & 7\end{bmatrix}+y_2\begin{bmatrix}2 & 5 & 8\end{bmatrix}+y_3\begin{bmatrix}3 & 6 & 9\end{bmatrix}$$。

## 三、其他常見的矩陣

### 1. 對稱矩陣（Symmetric matrix）

$\boldsymbol{A}_{n\times n}=[a_{ij}]$，若 $\boldsymbol{A}^T=\boldsymbol{A}$ ，即 $a_{ij}=a_{ji}$，則稱 $\boldsymbol{A}$ 爲對稱矩陣。

例如：$\boldsymbol{A}=\begin{bmatrix}1&2&3\\2&5&6\\3&6&9\end{bmatrix}$。

### 2. 反對稱矩陣（Skew-symmetric matrix）

$\boldsymbol{A}_{n\times n}=[a_{ij}]$，若 $\boldsymbol{A}^T=-\boldsymbol{A}$ 則稱 $\boldsymbol{A}$ 爲反對稱矩陣，即 $a_{ij}=-a_{ji}$。

例如：$\boldsymbol{A}=\begin{bmatrix}0&-2&-3\\2&0&-6\\3&6&0\end{bmatrix}$。

**Note**

反對稱矩陣的主角線元素 $a_{ii}=-a_{ii}\Rightarrow a_{ii}=0$，即對角線元素爲 0。

**定理：**

任意方陣 $\boldsymbol{A}_{n\times n}=[a_{ij}]_{n\times n}$ 可以分解成一個對稱矩陣及一個反對稱矩陣之和。

**【證明】**

取 $\boldsymbol{A}_{n\times n}=(\dfrac{\boldsymbol{A}+\boldsymbol{A}^T}{2})+(\dfrac{\boldsymbol{A}-\boldsymbol{A}^T}{2})=\boldsymbol{B}+\boldsymbol{C}$ ，

其中 $\boldsymbol{B}=(\dfrac{\boldsymbol{A}+\boldsymbol{A}^T}{2})$ 、 $\boldsymbol{C}=(\dfrac{\boldsymbol{A}-\boldsymbol{A}^T}{2})$ ，

則 $\boldsymbol{B}^T=(\dfrac{\boldsymbol{A}+\boldsymbol{A}^T}{2})^T=(\dfrac{\boldsymbol{A}+\boldsymbol{A}^T}{2})=\boldsymbol{B}$ 爲對稱矩陣，

$\boldsymbol{C}^T=(\dfrac{\boldsymbol{A}-\boldsymbol{A}^T}{2})^T=(\dfrac{\boldsymbol{A}^T-\boldsymbol{A}}{2})=-\boldsymbol{C}$ 爲反對稱矩陣，

所以 $\boldsymbol{A}_{n\times n}=(\dfrac{\boldsymbol{A}+\boldsymbol{A}^T}{2})+(\dfrac{\boldsymbol{A}-\boldsymbol{A}^T}{2})=\boldsymbol{B}+\boldsymbol{C}$ ，

爲一個對稱矩陣及一個反對稱矩陣之和。

## 範例 3

設 $\boldsymbol{A}=\begin{bmatrix}2 & 2 & -1\\ 1 & -1 & 0\\ 0 & 1 & 0\end{bmatrix}$，求一個對稱矩陣 $\boldsymbol{B}$ 及一個反對稱矩陣 $\boldsymbol{C}$，使得 $\boldsymbol{A}=\boldsymbol{B}+\boldsymbol{C}$。

---

**解** $\boldsymbol{A}=\boldsymbol{B}+\boldsymbol{C}$，其中 $\boldsymbol{B}$ 為對稱矩陣、$\boldsymbol{C}$ 為反對稱矩陣，

所以我們可以直接由矩陣運算得到：

$$\boldsymbol{B}=(\frac{\boldsymbol{A}+\boldsymbol{A}^T}{2})=\frac{1}{2}(\begin{bmatrix}2 & 2 & -1\\ 1 & -1 & 0\\ 0 & 1 & 0\end{bmatrix}+\begin{bmatrix}2 & 1 & 0\\ 2 & -1 & 1\\ -1 & 0 & 0\end{bmatrix})$$

$$=\frac{1}{2}\begin{bmatrix}4 & 3 & -1\\ 3 & -2 & 1\\ -1 & 1 & 0\end{bmatrix}=\begin{bmatrix}2 & \frac{3}{2} & -\frac{1}{2}\\ \frac{3}{2} & -1 & \frac{1}{2}\\ -\frac{1}{2} & \frac{1}{2} & 0\end{bmatrix},$$

$$\boldsymbol{C}=(\frac{\boldsymbol{A}-\boldsymbol{A}^T}{2})=\frac{1}{2}(\begin{bmatrix}2 & 2 & -1\\ 1 & -1 & 0\\ 0 & 1 & 0\end{bmatrix}-\begin{bmatrix}2 & 1 & 0\\ 2 & -1 & 1\\ -1 & 0 & 0\end{bmatrix})$$

$$=\frac{1}{2}\begin{bmatrix}0 & 1 & -1\\ -1 & 0 & -1\\ 1 & 1 & 0\end{bmatrix}=\begin{bmatrix}0 & \frac{1}{2} & -\frac{1}{2}\\ -\frac{1}{2} & 0 & -\frac{1}{2}\\ \frac{1}{2} & \frac{1}{2} & 0\end{bmatrix}。$$

■

**3.** 厄米特矩陣（**Hermitian matrix**）（自我伴隨矩陣 **Self-adjoint matrix**）

方陣 $\boldsymbol{A}_{n\times n}$ 滿足 $\boldsymbol{A}^H=\overline{\boldsymbol{A}}^T=\boldsymbol{A}$，即 $a_{ij}=\overline{a_{ji}}$ 者，稱 $\boldsymbol{A}$ 爲厄米特矩陣。

**性質：**

(1) $(\boldsymbol{AB})^H=\boldsymbol{B}^H\boldsymbol{A}^H$。

(2) 實對稱矩陣必爲厄米特矩陣。

(3) 由 $a_{ii}=\overline{a_{ii}}$，可以知道厄米特之主對角線元素爲實數。

**例如：** $\boldsymbol{A}=\begin{bmatrix}1 & 2i & 3\\ -2i & 5 & 6-2i\\ 3 & 6+2i & 9\end{bmatrix}$。

**Note**

厄米特矩陣之主對角線元素爲實數，主對角線兩側元素，
若爲實數則相同，若爲複數則爲共軛。

**4.** 反厄米特矩陣（**Skew-Hermitian**）（反自我伴隨矩陣 **Skew-self adjoint matrix**）

方陣 $\boldsymbol{A}_{n\times n}$ 滿足 $\boldsymbol{A}^H=\overline{\boldsymbol{A}}^T=-\boldsymbol{A}$，即 $a_{ij}=-\overline{a_{ji}}$ 者，稱 $\boldsymbol{A}$ 爲反厄米特矩陣。

**例如：** $\begin{bmatrix}0 & 1+i & 3-i\\ -1+i & 2i & 2i\\ -3-i & 2i & 0\end{bmatrix}$。

**性質：**

(1) 任意方陣可以表示爲 $\boldsymbol{A}=\dfrac{\boldsymbol{A}+\boldsymbol{A}^H}{2}+\dfrac{\boldsymbol{A}-\boldsymbol{A}^H}{2}=\boldsymbol{B}+\boldsymbol{C}$，其中 $\boldsymbol{B}=\dfrac{\boldsymbol{A}+\boldsymbol{A}^H}{2}$ 爲厄米特矩陣，$\boldsymbol{C}=\dfrac{\boldsymbol{A}-\boldsymbol{A}^H}{2}$ 爲反厄米特矩陣；

(2) 反實對稱矩陣必爲反厄米特矩陣；

(3) 由 $a_{ii}=-\overline{a_{ii}}$ 可以知道反厄米特之主對角線元素爲 0 或純虛數。

**Note**

反厄米特矩陣之主對角線元素爲 **0** 或純虛數，主對角線兩側元素，
若爲實數則差負號，若爲虛數則相同。

## 範例 4

下列何者為厄米特矩陣？

(1)$\begin{bmatrix} 2 & i \\ -i & 5 \end{bmatrix}$ (2)$\begin{bmatrix} 1+i & 2 \\ 2 & 5+i \end{bmatrix}$ (3)$\begin{bmatrix} 1 & 1+i & 5 \\ 1-i & 2 & i \\ 5 & -i & 7 \end{bmatrix}$。

解 檢查是否滿足 $\boldsymbol{A}^H = \overline{\boldsymbol{A}}^T = \boldsymbol{A}$，

(1) $\begin{bmatrix} 2 & i \\ -i & 5 \end{bmatrix}^H = \begin{bmatrix} 2 & i \\ -i & 5 \end{bmatrix}$為厄米特矩陣。

(2) $\begin{bmatrix} 1+i & 2 \\ 2 & 5+i \end{bmatrix}^H = \begin{bmatrix} 1-i & 2 \\ 2 & 5-i \end{bmatrix} \neq \begin{bmatrix} 1+i & 2 \\ 2 & 5+i \end{bmatrix}$不為厄米特矩陣。

(3) $\begin{bmatrix} 1 & 1+i & 5 \\ 1-i & 2 & i \\ 5 & -i & 7 \end{bmatrix}^H = \begin{bmatrix} 1 & 1+i & 5 \\ 1-i & 2 & i \\ 5 & -i & 7 \end{bmatrix}$為厄米特矩陣。

## 習題演練

1. 求參數$\alpha$與$\beta$之值，使得下列兩矩陣相等，

(1)$\begin{bmatrix} 2 & \alpha-4 \\ \beta+3 & 1 \end{bmatrix}$、$\begin{bmatrix} 2 & 3\alpha+8 \\ 7 & 1 \end{bmatrix}$ (2)$\begin{bmatrix} 9 & -2 \\ \beta^3 & 5 \end{bmatrix}$、$\begin{bmatrix} \alpha^2 & -2 \\ 8 & 5 \end{bmatrix}$。

2. 有 $\boldsymbol{A}$、$\boldsymbol{B}$ 兩矩陣分別為 $\boldsymbol{A} = \begin{bmatrix} -2 & -4 \\ -3 & 1 \end{bmatrix}$、$\boldsymbol{B} = \begin{bmatrix} 6 & 8 \\ 1 & -3 \end{bmatrix}$，求下列計算：

(1) $2\boldsymbol{A} + 3\boldsymbol{B}$ (2) $\boldsymbol{AB}$ (3) $\boldsymbol{BA}$ (4) $\mathrm{tr}(\boldsymbol{BA})$。

3. 有 $\boldsymbol{A}$、$\boldsymbol{B}$ 兩矩陣分別為 $\boldsymbol{A} = \begin{bmatrix} 1 & -1 \\ 2 & 1 \\ 3 & 2 \end{bmatrix}$、$\boldsymbol{B} = \begin{bmatrix} 4 & 1 & -1 \\ 1 & -2 & 2 \end{bmatrix}$，求下列計算：

(1) $4\boldsymbol{A} - 2\boldsymbol{B}^T$ (2) $\boldsymbol{AB}$ (3) $\boldsymbol{BA}$ (4) $\mathrm{tr}(\boldsymbol{AB})$ (5) $\mathrm{tr}(\boldsymbol{BA})$。

4. $\boldsymbol{A} = \begin{bmatrix} -2 & -4 \\ 1 & 1 \end{bmatrix}$、$\boldsymbol{B} = \begin{bmatrix} 0 & 2 \\ 1 & -3 \end{bmatrix}$，求 $\boldsymbol{A}^3 - \boldsymbol{B}^2$。

5. 寫出下列矩陣 $\boldsymbol{A}$ 與 $\boldsymbol{B}$ 的階數，使得其乘積有意義：

(1) $\begin{bmatrix} -4 & -6 \\ 2 & 8 \\ 14 & 4 \end{bmatrix} \boldsymbol{A} \begin{bmatrix} 1 & 2 & 4 \\ -1 & 2 & 1 \\ 5 & 0 & 7 \\ 2 & -1 & 3 \end{bmatrix} = \boldsymbol{B}$ (2) $\begin{bmatrix} 1 & 2 & -3 & 5 \\ 2 & 0 & 3 & 4 \end{bmatrix} \boldsymbol{A} \begin{bmatrix} 1 \\ 2 \\ -1 \\ 7 \\ 8 \end{bmatrix} = \boldsymbol{B}$。

6. 設 $\boldsymbol{A} = \begin{bmatrix} 2 & 3 & -1 \\ 1 & -1 & 0 \\ 0 & 1 & 2 \end{bmatrix}$，求一個對稱矩陣 $\boldsymbol{B}$ 及一個反對稱矩陣 $\boldsymbol{C}$，使得 $\boldsymbol{A} = \boldsymbol{B} + \boldsymbol{C}$。

7. 設 $\boldsymbol{A} = \begin{bmatrix} 2 & 1 & 4 \\ 3 & 2 & 1 \\ 1 & 3 & 2 \end{bmatrix}$、$\boldsymbol{B} = \begin{bmatrix} 5 & 1 & 6 \\ 9 & 2 & -3 \\ -1 & 3 & 7 \end{bmatrix}$、$\boldsymbol{C} = \begin{bmatrix} 0 & 0 & 0 \\ 2 & 3 & 4 \\ 0 & 0 & 0 \end{bmatrix}$，請驗證 $\boldsymbol{C} \neq \boldsymbol{O}$ 且 $\boldsymbol{A} \neq \boldsymbol{B}$，但 $\boldsymbol{AC} = \boldsymbol{BC}$。

8. 求一個對稱矩陣 $\boldsymbol{B}$ 及一個反對稱矩陣 $\boldsymbol{C}$，使得 $\boldsymbol{A} = \boldsymbol{B} + \boldsymbol{C}$，其中 $\boldsymbol{A} = \begin{bmatrix} 3 & -4 & -1 \\ 6 & 0 & -1 \\ -3 & 13 & -4 \end{bmatrix}$。

9. 下列何者爲厄米特矩陣，何者爲反厄米特矩陣？

$\boldsymbol{A} = \begin{bmatrix} 1 & 2+i \\ 2-i & -1 \end{bmatrix}$、$\boldsymbol{B} = \begin{bmatrix} i & \frac{2}{\sqrt{5}} \\ \frac{2}{\sqrt{5}} & -i \end{bmatrix}$、$\boldsymbol{C} = \begin{bmatrix} 0 & i & 1 \\ i & 0 & -2+i \\ -1 & 2+i & 0 \end{bmatrix}$、$\boldsymbol{D} = \begin{bmatrix} 3 & 2+i & 3i \\ 2-i & -5 & 7 \\ -3i & 7 & 0 \end{bmatrix}$。

10. $\boldsymbol{A} = \begin{bmatrix} 1 & 2 & 3 \\ 4 & 5 & 6 \\ 7 & 8 & 9 \end{bmatrix}$、$\boldsymbol{B} = \begin{bmatrix} 1 & 2 & 1 \\ 2 & 3 & 2 \\ 3 & 4 & 3 \end{bmatrix}$、$\boldsymbol{C} = \begin{bmatrix} 1 & 2 \\ 3 & 4 \\ 5 & 6 \end{bmatrix}$、$\boldsymbol{D} = \begin{bmatrix} 1 & 2 & 3 \\ 4 & 5 & 6 \end{bmatrix}$，請作下列計算：

(1) $2\boldsymbol{A} - 3\boldsymbol{B}$ (2) $\boldsymbol{A} + 2\boldsymbol{B}$ (3) $\boldsymbol{C} \times \boldsymbol{D}$ (4) $\boldsymbol{D} \times \boldsymbol{C}$

(5) $\text{tr}(\boldsymbol{AB})$ (6) $\text{tr}(\boldsymbol{BA})$ (7) $\text{tr}(\boldsymbol{CD})$ (8) $\text{tr}(\boldsymbol{DC})$。

# 1-2 矩陣的列（行）運算與行列式

我們在前一節已經介紹了矩陣的定義與基本運算，而在矩陣的運算中，列（行）運算會牽涉到聯立方程組的解，是非常重要的矩陣運算。本節的第一個重點爲了解列（行）運算對矩陣的影響，而第二個重點就是行列式。行列式由萊布尼茲（Leibniz，1646-1716，德國）在十七世紀首先提出，在十九世紀後進一步發展與完善，且大量用在求解線性方程組，以下將介紹此兩大重點，爲下一節求解聯立方程組做準備。

## 一、基本列運算（Elementary row operation）

### 1. 定義

(1) 對調型（第一型）列運算（Interchange of two rows）：

將矩陣中的某兩列互調，記作 $r_{ij}(\boldsymbol{A})$（或 $R_{ij}(\boldsymbol{A})$）。

例如：$\boldsymbol{A}=\begin{bmatrix}1&2&3\\4&5&6\\7&8&9\end{bmatrix}$，則 $r_{12}(\boldsymbol{A})$（或 $R_{12}(\boldsymbol{A})$）表示將 $\boldsymbol{A}$ 的第一列與第二列對調，

表示法如下：

$$\begin{bmatrix}1&2&3\\4&5&6\\7&8&9\end{bmatrix}\xrightarrow{r_{12}}\begin{bmatrix}4&5&6\\1&2&3\\7&8&9\end{bmatrix}。$$

(2) 列乘型（第二型）列運算（Multiple of a row）：

將矩陣的某一列乘以一個非零數 k，記作 $r_i^{(k)}(\boldsymbol{A})$（或 $R_i^{(k)}(\boldsymbol{A})$），$k\neq 0$。

例如：$\boldsymbol{A}=\begin{bmatrix}1&2&3\\4&5&6\\7&8&9\end{bmatrix}$，則 $r_2^{(-3)}(\boldsymbol{A})$（或 $R_2^{(-3)}(\boldsymbol{A})$）表示將 $\boldsymbol{A}$ 的第二列乘上$(-3)$倍，表示法如下：

$$\begin{bmatrix}1&2&3\\4&5&6\\7&8&9\end{bmatrix}\xrightarrow{r_2^{(-3)}}\begin{bmatrix}1&2&3\\-12&-15&-18\\7&8&9\end{bmatrix}。$$

(3) 加入型（第三型）列運算（Addition one row to another row）：

將矩陣中的第 $i$ 列乘以某一非零數 $k$ 加到第 $j$ 列，記作 $r_{ij}^{(k)}(\boldsymbol{A})$（或 $R_{ij}^{(k)}(\boldsymbol{A})$），$k \neq 0$。

例如：$\boldsymbol{A}=\begin{bmatrix}1&2&3\\4&5&6\\7&8&9\end{bmatrix}$，則 $r_{12}^{(-4)}(\boldsymbol{A})$（或 $R_{12}^{(-4)}(\boldsymbol{A})$）表示將 $\boldsymbol{A}$ 的第一列乘上$(-4)$

加到第二列，表示法如下：

$$\begin{bmatrix}1&2&3\\4&5&6\\7&8&9\end{bmatrix}\xrightarrow{r_{12}^{(-4)}}\begin{bmatrix}1&2&3\\4+(-4)&5+(-8)&6+(-12)\\7&8&9\end{bmatrix}=\begin{bmatrix}1&2&3\\0&-3&-6\\7&8&9\end{bmatrix}。$$

**2. 矩陣化簡**

(1) 列梯形矩陣（Echelon matrix）：若矩陣滿足下列性質，稱爲列梯形矩陣。

① 零列在非零列下方。

② 非零列最左邊的非零元素（區別元素）所在之行均異。

③ 越上方的列，其最左邊區別元素越靠左。

**例如**：$\boldsymbol{A}=\begin{bmatrix}\boxed{3}&1&0&5\\0&\boxed{2}&1&-4\\0&0&0&0\end{bmatrix}$ 爲列梯形矩陣，其中第一列的區別元素爲 3，

第二列的區別元素爲 2。

(2) 列簡化梯形矩陣（Row reduced echelon matrix）：若列梯形矩陣滿足下列性質，稱爲列簡化梯形矩陣。

① 每一個區別元素所在的行，除了區別元素外，其餘均爲 0。

② 每一個區別元素均爲 1。

**例如**：$\boldsymbol{A}=\begin{bmatrix}1&0&3&5\\0&1&1&-4\\0&0&0&0\end{bmatrix}$ 爲列簡化梯形矩陣。

(3) 性質：

任意非零矩陣均可經由基本列運算化成列梯形矩陣或列簡化梯形矩陣。

## 範例 1

若 $A=\begin{bmatrix}1&2&3\\4&5&6\\7&8&9\end{bmatrix}$，

(1) 透過基本列運算將 $A$ 矩陣化成列梯形矩陣。

(2) 透過基本列運算將 $A$ 矩陣化成列簡化梯形矩陣。

---

解 (1) $A=\begin{bmatrix}1&2&3\\4&5&6\\7&8&9\end{bmatrix}\xrightarrow{r_{12}^{(-4)}r_{13}^{(-7)}}\begin{bmatrix}1&2&3\\0&-3&-6\\0&-6&-12\end{bmatrix}\xrightarrow{r_{23}^{(-2)}}\begin{bmatrix}1&2&3\\0&-3&-6\\0&0&0\end{bmatrix}$

上式為 $A$ 矩陣的列梯形矩陣。

(2) $A=\begin{bmatrix}1&2&3\\4&5&6\\7&8&9\end{bmatrix}\xrightarrow{r_{12}^{(-4)}r_{13}^{(-7)}}\begin{bmatrix}1&2&3\\0&-3&-6\\0&-6&-12\end{bmatrix}\xrightarrow{r_{23}^{(-2)}}\begin{bmatrix}1&2&3\\0&-3&-6\\0&0&0\end{bmatrix}$

$\xrightarrow{r_{2}^{(-\frac{1}{3})}}\begin{bmatrix}1&2&3\\0&1&2\\0&0&0\end{bmatrix}\xrightarrow{r_{21}^{(-2)}}\begin{bmatrix}1&0&-1\\0&1&2\\0&0&0\end{bmatrix}$

上式為 $A$ 矩陣的列簡化梯形矩陣。 ■

## 範例 2

若 $A=\begin{bmatrix}-2&1&4&2\\0&1&16&3\\1&-2&4&8\end{bmatrix}$，

(1) 透過基本列運算將 $A$ 矩陣化成列梯形矩陣。

(2) 透過基本列運算將 $A$ 矩陣化成列簡化梯形矩陣。

解 (1) $\boldsymbol{A}=\begin{bmatrix}-2&1&4&2\\0&1&16&3\\1&-2&4&8\end{bmatrix}\xrightarrow{r_{13}}\begin{bmatrix}1&-2&4&8\\0&1&16&3\\-2&1&4&2\end{bmatrix}\xrightarrow{r_{13}^{(2)}}\begin{bmatrix}1&-2&4&8\\0&1&16&3\\0&-3&12&18\end{bmatrix}$

$\xrightarrow{r_{23}^{(3)}}\begin{bmatrix}1&-2&4&8\\0&1&16&3\\0&0&60&27\end{bmatrix}$

爲 $\boldsymbol{A}$ 矩陣的列梯形矩陣。

(2) $\boldsymbol{A}=\begin{bmatrix}-2&1&4&2\\0&1&16&3\\1&-2&4&8\end{bmatrix}\xrightarrow{r_{13}}\begin{bmatrix}1&-2&4&8\\0&1&16&3\\-2&1&4&2\end{bmatrix}\xrightarrow{r_{13}^{(2)}}\begin{bmatrix}1&-2&4&8\\0&1&16&3\\0&-3&12&18\end{bmatrix}$

$\xrightarrow{r_{23}^{(3)}}\begin{bmatrix}1&-2&4&8\\0&1&16&3\\0&0&60&27\end{bmatrix}\xrightarrow{r_{3}^{(\frac{1}{60})}}\begin{bmatrix}1&-2&4&8\\0&1&16&3\\0&0&1&\frac{9}{20}\end{bmatrix}$

$\xrightarrow{r_{21}^{(2)}}\begin{bmatrix}1&0&36&14\\0&1&16&3\\0&0&1&\frac{9}{20}\end{bmatrix}\xrightarrow{r_{32}^{(-16)}r_{31}^{(-36)}}\begin{bmatrix}1&0&0&-\frac{11}{5}\\0&1&0&-\frac{21}{5}\\0&0&1&\frac{9}{20}\end{bmatrix}$

爲 $\boldsymbol{A}$ 矩陣的列簡化梯形矩陣。

## 二、列基本運算矩陣：將單位矩陣 $I$ 作三種基本列運算

### 1. 定義

(1) $R_{ij}=r_{ij}(\boldsymbol{I})$。(2) $R_i^{(k)}=r_i^{(k)}(\boldsymbol{I})$。(3) $R_{ij}^{(k)}=r_{ij}^{(k)}(\boldsymbol{I})$。

**2. 性質**

(1) $r_{ij}(\boldsymbol{A})=R_{ij}\boldsymbol{A}$ 。 (2) $r_{ij}^{(k)}(\boldsymbol{A})=R_{ij}^{(k)}\boldsymbol{A}$ 。

(3) $r_i^{(k)}(\boldsymbol{A})=R_i^{(k)}\boldsymbol{A}$ 。 (4) $R_{ij}^{-1}=R_{ij}$ 。

(5) $R_i^{(k)-1}=R_i^{(\frac{1}{k})}$，$k\neq 0$。 (6) $R_{ij}^{(k)-1}=R_{ij}^{(-k)}$ 。

**Note**

$\boldsymbol{R}_{23}=\begin{bmatrix}1&0&0\\0&0&1\\0&1&0\end{bmatrix}$，$\boldsymbol{R}_{23}^{-1}=\begin{bmatrix}1&0&0\\0&0&1\\0&1&0\end{bmatrix}$。

$\boldsymbol{R}_2^{(2)}=\begin{bmatrix}1&0&0\\0&2&0\\0&0&1\end{bmatrix}$，$[\boldsymbol{R}_2^{(2)}]^{-1}=\begin{bmatrix}1&0&0\\0&\frac{1}{2}&0\\0&0&1\end{bmatrix}$。

$\boldsymbol{R}_{12}^{(2)}=\begin{bmatrix}1&0&0\\2&1&0\\0&0&1\end{bmatrix}$，$[\boldsymbol{R}_{12}^{(2)}]^{-1}=\begin{bmatrix}1&0&0\\-2&1&0\\0&0&1\end{bmatrix}$。

**3. 定義**

$\boldsymbol{A}$、$\boldsymbol{B}\in\mathbb{F}^{n\times n}$，稱 $\boldsymbol{A}$ 列等價於 $\boldsymbol{B}$ 若且惟若 $\boldsymbol{B}=\boldsymbol{P}\boldsymbol{A}$，其中 $\boldsymbol{P}=\boldsymbol{E}_k\,\boldsymbol{E}_{k-1}\cdots\cdots\boldsymbol{E}_1$，且 $\boldsymbol{E}_1$、……、$\boldsymbol{E}_k$ 表示若干個 $m\times n$ 列運算矩陣。

**4. 定理**

所有基本列運算矩陣皆可逆。

## 範例 3

找出一矩陣 $\boldsymbol{R}$，使得 $\boldsymbol{RA}=\boldsymbol{B}$。

(1) $\boldsymbol{A}=\begin{bmatrix}-2&1&4&2\\0&1&16&3\\1&-2&4&8\end{bmatrix}$、$\boldsymbol{B}=\begin{bmatrix}-2&1&4&2\\2&-3&24&19\\1&-2&4&8\end{bmatrix}$。

(2) $\boldsymbol{A}=\begin{bmatrix}-2&1&4&2\\0&1&16&3\\1&-2&4&8\end{bmatrix}$、$\boldsymbol{B}=\begin{bmatrix}-1&0&24&13\\0&1&16&3\\1&-2&4&8\end{bmatrix}$。

---

**解** (1) $\boldsymbol{A}\xrightarrow{r_{32}^{(2)}(A)}\boldsymbol{B}$，$\therefore R_{32}^{(2)}\boldsymbol{A}=\boldsymbol{B}$，$\therefore \boldsymbol{R}=\begin{bmatrix}1&0&0\\0&1&2\\0&0&1\end{bmatrix}$。

(2) $\boldsymbol{A}\xrightarrow{r_{31}^{(1)}(A)\,r_{21}^{(1)}(A)}\boldsymbol{B}$，

$\therefore R_{31}^{(1)}R_{21}^{(1)}\boldsymbol{A}=\boldsymbol{B}$，$\therefore \boldsymbol{R}=\begin{bmatrix}1&0&1\\0&1&0\\0&0&1\end{bmatrix}\begin{bmatrix}1&1&0\\0&1&0\\0&0&1\end{bmatrix}=\begin{bmatrix}1&1&1\\0&1&0\\0&0&1\end{bmatrix}$。

### 三、LU 分解

在求解聯立方程式中，除了常見的高斯消去法（第一章第三節會介紹）外，我們亦可以利用下面介紹的 LU 分解，將係數矩陣 $\boldsymbol{A}$ 分解成一個上三角矩陣 $\boldsymbol{U}$ 與一個下三角矩陣 $\boldsymbol{L}$ 後再求解，其介紹如下：

**1. 定義**

將 $\boldsymbol{A}\in\mathbb{F}^{m\times n}$，化成 $\boldsymbol{A}=\boldsymbol{LU}$，其中 $\boldsymbol{L}$ 爲下三角矩陣，$\boldsymbol{U}$ 爲上三角矩陣，稱爲 LU 分解。

**Note**

一般在解聯立方成組 $AX=B$ 時，若 $A=LU$，則 $LUX=B$。令 $UX=Y\Rightarrow LY=B$，先由 $LY=B$ 求出 $Y$，再由 $UX=Y$ 求出 $X$。

**2. 利用基本運算求 LU 分解：**

(1) 非互調型 LU 分解：$a_{11} \neq 0$時使用。

$\boldsymbol{E}_k\boldsymbol{E}_{k-1}\cdots\cdots\boldsymbol{E}_2\boldsymbol{E}_1\boldsymbol{A}=\boldsymbol{U}$ ，

則$\boldsymbol{L}=\boldsymbol{E}_1^{-1}\boldsymbol{E}_2^{-1}\cdots\cdots\boldsymbol{E}_k^{-1}\Rightarrow$即$\boldsymbol{A}=\boldsymbol{LU}$ 。

(2) 互調型 LU 分解：第一列第一行爲 **0** 時使用，

$\boldsymbol{A}\in\mathbb{F}^{n\times n}$，將 $\boldsymbol{A}$ 化爲 $\boldsymbol{LU}$ 時須先對 $\boldsymbol{A}$ 作列互調，故會產生一個排列矩陣 $\boldsymbol{P}$ 使得 $\boldsymbol{PA}=\boldsymbol{LU}$ 或 $\boldsymbol{A}=\boldsymbol{P}^T\boldsymbol{LU}=\boldsymbol{P}^{-1}\boldsymbol{LU}$ 。

**Note**

排列矩陣

**(1)** $\boldsymbol{P}\in\mathbb{F}^{n\times n}$ ，且滿足 $\boldsymbol{P}$ 中各行、各列皆恰有一項爲 **1**，其它各項皆爲 **0** 者，稱 $\boldsymbol{P}$ 爲一種 $\boldsymbol{n}$ 階排列矩陣，即排列矩陣係由單位矩陣 $\boldsymbol{I}_n$ 的各列作互調而成。

**(2)** 排列矩陣 $\boldsymbol{P}$ 之諸行向量（及列向量）形成么正集合，即 $\boldsymbol{PP}^T=\boldsymbol{I}\Rightarrow\boldsymbol{P}^T=\boldsymbol{P}^{-1}$ ，因 $\boldsymbol{P}$ 爲向量空間 $\mathbb{F}$ 中的保距變換，詳見第五章。

**(3)** 基本矩陣的速算

①
$$\begin{bmatrix}1&0&0&0\\a&1&0&0\\0&0&1&0\\0&0&0&1\end{bmatrix}\begin{bmatrix}1&0&0&0\\0&1&0&0\\b&0&1&0\\0&0&0&1\end{bmatrix}\begin{bmatrix}1&0&0&0\\0&1&0&0\\0&0&1&0\\c&0&0&1\end{bmatrix}=\begin{bmatrix}1&0&0&0\\a&1&0&0\\b&0&1&0\\c&0&0&1\end{bmatrix}$$
（可合併）

②
$$\begin{bmatrix}1&0&0&0\\a&1&0&0\\b&0&1&0\\c&0&0&1\end{bmatrix}\begin{bmatrix}1&0&0&0\\0&1&0&0\\0&d&1&0\\0&e&0&1\end{bmatrix}\begin{bmatrix}1&0&0&0\\0&1&0&0\\0&0&1&0\\0&0&f&1\end{bmatrix}=\begin{bmatrix}1&0&0&0\\a&1&0&0\\b&d&1&0\\c&e&f&1\end{bmatrix}$$
（可合併）

## 範例 4

將 $\boldsymbol{A}=\begin{bmatrix}1&4&7\\2&5&8\\3&6&10\end{bmatrix}$做 LU 分解。

解 $\boldsymbol{A}=\begin{bmatrix}1&4&7\\2&5&8\\3&6&10\end{bmatrix}\to\begin{bmatrix}1&4&7\\0&-3&-6\\0&-6&-11\end{bmatrix}\to\begin{bmatrix}1&4&7\\0&-3&-6\\0&0&1\end{bmatrix}=\boldsymbol{U}$，

即 $R_{23}^{(-2)}R_{13}^{(-3)}R_{12}^{(-2)}\boldsymbol{A}=\boldsymbol{U}$，

$\therefore \boldsymbol{A}=R_{12}^{(2)}R_{13}^{(3)}R_{23}^{(2)}\boldsymbol{U}$，

所以 $\boldsymbol{L}=R_{12}^{(2)}R_{13}^{(3)}R_{23}^{(2)}=\begin{bmatrix}1&0&0\\2&1&0\\0&0&1\end{bmatrix}\begin{bmatrix}1&0&0\\0&1&0\\3&0&1\end{bmatrix}\begin{bmatrix}1&0&0\\0&1&0\\0&2&1\end{bmatrix}=\begin{bmatrix}1&0&0\\2&1&0\\3&2&1\end{bmatrix}$。

■

## 範例 5

$\boldsymbol{A}=\begin{bmatrix}0&0&3\\3&5&8\\9&15&10\end{bmatrix}$ 將 $\boldsymbol{A}$ 分解為一排列矩陣 $\boldsymbol{P}$、一下三角矩陣 $\boldsymbol{L}$ 和一上三角矩陣 $\boldsymbol{U}$ 的乘積，即 $\boldsymbol{A}=\boldsymbol{P}^T\boldsymbol{L}\boldsymbol{U}$。

---

解 令 $\boldsymbol{P}=\begin{bmatrix}0&1&0\\1&0&0\\0&0&1\end{bmatrix}$，則 $\boldsymbol{PA}=\begin{bmatrix}3&5&8\\0&0&3\\9&15&10\end{bmatrix}\xrightarrow{R_{13}^{(-3)}}\begin{bmatrix}3&5&8\\0&0&3\\0&0&-14\end{bmatrix}$，

即 $R_{13}^{(-3)}\boldsymbol{PA}=\boldsymbol{U}\Rightarrow\boldsymbol{A}=\boldsymbol{P}^{-1}R_{13}^{(3)}\boldsymbol{U}=\boldsymbol{P}^TR_{13}^{(3)}\boldsymbol{U}$，

$\therefore \boldsymbol{L}=\begin{bmatrix}1&0&0\\0&1&0\\3&0&1\end{bmatrix}$、$\boldsymbol{P}^T=\begin{bmatrix}0&1&0\\1&0&0\\0&0&1\end{bmatrix}$、$\boldsymbol{U}=\begin{bmatrix}3&5&8\\0&0&3\\0&0&-14\end{bmatrix}$。

■

## 範例 6

利用 LU 分解求解聯立方程組 $\begin{cases} x_1+x_2+2x_3=1 \\ 2x_1+x_2+3x_3=5 \\ 3x_1+3x_2+7x_3=6 \end{cases}$ 。

---

解 (1) $\boldsymbol{A}=\begin{bmatrix} 1 & 1 & 2 \\ 2 & 1 & 3 \\ 3 & 3 & 7 \end{bmatrix} \xrightarrow{R_{12}^{(-2)}R_{13}^{(-3)}} \begin{bmatrix} 1 & 1 & 2 \\ 0 & -1 & -1 \\ 0 & 0 & 1 \end{bmatrix}=\boldsymbol{U}$，

即 $R_{13}^{(-3)}R_{12}^{(-2)}\boldsymbol{A}=\boldsymbol{U} \to \boldsymbol{A}=R_{12}^{(2)}R_{13}^{(3)}\boldsymbol{U}=\begin{bmatrix} 1 & 0 & 0 \\ 2 & 1 & 0 \\ 3 & 0 & 1 \end{bmatrix}\begin{bmatrix} 1 & 1 & 2 \\ 0 & -1 & -1 \\ 0 & 0 & 1 \end{bmatrix}=\boldsymbol{LU}$，

即 $\boldsymbol{LUX}=\begin{bmatrix} 1 \\ 5 \\ 6 \end{bmatrix}$，令 $\boldsymbol{UX}=\boldsymbol{Y} \Rightarrow \boldsymbol{LY}=\begin{bmatrix} 1 \\ 5 \\ 6 \end{bmatrix}$，$\boldsymbol{X}=\begin{bmatrix} x_1 \\ x_2 \\ x_3 \end{bmatrix}$、$\boldsymbol{Y}=\begin{bmatrix} y_1 \\ y_2 \\ y_3 \end{bmatrix}$，

$\Rightarrow \begin{cases} y_1=1 \\ 2y_1+y_2=5 \\ 3y_1+y_3=6 \end{cases} \Rightarrow \begin{cases} y_1=1 \\ y_2=3 \\ y_3=3 \end{cases} \Rightarrow \boldsymbol{UX}=\boldsymbol{Y}$，

又 $\begin{cases} x_1+x_2+2x_3=1 \\ -x_2-x_3=3 \\ x_3=3 \end{cases} \Rightarrow \begin{cases} x_1=1 \\ x_2=-6 \\ x_3=3 \end{cases}$，∴得解爲 $\begin{bmatrix} x_1 \\ x_2 \\ x_3 \end{bmatrix}=\begin{bmatrix} 1 \\ -6 \\ 3 \end{bmatrix}$。

■

## 四、行列式值（Determinants）

我們在中學時期只介紹了 2 階與 3 階行列式，其是將 4 個或 9 個排列的數映射到一個數的計算方法，而此概念是由天才數學家高斯（Gauss，1777-1855，德國）所提出，並由柯西與拉普拉斯將其推廣到 $n$ 階，其介紹如下：

**1. 符號**

設方陣 $A_{n\times n}=[a_{ij}]_{n\times n}$，其行列式表示爲 det($A$)或$|A|$。

也常表示爲 $\begin{vmatrix} a_{11} & a_{12} & \cdots & a_{1n} \\ a_{21} & \cdots & \cdots & a_{2n} \\ \vdots & & & \\ a_{n1} & \cdots & \cdots & a_{nn} \end{vmatrix}$

行列式值是一個純量，底下舉例說明二階與三階方陣的行列式求法：

(1) 若 $\boldsymbol{A}=\begin{bmatrix} a_{11} & a_{12} \\ a_{21} & a_{22} \end{bmatrix}$ 為二階矩陣，則 $|\boldsymbol{A}|=\begin{vmatrix} a_{11} & a_{12} \\ a_{21} & a_{22} \end{vmatrix}=a_{11}\times a_{22}-a_{21}\times a_{12}$。

(2) 若 $\boldsymbol{A}=\begin{bmatrix} a_{11} & a_{12} & a_{13} \\ a_{21} & a_{22} & a_{23} \\ a_{31} & a_{32} & a_{33} \end{bmatrix}$ 為三階矩陣，則

$$|\boldsymbol{A}|=\begin{vmatrix} a_{11} & a_{12} & a_{13} \\ a_{21} & a_{22} & a_{23} \\ a_{31} & a_{32} & a_{33} \end{vmatrix}=a_{11}\times\begin{vmatrix} a_{22} & a_{23} \\ a_{32} & a_{33} \end{vmatrix}-a_{12}\times\begin{vmatrix} a_{21} & a_{23} \\ a_{31} & a_{33} \end{vmatrix}+a_{13}\times\begin{vmatrix} a_{21} & a_{22} \\ a_{31} & a_{32} \end{vmatrix}$$

$$=a_{11}a_{22}a_{33}+a_{21}a_{32}a_{13}+a_{31}a_{12}a_{23}-a_{13}a_{22}a_{31}-a_{23}a_{32}a_{11}-a_{33}a_{12}a_{21}$$ 。

**Note**

利用圖形記公式

$$\begin{matrix} a_{11} & \oplus & a_{12} & \ominus & a_{13} \\ a_{21} & \oplus & a_{22} & \ominus & a_{23} \\ a_{31} & \oplus & a_{32} & \ominus & a_{33} \\ a_{11} & & a_{12} & & a_{13} \\ a_{21} & & a_{22} & & a_{23} \end{matrix}$$

對一般 $n$ 階方陣的行列式值，可以用拉氏降階法求得。

## 2. 拉氏（Laplace）降階法

$$\left|\boldsymbol{A}_{n\times n}\right|=\begin{vmatrix} a_{11} & a_{12} & \cdots & a_{1n} \\ a_{21} & a_{22} & \cdots & a_{2n} \\ \vdots & & & \\ a_{n1} & \cdots & \cdots & a_{nn} \end{vmatrix}=\sum_{j=1}^{n} a_{ij}C_{ij}=\sum_{j=1}^{n} a_{ij}(-1)^{i+j}\boldsymbol{M}_{ij}$$

其中 $\boldsymbol{C}_{ij}=(-1)^{i+j}\boldsymbol{M}_{ij}$ 稱為餘因子（Cofactor），而次行列式（Minor）$\boldsymbol{M}_{ij}$ 為 $|\boldsymbol{A}|$ 中，去掉第 $i$ 行與第 $j$ 列後所剩餘之行列式。

**Note**

$(-1)^{i+j}$ 會出現由 $a_{11}$ 開始之正負正負…交錯往旁邊數之數列，如下圖所示：

$$\begin{vmatrix} + & - & + & \cdots \\ - & + & - & \cdots \\ + & - & & \vdots \\ \vdots & \vdots & \cdots & \vdots \end{vmatrix}$$ 。

**例如：**

$$|\boldsymbol{A}_{4\times4}|=\begin{vmatrix}a_{11}&a_{12}&a_{13}&a_{14}\\a_{21}&a_{22}&a_{23}&a_{24}\\a_{31}&a_{32}&a_{33}&a_{34}\\a_{41}&a_{42}&a_{43}&a_{44}\end{vmatrix}$$

$$=(-1)^{1+1}a_{11}\boldsymbol{M}_{11}+(-1)^{1+2}a_{12}\boldsymbol{M}_{12}+(-1)^{1+3}a_{13}\boldsymbol{M}_{13}+(-1)^{1+4}a_{14}\boldsymbol{M}_{14}\text{（第一列展）}$$

$$=a_{11}\boldsymbol{M}_{11}-a_{12}\boldsymbol{M}_{12}+a_{13}\boldsymbol{M}_{13}-a_{14}\boldsymbol{M}_{14}\text{（第一列展）}$$

$$=a_{11}\boldsymbol{M}_{11}-a_{21}\boldsymbol{M}_{21}+a_{31}\boldsymbol{M}_{31}-a_{41}\boldsymbol{M}_{41}\text{（第一行展）}$$

$$=-a_{21}\boldsymbol{M}_{21}+a_{22}\boldsymbol{M}_{22}-a_{23}\boldsymbol{M}_{23}+a_{24}\boldsymbol{M}_{24}\text{（第二列展）}$$

$$=\cdots\cdots\text{（某一列或行展）。}$$

其中

$$\boldsymbol{M}_{11}=\begin{vmatrix}a_{22}&a_{23}&a_{24}\\a_{32}&a_{33}&a_{34}\\a_{42}&a_{43}&a_{44}\end{vmatrix}\text{、}\boldsymbol{M}_{12}=\begin{vmatrix}a_{21}&a_{23}&a_{24}\\a_{31}&a_{33}&a_{34}\\a_{41}&a_{43}&a_{44}\end{vmatrix}\text{、}$$

$$\boldsymbol{M}_{13}=\begin{vmatrix}a_{21}&a_{22}&a_{24}\\a_{31}&a_{32}&a_{34}\\a_{41}&a_{42}&a_{44}\end{vmatrix}\text{、}\boldsymbol{M}_{14}=\begin{vmatrix}a_{21}&a_{22}&a_{23}\\a_{31}&a_{32}&a_{33}\\a_{41}&a_{42}&a_{43}\end{vmatrix}\text{。}$$

## 範例 7

求下列方陣之行列式值：

$$\boldsymbol{A}=\begin{bmatrix}1&3\\2&4\end{bmatrix}\text{、}\boldsymbol{B}=\begin{bmatrix}2&1&-3\\3&1&0\\-6&-4&2\end{bmatrix}\text{。}$$

---

**解** $|\boldsymbol{A}|=\begin{vmatrix}1&3\\2&4\end{vmatrix}=4-6=-2$ 。

$$|\boldsymbol{B}| = \begin{vmatrix} 2 & 1 & -3 \\ 3 & 1 & 0 \\ -6 & -4 & 2 \end{vmatrix} = 2\times1\times2+3\times(-4)\times(-3)+(-6)\times1\times0$$

$$-(-3)\times1\times(-6)-0\times(-4)\times2-2\times1\times3=16$$ 。

$$\begin{matrix} 2 & 1 & -3 \\ 3 & 1 & 0 \\ -6 & -4 & 2 \\ 2 & 1 & -3 \\ 3 & 1 & 0 \end{matrix}$$

或者如下利用降階法求解：

$$|\boldsymbol{B}| = \begin{vmatrix} 2 & 1 & -3 \\ 3 & 1 & 0 \\ -6 & -4 & 2 \end{vmatrix}$$

$$= 2\times \boldsymbol{C}_{11} + 1\times \boldsymbol{C}_{12} + (-3)\times \boldsymbol{C}_{13} = 2(-1)^{1+1}\boldsymbol{M}_{11} + 1(-1)^{1+2}\boldsymbol{M}_{12} + (-3)(-1)^{1+3}\boldsymbol{M}_{13}$$

$$= 2\times\begin{vmatrix} 1 & 0 \\ -4 & 2 \end{vmatrix} - 1\times\begin{vmatrix} 3 & 0 \\ -6 & 2 \end{vmatrix} + (-3)\times\begin{vmatrix} 3 & 1 \\ -6 & -4 \end{vmatrix} = 16$$ （利用第一列展）。

■

**3. 行列式的列（行）運算性質：$\boldsymbol{A}_{n\times n}$**

(1) $\boldsymbol{A}$ 中任兩列（行）互調，其行列式值變號。

(2) $\boldsymbol{A}$ 中任一列（行），乘以某一個數 $k\neq 0$，其行列式值變成原來的 $k$ 倍。

(3) $\boldsymbol{A}$ 中任一列（行），乘以 $k\neq 0$，加入另一列（行），其行列式值不變。

(4) $\boldsymbol{A}$ 中某列（行）爲零列（行）時，其行列式值爲 0。

(5) $\boldsymbol{A}$ 中某兩列（行）成比例時，其行列式值爲 0。

(6) 若 $\boldsymbol{A}$ 的第 $i$ 列爲 $\boldsymbol{B}$、$\boldsymbol{C}$ 兩矩陣之第 $i$ 列的和，則 $\det(\boldsymbol{A}) = \det(\boldsymbol{B}) + \det(\boldsymbol{C})$。

## 範例 8

若 $\boldsymbol{A} = \begin{bmatrix} 3 & 1 & 0 \\ -2 & -4 & 3 \\ 5 & 4 & -2 \end{bmatrix}$、$\boldsymbol{B} = \begin{bmatrix} 3 & 1 & 0 \\ -10 & -20 & 15 \\ 5 & 4 & -2 \end{bmatrix}$、

$\boldsymbol{C} = \begin{bmatrix} -2 & -4 & 3 \\ 3 & 1 & 0 \\ 5 & 4 & -2 \end{bmatrix}$、$\boldsymbol{D} = \begin{bmatrix} 3 & 1 & 0 \\ -2 & -4 & 3 \\ 11 & 6 & -2 \end{bmatrix}$、$\boldsymbol{E} = \begin{bmatrix} 3 & 1 & 0 \\ -12 & -24 & 18 \\ 5 & 4 & -2 \end{bmatrix}$，

求 $\boldsymbol{A}$、$\boldsymbol{B}$、$\boldsymbol{C}$、$\boldsymbol{D}$、$\boldsymbol{E}$ 矩陣之行列式值？

**解** (1) $|A|=\begin{vmatrix}3&1&0\\-2&-4&3\\5&4&-2\end{vmatrix}=-(1)\times\begin{vmatrix}-2&3\\5&-2\end{vmatrix}+(-4)\times\begin{vmatrix}3&0\\5&-2\end{vmatrix}-(4)\times\begin{vmatrix}3&0\\-2&3\end{vmatrix}=-1$，

上式爲利用第二行展，降階求解。(讀者可以試試利用其他列或行降階求解)

(2) $\boldsymbol{B}$ 矩陣爲 $\boldsymbol{A}$ 之第二列乘上 5 倍，所以$|\boldsymbol{B}|=5\times|\boldsymbol{A}|=-5$。

(3) $\boldsymbol{C}$ 矩陣爲 $\boldsymbol{A}$ 之第一列與第二列對調，所以$|\boldsymbol{C}|=-|\boldsymbol{A}|=-(-1)=1$。

(4) $\boldsymbol{D}$ 矩陣爲 $\boldsymbol{A}$ 之第一列乘上 2 倍加到第三列，所以$|\boldsymbol{D}|=|\boldsymbol{A}|=-1$。

(5) $\boldsymbol{E}$ 中第二列爲 $\boldsymbol{A}$ 與 $\boldsymbol{B}$ 兩矩陣之第二列的和，

故由行例式的性質知$|\boldsymbol{E}|=|\boldsymbol{A}|+|\boldsymbol{B}|=(-1)+(-5)=-6$。

■

**4. 行列式的重要性質：**

$\boldsymbol{A}$、$\boldsymbol{B}$ 均爲 $n\times n$ 方陣，則

(1) $|\boldsymbol{A}|=|\boldsymbol{A}^T|$。

(2) $|\boldsymbol{AB}|=|\boldsymbol{BA}|=|\boldsymbol{A}||\boldsymbol{B}|$。

(3) $|\overline{\boldsymbol{A}}|=\overline{|\boldsymbol{A}|}$。

(4) $|\boldsymbol{AA}^T|=|\boldsymbol{A}|^2$， $|\boldsymbol{AA}^H|=|\boldsymbol{A}||\overline{\boldsymbol{A}}|=|\boldsymbol{A}|\overline{|\boldsymbol{A}|}=\||\boldsymbol{A}\||^2=|\boldsymbol{A}^H\boldsymbol{A}|$。

(5) $|\alpha\boldsymbol{A}|=\alpha^n|\boldsymbol{A}|$，其中$\alpha$ 爲純量。

(6) 設 $\boldsymbol{A}$ 爲上（下）三角矩陣或對角線矩陣，則$|\boldsymbol{A}|$爲 $\boldsymbol{A}$ 矩陣對角線元素之乘積。

## 範例 9

$\boldsymbol{A}=\begin{bmatrix}a&b&c\\d&e&f\\g&h&i\end{bmatrix}$、$\boldsymbol{B}=\begin{bmatrix}2&1&-3\\3&1&0\\-6&-4&2\end{bmatrix}$且 $\det(\boldsymbol{A})=|\boldsymbol{A}|=5$，求下列各行列式值：

(1) $\det(-4\boldsymbol{A})$ (2) $\det(\boldsymbol{A}^2)$ (3) $\det(\boldsymbol{A}^T)$ (4) $\det(\boldsymbol{AB})$。

解 (1) $\det(-4\boldsymbol{A})=(-4)^3\det(\boldsymbol{A})=-64\times 5=-320$。

(2) $\det(\boldsymbol{A}^2)=|\boldsymbol{A}|^2=5^2=25$。

(3) $\det(\boldsymbol{A}^T)=\det(\boldsymbol{A})=5$。

(4) $\det(\boldsymbol{AB})=\det(\boldsymbol{A})\times\det(\boldsymbol{B})=5\times\begin{vmatrix}2&1&-3\\3&1&0\\-6&-4&2\end{vmatrix}=5\times 16=80$。

**5. 凡得瓦（Vandermonde）行列式**

凡得瓦（Vandermonde，1735-1796，法國）在進行組合學的研究時，發現了一個特殊的矩陣，其行列式值的求法如下：

$$|\boldsymbol{A}_{n\times n}|=\begin{vmatrix}1&x_1&\cdots&x_1^{n-1}\\1&x_2&\cdots&x_2^{n-1}\\\vdots&\vdots&\ddots&\vdots\\1&x_n&\cdots&x_n^{n-1}\end{vmatrix}=\begin{vmatrix}1&1&\cdots&1\\x_1&x_2&\cdots&x_n\\\vdots&\vdots&\ddots&\vdots\\x_1^{n-1}&x_2^{n-1}&\cdots&x_n^{n-1}\end{vmatrix}=\prod_{i=1}^{n}\prod_{i<j}^{n}(x_j-x_i)\text{ 。}$$

例如：$\begin{vmatrix}1&1&1&1\\\alpha&\beta&\gamma&\delta\\\alpha^2&\beta^2&\gamma^2&\delta^2\\\alpha^3&\beta^3&\gamma^3&\delta^3\end{vmatrix}=(\beta-\alpha)(\gamma-\alpha)(\delta-\alpha)(\gamma-\beta)(\delta-\beta)(\delta-\gamma)$ 。

**Note**

Π表示連乘符號。

## 範例 10

求下列行列式值？

(1) $\begin{vmatrix}1&5&25\\1&7&49\\1&9&81\end{vmatrix}$ (2) $\begin{vmatrix}1&1&1&1\\2&3&4&5\\4&9&16&25\\8&27&64&125\end{vmatrix}$ 。

解 (1) $\begin{vmatrix}1&5&25\\1&7&49\\1&9&81\end{vmatrix}=\begin{vmatrix}1&5&5^2\\1&7&7^2\\1&9&9^2\end{vmatrix}=(7-5)\times(9-5)\times(9-7)=16$ 。

(2) $\begin{vmatrix}1&1&1&1\\2&3&4&5\\4&9&16&25\\8&27&64&125\end{vmatrix}=\begin{vmatrix}1&1&1&1\\2&3&4&5\\2^2&3^2&4^2&5^2\\2^3&3^3&4^3&5^3\end{vmatrix}$

$=(3-2)\times(4-2)\times(4-3)\times(5-2)\times(5-3)\times(5-4)=12$ 。

■

**6. 方塊矩陣的行列式**

某些常見的大型矩陣可視爲若干個小的子矩陣拼貼而成。此種情況下，行列式的求法將較爲簡單。

假設 $\boldsymbol{A}$、$\boldsymbol{B}$、$\boldsymbol{C}$ 均爲方陣，則

(1) $\det\begin{bmatrix}\boldsymbol{A}&\boldsymbol{C}\\\boldsymbol{0}&\boldsymbol{B}\end{bmatrix}=\det(\boldsymbol{A})\times\det(\boldsymbol{B})$ 。

(2) $\det\begin{bmatrix}\boldsymbol{A}&\boldsymbol{0}\\\boldsymbol{C}&\boldsymbol{B}\end{bmatrix}=\det(\boldsymbol{A})\times\det(\boldsymbol{B})$ 。

(3) $\det\begin{bmatrix}\boldsymbol{A}&\boldsymbol{B}\\\boldsymbol{B}&\boldsymbol{A}\end{bmatrix}=\det(\boldsymbol{A}+\boldsymbol{B})\times\det(\boldsymbol{A}-\boldsymbol{B})$ 。

## 範例 11

$\boldsymbol{A}=\begin{bmatrix}2&0&0&0\\1&2&0&0\\0&0&0&1\\0&0&-6&5\end{bmatrix}$，求$|\boldsymbol{A}|$。

---

解 $\det(\begin{vmatrix}2&0\\1&2\end{vmatrix})\times\det(\begin{vmatrix}0&1\\-6&5\end{vmatrix})=4\times6=24$ 。

■

## 範例 12

$$A=\begin{bmatrix} \frac{1}{2} & -\frac{1}{2} & -\frac{1}{2} & -\frac{1}{2} \\ -\frac{1}{2} & \frac{1}{2} & -\frac{1}{2} & -\frac{1}{2} \\ -\frac{1}{2} & -\frac{1}{2} & \frac{1}{2} & -\frac{1}{2} \\ -\frac{1}{2} & -\frac{1}{2} & -\frac{1}{2} & \frac{1}{2} \end{bmatrix}$$，求$|A|$。

---

解 $|A| = \det(\begin{bmatrix} \frac{1}{2} & -\frac{1}{2} \\ -\frac{1}{2} & \frac{1}{2} \end{bmatrix}+\begin{bmatrix} -\frac{1}{2} & -\frac{1}{2} \\ -\frac{1}{2} & -\frac{1}{2} \end{bmatrix})\det(\begin{bmatrix} \frac{1}{2} & -\frac{1}{2} \\ -\frac{1}{2} & \frac{1}{2} \end{bmatrix}-\begin{bmatrix} -\frac{1}{2} & -\frac{1}{2} \\ -\frac{1}{2} & -\frac{1}{2} \end{bmatrix})$

$= \det(\begin{bmatrix} 0 & -1 \\ -1 & 0 \end{bmatrix})\times\det(\begin{bmatrix} 1 & 0 \\ 0 & 1 \end{bmatrix}) = -1\times 1 = -1$ 。

■

### 五、方陣之反矩陣的求法

對任一矩陣 $A_{m\times n}$，若存在一矩陣 $R_{n\times m}$ 使得 $A_{m\times n}R_{n\times m}=I_{m\times m}$，稱 $R_{m\times n}$ 爲 $A$ 的右反矩陣。若存在另一矩陣 $L_{n\times m}$，使得 $L_{n\times m}A_{m\times n}=I_{n\times n}$，稱 $L_{n\times m}$ 爲 $A$ 的左反矩陣。若 $A$ 爲方陣，且 $A$ 同時存在左與右反矩陣，則左右反方陣相等（想想爲什麼？）。

**1. 定義**

對方陣 $A_{n\times n}$，若存在一方陣 $B_{n\times n}$，使得 $AB=BA=I_n$，其中 $I_n$ 爲 $n$ 階單位矩陣，則稱 $B$ 矩陣爲 $A$ 矩陣的反矩陣（Inverse matrix），記作 $B=A^{-1}$。

**例如：**

$A=\begin{bmatrix} 1 & 2 \\ 3 & 4 \end{bmatrix}$、$B=\begin{bmatrix} -2 & 1 \\ \frac{3}{2} & \frac{-1}{2} \end{bmatrix}$，則 $AB=\begin{bmatrix} 1 & 2 \\ 3 & 4 \end{bmatrix}\times\begin{bmatrix} -2 & 1 \\ \frac{3}{2} & \frac{-1}{2} \end{bmatrix}=\begin{bmatrix} 1 & 0 \\ 0 & 1 \end{bmatrix}=I_2$，

且 $BA=\begin{bmatrix}-2 & 1\\ \frac{3}{2} & \frac{-1}{2}\end{bmatrix}\times\begin{bmatrix}1 & 2\\ 3 & 4\end{bmatrix}=\begin{bmatrix}1 & 0\\ 0 & 1\end{bmatrix}=I_2$，所以 $B=\begin{bmatrix}-2 & 1\\ \frac{3}{2} & \frac{-1}{2}\end{bmatrix}=A^{-1}$ 為 $A$ 之反矩陣。

**Note**

$AA^{-1}=A^{-1}A=I_{n\times n}$。

**2. 擴大矩陣法求 $A^{-1}$**

擴大矩陣法是求方陣的反矩陣時常用的方法之一，其觀念是來自求解聯立方程式組 $A_{n\times n}X=I_{n\times n}$，相關介紹如下：

對方陣 $A_{n\times n}$，令其增廣矩陣為 $\left[A_{n\times n}\mid I_{n\times n}\right]_{n\times(2n)}$ (Augmented matrix)，

透過基本列運算，將增廣矩陣化成 $\left[I_{n\times n}\mid B_{n\times n}\right]_{n\times(2n)}$，則 $B=A^{-1}$，即

$\left[A_{n\times n}\mid I_{n\times n}\right]_{n\times(2n)}\xrightarrow{r}\left[I_{n\times n}\mid B_{n\times n}\right]_{n\times(2n)}$，則 $B=A^{-1}$。

## 範例 13

$A=\begin{bmatrix}1 & 0 & 2\\ 2 & -1 & 3\\ 4 & 1 & 8\end{bmatrix}$，請利用基本列運算法求 $A^{-1}=$?

---

**解** $[A\mid I]=\left[\begin{array}{ccc|ccc}1 & 0 & 2 & 1 & 0 & 0\\ 2 & -1 & 3 & 0 & 1 & 0\\ 4 & 1 & 8 & 0 & 0 & 1\end{array}\right]\xrightarrow{r_{12}^{(-2)}r_{13}^{(-4)}}\left[\begin{array}{ccc|ccc}1 & 0 & 2 & 1 & 0 & 0\\ 0 & -1 & -1 & -2 & 1 & 0\\ 0 & 1 & 0 & -4 & 0 & 1\end{array}\right]$

$\xrightarrow{r_{2}^{(-1)}}\left[\begin{array}{ccc|ccc}1 & 0 & 2 & 1 & 0 & 0\\ 0 & 1 & 1 & 2 & -1 & 0\\ 0 & 1 & 0 & -4 & 0 & 1\end{array}\right]\xrightarrow{r_{23}^{(-1)}}\left[\begin{array}{ccc|ccc}1 & 0 & 2 & 1 & 0 & 0\\ 0 & 1 & 1 & 2 & -1 & 0\\ 0 & 0 & -1 & -6 & 1 & 1\end{array}\right]$

$\xrightarrow{r_{32}^{(1)}r_{31}^{(2)}}\left[\begin{array}{ccc|ccc}1 & 0 & 0 & -11 & 2 & 2\\ 0 & 1 & 0 & -4 & 0 & 1\\ 0 & 0 & -1 & -6 & 1 & 1\end{array}\right]\xrightarrow{r_{3}^{(-1)}}\left[\begin{array}{ccc|ccc}1 & 0 & 0 & -11 & 2 & 2\\ 0 & 1 & 0 & -4 & 0 & 1\\ 0 & 0 & 1 & 6 & -1 & -1\end{array}\right]$，

$\therefore A^{-1}=\begin{bmatrix}-11 & 2 & 2\\ -4 & 0 & 1\\ 6 & -1 & -1\end{bmatrix}$。

■

**3. 古典伴隨矩陣（Adjoint matrix）法求方陣的反矩陣**

另一個常用來求解反矩陣的方法便是使用其對應的古典伴隨矩陣。其實單以求反矩陣而論，此法不如擴大矩陣法來的有效率，但是有許多理論的證明，如：克拉馬公式、Caley-Hamilton 定理等，都可以利用古典伴隨矩陣得到簡潔的證明。此矩陣詳細介紹如下。

設矩陣 $\boldsymbol{A}=[a_{ij}]_{n\times n}$，利用古典伴隨矩陣法求其反矩陣爲 $\boldsymbol{A}^{-1}=\dfrac{\operatorname{adj}(\boldsymbol{A})}{\det(\boldsymbol{A})}$，其步驟爲：

(1) 求 $\boldsymbol{A}$ 之行列式值 $|\boldsymbol{A}|$，（若 $|\boldsymbol{A}|=0 \Rightarrow$ 則 $\boldsymbol{A}^{-1}$ 不存在）。

(2) 求 $\boldsymbol{A}$ 之 minor 行列式 $\boldsymbol{M}_{ij}$。

(3) 令 $\boldsymbol{C}=\begin{bmatrix} \boldsymbol{C}_{11} & \boldsymbol{C}_{12} & \cdots & \boldsymbol{C}_{1n} \\ \boldsymbol{C}_{21} & \boldsymbol{C}_{22} & \cdots & \boldsymbol{C}_{2n} \\ \vdots & \vdots & \ddots & \vdots \\ \boldsymbol{C}_{n1} & \boldsymbol{C}_{n2} & \cdots & \boldsymbol{C}_{nn} \end{bmatrix}$，其中 $\boldsymbol{C}_{ij}=(-1)^{i+j}\,\boldsymbol{M}_{ij}$。

(4) 令 $\boldsymbol{A}$ 之伴隨矩陣爲 $\operatorname{adj}(\boldsymbol{A})=\boldsymbol{C}^T$。

(5) 因 $\boldsymbol{A}\operatorname{adj}(\boldsymbol{A})=|\boldsymbol{A}|\,\boldsymbol{I}_n$，所以 $\boldsymbol{A}^{-1}=\dfrac{\operatorname{adj}(\boldsymbol{A})}{|\boldsymbol{A}|}$。

**例**：以 $2\times 2$ 階方陣說明如下：

$$\begin{aligned}
\boldsymbol{A}\times\operatorname{adj}(\boldsymbol{A}) &= \begin{bmatrix} a_{11} & a_{12} \\ a_{21} & a_{22} \end{bmatrix}\begin{bmatrix} \boldsymbol{C}_{11} & \boldsymbol{C}_{12} \\ \boldsymbol{C}_{21} & \boldsymbol{C}_{22} \end{bmatrix}^T = \begin{bmatrix} a_{11} & a_{12} \\ a_{21} & a_{22} \end{bmatrix}\begin{bmatrix} \boldsymbol{C}_{11} & \boldsymbol{C}_{21} \\ \boldsymbol{C}_{12} & \boldsymbol{C}_{22} \end{bmatrix} \\
&= \begin{bmatrix} a_{11} & a_{12} \\ a_{21} & a_{22} \end{bmatrix}\begin{bmatrix} +a_{22} & -a_{12} \\ -a_{21} & a_{11} \end{bmatrix} = \begin{bmatrix} a_{11}a_{22}-a_{12}a_{21} & 0 \\ 0 & a_{11}a_{22}-a_{21}a_{12} \end{bmatrix} \\
&= \begin{bmatrix} |\boldsymbol{A}| & 0 \\ 0 & |\boldsymbol{A}| \end{bmatrix} = |\boldsymbol{A}|\begin{bmatrix} 1 & 0 \\ 0 & 1 \end{bmatrix} = |\boldsymbol{A}|\times\boldsymbol{I}\text{。}
\end{aligned}$$

**Note**

$\boldsymbol{A}\times\operatorname{adj}(\boldsymbol{A})=|\boldsymbol{A}|\,\boldsymbol{I}$。

## 4. 二階與三階 $A^{-1}$ 的求法

(1) $\boldsymbol{A}_{2\times2}=\begin{bmatrix}a_{11} & a_{12}\\ a_{21} & a_{22}\end{bmatrix}$

且 $|\boldsymbol{A}|\neq0\Rightarrow\boldsymbol{A}^{-1}=\dfrac{1}{|\boldsymbol{A}|}\begin{bmatrix}a_{22} & -a_{12}\\ -a_{21} & a_{11}\end{bmatrix}$ 。

(2) $\boldsymbol{A}_{3\times3}=\begin{bmatrix}a_{11} & a_{12} & a_{13}\\ a_{21} & a_{22} & a_{23}\\ a_{31} & a_{32} & a_{33}\end{bmatrix}$

且 $|\boldsymbol{A}|\neq0\Rightarrow\boldsymbol{A}^{-1}=\dfrac{\text{adj}(\boldsymbol{A})}{|\boldsymbol{A}|}$ ，

其中 $\text{adj}(\boldsymbol{A}_{3\times3})=\begin{bmatrix}\boldsymbol{C}_{11} & \boldsymbol{C}_{12} & \boldsymbol{C}_{13}\\ \boldsymbol{C}_{21} & \boldsymbol{C}_{22} & \boldsymbol{C}_{23}\\ \boldsymbol{C}_{31} & \boldsymbol{C}_{32} & \boldsymbol{C}_{33}\end{bmatrix}^T=\begin{bmatrix}+\boldsymbol{M}_{11} & -\boldsymbol{M}_{12} & +\boldsymbol{M}_{13}\\ -\boldsymbol{M}_{21} & +\boldsymbol{M}_{22} & -\boldsymbol{M}_{23}\\ +\boldsymbol{M}_{31} & -\boldsymbol{M}_{32} & +\boldsymbol{M}_{33}\end{bmatrix}^T$

$$=\begin{bmatrix}+\begin{vmatrix}a_{22} & a_{23}\\ a_{32} & a_{33}\end{vmatrix} & -\begin{vmatrix}a_{21} & a_{23}\\ a_{31} & a_{33}\end{vmatrix} & +\begin{vmatrix}a_{21} & a_{22}\\ a_{31} & a_{32}\end{vmatrix}\\ -\begin{vmatrix}a_{12} & a_{13}\\ a_{32} & a_{33}\end{vmatrix} & +\begin{vmatrix}a_{11} & a_{13}\\ a_{31} & a_{33}\end{vmatrix} & -\begin{vmatrix}a_{11} & a_{12}\\ a_{31} & a_{32}\end{vmatrix}\\ +\begin{vmatrix}a_{12} & a_{13}\\ a_{22} & a_{23}\end{vmatrix} & -\begin{vmatrix}a_{11} & a_{13}\\ a_{21} & a_{23}\end{vmatrix} & +\begin{vmatrix}a_{11} & a_{12}\\ a_{21} & a_{22}\end{vmatrix}\end{bmatrix}^T \text{。}$$

**Note**

三階反矩陣之 adj($A$)的記憶圖（此圖只限用 **3 × 3** 矩陣求反矩陣）：

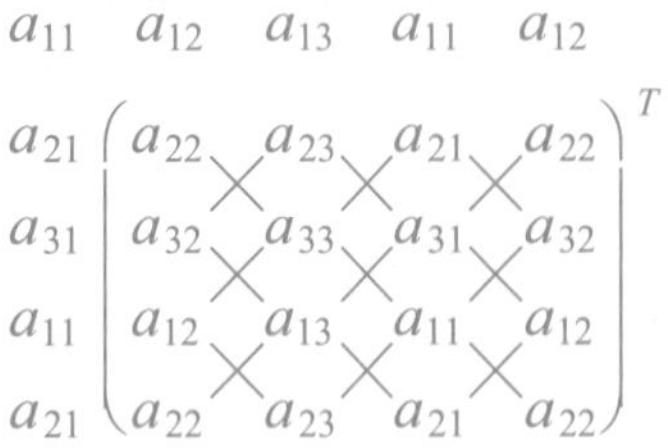

## 範例 14

(1) $A=\begin{bmatrix}1&2\\5&9\end{bmatrix}$ (2) $A=\begin{bmatrix}1&0&2\\2&-1&3\\4&1&8\end{bmatrix}$，求 $A^{-1}$。

---

**解** (1) $|A|=\begin{vmatrix}1&2\\5&9\end{vmatrix}=9-10=-1$，

則 $A^{-1}=\dfrac{1}{|A|}\begin{bmatrix}9&-2\\-5&1\end{bmatrix}=\begin{bmatrix}-9&2\\5&-1\end{bmatrix}$。

(2) $|A|=-8+4+8-3=1$，

$$A^{-1}=\frac{1}{|A|}\begin{bmatrix}+\begin{vmatrix}-1&3\\1&8\end{vmatrix}&-\begin{vmatrix}2&3\\4&8\end{vmatrix}&+\begin{vmatrix}2&-1\\4&1\end{vmatrix}\\-\begin{vmatrix}0&2\\1&8\end{vmatrix}&+\begin{vmatrix}1&2\\4&8\end{vmatrix}&-\begin{vmatrix}1&0\\4&1\end{vmatrix}\\+\begin{vmatrix}0&2\\-1&3\end{vmatrix}&-\begin{vmatrix}1&2\\2&3\end{vmatrix}&+\begin{vmatrix}1&0\\2&-1\end{vmatrix}\end{bmatrix}^T$$

$$\begin{array}{c}1\quad 0\quad 2\quad 1\quad 0\\ \begin{array}{c}2\\4\\1\\2\end{array}\begin{pmatrix}-1&3&2&-1\\1&8&4&1\\0&2&1&0\\-1&3&2&-1\end{pmatrix}^T\end{array}$$

$$=\frac{1}{1}\begin{bmatrix}-11&-4&6\\2&0&-1\\2&1&-1\end{bmatrix}^T=\begin{bmatrix}-11&2&2\\-4&0&1\\6&-1&-1\end{bmatrix}。$$

■

**5. 性質：**

(1) 若 $A^{-1}$ 存在，則 $AA^{-1}=I\Rightarrow \det(A^{-1})=\dfrac{1}{|A|}=\dfrac{1}{\det(A)}$。

(2) $|B^{-1}AB|=|A|$。

(3) 若 $A$ 可逆（Invertible）$\Leftrightarrow |A|\neq 0$，$A$ 不可逆 $\Leftrightarrow |A|=0$。

(4) $|A|\times|\operatorname{adj}(A)|=|A|^n\Rightarrow |A|^{n-1}=|\operatorname{adj}(A)|$。

**Note**

所謂可逆，即表示反矩陣存在 $\Rightarrow \det(A)\neq 0$，

而所謂不可逆，即表示反矩陣不存在 $\Rightarrow \det(A)=0$。

**Note**

$A \times \text{adj}(A) = |A| \times I \Rightarrow \det(A) \times \det(\text{adj}(A)) = |A|^n \times \det(I)$

$\Rightarrow |A| \times \det(\text{adj}(A)) = |A|^n$

$\therefore \det(\text{adj}(A)) = |A|^{n-1}$。

## 範例 15

已知 $\boldsymbol{A} = \begin{bmatrix} s & t & u \\ v & w & x \\ y & z & r \end{bmatrix}$，若$|\boldsymbol{A}| = -30$，且$|\boldsymbol{B}| \neq 0$，計算下列各行列式值

(1) $\det(\boldsymbol{A}^{-1})$ (2) $\det(\boldsymbol{B}^{-1}\boldsymbol{A}\boldsymbol{B})$ (3) $\det(\text{adj}(\boldsymbol{A}))$。

---

解 (1) $\det(\boldsymbol{A}^{-1}) = \dfrac{1}{\det(\boldsymbol{A})} = -\dfrac{1}{30}$。

(2) $\det(\boldsymbol{B}^{-1}\boldsymbol{A}\boldsymbol{B}) = \det(\boldsymbol{A}\boldsymbol{B}\boldsymbol{B}^{-1}) = \det(\boldsymbol{A}) = -30$。

(3) $\det(\text{adj}(\boldsymbol{A})) = |\boldsymbol{A}|^{(3-1)} = (-30)^2 = 900$。

■

## 範例 16

已知 $\text{adj}(\boldsymbol{A}) = \begin{bmatrix} 2 & -2 & 0 \\ 0 & 2 & -1 \\ 0 & 0 & 1 \end{bmatrix}$，

(1) $|\boldsymbol{A}|$ (2) $\boldsymbol{A}^{-1}$ (3) $\boldsymbol{A}$。

---

解 (1) $\boldsymbol{A} \times \text{adj}(\boldsymbol{A}) = |\boldsymbol{A}|\boldsymbol{I} \Rightarrow |\boldsymbol{A}| \times |\text{adj}(\boldsymbol{A})| = |\boldsymbol{A}|^3 \Rightarrow |\boldsymbol{A}|^2 = |\text{adj}(\boldsymbol{A})|$，

又$|\text{adj}(\boldsymbol{A})| = 4$，$\therefore |\boldsymbol{A}| = \pm 2$。

(2) $\boldsymbol{A}^{-1} = \dfrac{\text{adj}(\boldsymbol{A})}{|\boldsymbol{A}|} = \pm\dfrac{1}{2}\begin{bmatrix} 2 & -2 & 0 \\ 0 & 2 & -1 \\ 0 & 0 & 1 \end{bmatrix} = \pm\begin{bmatrix} 1 & -1 & 0 \\ 0 & 1 & -\frac{1}{2} \\ 0 & 0 & \frac{1}{2} \end{bmatrix}$。

(3) $A=|A|(\mathrm{adj}(A))^{-1}=\pm 2\times\frac{1}{4}\times\begin{bmatrix}2&2&2\\0&2&2\\0&0&4\end{bmatrix}=\pm\begin{bmatrix}1&1&1\\0&1&1\\0&0&2\end{bmatrix}$。

## 習題演練

1. 利用矩陣列運算，將下列各矩陣化成列梯形矩陣（答案不唯一）：

(1)$\begin{bmatrix}2&6&1\\1&2&-1\\5&7&-4\end{bmatrix}$ (2)$\begin{bmatrix}2&-1&1\\1&1&2\\0&3&3\end{bmatrix}$ (3)$\begin{bmatrix}1&2&3\\2&5&8\\3&5&7\end{bmatrix}$。

2. 利用矩陣列運算，將下列各矩陣化成列簡化梯形矩陣：

(1)$\begin{bmatrix}1&1&-1\\4&0&1\\0&4&1\end{bmatrix}$ (2)$\begin{bmatrix}2&6&1&7\\1&2&-1&-1\\5&7&-4&9\end{bmatrix}$。

3. 求下列各矩陣行列式值及其反矩陣：

(1)$\begin{bmatrix}1&3\\2&4\end{bmatrix}$ (2)$\begin{bmatrix}5&-8\\1&-3\end{bmatrix}$ (3)$\begin{bmatrix}9&1\\1&9\end{bmatrix}$。

4. 求下列各矩陣行列式值及其反矩陣。

(1)$\begin{bmatrix}1&0&2\\2&1&1\\1&1&1\end{bmatrix}$ (2)$\begin{bmatrix}9&2&0\\2&6&0\\0&0&5\end{bmatrix}$ (3)$\begin{bmatrix}8&0&1\\3&-2&1\\1&4&0\end{bmatrix}$。

5. $A=\begin{bmatrix}1&0&-1\\0&2&-1\\-1&1&0\end{bmatrix}$，請利用基本列運算法求 $A^{-1}$。

6. $A=\begin{bmatrix}3&-1&1\\-15&6&-5\\5&-2&2\end{bmatrix}$，請利用基本列運算法求 $A^{-1}$。

7. 已知 $A=\begin{bmatrix}2&1&-3\\3&1&0\\-6&-4&2\end{bmatrix}$，且$|B|\neq 0$，求下列行列式值。

(1) $\det(A)$ (2) $\det(A^{-1})$ (3) $\det(B^{-1}AB)$ (4) $\det(A^{T})$ (5) $\det(\mathrm{adj}(A))$。

8. $A=\begin{bmatrix}\cos\theta & 0 & -\sin\theta\\ 0 & 1 & 0\\ \sin\theta & 0 & \cos\theta\end{bmatrix}$，求 det($A$) 與 $A^{-1}$。

9. 求下列行列式值。

(1)$\begin{vmatrix}1 & x & x^2\\ 1 & y & y^2\\ 1 & z & z^2\end{vmatrix}$ (2)$\begin{vmatrix}1 & 1 & 1 & 1\\ 3 & 5 & 7 & 11\\ 9 & 25 & 49 & 121\\ 27 & 125 & 343 & 1331\end{vmatrix}$。

10. 求下列行列式值。

$\begin{vmatrix}6 & 1 & -1 & 5\\ 2 & -1 & 3 & -2\\ 1 & 0 & -1 & 0\\ -4 & 3 & 2 & 1\end{vmatrix}$。

## 1-3 線性聯立方程組的解

線性聯立方程組求解在我們日常生活中是常常會碰到的問題，其在工程上更是常見。雖然我們在中學時期就已經學會如何利用加減消去法與代入消去法來求解線性聯立方程組，但是其主要是針對變數較少的聯立方程組，然而在工程的應用上，我們常常需要求解具有很多未知數的問題，這時候就需要利用矩陣來求解，例如以下的一個三變數聯立方程組

$$\begin{cases} -x_1 + x_2 + 2x_3 = 2 \\ 3x_1 - x_2 + x_3 = 6 \\ -x_1 + 3x_2 + 4x_3 = 4 \end{cases} \tag{1}$$

其中變數爲 $x_1$、$x_2$、$x_3$。我們可以將(1)的第一式乘上 3 倍加到第二式，同時第一式也乘上(− 1)倍加到第三式，此時的第二與三式會變成 $2x_2 + 7x_3 = 12$ 與 $2x_2 + 2x_3 = 2$，則原聯立方程組變成

$$\begin{cases} -x_1 + x_2 + 2x_3 = 2 \\ 2x_2 + 7x_3 = 12 \\ 2x_2 + 2x_3 = 2 \end{cases} \tag{2}$$

我們再將(2)的第二式乘上(− 1)倍加到第三式，會變成 $-5x_3 = -10$，則聯立方程組變成

$$\begin{cases} -x_1 + x_2 + 2x_3 = 2 \\ 2x_2 + 7x_3 = 12 \\ -5x_3 = -10 \end{cases} \tag{3}$$

可以由(3)的第三式得到 $x_3 = 2$，代入第二式中可得 $x_2 = -1$，再代入一式中可以得 $x_1 = 1$。

由上述的求解過程可以知道，聯立方程組求解過程只跟係數與常數項有關，而且方程式與方程式之間進行列運算不影響聯立方程組之解，即將原聯立方程組改寫成

$$\begin{bmatrix} -1 & 1 & 2 \\ 3 & -1 & 1 \\ -1 & 3 & 4 \end{bmatrix}\begin{bmatrix} x_1 \\ x_2 \\ x_3 \end{bmatrix} = \begin{bmatrix} 2 \\ 6 \\ 4 \end{bmatrix}\text{，其中 } \boldsymbol{A} = \begin{bmatrix} -1 & 1 & 2 \\ 3 & -1 & 1 \\ -1 & 3 & 4 \end{bmatrix}\text{、}\boldsymbol{X} = \begin{bmatrix} x_1 \\ x_2 \\ x_3 \end{bmatrix}\text{、}\boldsymbol{B} = \begin{bmatrix} 2 \\ 6 \\ 4 \end{bmatrix}\text{，}$$

則此聯立方程組 $\boldsymbol{AX} = \boldsymbol{B}$ 之求解只跟係數矩陣及常數矩陣 $\boldsymbol{B}$ 有關。

接下來我們將學習如何利用矩陣運算的技巧求解聯立方程組。

## 一、高斯消去法（Gauss Elimination Method）

高斯消去法是經常使用來求解聯立方程組的一種方法，以下將介紹高斯消去法求解之常見定義與定理：

**1. 定義**

已知 $\boldsymbol{A}_{m\times n}$，則 $\boldsymbol{AX}=\boldsymbol{B}$ 表一聯立方程組，其中 $\boldsymbol{A}$ 爲係數矩陣，$\boldsymbol{B}$ 爲常數矩陣，$[\boldsymbol{A}|\boldsymbol{B}]$爲增廣矩陣（augmented matrix）

$$\begin{bmatrix} a_{11} & a_{12} & \cdots & a_{1n} \\ a_{21} & a_{22} & \cdots & a_{2n} \\ \vdots & \vdots & \ddots & \vdots \\ a_{m1} & a_{m2} & \cdots & a_{mn} \end{bmatrix}_{m\times n} \begin{bmatrix} x_1 \\ x_2 \\ \vdots \\ x_n \end{bmatrix} = \begin{bmatrix} b_1 \\ b_2 \\ \vdots \\ b_n \end{bmatrix}$$

**Note**

上式中若 $\boldsymbol{B}=\boldsymbol{0}$ 則稱爲齊性方程組。

(1) 若 $m<n$，則方程式數目小於未知數數目，此時的限制（方程式）較少，稱爲欠定系統（undermined system），通常會產生無限多解（也有可能無解）。

(2) 若 $m=n$，則方程式數目等於未知數數目，稱爲恰定系統（determined system），通常會產生唯一解。

(3) 若 $m>n$，則方程式數目大於未知數數目，此時的限制（方程式）較多，稱爲過定系統（overdetermined system），通常會產生無解（但也有可能有解）。

**2. 定義**

(1) 利用列運算將聯立方程組的增廣矩陣化成梯形矩陣，再解方程組，稱爲高斯消去法（Gauss elimination）。

(2) 將增廣矩陣化成列簡化梯形矩陣再解方程組，謂之高斯－喬登消去法（Gauss-Jordan Elimination Method）。

**3. 定理：**

若 $\boldsymbol{A}$ 矩陣經過基本列運算後爲 $\boldsymbol{C}$，即 $\boldsymbol{A}$ 列等價於 $\boldsymbol{C}$，則 $\boldsymbol{AX}=\boldsymbol{0}$ 與 $\boldsymbol{CX}=\boldsymbol{0}$ 具有相同解。

**4. 定理：**

增廣矩陣$[\boldsymbol{A}\,|\,\boldsymbol{B}]$列等價於$[\boldsymbol{A}_1\,|\,\boldsymbol{B}_1]$，則 $\boldsymbol{AX}=\boldsymbol{B}$ 與 $\boldsymbol{A}_1\boldsymbol{X}=\boldsymbol{B}_1$ 有相同解。

**Note**

基本列運算不影響聯立方程組的解，且基本列運算會將多餘（相依）的方程式去除，可以有效簡化聯立方程組的求解。

## 範例 1

利用高斯消去法求解下列聯立方程組。

$$\begin{cases}-x_1+x_2+2x_3=2\\ 3x_1-x_2+x_3=6\\ -x_1+3x_2+4x_3=4\end{cases}$$ 。

**解**

$$[\boldsymbol{A}\,|\,\boldsymbol{B}]=\left[\begin{array}{ccc|c}-1&1&2&2\\3&-1&1&6\\-1&3&4&4\end{array}\right]\xrightarrow{r_{12}^{(3)}r_{13}^{(-1)}}\left[\begin{array}{ccc|c}-1&1&2&2\\0&2&7&12\\0&2&2&2\end{array}\right]\xrightarrow{r_{23}^{(-1)}}\left[\begin{array}{ccc|c}-1&1&2&2\\0&2&7&12\\0&0&-5&-10\end{array}\right]$$

$$\Rightarrow\begin{cases}-x_1+x_2+2x_3=2\\ 2x_2+7x_3=12\\ -5x_3=-10\end{cases}\Rightarrow x_3=2、x_2=-1、x_1=1。$$

■

由上題可知，聯立方程組的解跟增廣矩陣有關，接著我們將先介紹一下矩陣的秩（rank），然後再討論其與聯立方程組之關係。

## 二、矩陣的秩數（rank）

**1. 定義**

將 $\boldsymbol{A}$ 以列運算化成列梯形矩陣後，其非零列的數目，稱為 $A$ 的秩數，記作 rank($\boldsymbol{A}$)。

**例如：**若 $\boldsymbol{A}_{3\times3}=\begin{bmatrix}1&2&3\\4&5&6\\7&8&9\end{bmatrix}$，則

$$A=\begin{bmatrix}1&2&3\\4&5&6\\7&8&9\end{bmatrix}\xrightarrow{r_{12}^{(-4)}r_{13}^{(-7)}}\begin{bmatrix}1&2&3\\0&-3&-6\\0&-6&-12\end{bmatrix}\xrightarrow{r_{23}^{(-2)}}\begin{bmatrix}1&2&3\\0&-3&-6\\0&0&0\end{bmatrix},$$

所以 $A$ 的秩爲 2，即 rank $(A)$ = 2。以聯立方程組解的觀點可知，原聯立方程組 $AX=0\Rightarrow\begin{cases}x_1+2x_2+3x_3=0\\4x_1+5x_2+6x_3=0\\7x_1+8x_2+9x_3=0\end{cases}$ 之聯立方程組可以化簡爲 $\begin{cases}x_1+2x_2+3x_3=0\\-3x_2-6x_3=0\end{cases}$，且化簡前後方程組解是一樣的，而且原來的三條方程式可以簡化為兩條，表示有一條原來的方程式是多餘的，可以去除。

## 範例 2

求解 $A=\begin{bmatrix}1&-2&1&0\\2&1&1&2\\1&-7&2&-2\end{bmatrix}$ 之秩數。

---

**解** $A=\begin{bmatrix}1&-2&1&0\\2&1&1&2\\1&-7&2&-2\end{bmatrix}\xrightarrow{r_{12}^{(-2)}r_{13}^{(-1)}}\begin{bmatrix}1&-2&1&0\\0&5&-1&2\\0&-5&1&-2\end{bmatrix}\xrightarrow{r_{23}^{(1)}}\begin{bmatrix}1&-2&1&0\\0&5&-1&2\\0&0&0&0\end{bmatrix}$,

所以 $\text{rank}(A)=2$。

■

**2. 秩的性質：$A_{m\times n}$**

(1) $\text{rank}(A_{m\times n})\le\min\{m,n\}$。

**例如：** $A_{5\times1}=\begin{bmatrix}1\\2\\3\\4\\5\end{bmatrix}$，

則 $\text{rank}(A)\le\min\{5,1\}=1$，

又 $A$ 中只有非零行一個，所以 $\text{rank}(A)=1$。

(2) $\text{rank}(\boldsymbol{A}) = \text{rank}(\boldsymbol{A}^T)$。

(3) $\boldsymbol{A}$ 經過基本列運算後為 $\boldsymbol{B} \Rightarrow$ 則 $\text{rank}(\boldsymbol{A}) = \text{rank}(\boldsymbol{B})$。

(4) 設 $\boldsymbol{A}$ 為上（下）三角矩陣，則其非零列個數，即為 $\boldsymbol{A}$ 的 rank。

(5) 對聯立方程組 $\boldsymbol{AX} = \boldsymbol{B}$ 而言，$\text{rank}([\boldsymbol{A}|\boldsymbol{B}])$亦稱為此方程組之線性獨立方程式的個數。

(6) 考慮 $\boldsymbol{A}_{m\times n}$、$\boldsymbol{B}_{n\times s}$，則

$$\text{rank}(\boldsymbol{AB}) \le \min\{\text{rank}(\boldsymbol{A}), \text{rank}(\boldsymbol{B})\}$$ 。

$\begin{cases} \text{rank}(\boldsymbol{AB}) \le \text{rank}(\boldsymbol{B}) \\ \text{rank}(\boldsymbol{AB}) \le \text{rank}(\boldsymbol{A}) \end{cases}$，即秩數（rank）越乘越小。

**例如**：若 $\boldsymbol{A} = \begin{bmatrix} 1 \\ 2 \\ 3 \\ 4 \\ 5 \end{bmatrix}$，$\boldsymbol{A}^T = [1 \quad 2 \quad 3 \quad 4 \quad 5]$，

令 $\boldsymbol{B} = \boldsymbol{AA}^T$ 為 $5 \times 5$ 階方陣，又 $\text{rank}(\boldsymbol{A}) = \text{rank}(\boldsymbol{A}^T) = 1$，

則 $\text{rank}(\boldsymbol{B}) \le \min\{\text{rank}(\boldsymbol{A}), \text{rank}(\boldsymbol{A}^T)\} = 1$，又 $\boldsymbol{B} \ne \boldsymbol{0}$，

$\therefore \text{rank}(\boldsymbol{B}) = 1$。

(7) 若 $\boldsymbol{A}$ 之子方陣中，行列式值不為 0 者之最大維度為 $r \times r$，則 $\text{rank}(\boldsymbol{A}) = r$。

**例如**：$\boldsymbol{A}_{3\times 3} = \begin{bmatrix} 1 & -2 & 7 \\ -4 & 8 & 5 \\ 2 & -4 & 3 \end{bmatrix}$，

由觀察可以得知 $\boldsymbol{A}$ 之第一行與第二行成比例，

所以 $\det(\boldsymbol{A}) = \begin{vmatrix} 1 & -2 & 7 \\ -4 & 8 & 5 \\ 2 & -4 & 3 \end{vmatrix} = 0$，

再檢查 $\boldsymbol{A}$ 之子方陣中存在 $\begin{vmatrix} 8 & 5 \\ -4 & 3 \end{vmatrix} \ne 0$，所以 $\text{rank}(\boldsymbol{A}) = 2$。

**3. 可逆方陣的特性**

設 $\boldsymbol{A}_{n\times n}$，$\boldsymbol{A}$ 爲可逆（反矩陣存在），則

(1) $\det(\boldsymbol{A}) \neq 0$。

(2) $\text{rank}(\boldsymbol{A}) = n$。

(3) 聯立方程組 $\boldsymbol{AX} = \boldsymbol{0}$ 中，方程式均獨立，即 $\text{rank}[\boldsymbol{A} \mid \boldsymbol{O}] = n$。

(4) $\boldsymbol{A}_{n\times n}\boldsymbol{X}_{n\times 1} = \boldsymbol{0}$ 之齊性聯立方程組具有唯一解（零解）$\boldsymbol{X}_{n\times 1} = \boldsymbol{A}^{-1}\boldsymbol{0} = \boldsymbol{0}$。

(5) $\boldsymbol{A}_{n\times n}\boldsymbol{X}_{n\times 1} = \boldsymbol{B}_{n\times 1}$ 具有唯一非零解 $\boldsymbol{X}_{n\times 1} = \boldsymbol{A}^{-1}\boldsymbol{B}$。

## 範例 3

有一電路之電流 $I_1$、$I_2$、$I_3$ 經過克希荷夫定律化簡後可得：

$$\begin{cases} I_1 + I_2 - I_3 = E_1 \\ 4I_1 + I_3 = E_2 \\ 4I_2 + I_3 = E_3 \end{cases}$$

，其中 $E_1$、$E_2$、$E_3$ 爲外加電壓源。

(1) 若無外加電壓源，即 $E_1$、$E_2$、$E_3$ 均爲 0，求解 $I_1$、$I_2$、$I_3$。

(2) 若外加電壓源爲 $E_1 = 0$、$E_2 = 16$、$E_3 = 32$，求解 $I_1$、$I_2$、$I_3$。

---

**解** 原聯立方程組可以改寫爲 $\begin{bmatrix} 1 & 1 & -1 \\ 4 & 0 & 1 \\ 0 & 4 & 1 \end{bmatrix}\begin{bmatrix} I_1 \\ I_2 \\ I_3 \end{bmatrix} = \begin{bmatrix} E_1 \\ E_2 \\ E_3 \end{bmatrix}$，其中 $\boldsymbol{A} = \begin{bmatrix} 1 & 1 & -1 \\ 4 & 0 & 1 \\ 0 & 4 & 1 \end{bmatrix}$，

$\boldsymbol{X} = \begin{bmatrix} I_1 \\ I_2 \\ I_3 \end{bmatrix}$、$\boldsymbol{B} = \begin{bmatrix} E_1 \\ E_2 \\ E_3 \end{bmatrix}$，又 $\det(\boldsymbol{A}) = -24 \neq 0$，$\boldsymbol{A}^{-1} = \dfrac{1}{-24}\begin{bmatrix} -4 & -5 & 1 \\ -4 & 1 & -5 \\ 16 & -4 & -4 \end{bmatrix}$，

(1) $\boldsymbol{B} = \begin{bmatrix} 0 \\ 0 \\ 0 \end{bmatrix}$，則齊性方程組之解爲 $\boldsymbol{X} = \begin{bmatrix} I_1 \\ I_2 \\ I_3 \end{bmatrix} = \boldsymbol{A}^{-1}\boldsymbol{0} = \boldsymbol{0} = \begin{bmatrix} 0 \\ 0 \\ 0 \end{bmatrix}$。

(2) $\boldsymbol{B} = \begin{bmatrix} 0 \\ 16 \\ 32 \end{bmatrix}$，則非齊性方程組之解爲 $\boldsymbol{X} = \begin{bmatrix} I_1 \\ I_2 \\ I_3 \end{bmatrix} = \boldsymbol{A}^{-1}\boldsymbol{B} = \begin{bmatrix} 2 \\ 6 \\ 8 \end{bmatrix}$。

## 三、解空間（Solution Space）

### 1. 齊性聯立方程組

我們以兩個未知數的齊性聯立方程組爲例，仔細觀察求解的過程並進而導引出 $n$ 階齊性聯立方程組的求解方法。考慮 $\begin{cases} a_1x+b_1y=0 \\ a_2x+b_2y=0 \end{cases}$ 此聯立方程組在 $x-y$ 平面代表兩條直線的交點，因此根據方程組的係數，會有如下兩種情況：

(1) 若 $\dfrac{a_1}{a_2} \neq \dfrac{b_1}{b_2}$，則兩直線不平行，

此時只有唯一解 $\begin{cases} x=0 \\ y=0 \end{cases}$，

如圖 1-3.1 所示，兩直線交於原點。

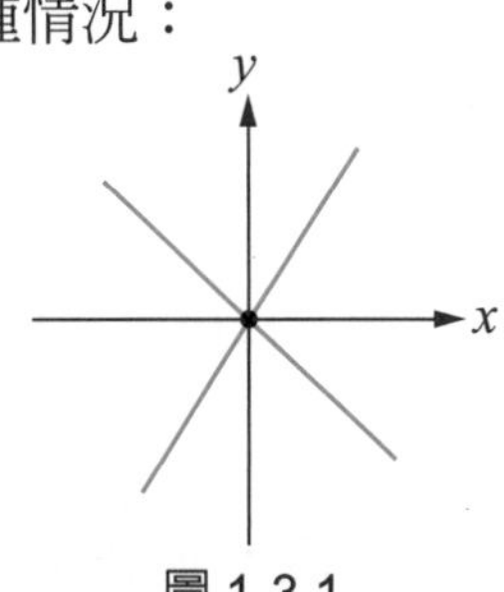


圖 1-3.1

(2) 若 $\dfrac{a_1}{a_2} = \dfrac{b_1}{b_2}$，則兩直線重合，

此時有無窮多解 $\begin{cases} x=t \\ y=-\dfrac{a_1}{b_1}t \end{cases}$，$t\in\mathbb{R}$，

如圖 1-3.2 所示，兩直線重合。

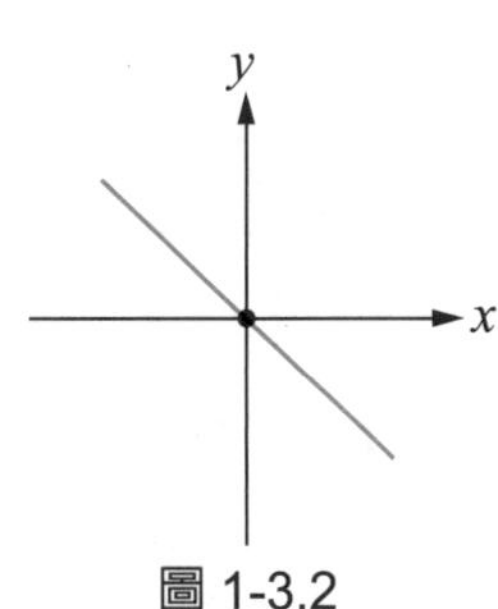


圖 1-3.2

若將方程組寫成矩陣的型式 $\begin{bmatrix} a_1 & b_1 \\ a_2 & b_2 \end{bmatrix}\begin{bmatrix} x \\ y \end{bmatrix}=\begin{bmatrix} 0 \\ 0 \end{bmatrix}$，則(1)的條件表示係數矩陣 $\boldsymbol{A}=\begin{bmatrix} a_1 & b_1 \\ a_2 & b_2 \end{bmatrix}$ 的兩列不成比例，即 $\text{rank}(\boldsymbol{A})=2$。因此發現：當 $\text{rank}(\boldsymbol{A})$ 等於矩陣的階數 $n=2$ 時，方程組有唯一解。同樣道理，在(2)中 $\text{rank}(\boldsymbol{A})=1$ 小於係數矩陣的階數時，方程組有無窮多解。當係數矩陣爲 $n$ 階時，是否也可歸納爲這兩種情況呢？我們接下去討論。

### 2. 定義

$\mathbb{R}^n$ 中，所有能滿足齊性聯立方程組 $\boldsymbol{A}_{m\times n}\boldsymbol{X}_{n\times 1}=\boldsymbol{0}$ 之 $\boldsymbol{X}$ 所成的集合稱爲齊性聯立方程組 $\boldsymbol{AX}=\boldsymbol{0}$ 之解空間（solution space），且 $\text{rank}(\boldsymbol{A})$ 表示齊性聯立方程組中對解空間有非零貢獻之獨立方程式的數目。

**3. 定理：**

齊性聯立方程組 $\boldsymbol{A}_{m\times n}\boldsymbol{X}_{n\times 1}=\boldsymbol{0}$ 的求解中，解空間的維度，即需假設之參數個數為未知數個數 $n$ 減去線性獨立方程式數目 rank($A$)，即

解空間的維度 $= \boldsymbol{n} - \textbf{rank}(\boldsymbol{A})$

## 範例 4

考慮一個齊性聯立方程組 $\boldsymbol{A}_{3\times 3}\boldsymbol{X}_{3\times 1}=\boldsymbol{0}$，其中 $\boldsymbol{A}_{3\times 3}=\begin{bmatrix}1&2&3\\2&5&8\\3&5&7\end{bmatrix}$、$\boldsymbol{X}_{3\times 1}=\begin{bmatrix}x_1\\x_2\\x_3\end{bmatrix}$。

求 $\boldsymbol{A}$ 之秩數，並求 $\boldsymbol{AX}=\boldsymbol{0}$ 之解。

---

解 (1) $\boldsymbol{A}_{3\times 3}=\begin{bmatrix}1&2&3\\2&5&8\\3&5&7\end{bmatrix}\xrightarrow{r_{12}^{(-2)}r_{13}^{(-3)}}\begin{bmatrix}1&2&3\\0&1&2\\0&-1&-2\end{bmatrix}\xrightarrow{r_{23}^{(1)}}\begin{bmatrix}1&2&3\\0&1&2\\0&0&0\end{bmatrix}$，

則 rank($A$) = 2，表示此聯立方程組中只有兩個線性獨立方程式。

(2) $\boldsymbol{A}_{3\times 3}\boldsymbol{X}_{3\times 1}=\boldsymbol{0}$ 經由列運算可以化簡為

$\begin{bmatrix}1&2&3\\0&1&2\\0&0&0\end{bmatrix}\begin{bmatrix}x_1\\x_2\\x_3\end{bmatrix}=\begin{bmatrix}0\\0\\0\end{bmatrix}$，即 $\begin{cases}x_1+2x_2+3x_3=0\\x_2+2x_3=0\end{cases}$，

故聯立方程式有三個未知數，但只有兩個線性獨立方程式，

由未知數數目 $= 3 - \text{rank}(A) = 3 - 2 = 1$，

所以求解時需假設之獨立參數個數為 1，

令 $x_3 = c$，則 $x_2 = -2c$、$x_1 = c$，

所以解空間為 $\boldsymbol{X}_{3\times 1}=\left\{c\begin{bmatrix}1\\-2\\1\end{bmatrix}\middle| c\in\mathbb{R}\right\}$。

■

## 4. 非齊性聯立方程組

對非齊性聯立方程組，我們一樣從兩個未知數的情況開始。考慮$\begin{cases} a_1x+b_1y=c_1 \\ a_2x+b_2y=c_2 \end{cases}$，此聯立方程組在$x-y$平面同樣代表兩條直線的交點，但兩條直線未必會通過原點，因此根據方程組的係數，會有如下三種情況：

(1) 若$\dfrac{a_1}{a_2}\neq\dfrac{b_1}{b_2}$，則兩直線不平行，此時只有唯一解，如圖 1-3.3 所示，

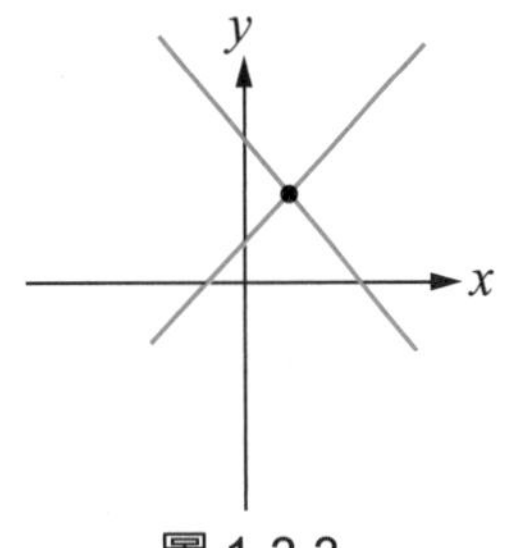

圖 1-3.3

(2) 若$\dfrac{a_1}{a_2}=\dfrac{b_1}{b_2}\neq\dfrac{c_1}{c_2}$，則兩直線平行，此時方程組無解，如圖 1-3.4 所示。

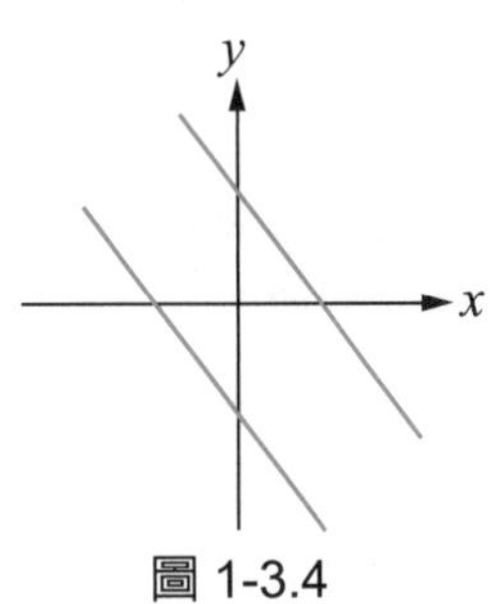

圖 1-3.4

(3) 若$\dfrac{a_1}{a_2}=\dfrac{b_1}{b_2}=\dfrac{c_1}{c_2}$，則兩直線重合，此時有無窮多解$\begin{cases} x=t \\ y=-\dfrac{a_1}{b_1}t \end{cases}$，$t\in\mathbb{R}$，如圖 1-3.5 所示。

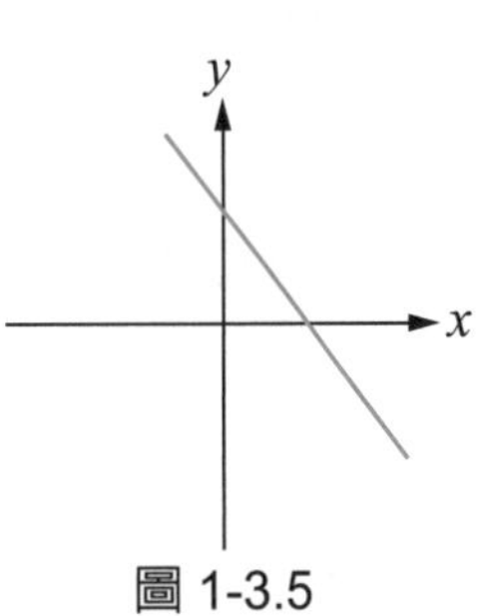

圖 1-3.5

仿照在齊性聯立方程組時的討論，我們發現三種情況所對應的結論為：

(1) 若$\text{rank}(\boldsymbol{A})=\text{rank}([\boldsymbol{A}\,|\,\boldsymbol{B}])=2$，則聯立方程組有唯一解。

(2) 若$\text{rank}(\boldsymbol{A})=1\neq\text{rank}([\boldsymbol{A}\,|\,\boldsymbol{B}])=2$，則聯立方程組無解。

(3) 若$\text{rank}(\boldsymbol{A})=\text{rank}([\boldsymbol{A}\,|\,\boldsymbol{B}])=1$，則聯立方程組有無窮多組解。

下列的定理描述了係數矩陣為$n$階時的情況：

**5. 定理**

$\boldsymbol{A}_{m\times n}\boldsymbol{X}_{n\times 1}=\boldsymbol{B}_{m\times 1}$ 之解存在的條件爲 $\text{rank}(\boldsymbol{A}_{m\times n})=\text{rank}([\boldsymbol{A}_{m\times n}\,|\,\boldsymbol{B}_{n\times 1}])$，換言之即 $\boldsymbol{A}$ 矩陣的秩數與增廣矩陣$[\boldsymbol{A}\,|\,\boldsymbol{B}]$具有相同秩數。

**例如**：對 $\begin{cases}-x_1+x_2+2x_3=2\\3x_1-x_2+x_3=6\\-x_1+3x_2+4x_3=4\end{cases}$ 而言，由前面範例可知增廣矩陣

$$[A\,|\,B]=\left[\begin{array}{ccc|c}-1&1&2&2\\3&-1&1&6\\-1&3&4&4\end{array}\right]\xrightarrow{r}\left[\begin{array}{ccc|c}-1&1&2&2\\0&2&7&12\\0&0&-5&-10\end{array}\right]。$$

因爲 $\text{rank}(\boldsymbol{A})=3=\text{rank}([\boldsymbol{A}\,|\,\boldsymbol{B}])$，所以此聯立非齊性方程組必有解。

## 範例 5

求解 $\begin{cases}x_1-x_2+x_3=2\\x_1+3x_2-x_3=4\\2x_1+2x_2=-3\end{cases}$。

---

**解** 原聯立方程組可以改寫爲 $\begin{bmatrix}1&-1&1\\1&3&-1\\2&2&0\end{bmatrix}\begin{bmatrix}x_1\\x_2\\x_3\end{bmatrix}=\begin{bmatrix}2\\4\\-3\end{bmatrix}$，

其中 $\boldsymbol{A}=\begin{bmatrix}1&-1&1\\1&3&-1\\2&2&-3\end{bmatrix}$、$\boldsymbol{X}=\begin{bmatrix}x_1\\x_2\\x_3\end{bmatrix}$、$\boldsymbol{B}=\begin{bmatrix}2\\4\\-3\end{bmatrix}$，

故

$$[\boldsymbol{A}\,|\,\boldsymbol{B}]=\left[\begin{array}{ccc|c}1&-1&1&2\\1&3&-1&4\\2&2&0&-3\end{array}\right]\xrightarrow{r_{12}^{(-1)}r_{13}^{(-2)}}\left[\begin{array}{ccc|c}1&-1&1&2\\0&4&-2&2\\0&4&-2&-7\end{array}\right]\xrightarrow{r_{23}^{(-1)}}\left[\begin{array}{ccc|c}1&-1&1&2\\0&4&-2&2\\0&0&0&-9\end{array}\right]。$$

因爲 $\text{rank}(\boldsymbol{A})=2\neq\text{rank}([\boldsymbol{A}\,|\,\boldsymbol{B}])=3$，

所以此聯立方程組解不存在，即無解。

**Note**

本題化簡後會出現$\begin{cases} x_1 - x_2 + x_3 = 2 \\ 4x_2 + 2x_3 = 2 \\ 0 = -9 \end{cases}$，其中 $0 = -9$ 爲矛盾方程式，所以聯立方程式無解。

## 四、聯立方程組解之討論總結

我們整理前面齊性與非齊性的情況，使於讀者參照使用。設聯立方程組爲 $\boldsymbol{A}_{m\times n}\boldsymbol{X}_{n\times 1} = \boldsymbol{B}_{m\times 1}$。

**Case1：$\boldsymbol{B} = \boldsymbol{0}$**

即爲齊性聯立方程組 $\boldsymbol{A}_{m\times n}\boldsymbol{X}_{n\times 1} = \boldsymbol{0}$。

因爲 $\text{rank}(\boldsymbol{A}) = \text{rank}([\boldsymbol{A}\,|\,\boldsymbol{O}])$，所以此聯立方程組一定有解。

1. $m = n$，$\boldsymbol{A}$ 爲方陣 $\Rightarrow \boldsymbol{A}_{n\times n}\boldsymbol{X}_{n\times 1} = \boldsymbol{0}$，

$$\begin{cases} (1)\ \text{rank}(\boldsymbol{A}) = n \Rightarrow \det(\boldsymbol{A}) \neq 0 \Leftrightarrow \text{具有唯一解 } \boldsymbol{X} = \boldsymbol{0}\text{。} \\ (2)\ \text{rank}(\boldsymbol{A}) = r < n \Leftrightarrow \text{未知數個數} = n - r, \\ \quad \Rightarrow \text{具有}(n-r)\text{個參數之非零解 } \boldsymbol{X} = c_1\boldsymbol{X}_1 + c_2\boldsymbol{X}_2 + \cdots\cdots + c_{n-r}\boldsymbol{X}_{n-r}, \\ \quad\quad \text{其中 } \boldsymbol{X}_1, \boldsymbol{X}_2, \cdots\cdots, \boldsymbol{X}_{n-r} \text{ 爲 } \boldsymbol{A}\boldsymbol{X} = \boldsymbol{0} \text{ 之 } (n-r) \text{ 個線性獨立解} \\ \quad \Rightarrow \text{此時聯立方程組爲無窮多解。} \end{cases}$$

2. $m \neq n$

$$\begin{cases} (1)\ m > n \begin{cases} \text{①}\ \text{rank}(\boldsymbol{A}) = n \Leftrightarrow \text{具有唯一解 } \boldsymbol{X} = \boldsymbol{0}\text{。} \\ \text{②}\ \text{rank}(\boldsymbol{A}) = r < n \Leftrightarrow \text{具有非零解 } \boldsymbol{X} = c_1\boldsymbol{X}_1 + c_2\boldsymbol{X}_2 + \cdots\cdots + c_{n-r}\boldsymbol{X}_{n-r} \\ \quad \Rightarrow \text{此時聯立方程組爲無窮多解。} \end{cases} \\ (2)\ m < n \Rightarrow \text{rank}(\boldsymbol{A}) = r \leq m < n \Leftrightarrow \text{具有非零解。} \\ \quad \boldsymbol{X} = c_1\boldsymbol{X}_1 + c_2\boldsymbol{X}_2 + \cdots\cdots + c_{n-r}\boldsymbol{X}_{n-r} \\ \quad \Rightarrow \text{此時聯立方程組爲無窮多解。} \end{cases}$$

結論：$\boldsymbol{A}_{m\times n}\boldsymbol{X}_{n\times 1} = \boldsymbol{0} \begin{cases} 1.\ \text{rank}(\boldsymbol{A}) = n \Leftrightarrow \text{具有唯一解 } \boldsymbol{X} = \boldsymbol{0}\text{。} \\ 2.\ \text{rank}(\boldsymbol{A}) = r < n \Leftrightarrow \text{無窮多解} \\ \quad \Rightarrow \text{具有}(n-r)\text{個參數之非零解,} \\ \quad\quad \boldsymbol{X} = c_1\boldsymbol{X}_1 + \cdots\cdots + c_{n-r}\boldsymbol{X}_{n-r}\text{。} \end{cases}$

**Case2：$B \neq 0$**

$A_{m\times n}X_{n\times 1} = B_{m\times 1}$，且$[A \mid B]$爲增廣矩陣

1. $m = n$，$A$ 爲方陣$\Rightarrow A_{n\times n}X_{n\times 1} = B_{n\times 1}$（恰定系統）

   (1) $\text{rank}(A) = n = \text{rank}([A \mid B]) \Leftrightarrow$ 具有唯一解 $X = A^{-1}B$。

   (2) $\text{rank}(A) = r < n \Rightarrow$

   ① $\text{rank}(A) = \text{rank}([A \mid B]) = r \Leftrightarrow$ 無限多解

   $X = c_1X_1 + c_2X_2 + \cdots\cdots + c_{n-r}X_{n-r} + X_p$

   其中 $X_h = c_1X_1 + c_2X_2 + \cdots\cdots + c_{n-r}X_{n-r}$ 爲齊性解

   $X_p$ 爲一特解。

   ② $\text{rank}(A) \neq \text{rank}([A \mid B]) \Leftrightarrow$ 無解。

2. $m \neq n$

   (1) $m > n \Rightarrow$過定系統

   ① $\text{rank}(A) = \text{rank}([A \mid B]) = n \Leftrightarrow$ 具有唯一解。

   ② $\text{rank}(A) = \text{rank}([A \mid B]) = r < n \Leftrightarrow$ 無限多解，

   $X = c_1X_1 + c_2X_2 + \cdots\cdots + c_{n-r}X_{n-r} + X_p$，

   其中 $X_h = c_1X_1 + c_2X_2 + \cdots\cdots + c_{n-r}X_{n-r}$ 齊爲性解，

   $X_p$ 爲一特解。

   ③ $\text{rank}(A) \neq \text{rank}([A \mid B]) \Leftrightarrow$ 無解。

   (2) $m < n \Rightarrow$欠定系統

   ① $\text{rank}(A) = \text{rank}([A \mid B]) = r \leq m < n \Leftrightarrow$ 無限多解，

   $X = c_1X_1 + c_2X_2 + \cdots\cdots + c_{n-r}X_{n-r} + X_p$，

   其中 $X_h = c_1X_1 + c_2X_2 + \cdots\cdots + c_{n-r}X_{n-r}$ 爲齊性解，

   $X_p$ 爲一特解。

   ② $\text{rank}(A) \neq \text{rank}([A \mid B]) \Leftrightarrow$ 無解。

結論：

$$\boldsymbol{A}_{m\times n}\boldsymbol{X}_{n\times 1}=\boldsymbol{B}_{m\times 1}\begin{cases}1.\ \text{rank}(\boldsymbol{A})=\text{rank}([\boldsymbol{A}\mid\boldsymbol{B}])=r\Rightarrow\begin{cases}①\ r=n\Rightarrow\text{唯一解}\\ ②\ r<n\Rightarrow\text{無限多解}\\ \qquad\Rightarrow\text{具有}(n-r)\text{個參數解}\end{cases}\\ 2.\ \text{rank}(\boldsymbol{A})\neq\text{rank}([\boldsymbol{A}\mid\boldsymbol{B}])\Rightarrow\text{無解}\end{cases}$$

## 範例 6

利用高斯消去法求解$\begin{cases}x_1+2x_2-x_3=7\\ 2x_1+3x_2+x_3=14\\ x_1+x_2+2x_3=7\end{cases}$。

---

**解** 原聯立方程組可以改寫為$\begin{bmatrix}1&2&-1\\2&3&1\\1&1&2\end{bmatrix}\begin{bmatrix}x_1\\x_2\\x_3\end{bmatrix}=\begin{bmatrix}7\\14\\7\end{bmatrix}$，

其中$\boldsymbol{A}=\begin{bmatrix}1&2&-1\\2&3&1\\1&1&2\end{bmatrix}$、$\boldsymbol{X}=\begin{bmatrix}x_1\\x_2\\x_3\end{bmatrix}$、$\boldsymbol{B}=\begin{bmatrix}7\\14\\7\end{bmatrix}$，則

$$[\boldsymbol{A}\mid\boldsymbol{B}]=\left[\begin{array}{ccc|c}1&2&-1&7\\2&3&1&14\\1&1&2&7\end{array}\right]\xrightarrow{r_{12}^{(-2)}r_{13}^{(-1)}}\left[\begin{array}{ccc|c}1&2&-1&7\\0&-1&3&0\\0&-1&3&0\end{array}\right]\xrightarrow{r_{23}^{(-1)}}\left[\begin{array}{ccc|c}1&2&-1&7\\0&-1&3&0\\0&0&0&0\end{array}\right],$$

因為 $\text{rank}(\boldsymbol{A})=\text{rank}([\boldsymbol{A}\mid\boldsymbol{B}])=2<3$，

所以聯立方程組為具有 $3-\text{rank}(\boldsymbol{A})=1$ 之一個參數的無窮多解，

由$\begin{cases}x_1+2x_2-x_3=7\\ -x_2+3x_3=0\end{cases}$，令 $x_3=c$，則 $x_2=3c$、$x_1=7-5c$，

所以聯立方程組之解為

$$X=\begin{bmatrix}x_1\\x_2\\x_3\end{bmatrix}=\begin{bmatrix}7-5c\\3c\\c\end{bmatrix}=c\begin{bmatrix}-5\\3\\1\end{bmatrix}+\begin{bmatrix}7\\0\\0\end{bmatrix},$$

其中齊性解 $X_h=c\begin{bmatrix}-5\\3\\1\end{bmatrix}$，特解 $X_p=\begin{bmatrix}7\\0\\0\end{bmatrix}$。

## 範例 7

考慮一個聯立方程組 $A_{3\times3}X_{3\times1}=B_{3\times1}$，其中 $A_{3\times3}=\begin{bmatrix}1&-2&3\\2&k+1&6\\-1&3&k-2\end{bmatrix}$、$B_{3\times1}=\begin{bmatrix}2\\8\\-1\end{bmatrix}$，

求 $k$ 值，使此聯立方程組為

(1) 無窮多解。

(2) 唯一解。

(3) 無解。

---

解 $$[A\,|\,B]=\left[\begin{array}{ccc|c}1&-2&3&2\\2&k+1&6&8\\-1&3&k-2&-1\end{array}\right]\xrightarrow{r_{12}^{(-2)}r_{13}^{(1)}}\left[\begin{array}{ccc|c}1&-2&3&2\\0&k+5&0&4\\0&1&k+1&1\end{array}\right]$$

$$\xrightarrow{r_{23}}\left[\begin{array}{ccc|c}1&-2&3&2\\0&1&k+1&1\\0&k+5&0&4\end{array}\right]\xrightarrow{r_{23}^{(-k-5)}}\left[\begin{array}{ccc|c}1&-2&3&2\\0&1&k+1&1\\0&0&-(k+5)(k+1)&-k-1\end{array}\right]$$

(1) 聯立方程組為無窮多解，所以 $\text{rank}(A)=\text{rank}([A\,|\,B])=r<3\Leftrightarrow k=-1$，此時 $\text{rank}(A)=\text{rank}([A\,|\,B])=2\Leftrightarrow$ 具有一參數解$\Rightarrow$方程組無窮多解。

(2) 聯立方程組具有唯一解，則 $\text{rank}(A)=\text{rank}([A\,|\,B])=3\Rightarrow k\neq-5$、$-1$。

(3) 聯立方程組無解，則 $\text{rank}(A)\neq\text{rank}([A\,|\,B])\Rightarrow k=-5$。

**Note**

$k=-5$時，

$$[A\,|\,B]=\left[\begin{array}{ccc|c}1&-2&3&2\\2&k+1&6&8\\-1&3&k-2&-1\end{array}\right]\xrightarrow{r}\left[\begin{array}{ccc|c}1&-2&3&2\\0&1&-4&1\\0&0&0&4\end{array}\right]\Rightarrow \text{rank}(A)=2\neq\text{rank}([A\,|\,B])=3\text{，}$$

此時方程式爲$\begin{cases}x_1-2x_2+3x_3=2\\x_2-4x_3=1\\0=4\end{cases}$，其中 $0=4$ 爲矛盾，所以無解。

■

## 範例 8

$$\boldsymbol{A}=\begin{bmatrix}1&2&0&1&3\\0&0&1&1&1\\1&2&1&2&4\end{bmatrix}\text{，求 }\boldsymbol{AX}=\boldsymbol{0}\text{ 之解空間 }\boldsymbol{N}\text{。}$$

---

**解**

$$\begin{bmatrix}1&2&0&1&3\\0&0&1&1&1\\1&2&1&2&4\end{bmatrix}\xrightarrow{r_{13}^{(-1)}}\begin{bmatrix}1&2&0&1&3\\0&0&1&1&1\\0&0&1&1&1\end{bmatrix}\xrightarrow{r_{23}^{(-1)}}\begin{bmatrix}1&2&0&1&3\\0&0&1&1&1\\0&0&0&0&0\end{bmatrix}$$

所以原齊性聯立方程組可以化簡爲

$$\Rightarrow\begin{cases}x_1+2x_2+x_4+3x_5=0\\x_3+x_4+x_5=0\end{cases}\text{，}$$

取 $x_4=c_1$、$x_5=c_2$、$x_2=c_3\Rightarrow x_3=-c_1-c_2$、$x_1=-2c_3-c_1-3c_2$，

$$\therefore \boldsymbol{N}=\left\{\begin{bmatrix}x_1\\x_2\\x_3\\x_4\\x_5\end{bmatrix}\middle|\, x_1,x_2,x_3,x_4,x_5\in\mathbb{R}\right\}=\left\{\begin{bmatrix}-2c_3-c_1-3c_2\\c_3\\-c_1-c_2\\c_1\\c_2\end{bmatrix}\middle|\, c_1,c_2,c_3\in\mathbb{R}\right\}$$

$$=\left\{c_1\begin{bmatrix}-1\\0\\-1\\1\\0\end{bmatrix}+c_2\begin{bmatrix}-3\\0\\-1\\0\\1\end{bmatrix}+c_3\begin{bmatrix}-2\\1\\0\\0\\0\end{bmatrix}\middle|\, c_1,c_2,c_3\in\mathbb{R}\right\}\text{。}$$

■

## 範例 9

(1) 若 $\boldsymbol{AX}=\boldsymbol{B}$，具有唯一解，其中 $\boldsymbol{A}\in\mathbb{R}^{n\times n}$，則 rank($\boldsymbol{A}$) = ?

(2) 考慮 $\begin{bmatrix}1&1&1\\0&0&1\\1&1&0\end{bmatrix}\begin{bmatrix}x_1\\x_2\\x_3\end{bmatrix}=\begin{bmatrix}2\\1\\\alpha\end{bmatrix}$，若 $\alpha=1$，則有多少解？

(3) 同上題，當 $\alpha$ 爲何，方程組無解？

---

解 (1) $\boldsymbol{AX}=\boldsymbol{B}$ 具有唯一解 $\Rightarrow \text{rank}(\boldsymbol{A})=n\Rightarrow \det(\boldsymbol{A})\neq 0$。

(2) $$[\boldsymbol{A}\,|\,\boldsymbol{B}]=\left[\begin{array}{ccc|c}1&1&1&2\\0&0&1&1\\1&1&0&\alpha\end{array}\right]\xrightarrow{r_{13}^{(-1)}}\left[\begin{array}{ccc|c}1&1&1&2\\0&0&1&1\\0&0&-1&\alpha-2\end{array}\right]\xrightarrow{r_{23}^{(1)}}\left[\begin{array}{ccc|c}1&1&1&2\\0&0&1&1\\0&0&0&\alpha-1\end{array}\right]$$

當 $\alpha=1\Rightarrow \text{rank}(\boldsymbol{A})=\text{rank}([\boldsymbol{A}\,|\,\boldsymbol{B}])=2<3$，

$\therefore$方程式有無窮多解

$\Rightarrow\begin{cases}x_1+x_2+x_3=2\\x_3=1\end{cases}$，令 $x_2=c_1\Rightarrow x_1=1-c_1$，

$$\therefore\begin{bmatrix}x_1\\x_2\\x_3\end{bmatrix}=\begin{bmatrix}1-c_1\\c_1\\1\end{bmatrix}=c_1\begin{bmatrix}-1\\1\\0\end{bmatrix}+\begin{bmatrix}1\\0\\1\end{bmatrix}。$$

(3) 若 $\alpha\neq 1\Rightarrow \text{rank}(\boldsymbol{A})\neq\text{rank}([\boldsymbol{A}\,|\,\boldsymbol{B}])\Rightarrow$無解。

## 範例 10

已知$\begin{bmatrix} 1 & -1 & 2 \\ 2 & 1 & -3 \\ 4 & -1 & 1 \end{bmatrix}\begin{bmatrix} x_1 \\ x_2 \\ x_3 \end{bmatrix}=\begin{bmatrix} 4 \\ -2 \\ 6 \end{bmatrix}$，即 $\boldsymbol{AX}=\boldsymbol{B}$，求解此聯立方程組。

---

解 $[\boldsymbol{A}\,|\,\boldsymbol{B}]=\left[\begin{array}{ccc|c} 1 & -1 & 2 & 4 \\ 2 & 1 & -3 & -2 \\ 4 & -1 & 1 & 6 \end{array}\right]\xrightarrow{r_{12}^{(-2)}r_{13}^{(-4)}}\left[\begin{array}{ccc|c} 1 & -1 & 2 & 4 \\ 0 & 3 & -7 & -10 \\ 0 & 3 & -7 & -10 \end{array}\right]$

$\xrightarrow{r_{23}^{(-1)}}\left[\begin{array}{ccc|c} 1 & -1 & 2 & 4 \\ 0 & 3 & -7 & -10 \\ 0 & 0 & 0 & 0 \end{array}\right]$

$\Rightarrow\begin{cases} x_1-x_2+2x_3=4 \\ 3x_2-7x_3=-10 \end{cases}$ 令 $\begin{matrix} x_3=3c+1 \text{、} x_2=7c-1 \\ x_1=4+7c-1-6c-2=c+1 \end{matrix}$，

得解為$\begin{bmatrix} x_1 \\ x_2 \\ x_3 \end{bmatrix}=\begin{bmatrix} c+1 \\ 7c-1 \\ 3c+1 \end{bmatrix}=c\begin{bmatrix} 1 \\ 7 \\ 3 \end{bmatrix}+\begin{bmatrix} 1 \\ -1 \\ 1 \end{bmatrix}$。

■

### 五、克拉瑪法則（Cramer's Rule）

利用行列式來求聯立線性方程組的解，是由加白利－克拉瑪（Gabriel Cramer，1704-1752，瑞士）首先提出的。雖然在計算上並非最有效率，但在很多理論的推導上卻很有用，介紹如下：

先以二階聯立方程組為例：

$\boldsymbol{A}_{2\times2}\boldsymbol{X}_{2\times1}=\boldsymbol{B}_{2\times21}$，且 $|\boldsymbol{A}|\neq0$，即

$\begin{bmatrix} a_{11} & a_{12} \\ a_{21} & a_{22} \end{bmatrix}\begin{bmatrix} x_1 \\ x_2 \end{bmatrix}=\begin{bmatrix} b_1 \\ b_2 \end{bmatrix}\Rightarrow\begin{cases} a_{11}x_1+a_{12}x_2=b_1 \\ a_{21}x_1+a_{22}x_2=b_2 \end{cases}$。

利用代入消去法可得：

$$x_1 = \frac{b_1a_{22} - b_2a_{12}}{a_{11}a_{22} - a_{21}a_{12}} = \frac{\begin{vmatrix} b_1 & a_{12} \\ b_2 & a_{22} \end{vmatrix}}{\begin{vmatrix} a_{11} & a_{12} \\ a_{21} & a_{22} \end{vmatrix}} = \frac{\Delta_1}{|\boldsymbol{A}|}\text{，}$$

其中 $\Delta_1$ 表示 $\boldsymbol{A}$ 中第一行用 $\boldsymbol{B}$ 代替後之矩陣行列式值。同理，

$$x_2 = \frac{\begin{vmatrix} a_{11} & b_1 \\ a_{21} & b_2 \end{vmatrix}}{\begin{vmatrix} a_{11} & a_{12} \\ a_{21} & a_{22} \end{vmatrix}} = \frac{\Delta_2}{|\boldsymbol{A}|}\text{。}$$

**推廣：**

求解聯立方程組 $\boldsymbol{A}_{n\times n}\boldsymbol{X}_{n\times 1} = \boldsymbol{B}_{n\times 1}$，且 $|\boldsymbol{A}_{n\times n}| \neq 0$

即 $\begin{bmatrix} a_{11} & a_{12} & \cdots & a_{1n} \\ a_{21} & a_{22} & & \vdots \\ \vdots & \vdots & \ddots & \vdots \\ a_{n1} & a_{n2} & \cdots & a_{nn} \end{bmatrix}\begin{bmatrix} x_1 \\ x_2 \\ \vdots \\ x_n \end{bmatrix} = \begin{bmatrix} b_1 \\ b_2 \\ \vdots \\ b_n \end{bmatrix}$，則

$$\boldsymbol{X} = \boldsymbol{A}^{-1}\boldsymbol{B} \Rightarrow \boldsymbol{X} = \frac{\boldsymbol{adj}(\boldsymbol{A})\times\boldsymbol{B}}{|\boldsymbol{A}|} = \frac{\Sigma}{|\boldsymbol{A}|}$$

其中 $\Sigma = \boldsymbol{adj}(\boldsymbol{A})\times\boldsymbol{B} = \begin{bmatrix} \Delta_1 \\ \Delta_2 \\ \vdots \\ \Delta_n \end{bmatrix} = \begin{bmatrix} C_{11} & C_{21} & \cdots & C_{n1} \\ C_{21} & C_{22} & & \vdots \\ \vdots & \vdots & & \vdots \\ C_{1n} & C_{2n} & \cdots & C_{nn} \end{bmatrix} \times \begin{bmatrix} b_1 \\ b_2 \\ \vdots \\ b_n \end{bmatrix}$，

其中 $\Delta_1 = b_1C_{11} + b_2C_{21} + \cdots\cdots + b_nC_{n1}$、$\Delta_2 = b_1C_{12} + b_2C_{22} + \cdots\cdots + b_nC_{n2}$、……，

即 $\Delta_i$ 爲 $\boldsymbol{A}$ 之第 $i$ 行用 $\boldsymbol{B}$ 取代後之矩陣的行列式值（$i = 1, 2, \cdots\cdots, n$），則聯立方程組之解 $x_i$ 爲

$$x_i = \frac{\Delta_i}{|\boldsymbol{A}|}\text{，}i = 1, 2, 3, \cdots\cdots, n$$

## 範例 11

利用克拉瑪法則求解方程式$\begin{cases} 3x+2y+4z=1 \\ 2x-y+z=0 \\ x+2y+3z=1 \end{cases}$的解。

---

解　令$\Delta=|A|=\begin{vmatrix} 3 & 2 & 4 \\ 2 & -1 & 1 \\ 1 & 2 & 3 \end{vmatrix}=-5\neq 0$，故有唯一解

$\Delta_x=\begin{vmatrix} 1 & 2 & 4 \\ 0 & -1 & 1 \\ 1 & 2 & 3 \end{vmatrix}=1$、$\Delta_y=\begin{vmatrix} 3 & 1 & 4 \\ 2 & 0 & 1 \\ 1 & 1 & 3 \end{vmatrix}=0$、$\Delta_z=\begin{vmatrix} 3 & 2 & 1 \\ 2 & -1 & 0 \\ 1 & 2 & 1 \end{vmatrix}=-2$，

由克拉瑪法則則得

$x=\dfrac{\Delta_x}{\Delta}=-\dfrac{1}{5}$、$y=\dfrac{\Delta_y}{\Delta}=0$、$z=\dfrac{\Delta_z}{\Delta}=\dfrac{2}{5}$。

■

## 習題演練

1. 求下列各矩陣之秩數，並求齊性聯立方程組 $\boldsymbol{AX}=\boldsymbol{0}$ 之解，

(1)$\begin{bmatrix} 5 & -3 \\ 0 & 0 \end{bmatrix}$　(2)$\begin{bmatrix} 3 & -3 \\ 1 & -1 \end{bmatrix}$　(3)$\begin{bmatrix} 3 & -3 \\ 1 & -2 \end{bmatrix}$　(4)$\begin{bmatrix} 1 & -2 \\ 4 & -8 \\ 6 & -1 \\ 4 & 5 \end{bmatrix}$　(5)$\begin{bmatrix} 1 & 2 \\ 3 & 6 \\ -1 & 3 \\ 3 & -9 \\ 1 & 7 \end{bmatrix}$　(6)$\begin{bmatrix} 4 & 4 & -2 \\ -4 & -4 & 2 \\ -2 & -2 & 1 \end{bmatrix}$

(7)$\begin{bmatrix} -9 & 8 & -4 \\ 8 & -9 & -4 \\ -4 & -4 & -32 \end{bmatrix}$　(8)$\begin{bmatrix} 3 & 4 & -2 \\ 4 & 3 & -2 \\ -2 & -2 & -1 \end{bmatrix}$　(9)$\begin{bmatrix} 4 & -1 & 2 & 1 \\ 2 & -11 & 7 & 8 \\ 0 & 7 & -4 & -5 \\ 2 & 3 & -1 & -2 \end{bmatrix}$　(10)$\begin{bmatrix} 1 & 2 & 1 & -1 & 2 \\ 1 & 4 & 5 & -3 & 8 \\ -2 & -1 & 4 & -1 & 5 \\ 3 & 7 & 5 & -4 & 9 \end{bmatrix}$。

2. 以下每一小題均利用高斯消去法、高斯喬登消去法與克拉瑪法則之三種方法，求解下列聯立方程組，並驗證各小題使用此三種方法可以得到相同答案。

(1) $\begin{cases} x_1+2x_2+3x_3=4 \\ 2x_1+5x_2+3x_3=5 \\ x_1+8x_3=9 \end{cases}$ (2) $\begin{cases} 2x_1-4x_2+3x_3=3 \\ x_1-x_2+x_3=2 \\ 3x_1+2x_2-x_3=4 \end{cases}$ (3) $\begin{cases} 2x_1+3x_2-4x_3=1 \\ 3x_1-x_2-2x_3=4 \\ 4x_1-7x_2-6x_3=-7 \end{cases}$ 。

3. 齊性聯立方程組 $\boldsymbol{AX}=\boldsymbol{O}$，其中 $\boldsymbol{A}$ 矩陣如下所示，分別求其 $\boldsymbol{A}$ 矩陣的秩數與其通解。

(1) $\begin{bmatrix} 1 & 1 & 2 \\ 0 & 1 & 1 \\ 1 & 3 & 4 \end{bmatrix}$ (2) $\begin{bmatrix} 1 & 2 & 3 \\ 2 & 5 & 3 \\ 1 & 0 & 8 \end{bmatrix}$ (3) $\begin{bmatrix} 1 & 2 & -1 & 1 \\ 0 & 1 & -1 & 1 \end{bmatrix}$ 。

4. 非齊性聯立方程組 $\boldsymbol{AX}=\boldsymbol{B}$，其中 $\boldsymbol{A}$、$\boldsymbol{B}$ 矩陣分別如下所示，先檢驗其 rank($\boldsymbol{A}$)與 rank($\boldsymbol{A}|\boldsymbol{B}$)是否相等，若是相等，則求此聯立方程組之通解。

(1) $\boldsymbol{A}=\begin{bmatrix} 1 & 1 & 1 \\ 1 & -1 & 1 \\ 3 & 1 & 3 \end{bmatrix}$、$\boldsymbol{B}=\begin{bmatrix} 1 \\ 2 \\ 4 \end{bmatrix}$ (2) $\boldsymbol{A}=\begin{bmatrix} 1 & 0 & 1 & 0 \\ 2 & 2 & 0 & 3 \\ 0 & 4 & -4 & 5 \end{bmatrix}$、$\boldsymbol{B}=\begin{bmatrix} 2 \\ 1 \\ -7 \end{bmatrix}$ 。

5. 若 $\boldsymbol{X}_p=\begin{bmatrix} -7 \\ 8 \\ 9 \\ 11 \end{bmatrix}$ 爲 $\begin{cases} x_1-x_2+x_3-x_4=a \\ -2x_1+3x_2-x_3+2x_4=b \\ 4x_1-2x_2+2x_3-3x_4=d \end{cases}$ 之一特解，則此聯立方程組之通解爲何？

6. 若 $\boldsymbol{X}_p=\begin{bmatrix} 7 \\ 8 \\ 9 \\ 13 \end{bmatrix}$ 爲 $\begin{cases} x_1+x_3-x_4=a \\ -x_1+x_2+x_3+2x_4=b \\ x_1+2x_2+5x_3+x_4=d \end{cases}$ 之一特解，則此聯立方程組之通解爲何？

7. 考慮一個聯立方程組 $\boldsymbol{A}_{3\times3}\boldsymbol{X}_{3\times1}=\boldsymbol{B}_{3\times1}$，其中 $\boldsymbol{A}_{3\times3}=\begin{bmatrix} 1 & a & 3 \\ 1 & 2 & 2 \\ 1 & 3 & a \end{bmatrix}$、$\boldsymbol{B}_{3\times1}=\begin{bmatrix} 2 \\ 3 \\ a+3 \end{bmatrix}$，求 $a$ 之值，

使此聯立方程組爲

(1) 唯一解 (2) 無窮多解 (3) 無解。

8. 考慮一個聯立方程組 $\boldsymbol{A}_{3\times3}\boldsymbol{X}_{3\times1}=\boldsymbol{B}_{3\times1}$，其中 $\boldsymbol{A}_{3\times3}=\begin{bmatrix} 0 & a & 1 \\ a & 0 & b \\ a & a & 2 \end{bmatrix}$、$\boldsymbol{B}_{3\times1}=\begin{bmatrix} b \\ 1 \\ 2 \end{bmatrix}$，求 $a$、$b$ 之值，

使此聯立方程組爲

(1) 唯一解 (2) 一個參數解 (3) 兩個參數解 (4) 無解。

# 1-4 Matlab 與矩陣運算

## 一、矩陣的基本輸入與輸出

**1. 小數與分數輸出**

使用指令 **format short**

則之後輸入的任何矩陣元素都會以小數表示

若想以分數表示矩陣元素，則使用指令 **format rat**

如圖 1-4.1 所示（inv 表示反矩陣）。

**2. 零矩陣[ZEORS]**

想要輸出一個$n \times m$的零矩陣，指令為：

**ZEROS(n,m)**

如圖 1-4.2 所示。

```
Command Window
>> A=[2 1 -1; 1 -3 1; 1 3 -3]

A =

   2   1  -1
   1  -3   1
   1   3  -3

>> format rat
>> B=inv(A)

B =

    3/5       0        -1/5
    2/5      -1/2      -3/10
    3/5      -1/2      -7/10

fx >>
```

圖 1-4.1

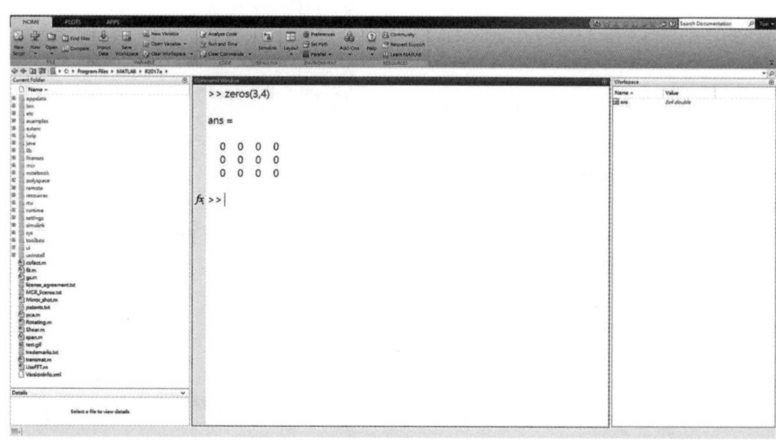


圖 1-4.2

**3. 壹矩陣[ones]**

想要輸出一個$n \times m$的壹矩陣，指令為：

**ones(n,m)**

如圖 1-4.3 所示。

**4. 單位矩陣[eye]**

想要輸出一個 $n$ 階單位矩陣，指令為：

**eye(n)**

如圖 1-4.4 所示。

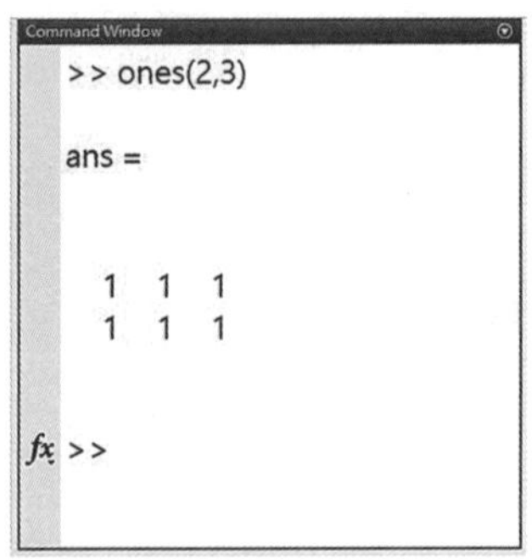


圖 1-4.3

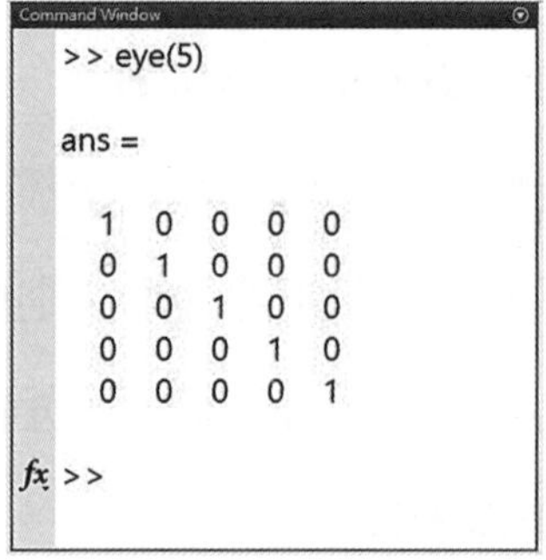


圖 1-4.4

**5. 餘因子[cofactor]**

(1) 建立函數

步驟一：建立一個腳本

步驟二：新增函數

```
function Cij = cofact(A,i,j)
  % cofactor ckl of the entry of the matrix A
  [m,n] = size(A);
  if m ~ = n
     error('Matrix must be square')
end
     B = A([1:i-1,i+j:n],[1:j-1,j+1:n]);
     Cij = (-1)^(i+j)*det(B);
```

步驟三：執行

步驟四：存成 [.m] 檔

步驟五：新增從 Matlab 呼叫此函數的路徑（有兩種方式）

① 其他資料夾

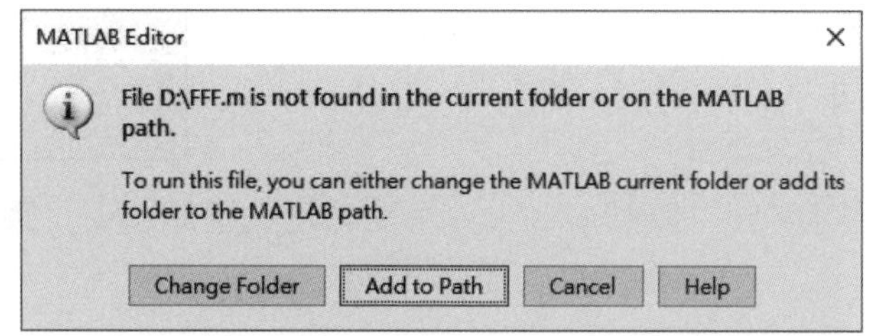


② 將已存好的函數，例如 cofactor2.m 放回路徑

C:\Program Files\MATLAB\儲存程式的資料夾名稱

建立腳本畫面如下：

```
function Cij = cofact(A,i,j)
% cofactor ckl of the entry of the matrix A
[m,n]=size(A);
if m ~= n
   error('Matrix must be square')
end
B=A([1:i-1,i+j:n],[1:j-1,j+1:n]);
Cij = (-1)^(i+j)*det(B);
```

(2) 範例

以矩陣 $\boldsymbol{A}=\begin{bmatrix}1 & 2 & 3\\4 & 5 & 6\\7 & 8 & 9\end{bmatrix}$ 為例，想要求 $\boldsymbol{A}$ 的餘因子，則在命令列輸入

***A*=[1 2 3;4 5 6;7 8 9]**

**cofact(A,3,2)**

如圖 1-4.5 所示。

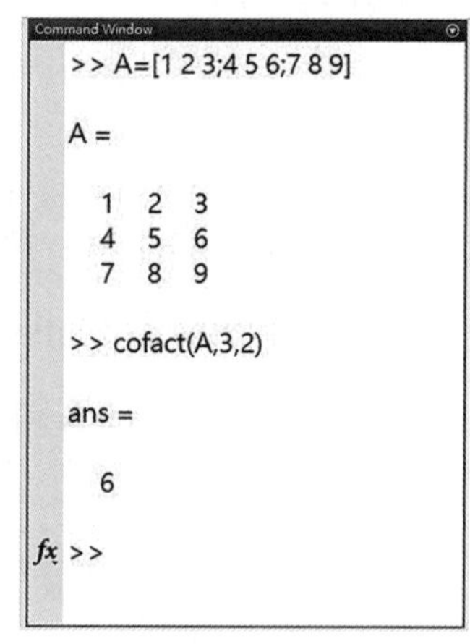


圖 1-4.5

## 二、基本矩陣運算

### 1. 矩陣相加 [+]

欲求兩個行數與列數一致的方陣 $\boldsymbol{A}$ 與 $\boldsymbol{B}$ 相加，則輸入方陣後，使用指令

**A+B**

輸入即可，

如圖 1-4.6 所示。

```
Command Window
>> A=[1 2 3;2 3 4;3 4 5]

A =

   1   2   3
   2   3   4
   3   4   5

>> B=[6 4 3;4 4 2;3 2 2]

B =

   6   4   3
   4   4   2
   3   2   2

>> C=A+B

C =

   7   6   6
   6   7   6
   6   6   7

fx >>
```

圖 1-4.6

## 2. 矩陣相乘 [*]

欲求一$n \times m$的矩陣 $\boldsymbol{A}$ 與一$m \times r$的矩陣 $\boldsymbol{B}$ 相乘，則輸入矩陣後，指令爲

**A*B**

如圖 1-4.7 所示（其中 A′表示矩陣 A 的轉置矩陣），

如圖 1-4.8 所示，示範了一個矩陣相乘不可交換的例子。

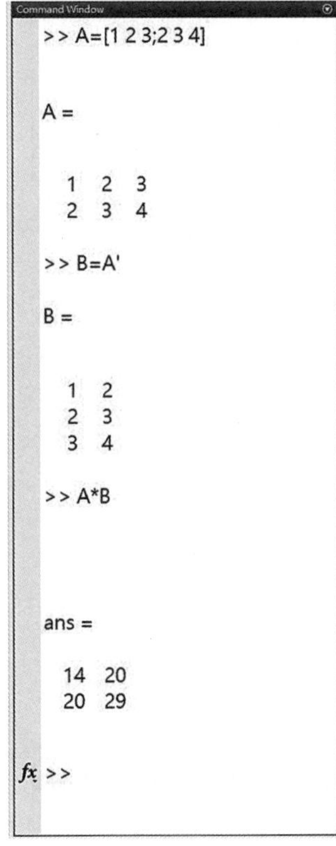


圖 1-4.7

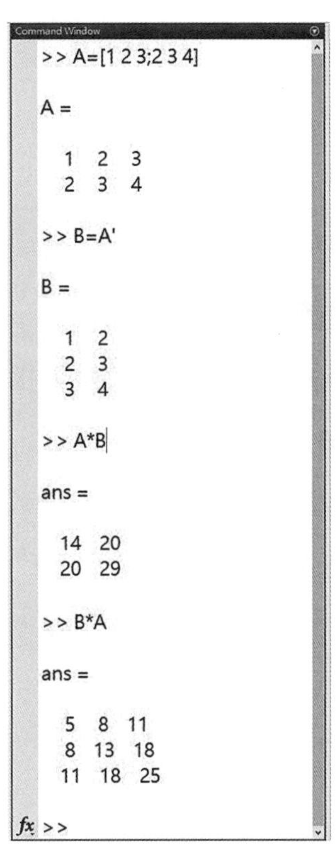


圖 1-4.8

**3. 矩陣次方 [ ^ ]**

計算一 $n$ 階方陣 $A$ 的 $k$ 次方，指令爲

**A^k**

如圖 1-4.9 所示。

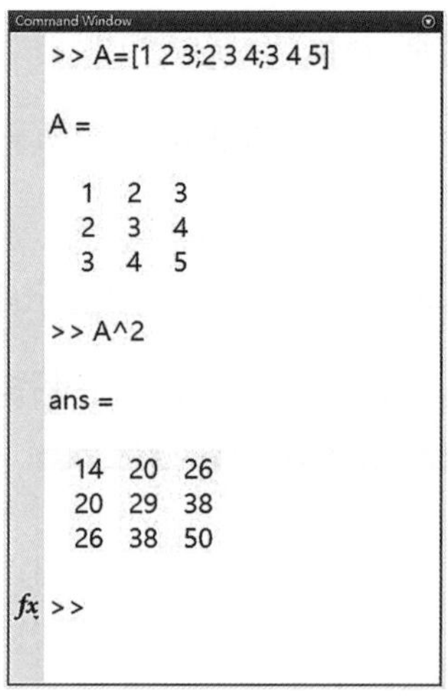

圖 1-4.9

**4. 矩陣之跡數 [trace]**

計算一 $n$ 階方陣 $A$ 的跡數，指令爲

**trace(A)**

如圖 1-4.10 所示。

**5. 反矩陣 [inv]**

計算一 $n$ 階方陣 $A$ 的反矩陣，指令爲

**inv(A)**

如圖 1-4.11 所示。

```
Command Window
>> A=[1 3 8;2 6 9;4 8 4]

A =

   1   3   8
   2   6   9
   4   8   4

>> B=trace(A)

B =

   11

fx >>
```

圖 1-4.10

```
Command Window
>> A=[2 1 -1; 1 -3 1; 1 3 -3]

A =

   2   1  -1
   1  -3   1
   1   3  -3

>> B=inv(A)

B =

   0.6000   0.0000  -0.2000
   0.4000  -0.5000  -0.3000
   0.6000  -0.5000  -0.7000

fx >>
```

如圖 1-4.11

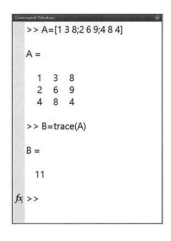

## 6. 行列式 [det]

(1) 計算一 $n$ 階方陣 $A$ 的行列式，指令爲

**det(A)**

如圖 1-4.12 所示。

```
Command Window
>> A=[3 5 -2 6;1 2 -1 1; 2 4 1 5; 3 7 5 3]

A =

   3   5  -2   6
   1   2  -1   1
   2   4   1   5
   3   7   5   3

>> B=det(A)

B =

  -18.0000

fx >>
```

圖 1-4.12

(2) 底下示例如何基本矩陣列運算後的行列式

① 任兩行互換位置，則行列式差負號，，
如圖 1-4.13 所示。

② 任一列乘以非零純量 $k$ ，則行列式差一倍數 $k$，
如圖 1-4.14 所示。

③ 將任一行(列)乘以非零純量 $k$ 後加到另一行，則行列式不變，
如圖 1-4.15 所示。

```
>> A=[1 2 3;4 5 6;7 8 10]

A =

   1   2   3
   4   5   6
   7   8  10

>> B=[4 5 6;1 2 3;7 8 10]

B =

   4   5   6
   1   2   3
   7   8  10

>> C=det(A)

C =

  -3.0000

>> D=det(B)

D =

   3.0000

fx >>
```

圖 1-4.13

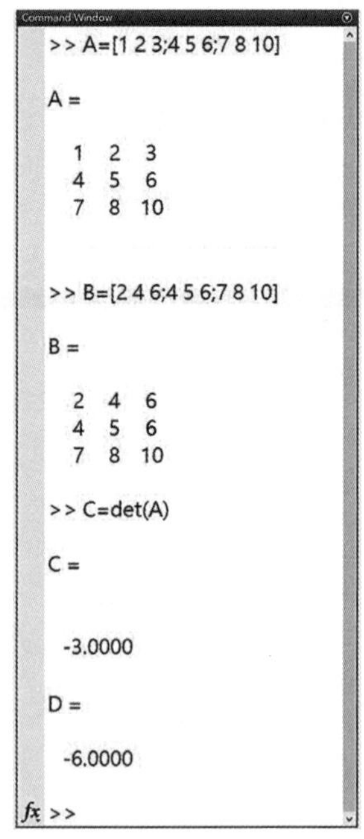

```
>> A=[1 2 3;4 5 6;7 8 10]

A =

   1   2   3
   4   5   6
   7   8  10


>> B=[2 4 6;4 5 6;7 8 10]

B =

   2   4   6
   4   5   6
   7   8  10

>> C=det(A)

C =


  -3.0000

D =

  -6.0000

fx >>
```

圖 1-4.14

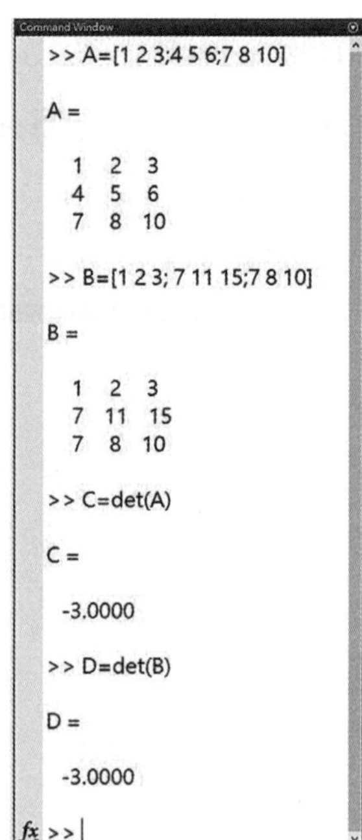

```
>> A=[1 2 3;4 5 6;7 8 10]

A =

   1   2   3
   4   5   6
   7   8  10

>> B=[1 2 3; 7 11 15;7 8 10]

B =

   1   2   3
   7  11  15
   7   8  10

>> C=det(A)

C =

  -3.0000

>> D=det(B)

D =

  -3.0000

fx >>
```

圖 1-4.15

**7. 反矩陣與行列式 [inv det]**

若 $\boldsymbol{A}$ 爲整數矩陣，則由行列式理論知 $|A|$ 乘上 $A^{-1}$ 必爲整數矩陣，指令爲

**inv(A)*det(A)**

如圖 1-4.16 所示。

```
>> A=[3 5 -2 6;1 2 -1 1; 2 4 1 5; 3 7 5 3]

A =

   3   5  -2   6
   1   2  -1   1
   2   4   1   5
   3   7   5   3

>> B=inv(A)*det(A)

B =

  -54.0000   78.0000   60.0000  -18.0000
   24.0000  -42.0000  -24.0000    6.0000
   -3.0000   12.0000    3.0000   -3.0000
    3.0000    0.0000   -9.0000    3.0000

fx >>
```

圖 1-4.16

**8. 秩數 [rank]**

欲求一矩陣 $A$ 的秩數，指令為

**rank(A)**

**A=[1, 2 ; 2, 3]**

**r2 = rank(A)**

如圖 1-4.17 所示。

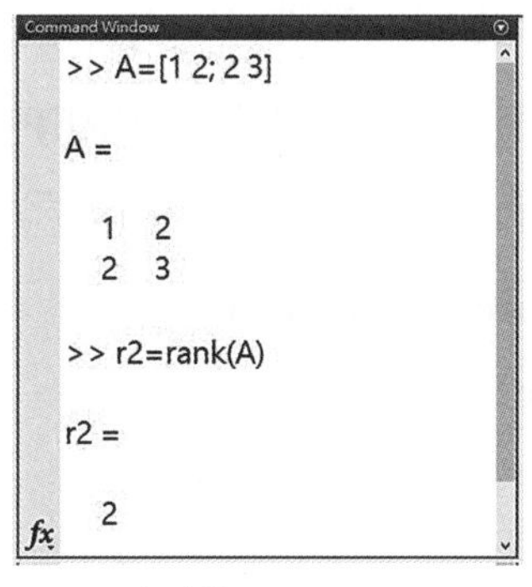
```
>> A=[1 2; 2 3]

A =

  1   2
  2   3

>> r2=rank(A)

r2 =

  2
```

圖 1-4.17

## 三、求解線性聯立方程組

**1. 解的存在性一用秩數 [rank]**

欲判斷一個線性聯立方程組 $AX = B$ 的存在性，需計算係數矩陣 $A$ 的秩數及增廣矩陣 $[A|B]$ 的秩數。唯一解、無窮多解、無解分別舉例如下：

(1) 唯一解：rank([A|B])=rank(A)=矩陣 $A$ 的行數，如圖 1-4.18 所示。

(2) 無窮多組解：rank([A|B])=rank(A) $< n$，如圖 1-4.19 所示。

(3) 無解：rank([A|B]) > rank(A)，如圖 1-4.20 所示。

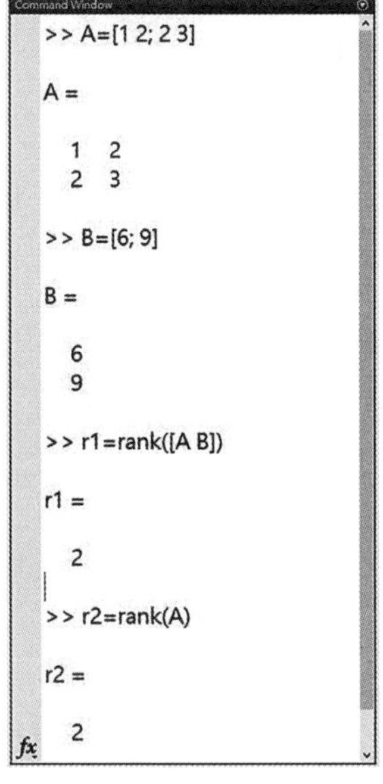
```
>> A=[1 2; 2 3]

A =

  1   2
  2   3

>> B=[6; 9]

B =

  6
  9

>> r1=rank([A B])

r1 =

  2

>> r2=rank(A)

r2 =

  2
```

圖 1-4.18

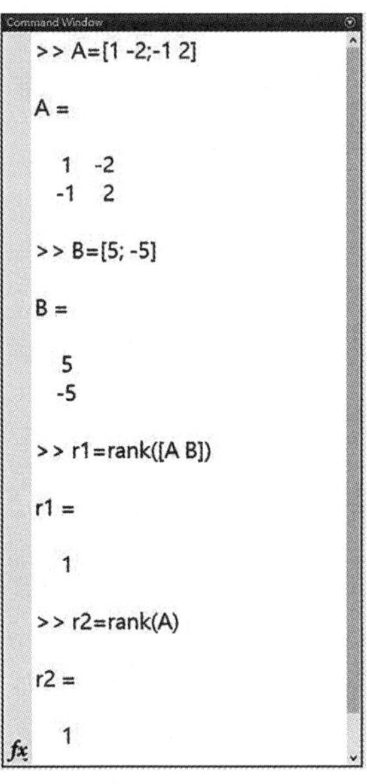
```
>> A=[1 -2;-1 2]

A =

  1  -2
 -1   2

>> B=[5; -5]

B =

  5
 -5

>> r1=rank([A B])

r1 =

  1

>> r2=rank(A)

r2 =

  1
```

圖 1-4.19

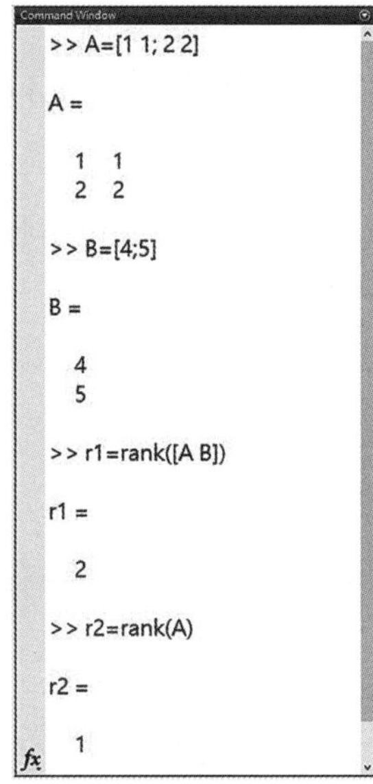
```
>> A=[1 1; 2 2]

A =

  1   1
  2   2

>> B=[4;5]

B =

  4
  5

>> r1=rank([A B])

r1 =

  2

>> r2=rank(A)

r2 =

  1
```

圖 1-4.20

## 2. 列簡化梯形矩陣 [rref]

要將一矩陣 $\boldsymbol{A}$ 化簡爲 RREF 矩陣，
同時求得區別元素，指令爲：

**[A,pivot]=rref(A)**

如圖 1-4.21 所示。

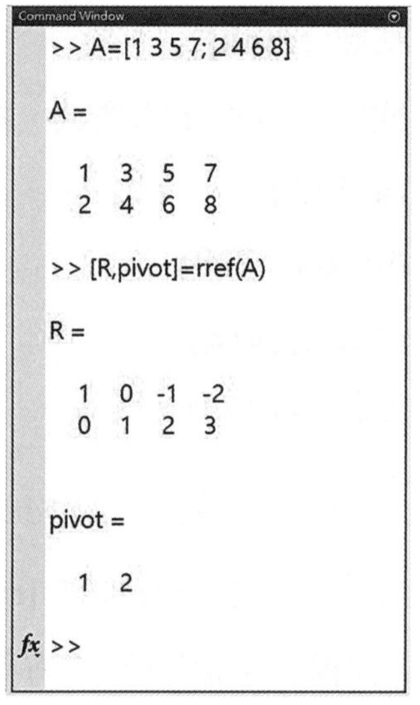

```
Command Window
>> A=[1 3 5 7; 2 4 6 8]

A =

   1   3   5   7
   2   4   6   8

>> [R,pivot]=rref(A)

R =

   1   0  -1  -2
   0   1   2   3


pivot =

   1   2

fx >>
```

圖 1-4.21

## 3. 高斯喬登消去法求解聯立方程組

欲求解一線性聯立方程組 $AX = B$，
則在鍵入增廣矩陣後，使用指令

**rref**

唯一解、無窮多解、無解分別舉例如下：

(1) ① 唯一解：以 $A=\begin{pmatrix}1&3&-1\\2&2&1\\3&1&-2\end{pmatrix}$、$B=\begin{pmatrix}3\\3\\8\end{pmatrix}$ 爲例，

如圖 1-4.22 所示。

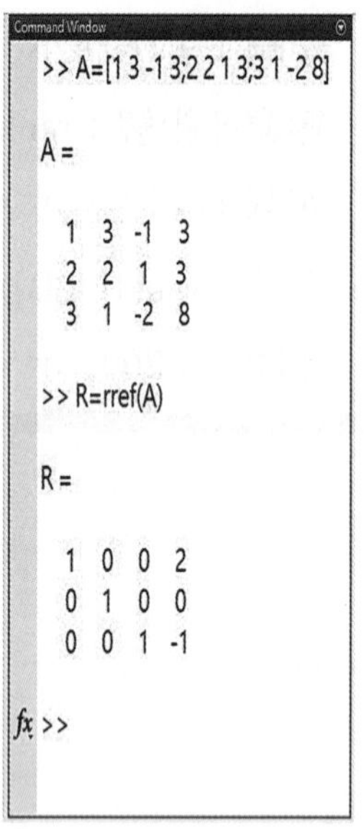

```
Command Window
>> A=[1 3 -1 3;2 2 1 3;3 1 -2 8]

A =

   1   3  -1   3
   2   2   1   3
   3   1  -2   8

>> R=rref(A)

R =

   1   0   0   2
   0   1   0   0
   0   0   1  -1

fx >>
```

圖 1-4.22

② 若已經知道 $\boldsymbol{A}$ 爲可逆矩陣，則解爲

**Inv(A)*B**

如圖 1-4.23 所示。

```
Command Window
>> A=[2 1 -1; 1 -3 1; 1 3 -3]

A =

   2   1  -1
   1  -3   1
   1   3  -3

>> B=[1;1;1]

B =

   1
   1
   1

>> X=inv(A)*B

X =

   0.4000
  -0.4000
  -0.6000

fx >>
```

圖 1-4.23

(2) 無窮多解：以 $A=\begin{bmatrix}2 & -6 & -2\\ 4 & -2 & 4\\ 2 & -16 & 10\end{bmatrix}$、$B=\begin{bmatrix}4\\ 6\\ 6\end{bmatrix}$爲例。

如圖 1-4.24 所示。

```
Command Window
>> A=[2 -6 -2 4;4 -2 4 6;2 -16 -10 6]

A =

   2   -6   -2   4
   4   -2    4   6
   2  -16  -10   6

>> R=rref(A)

R =

   1.0000        0   1.4000   1.4000
        0   1.0000   0.8000  -0.2000
        0        0        0        0

fx >>
```

圖 1-4.24

(3) 無解：以 $A=\begin{bmatrix} 2 & 4 & -6 \\ 12 & -4 & 20 \\ 8 & 2 & 4 \end{bmatrix}$、$B=\begin{bmatrix} 8 \\ 8 \\ -4 \end{bmatrix}$ 爲例。

如圖 1-4.25 所示。

```
Command Window
>> A=[2 4 -6 8;12 -4 20 8;8 2 4 -4]

A =

   2   4  -6   8
  12  -4  20   8
   8   2   4  -4

>> R=rref(A)

R =

   1   0   1   0
   0   1  -2   0
   0   0   0   1

fx >>
```

圖 1-4.25

**4. LU 分解 [ lu ]**

(1) 欲將一矩陣 ***A*** 分解成一下三角矩陣 ***L*** 和一上三角矩陣 ***U*** 的乘積，指令爲：

**[L,U]=lu(A)**

如圖 1-4.26 所示。

```
Command Window
>> A=[2 4 8;3 7 6;4 7 5]

A =

   2   4   8
   3   7   6
   4   7   5

>> [L,U]=lu(A)

L =

      1        0        0
    1.5        1        0
      2       -1        1


U =

      2        4        8
      0        1       -6
      0        0      -17

fx >>
```

圖 1-4.26

(2) 利用 LU 分解求線性系統方程組的解，
指令如圖 1-4.27 所示。

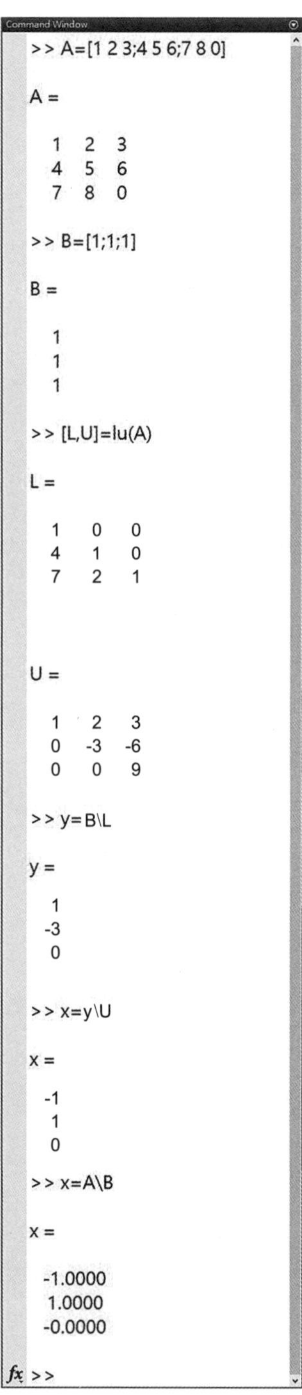


圖 1-4.27

# 2

# 向量空間

2-1　$n$ 維實數向量

2-2　一般向量空間

2-3　子空間

2-4　向量空間的基底與維度

2-5　Matlab 與向量空間

不論是在國高中或大學數學中，我們所談到的都是實數 $n$ 維空間中的向量，但數學家將此概念延伸到多項式函數空間、矩陣空間、連續函數空間等，以一種更加抽象的概念來描述向量空間，讓大家可以用 $n$ 維實數向量空間的作法來研究各種不同的向量空間，雖然較爲抽象，卻可以讓大家更容易分析不同領域的物理系統，貢獻非常大。本章將由 $\mathbb{R}^n$ 中的向量談起，讓大家複習 $n$ 維歐氏空間，接著談談一般的向量空間、子空間及基底與維度，帶領大家進入向量空間的世界。

# 2-1 $n$ 維實數向量

本單元複習一下大家在中學所學過的二維與三維向量，並將其推廣到 $n$ 維空間，其中坐標系是以卡氏坐標爲主。

## 一、定義與性質

### 1. 何謂向量

凡是具有大小與方向的量稱爲向量，如圖 2-1.1 所示。若 $|\vec{A}|$ 表示 $\vec{A}$ 的大小，$\vec{e_t}$ 表示 $\vec{A}$ 所指的方向，則 $\vec{A}=|\vec{A}|\vec{e_t}$。

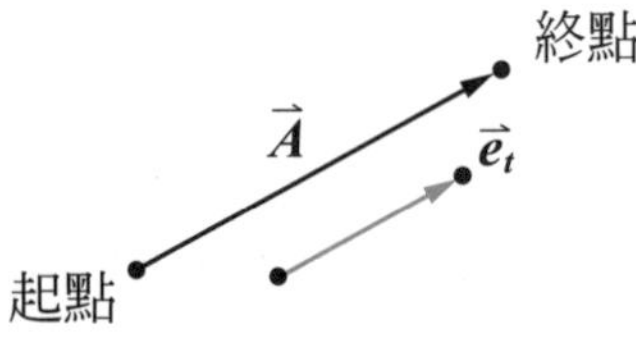

圖 2-1.1　向量示意圖

**Note**

在物理系統中常見的向量，包括有「力」、「速度」等。

### 2. 表示式

起點爲 $A$、終點爲 $B$ 的向量，可以寫成 $\boldsymbol{v}=\overrightarrow{AB}$

其中具有相同大小與方向的向量可以稱爲「相等的向量」，如圖 2-1.2 所示。

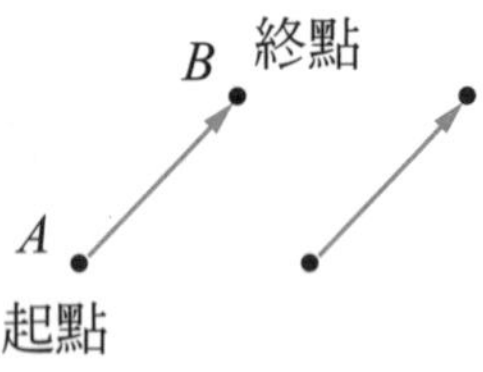

圖 2-1.2　向量相等

**Note**

一般用粗斜體來表示向量，因爲要推廣到 $n$ 維空間，所以就不再加箭號。

### 3. 向量運算的性質

(1) 向量加法

向量加法可以利用平行四邊形原理或封閉三角形原理來表示，如圖 2-1.3(a)、(b)所示。向量加法具有交換性，如圖 2-1.3(c)所示。

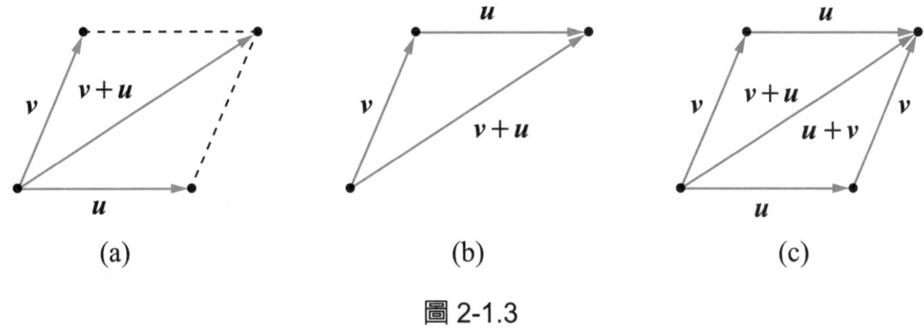


圖 2-1.3

(2) 向量減法

向量減法 $\boldsymbol{u}-\boldsymbol{v}$ 可以看成加上一個反向的向量 $\boldsymbol{u}+(-\boldsymbol{v})$，

記作 $\boldsymbol{u}-\boldsymbol{v}=\boldsymbol{u}+(-\boldsymbol{v})$，如圖 2-1.4 所示。

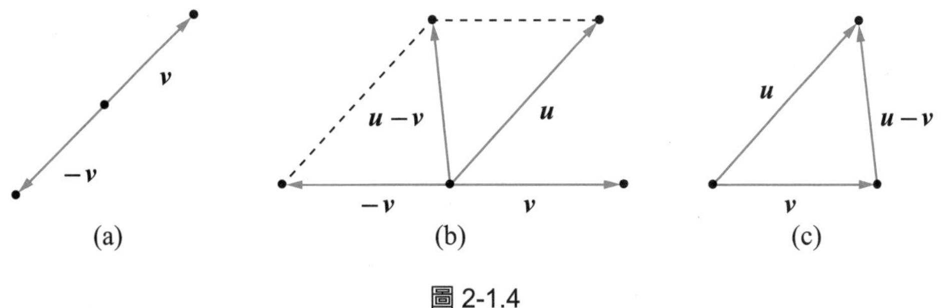


圖 2-1.4

(3) 純量乘法

向量 $\boldsymbol{v}$ 的純量積為 $c\boldsymbol{v}$，若 $\boldsymbol{u}=c\boldsymbol{v}$，則 $\boldsymbol{u}\,/\!/\,\boldsymbol{v}$，其中若 $c>0$，則 $\boldsymbol{u}$、$\boldsymbol{v}$ 同向；$c<0$，則 $\boldsymbol{u}$、$\boldsymbol{v}$ 反向。若 $c>1$ 表示同向放大的向量，$0<c<1$ 表示同向縮小的向量。若 $c<-1$ 表示反向放大的向量，$-1<c<0$ 表示反向縮小的向量，如圖 2-1.5 所示。

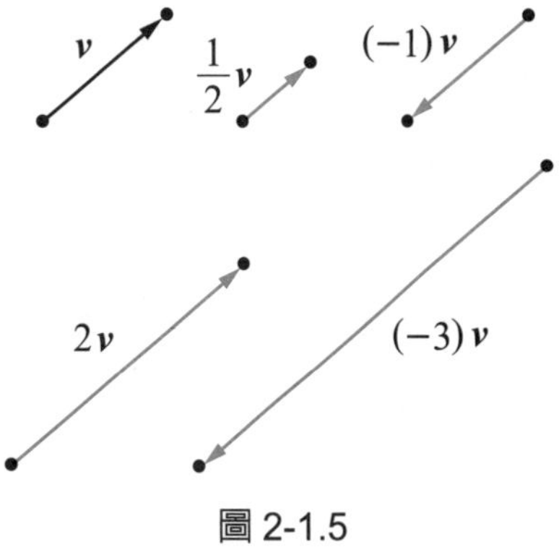


圖 2-1.5

(4) 任意兩點之向量

①在 $\mathbb{R}^2$ 中，起點在 $P(x_1, y_1)$、終點在 $Q(x_2, y_2)$，則 $P$ 指向 $Q$ 之向量為

$\overrightarrow{PQ} = (x_2 - x_1, y_2 - y_1) = (x_2 - x_1)\vec{i} + (y_2 - y_1)\vec{j}$，

如圖 2-1.6 所示。

②在 $\mathbb{R}^3$ 中，起點為 $P(x_1, y_1, z_1)$、終點為 $Q(x_2, y_2, z_2)$的向量為

$\overrightarrow{PQ} = (x_2 - x_1, y_2 - y_1, z_2 - z_1) = (x_2 - x_1)\vec{i} + (y_2 - y_1)\vec{j} + (z_2 - z_1)\vec{k}$，

如圖 2-1.7 所示。

**Note**

(1) 二維平面向量幾何

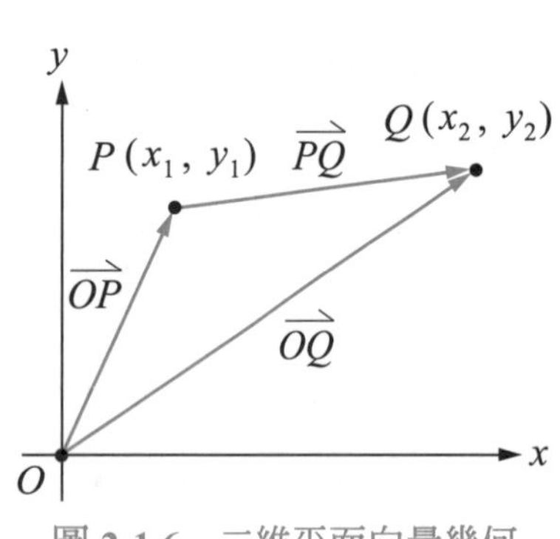


圖 2-1.6 二維平面向量幾何

(2) 三維空間向量幾何

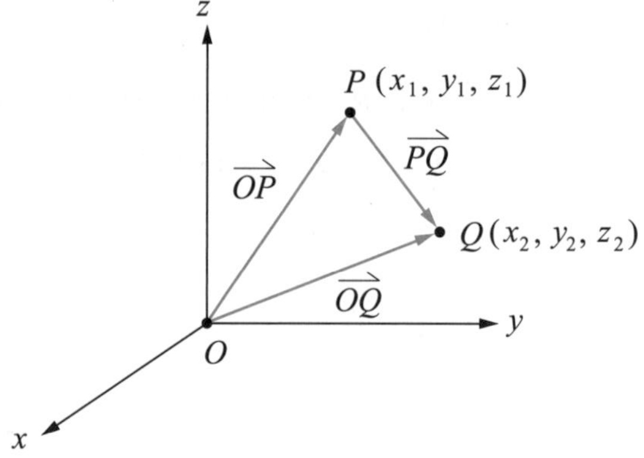


圖 2-1.7 三維平面向量幾何

## 範例 1

起始點為 $P(1, -1, 3)$、終點為 $Q(6, 5, -9)$的向量 $\overrightarrow{PQ}$，其各分量為何？

---

**解** 令 $\boldsymbol{v} = \overrightarrow{PQ} = \overrightarrow{OQ} - \overrightarrow{OP} = (6, 5, -9) - (1, -1, 3)$，

$\therefore \boldsymbol{v} = (5, 6, -12)$。

■

## 二、推廣到 $n$ 維空間

前面介紹了 2 維與 3 維向量，接下來將推廣到 $n$ 維。

### 1. 定義

若 $n$ 爲正整數，則具有 $n$ 個實數之 $n$ 項有序對所形成之數列記爲$(v_1, v_2, \cdots\cdots, v_n)$。而所有 $n$ 項有序對所成的集合，稱爲實數 $n$ 維向量空間，記作 $\mathbb{R}^n$。

### 2. $\mathbb{R}^n$ 中向量的運算

(1) 相等

若向量 $\boldsymbol{v} = (v_1, v_2, \cdots\cdots, v_n)$、$\boldsymbol{w} = (w_1, w_2, \cdots\cdots, w_n)$。定義 $\boldsymbol{v} = \boldsymbol{w}$，若且唯若 $v_1 = w_1$、$v_2 = w_2$、……、$v_n = w_n$，並稱 $\boldsymbol{v}$ 與 $\boldsymbol{w}$ 兩向量相等。

### 範例 2

若$(a+b, a-b, c+d, c-d) = (1, -4, 2, 6)$，則其條件爲何？

---

解 $\begin{cases} a+b=1 \\ a-b=-4 \end{cases}$、$\begin{cases} c+d=2 \\ c-d=6 \end{cases} \Rightarrow \begin{cases} a=-\dfrac{3}{2} \\ b=\dfrac{5}{2} \end{cases}$、$\begin{cases} c=4 \\ d=-2 \end{cases}$。

■

(2) 加減與係數積

若向量 $\boldsymbol{v} = (v_1, v_2, \cdots\cdots, v_n)$、$\boldsymbol{w} = (w_1, w_2, \cdots\cdots, w_n)$，且 $k$ 爲任意純量，定義

① $\boldsymbol{v} + \boldsymbol{w} = (v_1 + w_1, v_2 + w_2, \cdots\cdots, v_n + w_n)$。

② $k\boldsymbol{v} = (kv_1, kv_2, \cdots\cdots, kv_n)$。

③ $-\boldsymbol{v} = (-v_1, -v_2, \cdots\cdots, -v_n)$。

④ $\boldsymbol{w} - \boldsymbol{v} = \boldsymbol{w} + (-\boldsymbol{v}) = (w_1 - v_1, w_1 - v_2, \cdots\cdots, w_n - v_n)$。

## 範例 3

若 $\boldsymbol{v} = (-1, -3, 1)$、$\boldsymbol{w} = (6, 2, 2)$，則 $\boldsymbol{v} + \boldsymbol{w} = ?$ $2\boldsymbol{v} = ?$ $-\boldsymbol{w} = ?$ $\boldsymbol{v} - \boldsymbol{w} = ?$

---

**解** $\boldsymbol{v} + \boldsymbol{w} = (5, -1, 3)$、$2\boldsymbol{v} = (-2, -6, 2)$、

$-\boldsymbol{w} = (-6, -2, -2)$、$\boldsymbol{v} - \boldsymbol{w} = \boldsymbol{v} + (-\boldsymbol{w}) = (-7, -5, -1)$。

■

## 範例 4

若 $\boldsymbol{u} = (2, -1, 5, 0)$、$\boldsymbol{v} = (4, 3, 1, -1)$與 $\boldsymbol{w} = (-6, 2, 0, 3)$，求下列小題中的 $\boldsymbol{x}$。

(1) $\boldsymbol{x} = 2\boldsymbol{u} - (\boldsymbol{v} + 3\boldsymbol{w})$。

(2) $3(\boldsymbol{x} + \boldsymbol{w}) = 2\boldsymbol{u} - \boldsymbol{v} + \boldsymbol{x}$。

---

**解** (1) $\boldsymbol{x} = 2\boldsymbol{u} - \boldsymbol{v} - 3\boldsymbol{w} = 2(2, -1, 5, 0) - (4, 3, 1, -1) - 3(-6, 2, 0, 3)$

$= (18, -11, 9, -8)$。

(2) $3\boldsymbol{x} + 3\boldsymbol{w} = 2\boldsymbol{u} - \boldsymbol{v} + \boldsymbol{x} \Rightarrow \boldsymbol{x} = \frac{1}{2}(2\boldsymbol{u} - \boldsymbol{v} - 3\boldsymbol{w}) = (9, -\frac{11}{2}, \frac{9}{2}, -4)$。

■

### 3. $n$ 維實數向量空間公理

在談一般向量空間前，我們將介紹 $\mathbb{R}^n$ 中的向量空間，設 $V$ 爲 $\mathbb{R}^n$ 中的向量子集合，且 $\alpha$ 和 $\beta$ 爲純量。若在標準向量加法與純量積之運算定義下，任意 $V$ 中的向量 $\boldsymbol{u}$、$\boldsymbol{v}$ 與都滿足 $\boldsymbol{u} + \boldsymbol{v}$ 與 $c\boldsymbol{v}$ 均爲 $\mathbb{R}^n$ 中的向量（此現象稱爲向量加法與純量積的封閉性）且滿足下列八大公理：

(1) $\boldsymbol{u}+\boldsymbol{v}=\boldsymbol{v}+\boldsymbol{u}$。

(2) $(\boldsymbol{u}+\boldsymbol{v})+\boldsymbol{w}=\boldsymbol{u}+(\boldsymbol{v}+\boldsymbol{w})$。

(3) $\boldsymbol{u}+\boldsymbol{0}=\boldsymbol{0}+\boldsymbol{u}=\boldsymbol{u}$。

(4) $\boldsymbol{u}+(-\boldsymbol{u})=\boldsymbol{0}$。

(5) $\alpha(\boldsymbol{u}+\boldsymbol{v})=\alpha\boldsymbol{u}+\alpha\boldsymbol{v}$。

(6) $(\alpha+\beta)\boldsymbol{u}=\alpha\boldsymbol{u}+\beta\boldsymbol{u}$。

(7) $\alpha(\beta\boldsymbol{u})=(\alpha\beta)\boldsymbol{u}$。

(8) $1\boldsymbol{u}=\boldsymbol{u}$。

則稱集合 $V$ 爲 $\mathbb{R}^n$ 中的向量空間。由上述的封閉性與八大公理可以看出，其實大家在中學時所學的卡氏坐標系 $\mathbb{R}^n$ 就是一個向量空間，而且大家平時所用的直角坐標中的向量都是向量空間的向量。

## 習題演練

1. $\vec{a}=(-1,3)$、$\vec{b}=(2,4)$，則 $\vec{a}+\vec{b}$、$\vec{a}-\vec{b}$、$\frac{1}{2}\vec{b}$、$-3\vec{a}$ 爲何？並畫出其幾何圖形。

2. $\vec{a}=(1,0,-1)$、$\vec{b}=(2,1,1)$、$\vec{c}=(-1,1,0)$，求
   (1) $\vec{a}+\vec{b}=$？ (2) $-2\vec{c}=$？ (3) $\vec{a}+\vec{b}-2\vec{c}=$？

3. $\vec{a}=(x-y,2z,7)$、$\vec{b}=(3,8,x+y)$，若 $\vec{a}=\vec{b}$，求 $x$、$y$、$z$？

4. 若二維平面上三點 $P(3,2)$、$Q(5,7)$、$R(-2,-1)$，求
   (1) $\overrightarrow{PQ}=$？ (2) $\overrightarrow{PR}=$？ (3) $\overrightarrow{QR}=$？ (4)驗證 $\overrightarrow{PQ}+\overrightarrow{QR}=\overrightarrow{PR}=(-5,-3)$。

5. 判別下列向量何者與 $\vec{P}=2\vec{i}+3\vec{k}$ 平行？
   (1) $-4\vec{i}-6\vec{k}$ (2) $\vec{i}+\frac{3}{2}\vec{k}$ (3) $10\vec{i}+15\vec{k}$
   (4) $2(\vec{i}+\frac{5}{2}\vec{j}-\vec{k})-5(\vec{j}-\vec{k})$ (5) $2\vec{i}+\vec{j}+3\vec{k}$ (6) $(-5\vec{i}+\vec{k})+(7\vec{i}-4\vec{k})$。

6. 求 $\overrightarrow{PQ}=$？
   (1) $P(3,4,5)$、$Q(0,-2,4)$ (2) $P(-2,1,0)$、$Q(6,3,8)$ (3) $P(0,-1,0)$、$Q(-2,0,1)$。

7. 若 $\vec{a}=(1,3,-2)$、$\vec{b}=(1,-1,1)$、$\vec{c}=(1,2,3)$，則計算下列指定的向量
   (1) $\vec{a}+(\vec{b}+\vec{c})$ (2) $2\vec{a}-(\vec{b}-3\vec{c})$ (3) $\vec{b}+2(\vec{a}-2\vec{c})$ (4) $2(\vec{a}+2\vec{c})-3\vec{b}$。

# 2-2 一般向量空間

有一些常見的集合（如矩陣的集合、函數的集合等）也可以形成向量空間。我們延伸前一節 $\mathbb{R}^n$ 中向量空間的討論來定義一般的向量空間。

## 一、定義

設 $V$ 為一非空集合，且在佈於體 $\mathbb{F}$ 時，具有向量加法與純量乘法的封閉性，即 $\forall\, \boldsymbol{u}$、$\boldsymbol{v} \in V$ 其和 $\boldsymbol{u}+\boldsymbol{v} \in V$，及 $\forall\, \boldsymbol{u} \in V$，$\alpha \in \mathbb{F}$ 其乘積 $\alpha\boldsymbol{u} \in V$。若下面公理成立，則稱 $V$ 為佈於體 $\mathbb{F}$ 的向量空間（vector space over $\mathbb{F}$），而 $V$ 內的元素即稱為向量：

(1) $\forall\, \boldsymbol{u}$、$\boldsymbol{v}$、$\boldsymbol{w} \in V$，使得 $(\boldsymbol{u}+\boldsymbol{v})+\boldsymbol{w}=\boldsymbol{u}+(\boldsymbol{v}+\boldsymbol{w})$。

(2) $\forall\, \boldsymbol{u}$、$\boldsymbol{v} \in V$，使得 $\boldsymbol{u}+\boldsymbol{v}=\boldsymbol{v}+\boldsymbol{u}$。

(3) $\forall\, \alpha \in \mathbb{F}$，$\forall\, \boldsymbol{u}$、$\boldsymbol{v} \in V$，使得 $\alpha(\boldsymbol{u}+\boldsymbol{v})=\alpha\boldsymbol{u}+\alpha\boldsymbol{v}$。

(4) $\forall\, \alpha$、$\beta \in \mathbb{F}$，$\forall\, \boldsymbol{u} \in V$，使得 $(\alpha+\beta)\boldsymbol{u}=\alpha\boldsymbol{u}+\beta\boldsymbol{u}$。

(5) $\forall\, \alpha$、$\beta \in \mathbb{F}$，$\forall\, \boldsymbol{u} \in V$，使得 $(\alpha\beta)\boldsymbol{u}=\alpha(\beta\boldsymbol{u})$。

(6) $\forall\, \boldsymbol{u} \in V$，$\exists!\, \boldsymbol{0} \in V$，使得 $\boldsymbol{u}+\boldsymbol{0}=\boldsymbol{u}$。

(7) $\forall\, \boldsymbol{u} \in V$，$\exists!\, \boldsymbol{y} \in V$，使得 $\boldsymbol{u}+\boldsymbol{y}=\boldsymbol{0}$。

(8) $1 \in \mathbb{F}$，$\forall\, \boldsymbol{u} \in V$，使得 $1\boldsymbol{u}=\boldsymbol{u}$。

**Note**

常見的體 $\mathbb{F}$ 為實數系 $\mathbb{R}$ 與複數系 $\mathbb{C}$。

### 範例 1

證明所有二次以下之多項式所形成的集合是一個向量空間。

---

**解** 令 $V=\{\boldsymbol{v} \mid \boldsymbol{v}=P(x)=a_2x^2+a_1x+a_0$，$a_2$、$a_1$、$a_0 \in \mathbb{R}\}$，

任取 $P_1(x)=a_2x^2+a_1x+a_0$、$P_2(x)=b_2x^2+b_1x+b_0$、$P_3(x)=c_2x^2+c_1x+c_0$ 及 $\alpha$、$\beta \in \mathbb{R}$。

在 $V$ 中我們驗證：

(1) 向量加法封閉性

$P_1(x)+P_2(x)=(a_2+b_2)x^2+(a_1+b_1)x+(a_0+b_0)$ 仍爲 $V$ 中多項式。

(2) 向量加法單位元素

$P_1(x)+\boldsymbol{0}(x)=P_1(x)=a_2x^2+a_1x+a_0$ 。

(3) 向量加法反元素

$$P_1(x)+[-P_1(x)]=a_2x^2+a_1x+a_0+(-a_2x^2-a_1x-a_0)$$
$$=0x^2+0x+0=\boldsymbol{0}(x)$$ 。

(4) 純量乘法封閉

$\alpha\times P_1(x)=\alpha\times(a_2x^2+a_1x+a_0)=\alpha a_2x^2+\alpha a_1x+\alpha a_0$ ，仍爲 $V$ 中多項式。

(5) 純量對向量加分配

$$\alpha[P_1(x)+P_2(x)]=\alpha[(a_2+b_2)x^2+(a_1+b_1)x+(a_0+b_0)]=\alpha(a_2x^2+a_1x+a_0)$$
$$+\alpha(b_2x^2+b_1x+b_0)=\alpha P_1(x)+\alpha P_2(x)$$ 。

(6) 向量加法交換律

$P_1(x)+P_2(x)=P_2(x)+P_1(x)=(a_2+b_2)x^2+(a_1+b_1)x+(a_0+b_0)$ 。

(7) 向量加法結合律

$$[P_1(x)+P_2(x)]+P_3(x)=P_1(x)+[P_2(x)+P_3(x)]$$
$$=(a_2+b_2+c_2)x^2+(a_1+b_1+c_1)x+(a_0+b_0+c_0)$$ 。

(8) 純量加對向量分配

$$(\alpha+\beta)P_1(x)=(\alpha+\beta)[a_2x^2+a_1x+a_0]$$
$$=\alpha(a_2x^2+a_1x+a_0)+\beta(a_2x^2+a_1x+a_0)=\alpha P_1(x)+\beta P_1(x)$$ 。

(9) 純量積結合性

$(\alpha\beta)P_1(x)=\alpha\times[\beta P_1(x)]$ 。

(10) 純量積單位元素

$\mathbf{1}\times P_1(x)=P_1(x)$ 。

由此可知 $V$ 中的向量爲佈於實數體 $\mathbb{R}$ 的向量空間。

## 二、常見的向量空間

1. 設 $\mathbb{F}^n$ 爲集合 $\{(a_1, a_2, \cdots\cdots, a_n) \mid a_i \in \mathbb{F};1 \le i \le n\}$，集合中的元素稱爲 $n$-序組（$n$-tuple）。若任意兩個 $n$-序組 $\boldsymbol{u} = (a_1, a_2, \cdots\cdots, a_n)$、$\boldsymbol{v} = (b_1, b_2, \cdots\cdots, b_n) \in \mathbb{F}^n$ 相等（$\boldsymbol{u} = \boldsymbol{v}$）定義爲 $a_i = b_i\ (\forall\ i = 1, 2, \cdots\cdots, n)$，同時 $n$-序組間的運算定義爲坐標系加法與純量乘法，即

   (1) $\boldsymbol{u} + \boldsymbol{v} = (a_1 + b_1, a_2 + b_2, \cdots\cdots, a_n + b_n) \in \mathbb{F}^n$。

   (2) $\alpha \boldsymbol{u} = (\alpha a_1, \alpha a_2, \cdots\cdots, \alpha a_n) \in \mathbb{F}^n$。（$\alpha \in \mathbb{F}$）

   則 $\mathbb{F}^n$ 爲一向量空間。

   **Note**

   若 $\mathbb{F} = \mathbb{R}$，則其表示 $\mathbb{R}^n$ 中的向量空間，即爲本章第一節所談之 $n$ 維歐氏向量空間。

2. 設 $M_{m \times n}(\mathbb{F})$ 爲體 $\mathbb{F}$ 中的 $m \times n$ 矩陣所構成的集合。任意兩個 $m \times n$ 的矩陣 $\boldsymbol{A}$、$\boldsymbol{B} \in M_{m \times n}(\mathbb{F})$（以 $A_{ij}$ 的符號表示 $\boldsymbol{A}$ 的第 $i$ 列第 $j$ 行的元素）相等（$\boldsymbol{A} = \boldsymbol{B}$）定義成

   $A_{ij} = B_{ij}$（$\forall\ i = 1, 2, \cdots\cdots, m;j = 1, 2, \cdots\cdots, n$）。

   同時其運算分別滿足加法及純量乘法，即

   $(\boldsymbol{A} + \boldsymbol{B})_{ij} = A_{ij} + B_{ij}$，$(\alpha \boldsymbol{A})_{ij} = \alpha A_{ij}$，（$\alpha \in \mathbb{F}$）（$\forall\ i = 1, 2, \cdots\cdots, m;j = 1, 2, \cdots\cdots, n$），

   則 $M_{m \times n}(\mathbb{F})$ 稱爲佈於體 $\mathbb{F}$ 的向量空間。

3. 設 $S$ 爲一非空集合，且 $\mathbb{F}$ 爲任意的體，令 $W(S, \mathbb{F})$ 表示所有由 $S$ 映至 $\mathbb{F}$ 之函數所構成的集合。$W(S, \mathbb{F})$ 中二個元素 $f$ 及 $g$ 相等定義爲：

   $f(x) = g(x)$，$\forall\ x \in S$，

   同時其運算分別定義爲函數加法及純量乘法，即

   $$\begin{cases} (f+g)(x) = f(x) + g(x) \\ (\alpha f)(x) = \alpha f(x) \end{cases}，\forall\ x \in S，f、g \in W(S, \mathbb{F})，\alpha \in \mathbb{F}，$$

   則 $W(S, \mathbb{F})$ 爲佈於體 $\mathbb{F}$ 的向量空間。

   **Note**

   其實所有連續函數所形成的集合，一般記作 $C(-\infty, \infty)$，在上述函數與函數間的運算下，也滿足封閉性與八大公理。所以其函數集合，爲一向量空間，記爲 $W(S, \mathbb{R})$。

4. 所有係數佈於 $\mathbb{F}$ 且次數不大於 $n$ 次的所有多項式所構成的集合，爲佈於體 $\mathbb{F}$ 的向量空間，記做 $P_n(\mathbb{F})$。

## 範例 2

試驗證下列集合不爲向量空間，

(1) 所有具有標準運算之整數集合 $S_1$，並佈於 $\mathbb{R}$。

(2) 所有具有標準運算之二次多項式集合 $S_2$
（多項式的次數必需是 2 次），並佈於 $\mathbb{R}$。

(3) 在 $\mathbb{R}^2$ 中，具有標準向量加法運算與非標準純量乘法 $\alpha(x_1, x_2) = (\alpha x_1, 0)$ 之集合 $S_3$，並佈於 $\mathbb{R}$。

---

**解** 要驗證一個集合不是向量空間，只要找到一個公理不符合即可，

(1) 取純量 $\alpha = \frac{1}{3}$，則 $\frac{1}{3} \times 2 = \frac{2}{3}$ 不在 $S_1$ 中，$S_1$ 不滿足純量積之封閉性，
$\therefore S_1$ 不爲向量空間。

(2) 取 $P_1(x) = x^2 + 3x + 2$、$P_2(x) = -x^2 + x + 1$，則 $P_1(x)$、$P_2(x)$ 均在 $S_2$ 中，
但 $P_1(x) + P_2(x) = 4x + 3 \notin S_2$，$S_2$ 不滿足向量加法封閉性，
$\therefore S_2$ 不爲向量空間。

(3) 令 $\boldsymbol{u} = (1, 2)$，$\alpha = 1$，
則 $1 \cdot (1, 2) = (1, 0) \neq (1, 2)$，$S_3$ 不滿足單位元素性（見公理(10)），
$\therefore S_3$ 不爲向量空間。

■

**Note**

$S_3$ 中向量滿足公理中的前七項，但不滿足最後一個公理。

## 習題演練

1. 下列各小題中，請依向量空間的公理，檢查有哪幾個集合為向量空間，其中若沒有特別規定，集合中向量加法與純量積都是在該集合中的正常運算

 (1) $S_1 = \{(a_1, a_2) \mid a_1 \geq 0, a_2 \geq 0\}$。

 (2) $S_2 = \{(a_1, a_2) \mid a_2 = 3a_1 + 2\}$。

 (3) $S_3 = \{(a_1, a_2) \mid k(a_1, a_2) = (0, ka_2)\}$。

 (4) $S_4 = \{(a_1, a_2) \mid a_1 - a_2 = 0\}$。

 (5) $S_5$表示由$(a_1, 0, a_3)$之向量所形成集合。

 (6) $S_6$表示由$(a_1, a_2, a_3)$所形成的向量集合，且加法與純量積定義為

 $(a_1, a_2, a_3) + (b_1, b_2, b_3) = (a_1 + b_1 + 1, a_2 + b_2 + 1, a_3 + b_3 + 1)$

 $k(a_1, a_2, a_3) = (ka_1 + k - 1, ka_2 + k - 1, ka_3 + k - 1)$。

 (7) $S_7 = \mathbb{R}$ 為實數集合，且加法定義為 $a + b = a - b$。

 (8) $S_8$為複數 $a + ib$ 所形成集合，其中 $a, b \in \mathbb{R}$，$i = \sqrt{-1}$，且加法與純量積定義為

 $(a_1 + ib_1) + (a_2 + ib_2) = (a_1 + a_2) + i(a_2 + b_2)$

 $k(a + ib) = (ka) + i(kb)$，$k$ 為實數。

 (9) $S_9$表示 $2 \times 2$ 實數矩陣的集合，且加法與純量積定義為

 $$\begin{bmatrix} a_{11} & a_{12} \\ a_{21} & a_{22} \end{bmatrix} + \begin{bmatrix} b_{11} & b_{12} \\ b_{21} & b_{22} \end{bmatrix} = \begin{bmatrix} a_{11} + b_{11} & a_{12} + b_{12} \\ a_{22} + b_{22} & a_{21} + b_{21} \end{bmatrix}$$

 $$k\begin{bmatrix} a_{11} & a_{12} \\ a_{21} & a_{22} \end{bmatrix} = \begin{bmatrix} ka_{11} & ka_{12} \\ ka_{21} & ka_{22} \end{bmatrix}$$ 。

 (10) $S_{10}$表示所有三次多項式所形成的集合。

2. 設 $S$ 為所有正實數集合，若定義其加法與純量積的運算為 $x + y = x \cdot y$，$cx = x^c$，其中 $c \in \mathbb{R}^+$，且 $x \cdot y$ 表示一般乘法，$x^c$ 為一般次冪，求證 $S$ 為一向量空間。

3. 設 $S$ 為 $\mathbb{R}^2$ 中的向量集合，且其中加法運算為一般向量加法運算後兩個分量再加 1，例如：$(3, 1) + (4, 0) = (8, 2)$，而純量積運算則滿足一般向量之純量積運算，請檢查 $S$ 是否為一個向量空間。

4. 在矩陣的標準運算定義下，下列何者爲向量空間？

 (1) $S_1$爲所有 $2\times 2$ 之奇異矩陣所形成集合。

 (2) $S_2$爲所有 $2\times 2$ 之非奇異矩陣所形成集合。

 (3) $S_3$爲所有 $2\times 2$ 之對角線矩陣所形成集合。

 (4) $S_4$爲所有 $2\times 2$ 之矩陣且形成式爲$\begin{bmatrix} a & b \\ c & 0 \end{bmatrix}$所形成集合。

5. 設集合 $S=\{(a, b)\mid a, b\in\mathbb{R}\}$，且加法與純量積運算定義爲$(a, b)+(c, d)=(a+c, b-d)$，$\alpha(a, b)=(\alpha a, \alpha b)$，其中 $a$、$b$、$c$、$d$，$\alpha\in\mathbb{R}$，試判斷 $S$ 是否爲向量空間。

6. 設集合 $S=\{(a, b)\mid a, b\in\mathbb{R}\}$，且加法與純量積運算定義爲$(a, b)+(c, d)=(a+c, 0)$，$\alpha(a, b)=(\alpha a, 0)$，其中 $a$、$b$、$c$、$d$，$\alpha\in\mathbb{R}$，試判斷 $S$ 是否爲向量空間。

7. 若 $S=\{(a, b)\mid a, b\in\mathbb{R}\}$，則在下列加法與純量積運算定義下，其中 $a$、$b$、$c$、$d$，$\alpha\in\mathbb{R}$，判別其是否爲向量空間，

 (1) $(a, b)+(c, d)=(a+c, b+d)$，$\alpha(a, b)=(0, 0)$。

 (2) $(a, b)+(c, d)=(a+c, b+d)$，$\alpha(a, b)=(a, b)$。

 (3) $(a, b)+(c, d)=(a+c, b+d)$，$\alpha(a, b)=(\alpha a, \alpha b)$。

8. 設 $\mathbb{R}^+$ 表示正實數集合，若定義純量積運算爲 $\alpha\otimes x=x^\alpha$，（例如：$3\otimes 5=5^3$），其中 $x\in\mathbb{R}^+$，$\alpha\in\mathbb{R}$，且定義向量加法運算爲 $x\oplus y=xy$，（例如：$3\oplus 5=15$），其中 $x$、$y\in\mathbb{R}^+$，請問 $\mathbb{R}^+$ 是否爲一個向量空間？

9. 若 $V$ 爲一非空集合滿下列三個條件，則 $V$ 爲一向量空間，

 (1) $V$ 具有一個零向量。

 (2) 若 $\boldsymbol{u}$、$\boldsymbol{v}\in V$，則 $\boldsymbol{u}+\boldsymbol{v}\in V$。

 (3) 若 $\boldsymbol{v}\in V$，且 $c$ 爲純量，則 $c\boldsymbol{v}\in V$。

 上述命題是否爲眞？

10. 設 $V = \{\, [a_{ij}] \mid a_{ij} \in \mathbb{C}$ (複數)，$1 \le i$、$j \le n$，且 $a_{11} + a_{22} + \cdots\cdots + a_{nn} \in \mathbb{R}\,\}$爲一個佈於複數的方陣所形成的集合，並滿足 $\mathrm{tr}(A) \in \mathbb{R}$，試問：

    (1) $V$是否爲佈於體$\mathbb{C}$的向量空間？

    (2) $V$是否爲佈於體$\mathbb{R}$的向量空間？

11. 下列何者可以是一個實數線性向量空間？

    (1) 2 階多項式所構成的集合。

    (2) $\dfrac{d^2y}{dx^2} - 6\dfrac{dy}{dx} + 9y = 0$ 之所有實數解函數所形成的集合。

    (3) 集合$\left\{a_1(1,0) + a_2(-1,1) \,\middle|\, a_1, a_2 \in \mathbb{R}\right\}$。

    (4) $\dfrac{d^2y}{dx^2} + \dfrac{dy}{dx} + 3y = 1$ 之所有實數解函數所形成的集合。

    (5) 只有零向量所形成的集合。

12. 設 $V$爲定義在$[0, 2\pi]$之連續函數所形成之向量空間，則 $W = \{\, f(t) \in V \mid \int_0^{2\pi} f(t)dt = 0 \,\}$是否形成 $V$中的一個向量空間？

# 2-3 子空間

在實際的物理問題中，有很多的系統爲既定向量空間中的子集合，卻不一定是向量空間。如 $\mathbb{R}^3$ 爲三維坐標向量空間，而其中所包含的平面與直線，雖是 $\mathbb{R}^3$ 中的子集合，但這些子集合若不包含零向量則不是向量空間，細節將在下面討論。

## 一、概論

### 1. 定義

設 $W$ 爲佈於體 $\mathbb{F}$ 的向量空間 $V$ 的子集合（$W \subseteq V$），若在 $V$ 中所定義的加法及純量乘法運算下，$W$ 亦爲佈於體 $\mathbb{F}$ 的向量空間，則 $W$ 稱爲 $V$ 的子空間（Subspace）。

**Note**

一般而言，若不特別指明，子集合會沿用原母空間的代數結構。

## 範例 1

證明下列集合爲 $\mathbb{R}^3$ 的子空間，

$W = \{ \boldsymbol{v} \mid \boldsymbol{v} = (x_1, x_2, 0)；x_2、x_1 \in \mathbb{R} \}$。

---

**解** 令 $V = \mathbb{R}^3$ 爲實數三維空間，$W$ 表示 $V$ 中的 $x$–$y$ 平面，故 $W \subseteq V$，

任取 $\boldsymbol{v}_1 = (x_1, x_2, 0)$、$\boldsymbol{v}_2 = (y_1, y_2, 0)$、$\boldsymbol{v}_3 = (z_1, z_2, 0)$

及 $\alpha$、$\beta$、$\gamma$ 爲任意實數，我們驗證：

(1) 加法封閉性

$\boldsymbol{v}_1 + \boldsymbol{v}_2 = (x_1 + y_1, x_2 + y_2, 0) \in W$。

(2) 加法交換性

$\boldsymbol{v}_1 + \boldsymbol{v}_2 = (x_1 + y_1, x_2 + y_2, 0) = (y_1 + x_1, y_2 + x_2, 0) = \boldsymbol{v}_2 + \boldsymbol{v}_1$。

(3) 加法結合性

$$(\boldsymbol{v}_1 + \boldsymbol{v}_2) + \boldsymbol{v}_3 = ( (x_1 + y_1) + z_1, (x_2 + y_2) + z_2, (x_3 + y_3) + z_3)$$

$$= (x_1 + (y_1 + z_1), x_2 + (y_2 + z_2), x_3 + (y_3 + z_3) ) = \boldsymbol{v}_1 + (\boldsymbol{v}_2 + \boldsymbol{v}_3)$$。

(4) 加法單位元素

$\boldsymbol{v}+\boldsymbol{0}=(x_1+0, x_2+0, 0)=(x_1, x_2, 0)=\boldsymbol{v}$。

(5) 加法反元素

$\boldsymbol{v}+(-\boldsymbol{v})=(x_1+(-x_1), x_2+(-x_2), 0)=(0, 0, 0)=\boldsymbol{0}$。

(6) 純量乘法封閉性

$\alpha\boldsymbol{v}_1=(\alpha x_1, \alpha x_2, 0)\in W$。

(7) 純量對向量加法分配律

$\alpha(\boldsymbol{v}_1+\boldsymbol{v}_2)=\alpha(x_1+y_1, x_2+y_2, 0)=(\alpha x_1+\alpha y_1, \alpha x_2+\alpha y_2, 0)$

$=\alpha\boldsymbol{v}_1+\alpha\boldsymbol{v}_2$。

(8) 純量加法對向量分配律

$(\alpha+\beta)\boldsymbol{v}=((\alpha+\beta)x_1, (\alpha+\beta)x_2, 0)=(\alpha x_1+\beta x_1, \alpha x_2+\beta x_2, 0)$

$=\alpha\boldsymbol{v}+\beta\boldsymbol{v}$。

(9) 純量積結合律

$(\alpha\beta)\boldsymbol{v}=((\alpha\beta)x_1, (\alpha\beta)x_2, 0)=(\alpha(\beta x_1), \alpha(\beta x_2), 0)$

$=\alpha(\beta\boldsymbol{v})$。

(10) 純量積單位元素

$1\times\boldsymbol{v}=(x_1, x_2, 0)=\boldsymbol{v}$。

$\therefore W$ 爲 $\mathbb{R}^3$ 的子空間。

■

如果每次判斷是否爲子空間，都要逐條檢視八大公理，將會非常麻煩，以下將用一定理來簡化判斷的原則。

**2. 定理**

設 $W$ 爲佈於體 $\mathbb{F}$ 的向量空間 $V$ 的子集合（$W\subseteq V$），則 $W$ 是 $V$ 的子空間若且唯若

(1) $\boldsymbol{0}\in W$。

(2) $\forall\, \boldsymbol{u}$、$\boldsymbol{v}\in W$，$\alpha\in\mathbb{F}$，則 $\alpha\boldsymbol{u}+\boldsymbol{v}\in W$。

**【證明】**

請參閱附錄三、延伸 3。

**3. 性質**

(1) 向量空間 $V$ 的子空間的交集，亦為 $V$ 的子空間。（聯集不一定是子空間，見範例 4）。

**Note**

詳細證明請參考範例 3、範例 4。

(2) 設 $W$、$U$ 為向量空間 $V$ 的子空間。$W \cup U$ 為 $V$ 的子空間若且唯若 $W \subseteq U$ 或 $U \subseteq W$。

**【證明】**

請參閱附錄三、延伸 4。

## 範例 2

設 $V = \mathbb{R}^3$，試證 $W$ 為 $V$ 的子空間，其中

(1) $W = \{ (x, y, 0) \mid x, y \in \mathbb{R} \}$。

(2) $W = \{ (x, x, 0) \mid x \in \mathbb{R} \}$。

(3) $W = \{ (x, y, z) \mid 2x + y + z = 0，x、y、z \in \mathbb{R} \}$。

(4) $W = \{ (x, y, 2x - y) \mid x、y \in \mathbb{R} \}$。

(5) $W = \{ (x, y, 0) \mid x - 2y = 0，x + y + z = 0，x、y、z \in \mathbb{R} \}$。

---

**解** (1) ① $(0, 0, 0) \in W$。

② 令 $\boldsymbol{u} = (a, b, 0)$、$\boldsymbol{v} = (c, d, 0)$，$\alpha \in \mathbb{R}$，則

$$\alpha\boldsymbol{u} + \boldsymbol{v} = (\alpha a, \alpha b, 0) + (c, d, 0) = (\alpha a + c, \alpha b + d, 0) \in W，$$

故 $W$ 為 $V$ 的子空間。

(2) ① $(0, 0, 0) \in W$。

② 令 $\boldsymbol{u} = (a, a, 0)$、$\boldsymbol{v} = (b, b, 0)$，$\alpha \in \mathbb{R}$，則

$$\alpha\boldsymbol{u} + \boldsymbol{v} = (\alpha a, \alpha a, 0) + (b, b, 0) = (\alpha a + b, \alpha a + b, 0) \in W，$$

故 $W$ 為 $V$ 的子空間。

(3) ① $(0,0,0)\in W$ （$\because 2\cdot 0+0+0=0$）。

② 令 $\boldsymbol{u}=(a,b,c)$、$\boldsymbol{v}=(d,e,f)$，且 $\boldsymbol{u}$、$\boldsymbol{v}\in W$，即

$2a+b+c=0$、$2d+e+f=0$。

令 $\alpha\in\mathbb{R}$，則

$\alpha\boldsymbol{u}+\boldsymbol{v}=(\alpha a,\alpha b,\alpha c)+(d,e,f)=(\alpha a+d,\alpha b+e,\alpha c+f)$，

又 $2(\alpha a+d)+(\alpha b+e)+(\alpha c+f)=\alpha(2a+b+c)+(2d+e+f)=0$，

則 $\alpha\boldsymbol{u}+\boldsymbol{v}\in W$，

故 $W$ 為 $V$ 的子空間。

(4) ① $(0,0,0)\in W$。

② 令 $\boldsymbol{u}=(a,b,2a-b)$、$\boldsymbol{v}=(c,d,2c-d)$，$\alpha\in\mathbb{R}$，則

$$\begin{aligned}\alpha\boldsymbol{u}+\boldsymbol{v}&=(\alpha a,\alpha b,2\alpha a-\alpha b)+(c,d,2c-d)\\&=(\alpha a+c,\alpha b+d,2(\alpha a+c)-(\alpha b+d))\in W,\end{aligned}$$

故 $W$ 為 $V$ 的子空間。

(5) ① $(0,0,0)\in W$（因 $0-2\times 0=0$、$0+0+0=0$）。

② 設 $\boldsymbol{u}=(a_1,b_1,c_1)$、$\boldsymbol{v}=(a_2,b_2,c_2)$即 $\boldsymbol{u}$、$\boldsymbol{v}\in W$，即

$\begin{cases}a_1-2b_1=0\\a_1+b_1+c_1=0\end{cases}$、$\begin{cases}a_2-2b_2=0\\a_2+b_2+c_2=0\end{cases}$。

再令 $\alpha\in\mathbb{R}$，則

$\alpha\boldsymbol{u}+\boldsymbol{v}=(\alpha a_1+a_2,\alpha b_1+b_2,\alpha c_1+c_2)$，

又

$$\begin{cases}\alpha a_1+a_2-2(\alpha b_1+b_2)=\alpha(a_1-2b_1)+(a_2-2b_2)=0\\\alpha a_1+a_2+\alpha b_1+b_2+\alpha c_1+c_2=\alpha(a_1+b_1+c_1)+(a_2+b_2+c_2)=0\end{cases},$$

則 $\alpha\boldsymbol{u}+\boldsymbol{v}\in W$，

故 $W$ 為 $V$ 的子空間。

■

## 範例 3

設 $U$、$W$ 爲佈於體 $\mathbb{F}$ 的向量空間 $V$ 的子空間，試證 $U \cap W$ 爲 $V$ 的子空間。

---

**解** 已知：(1) $U$ 爲 $V$ 的子空間，則 $\boldsymbol{0} \in U$，$\forall$ $\boldsymbol{u}_1$、$\boldsymbol{u}_2 \in U$，$\alpha \in \mathbb{F}$，則 $\alpha\boldsymbol{u}_1 + \boldsymbol{u}_2 \in U$。

(2) $W$ 爲 $V$ 的子空間，則 $\boldsymbol{0} \in W$，$\forall$ $\boldsymbol{w}_1$、$\boldsymbol{w}_2 \in W$，$\beta \in \mathbb{F}$，則 $\beta\boldsymbol{w}_1 + \boldsymbol{w}_2 \in W$。

(3) 檢視定理 2 中的條件：

① 因 $\boldsymbol{0} \in U$、$\boldsymbol{0} \in W$，故 $\boldsymbol{0} \in U \cap W$。

② 設 $\boldsymbol{u}$、$\boldsymbol{v} \in U \cap W$，故 $\boldsymbol{u}$、$\boldsymbol{v} \in U$ 且 $\boldsymbol{u}$、$\boldsymbol{v} \in W$，又 $U$、$W$ 皆爲 $V$ 的子空間，則有 $\alpha \in \mathbb{F}$，$\alpha\boldsymbol{u} + \boldsymbol{v} \in U$ 且 $\alpha\boldsymbol{u} + \boldsymbol{v} \in W$，即 $\alpha\boldsymbol{u} + \boldsymbol{v} \in U \cap W$。

完全符合，故 $U \cap W$ 爲子空間。

■

## 範例 4

設 $U$、$W$ 均爲佈於體 $\mathbb{F}$ 的向量空間 $V$ 的子空間，試舉例說明 $U \cup W$ 不一定爲 $V$ 的子空間。

---

**解** 令 $V = \mathbb{R}^2$

$U = \{(x, 0) \mid x \in \mathbb{R}\}$，即 $U$ 爲 $\mathbb{R}^2$ 的 $x$ 軸，

$W = \{(0, y) \mid y \in \mathbb{R}\}$，即 $W$ 爲 $\mathbb{R}^2$ 的 $y$ 軸。故 $U$、$W$ 爲 $V$ 的子空間，

現令 $a$、$b \in \mathbb{R}$ 且 $a$、$b \neq 0$，

同時 $\boldsymbol{u} = (a, 0) \in U$、$\boldsymbol{w} = (0, b) \in W$，

即 $(a, 0)$、$(0, b) \in U \cup W$。但

$\boldsymbol{u} + \boldsymbol{w} = (a, 0) + (0, b) = (a, b) \notin U \cup W$，

故 $U \cup W$ 不爲 $V$ 的子空間。

■

## 二、討論

本小節討論許多子空間的實例。以下 1 跟 2 中列舉一些向量空間中的子空間。3 則列舉一些是子集合但不爲子空間的例子。

1. 令 $V=\mathbb{R}^3$ 爲佈於 $\mathbb{R}$ 的三維向量空間，若集合 $W$ 爲通過原點的直線或平面，則 $W$ 爲 $V$ 的一個子空間。
2. 設 $V$ 爲佈於體 $\mathbb{F}$ 的 $n\times n$ 方陣向量空間，即 $V=M_{n\times n}(\mathbb{F})$，則下列的集合 $W$ 均爲 $V$ 的子空間。

   (1) $W$ 爲所有 $n\times n$ 對稱方陣所構成的集合，即
   $W=\{\boldsymbol{A}\in M_{n\times n}(\mathbb{F})\mid \boldsymbol{A}^T=\boldsymbol{A}\}$。

   (2) $W$ 爲所有 $n\times n$ 反對稱方陣所構成的集合，即
   $W=\{\boldsymbol{A}\in M_{n\times n}(\mathbb{F})\mid \boldsymbol{A}^T=-\boldsymbol{A}\}$。

   (3) $W$ 爲所有 $n\times n$ 上（下）三角矩陣（對角矩陣）所構成的集合。

   (4) $W$ 爲所有跡數爲零的 $n\times n$ 方陣所構成的集合，即
   $W=\{\boldsymbol{A}\in M_{n\times n}(\mathbb{F})\mid \mathrm{tr}(\boldsymbol{A})=0\}$。

3. 設 $V=M_{n\times n}(\mathbb{F})$，則下列的集合 $W$ 不爲 $V$ 的子空間。

   (1) $W$ 爲所有 $n\times n$ 可逆方陣所構成的集合。

   (2) $W$ 爲所有 $n\times n$ 正交矩陣所構成的集合，即
   $W=\{\boldsymbol{A}\in M_{n\times n}(\mathbb{F})\mid \boldsymbol{A}^T=\boldsymbol{A}^{-1}\}$。

   (3) $W$ 爲所有 $n\times n$ 么正矩陣所構成的集合，即
   $W=\{\boldsymbol{A}\in M_{n\times n}(\mathbb{F})\mid \boldsymbol{A}^*=\boldsymbol{A}^{-1}\}$。

   (4) $W=\{\boldsymbol{A}\in M_{n\times n}(\mathbb{F})\mid \boldsymbol{A}^n=\boldsymbol{0}\}$。

   (5) $W=\{\boldsymbol{A}\in M_{n\times n}(\mathbb{F})\mid \boldsymbol{A}^2=\boldsymbol{A}\}$。

   (6) $W=\{\boldsymbol{A}\in M_{n\times n}(\mathbb{F})\mid \det(\boldsymbol{A})=0\}$。

## 範例 5

設 $V=M_{n\times n}(\mathbb{F})$，試證 $W$ 為 $V$ 子空間，其中

(1) $W=\{\boldsymbol{A}\mid \boldsymbol{A}^T=\boldsymbol{A}, \boldsymbol{A}\in V\}$。

(2) $W=\{\boldsymbol{A}\mid \boldsymbol{AB}=\boldsymbol{BA}, \boldsymbol{A}、\boldsymbol{B}\in V\}$。

---

解 (1) ① $\boldsymbol{0}_{n\times n}\in W$，

② 設 $\boldsymbol{A}、\boldsymbol{B}\in W$ 即 $\boldsymbol{A}^T=\boldsymbol{A}$、$\boldsymbol{B}^T=\boldsymbol{B}$，再令 $\alpha\in\mathbb{F}$，則

$(\alpha\boldsymbol{A}+\boldsymbol{B})^T=\alpha\boldsymbol{A}^T+\boldsymbol{B}^T=(\alpha\boldsymbol{A}+\boldsymbol{B})$，

故 $\alpha\boldsymbol{A}+\boldsymbol{B}\in W$，即 $W$ 為 $V$ 的子空間。

(2) ① $\boldsymbol{0}_{n\times n}\in W$（$\because \boldsymbol{0}_{n\times n}\boldsymbol{B}=\boldsymbol{B}\boldsymbol{0}_{n\times n}$），

② 設 $\boldsymbol{A}、\boldsymbol{C}\in W$，即 $\boldsymbol{AB}=\boldsymbol{BA}$、$\boldsymbol{CB}=\boldsymbol{BC}$，再令 $\alpha\in\mathbb{F}$，則

$(\alpha\boldsymbol{A}+\boldsymbol{C})\boldsymbol{B}=\alpha\boldsymbol{AB}+\boldsymbol{CB}=\alpha\boldsymbol{BA}+\boldsymbol{BC}=\boldsymbol{B}(\alpha\boldsymbol{A}+\boldsymbol{C})$，

故 $\alpha\boldsymbol{A}+\boldsymbol{C}\in W$，即 $W$ 為 $V$ 的子空間。

■

## 範例 6

設 $V=M_{2\times 2}(\mathbb{F})$，$S$ 為 $V$ 中所有元素和為 0 之矩陣所形成的子集，請問 $S$ 是否為 $V$ 的子空間？

---

解 依題意知

$$S=\left\{\begin{bmatrix} a & b \\ c & d \end{bmatrix} \middle| a+b+c+d=0\right\},$$

(1) $S\subseteq V$ 顯然成立。

(2) $\boldsymbol{0}_{2\times 2}\in S$。

(3) 設 $\boldsymbol{A}=\begin{bmatrix} a_1 & b_1 \\ c_1 & d_1 \end{bmatrix}$、$\boldsymbol{B}=\begin{bmatrix} a_2 & b_2 \\ c_2 & d_2 \end{bmatrix}$，且 $\boldsymbol{A}$、$\boldsymbol{B} \in S$，即

$$\begin{cases} a_1+b_1+c_1+d_1=0 \\ a_2+b_2+c_2+d_2=0 \end{cases}。$$

再令 $\alpha \in \mathbb{F}$，則

$$\alpha\boldsymbol{A}+\boldsymbol{B}=\alpha\begin{bmatrix} a_1 & b_1 \\ c_1 & d_1 \end{bmatrix}+\begin{bmatrix} a_2 & b_2 \\ c_2 & d_2 \end{bmatrix}=\begin{bmatrix} \alpha a_1+a_2 & \alpha b_1+b_2 \\ \alpha c_1+c_2 & \alpha d_1+d_2 \end{bmatrix}。$$

因

$$(\alpha a_1+a_2)+(\alpha b_1+b_2)+(\alpha c_2+c_2)+(\alpha d_1+d_2)$$
$$=\alpha(a_1+b_1+c_1+d_1)+(a_2+b_2+c_2+d_2)=0，$$

故 $\alpha\boldsymbol{A}+\boldsymbol{B} \in S$。

由(1)、(2)、(3)知，$S$ 為 $V$ 之子空間。

■

## 範例 7

設 $V=\mathbb{R}^3$，試證下列子集合 $W$ 不是 $V$ 的子空間，其中

(1) $W=\{(x, y, z) \mid x, y, z \geq 0\}$。

(2) $W=\{(x, y, z) \mid (x-1)^2+(y-1)^2+(z-1)^2 \leq 2\}$。

(3) $W=\{(x, y, z) \mid x^2+y^2+z^2 \leq 3\}$。

(4) $W=\{(x, y, z) \mid z=x^2+y^2\}$。

---

**解** (1) 令 $\boldsymbol{u}=(1, 2, 3) \in W$ 及 $\alpha=-1 \in \mathbb{R}$，但是

$\alpha\boldsymbol{u}=(-1)(1, 2, 3)=(-1, -2, -3) \notin W$，

故 $W$ 不為 $V$ 的子空間。

(2) 因$(0-1)^2+(0-1)^2+(0-1)^2>2$，故$(0, 0, 0) \notin W$，因此 $W$ 不為 $V$ 的子空間。

(3) 因 $\boldsymbol{u}=(1,0,0)\in W$，令 $\alpha=2\in\mathbb{R}$，但 $\alpha\boldsymbol{u}=(2,0,0)\notin W$，
（$\because 2^2+0^2+0^2>3$），故 $W$ 不為 $V$ 的子空間。

(4) 因 $\boldsymbol{u}=(1,1,2)\in W$，令 $\alpha=2\in\mathbb{R}$，但 $\alpha\boldsymbol{u}=(2,2,4)\notin W$，
（$\because 4\neq 2^2+2^2$），故 $W$ 不為 $V$ 的子空間。

■

## 三、生成空間（Spanning）

本重點介紹如何利用集合的線性組合來形成一個向量空間。利用這些子空間良好的運算特性，可以解決很多物理問題。

### 1. 線性組合

設 $V$ 是佈於體 $\mathbb{F}$ 的向量空間，且 $S=\{\boldsymbol{v}_1,\boldsymbol{v}_2,\cdots\cdots,\boldsymbol{v}_n\}$ 為 $V$ 的子集合，則

$$\boldsymbol{w}=c_1\boldsymbol{v}_1+c_2\boldsymbol{v}_2+\cdots\cdots+c_n\boldsymbol{v}_n,$$
$$(\forall c_1,c_2,\cdots\cdots,c_n\in\mathbb{F})$$

稱為 $S$ 中的向量的線性組合。

**Note**

$S$ 中的向量的線性組合未必屬於 $S$，除非 $S$ 是子空間。

### 範例 8

在 $\mathbb{R}^3$ 中，將 $\boldsymbol{v}=(4,9,19)$ 表示成 $\boldsymbol{u}_1=(1,-2,3)$、$\boldsymbol{u}_2=(3,-7,10)$、$\boldsymbol{u}_3=(2,1,9)$ 之線性組合。

---

**解** 令 $\boldsymbol{v}=\alpha\boldsymbol{u}_1+\beta\boldsymbol{u}_2+\gamma\boldsymbol{u}_3$，

則 $(4,9,19)=\alpha(1,-2,3)+\beta(3,-7,10)+\gamma(2,1,9)$，

解 $\begin{cases}\alpha+3\beta+2\gamma=4\\-2\alpha-7\beta+\gamma=9\\3\alpha+10\beta+9\gamma=19\end{cases}$，得 $\begin{cases}\alpha=4\\\beta=-2\\\gamma=3\end{cases}$，

$\therefore\boldsymbol{v}=4\boldsymbol{u}_1-2\boldsymbol{u}_2+3\boldsymbol{u}_3$。

■

## 範例 9

在 $M_{2\times 2}$ 中，將矩陣 $\boldsymbol{M}=\begin{bmatrix}2 & 4\\3 & -1\end{bmatrix}$ 寫成 $\boldsymbol{A}=\begin{bmatrix}1 & 0\\1 & 1\end{bmatrix}$、$\boldsymbol{B}=\begin{bmatrix}0 & 0\\1 & 1\end{bmatrix}$、$\boldsymbol{C}=\begin{bmatrix}0 & 1\\0 & -1\end{bmatrix}$ 之線性組合。

解 令 $\boldsymbol{M}=\alpha\boldsymbol{A}+\beta\boldsymbol{B}+\gamma\boldsymbol{C}$，則

$$\begin{bmatrix}2 & 4\\3 & -1\end{bmatrix}=\alpha\begin{bmatrix}1 & 0\\1 & 1\end{bmatrix}+\beta\begin{bmatrix}0 & 0\\1 & 1\end{bmatrix}+\gamma\begin{bmatrix}0 & 1\\0 & -1\end{bmatrix},$$

解 $\begin{cases}2=\alpha\\4=\gamma\\3=\alpha+\beta\\-1=\alpha+\beta-\gamma\end{cases}$，得 $\begin{cases}\alpha=2\\\beta=1\\\gamma=4\end{cases}$，

$\therefore \boldsymbol{M}=2\boldsymbol{A}+\boldsymbol{B}+4\boldsymbol{C}$。

### 2. 生成空間的定義

若 $S=\{\boldsymbol{v}_1, \boldsymbol{v}_2, \cdots\cdots, \boldsymbol{v}_n\}$為佈於體$\mathbb{F}$的向量空間 $V$ 的子集合，則由 $S$ 中向量的線性組合所構成的集合 $W$（$W$ 為 $V$ 的子空間），稱為由 $S$ 所生成的空間，即

$$W=\text{span}\{v_1,v_2,\cdots\cdots,v_n\}=\{w=c_1v_1+c_2v_2+\cdots\cdots+c_1v_n \mid c_1,c_2,\cdots\cdots,c_n\in\mathbb{F}\}$$

通常會以 $W=\text{span}(S)$ 或 $W=\text{span}\{\boldsymbol{v}_1, \boldsymbol{v}_2, \cdots\cdots, \boldsymbol{v}_n\}$表示。

**例：** 令$\mathbb{R}^2$中的子集合 $S_1=\left\{\vec{\boldsymbol{i}}=(1,0)\right\}$、$S_2=\left\{\vec{\boldsymbol{j}}=(0,1)\right\}$與 $S_3=\left\{\vec{\boldsymbol{i}},\vec{\boldsymbol{j}}\right\}=\{(1,0),(0,1)\}$。

我們可以發現

$x$ 軸上任一向量 $(a,0)=a\times(1,0)=a\vec{\boldsymbol{i}}$ ，即 $x$-軸 $=\text{span}\{(1, 0)\}=\text{span}(S_1)$，

$y$ 軸上任一向量 $(0,b)=b\cdot(0,1)=b\vec{\boldsymbol{y}}$，即可以生成 $y$-軸 $=\text{span}\{(0, 1)\}=\text{span}(S_2)$，

而$\mathbb{R}^2$任一向量 $(a,b)=a(1,0)+b(0,1)$ ，即$\mathbb{R}^2=\text{span}\{(0,1),(0,1)\}$。

若 $S=\phi$，則定義 $\text{span}(S)=\{\boldsymbol{0}\}$。

### 3. 定理

設 $V$ 是佈於體 $\mathbb{F}$ 的向量空間，且 $S=\{\boldsymbol{v}_1, \boldsymbol{v}_2, \cdots\cdots, \boldsymbol{v}_n\}$ 爲 $V$ 的子集合，則 $W=\text{span}(S)$ 爲 $V$ 的子空間。

**Note**

(1) $W$ 爲 $V$ 中包含 $S$ 的最小子空間。即 $V$ 中所有含有 $S$ 的子空間，一定包含 $W$。

【證明】

請參閱附錄三、延伸 5。

(2) 若 $U$ 爲 $V$ 的子空間且包含 $S$，則 $W=\text{span}(S)$ 必包含於 $U$。
例如：$U=V=\mathbb{R}^2, S=\{(1,0)\}$，則 $W=\text{span}(S)=\{(a,0)\mid a\in\mathbb{R}\}$，且 $W\subseteq U$。

## 範例 10

設 $V$ 爲 $\mathbb{R}^6$ 之子空間，且 $V$ 中所有向量均可以表示爲

$(x, y, 2x-y, z, 3x+y-2z, z)$，

其中 $x$、$y$、$z$ 均爲實數，將 $V$ 表示成生成空間形式。

---

**解** 令 $\boldsymbol{v}\in V$，則 $\boldsymbol{v}=(x, y, 2x-y, z, 3x+y-2z, z)$，

整理得 $\boldsymbol{v}=x(1, 0, 2, 0, 3, 0)+y(0, 1, -1, 0, 1, 0)+z(0, 0, 0, 1, -2, 1)$，

$\therefore V=\text{span}\{(1, 0, 2, 0, 3, 0), (0, 1, -1, 0, 1, 0), (0, 0, 0, 1, -2, 1)\}$。

■

## 範例 11

二階線性齊性 ODE $y''+9y=0$，其解空間爲 $V$，找出 $V$ 的一組生成集。

---

**解** 由 ODE 的齊性解理論可知：

$y=c_1\cos 3x+c_2\sin 3x$，其中 $c_1$、$c_2\in\mathbb{R}$，故得 $V=\text{span}\{\cos 3x, \sin 3x\}$。

■

## 四、直和（Direct sum）

若 $S_1 = \{(1, 0)\}$、$S_2 = \{(0, 1)\}$且 $U = \text{span}(S_1)$、$W = \text{span}(S_2)$，則 $U$ 和 $W$ 爲 $V = \mathbb{R}^2$ 中的 $x$ 軸與 $y$ 軸，且交集爲原點$\{(0, 0)\}$。由前面的觀念知 $U$、$W$ 均爲 $V$ 中的子空間，且 $V$ 中任一向量 $\boldsymbol{v} = (a, b)$可由 $U$ 中的向量$(a, 0)$與 $W$ 中的向量$(0, b)$相加而成，此現象稱 $V = \mathbb{R}^2$ 爲 $U$ 與 $V$ 的直和，詳細將在以下介紹。

**1. 定義**

(1) 設 $U$、$W$ 爲佈於體 $\mathbb{F}$ 的向量空間 $V$ 的子空間，則 $U$ 與 $W$ 的和，表示成 $U + W$，且定義成

$U + W = \{\, \boldsymbol{u} + \boldsymbol{w} \mid \forall\, \boldsymbol{u} \in U, \forall\, \boldsymbol{w} \in W \,\}$。

(2) 設 $U$ 與 $W$ 爲向量空間 $V$ 的子空間，當 $V$ 爲 $U$ 與 $W$ 的直和(表示成 $V = U \oplus W$ )時，若且唯若

① $V = U + W$。

② $U \cap W = \{\boldsymbol{0}\}$。

**2. 佈於體 $\mathbb{F}$ 的向量空間 $V$ 中的子空間 $U$ 與 $W$ 的和 $U + W$，亦爲 $V$ 的子空間。**

【證明】

請參閱附錄三，延伸 1。

### 範例 12

設 $M_{n\times n}(\mathbb{F})$爲佈於體 $\mathbb{F}$ 之 $n \times n$ 階矩陣向量空間，若 $W_1$ 爲 $M_{n\times n}(\mathbb{F})$中所有對稱矩陣所形成的集合，$W_2$ 爲反對稱矩陣所形成的集合，求證 $M_{n\times n}(\mathbb{F})$爲 $W_1$ 與 $W_2$ 的直和，即 $M_{n\times n}(\mathbb{F}) = W_1 \oplus W_2$。

---

**解** 由題意知

$W_1 = \{\, \boldsymbol{A} \in M_{n\times n}(\mathbb{F}) \mid \boldsymbol{A}^T = \boldsymbol{A} \}$，

$W_2 = \{\, \boldsymbol{A} \in M_{n\times n}(\mathbb{F}) \mid \boldsymbol{A}^T = -\boldsymbol{A} \}$，

因此 $W_1$、$W_2$ 均爲 $M_{n\times n}(\mathbb{F})$的子空間。

(1) 設 $\boldsymbol{A} \in M_{n\times n}(\mathbb{F})$，則 $\boldsymbol{A} = \dfrac{\boldsymbol{A}+\boldsymbol{A}^T}{2} + \dfrac{\boldsymbol{A}-\boldsymbol{A}^T}{2}$，

因 $(\dfrac{\boldsymbol{A}+\boldsymbol{A}^T}{2})^T = \dfrac{\boldsymbol{A}^T+(\boldsymbol{A}^T)^T}{2} = \dfrac{\boldsymbol{A}^T+\boldsymbol{A}}{2}$，

故 $\dfrac{\boldsymbol{A}+\boldsymbol{A}^T}{2} \in W_1$，

又 $(\dfrac{\boldsymbol{A}-\boldsymbol{A}^T}{2})^T = \dfrac{\boldsymbol{A}^T-(\boldsymbol{A}^T)^T}{2} = \dfrac{\boldsymbol{A}^T-\boldsymbol{A}}{2} = -\dfrac{\boldsymbol{A}-\boldsymbol{A}^T}{2}$，

故 $\dfrac{\boldsymbol{A}-\boldsymbol{A}^T}{2} \in W_2$，因此 $M_{n\times n}(\mathbb{F}) = W_1 + W_2$。

(2) $W_1 \cap W_2 = \{\boldsymbol{A} \in M_{n\times n}(\mathbb{F}) \mid \boldsymbol{A}^T = \boldsymbol{A} = -\boldsymbol{A}\} = \{\boldsymbol{0}\}$。

故由定義知 $M_{n\times n}(\mathbb{F}) = W_1 \oplus W_2$。

■

## 範例 13

設 $V$ 為 $\mathbb{R}$ 映射到 $\mathbb{R}$ 的函數向量空間，且 $W_1$ 為 $V$ 中所有偶函數所形成的子集，$W_2$ 為 $V$ 中所有奇函數所形成子集，則求證 $V = W_1 \oplus W_2$。

---

**解** 由定義知 $W_1$、$W_2$ 均為 $V$ 的子空間，

(1) 設 $f(x) \in V$，則 $f(x) = \dfrac{f(x)+f(-x)}{2} + \dfrac{f(x)-f(-x)}{2}$，

令 $g(x) = \dfrac{f(x)+f(-x)}{2}$、$h(x) = \dfrac{f(x)-f(-x)}{2}$，

因 $g(-x) = \dfrac{f(-x)+f(-(-x))}{2} = \dfrac{f(-x)+f(x)}{2} = g(x)$，

故 $g(x) = \dfrac{f(x)+f(-x)}{2} \in W_1$，

又 $h(-x) = \dfrac{f(-x)-f(-(-x))}{2} = \dfrac{f(-x)-f(x)}{2}$

$= -\dfrac{f(x)-f(-x)}{2} = -h(x)$，

故 $h(x) = \dfrac{f(x)-f(-x)}{2} \in W_2$，因此 $V = W_1 + W_2$。

(2) $W_1 \cap W_2 = \{f(x) \in V \mid f(-x) = f(x) = -f(x)\} = \{\boldsymbol{0}\}$。

故由定義知 $V = W_1 \oplus W_2$。

■

## 五、矩陣的列空間、行空間、零核空間

矩陣中所有的列與行均可視爲向量，這些向量的線性組合可以形成子空間，以下將討論這些子空間的性質。

**1. 定義**

設 $\boldsymbol{A}$ 爲佈於體 $\mathbb{F}$ 的任意 $m \times n$ 矩陣，即 $\boldsymbol{A} \in M_{m \times n}(\mathbb{F})$，令 $\boldsymbol{A} = \begin{bmatrix} a_{11} & a_{12} & \cdots & a_{1n} \\ a_{21} & a_{22} & \cdots & a_{2n} \\ \vdots & \vdots & \cdots & \vdots \\ a_{m1} & a_{m2} & \cdots & a_{mn} \end{bmatrix}$

爲 $\mathbb{F}^n$ 中的向量。

$\boldsymbol{r}_1 = [a_{11} \quad a_{12} \quad \ldots \quad a_{1n}]$、$\boldsymbol{r}_2 = [a_{21} \quad a_{22} \quad \ldots \quad a_{2n}]$、……、$\boldsymbol{r}_m = [a_{m1} \quad a_{m2} \quad \ldots \quad a_{mn}]$

爲 $\boldsymbol{A}$ 的各列，稱爲 $\boldsymbol{A}$ 的列向量。

向量

$\boldsymbol{c}_1 = \begin{bmatrix} a_{11} \\ a_{21} \\ \vdots \\ a_{m1} \end{bmatrix}$、$\boldsymbol{c}_2 = \begin{bmatrix} a_{12} \\ a_{22} \\ \vdots \\ a_{m2} \end{bmatrix}$、……、$\boldsymbol{c}_n = \begin{bmatrix} a_{1n} \\ a_{2n} \\ \vdots \\ a_{mn} \end{bmatrix}$

爲 $\boldsymbol{A}$ 的各行，稱爲 $\boldsymbol{A}$ 的行向量。

**2. 定義**

若 $\boldsymbol{A} \in M_{m \times n}(\mathbb{F})$，則

(1) 由 $\boldsymbol{A}$ 的列向量所生成的子空間稱爲 $\boldsymbol{A}$ 的列空間（Row space），一般表示成 $\mathbf{RS}(A)$。

(2) 由 $\boldsymbol{A}$ 的行向量所生成的子空間稱爲 $\boldsymbol{A}$ 的行空間（Column space），一般表示成 $\mathbf{CS}(\boldsymbol{A})$。

(3) 齊次方程式 $\boldsymbol{AX}=\boldsymbol{0}$ 的解空間（Solution space）稱為零核子空間（Null space），一般表示成 $N(\boldsymbol{A})$或 Ker($\boldsymbol{A}$)。

(4) 齊性方程組 $\boldsymbol{YA}=\boldsymbol{0}$ 之解空間稱為左核子空間，一般表示為 $L$Ker($\boldsymbol{A}$)。

**3. 性質**

設 $\boldsymbol{A}$ 為佈於體 $\mathbb{F}$ 的 $m\times n$ 矩陣，

(1) 四大基本子空間

**RS**($\boldsymbol{A}$)為 $\mathbb{F}^{1\times n}$ 的子空間、**CS**($\boldsymbol{A}$)為 $\mathbb{F}^{m\times 1}$ 的子空間，

Ker($\boldsymbol{A}$)為 $\mathbb{F}^{n\times 1}$ 的子空間、$L$Ker($\boldsymbol{A}$)為 $\mathbb{F}^{1\times n}$ 的子空間。

(2) 若 $\boldsymbol{A}$ 經列運算會為 $\boldsymbol{B}$，則

**RS**($\boldsymbol{A}$) = **RS**($\boldsymbol{B}$)、Ker($\boldsymbol{A}$) = Ker($\boldsymbol{B}$)。

(3) 若 $\boldsymbol{A}$ 經行運算會為 $\boldsymbol{B}$，則

**CS**($\boldsymbol{A}$) = **CS**($\boldsymbol{B}$)、$L$Ker($\boldsymbol{A}$) = $L$Ker($\boldsymbol{B}$)。

## 範例 14

設 $\boldsymbol{A}$ 矩陣為 $\begin{bmatrix}1&2&3\\4&5&6\\7&8&9\end{bmatrix}$，求 **RS**($\boldsymbol{A}$)、**CS**($\boldsymbol{A}$)、Ker($\boldsymbol{A}$)、$L$Ker($\boldsymbol{A}$)。

---

解 $\boldsymbol{A}=\begin{bmatrix}1&2&3\\4&5&6\\7&8&9\end{bmatrix}\to\begin{bmatrix}1&2&3\\0&-3&-6\\0&-6&-12\end{bmatrix}\to\begin{bmatrix}1&2&3\\0&1&2\\0&0&0\end{bmatrix}$，則

(1) **RS**($\boldsymbol{A}$) = span{ [1 2 3], [4 5 6] }或 span{ [1 2 3], [0 1 2] }。

(2) **CS**($\boldsymbol{A}$) = $\text{span}\left\{\begin{bmatrix}1\\4\\7\end{bmatrix},\begin{bmatrix}2\\5\\8\end{bmatrix}\right\}$。

(3) 令 $\boldsymbol{X}=\begin{bmatrix}x_1\\x_2\\x_3\end{bmatrix}$代入 $\boldsymbol{AX}=\boldsymbol{0}$ 得 $\begin{cases}x_1+2x_2+3x_3=0\\ \quad x_2+2x_3=0\end{cases}$，

令 $x_3=\alpha$ 得 $x_2=-2\alpha$、$x_1=\alpha$ 得 $\boldsymbol{x}=\alpha\begin{bmatrix}1\\-2\\1\end{bmatrix}$，

$\therefore$齊性聯立方程組 $\boldsymbol{AX}=\boldsymbol{0}$ 之解空間 $\boldsymbol{N}(\boldsymbol{A})=\text{Ker}(\boldsymbol{A})=\text{span}\left\{\begin{bmatrix}1\\-2\\1\end{bmatrix}\right\}$。

(4) $\boldsymbol{A}=\begin{bmatrix}r_1\\r_2\\r_3\end{bmatrix}\xrightarrow{R_{12}^{(-4)}R_{13}^{(-7)}}\begin{bmatrix}r_1\\r_2-4r_1\\r_3-7r_1\end{bmatrix}\xrightarrow{R_{23}^{(-2)}}\begin{bmatrix}r_1\\r_2-4r_1\\r_1-2r_2+r_3\end{bmatrix}$，

由 $r_1-2r_2+r_3=0$，得

$$[1\quad -2\quad 1]\begin{bmatrix}r_1\\r_2\\r_3\end{bmatrix}=[1\quad -2\quad 1]\boldsymbol{A}=\boldsymbol{0}，$$

$\therefore L\text{Ker}(\boldsymbol{A})=\text{span}\{[1\quad -2\quad 1]\}$，

由維度定理知 $3=\dim(L\text{Ker}(\boldsymbol{A}))+\dim(\textbf{RS}(\boldsymbol{A}))$

$=\dim(L\text{Ker}(\boldsymbol{A}))+2$，

所以 $\dim(L\text{Ker}(\boldsymbol{A}))=1$，

所以 $\dim(L\text{Ker}(\boldsymbol{A}))=\text{span}\{[1\quad -2\quad 1]\}$。

■

**Note**

$L\text{Ker}(A)=\{x=[y_1\quad y_2\quad y_3]\in\mathbb{R}^{1\times 3}\mid [y_1\quad y_2\quad y_3]A=0\}$

$A^T=\begin{bmatrix}1&4&7\\2&5&8\\3&6&9\end{bmatrix}\xrightarrow{r}\begin{bmatrix}1&4&7\\0&1&2\\0&0&0\end{bmatrix}$，

由 $A^Ty^T=0$ 知 $\begin{cases}y_1+4y_2+7y_3=0\\ y_2+2y_3=0\end{cases}$ 解方程式得 $\begin{cases}y_1=\beta\\ y_2=-2\beta\\ y_3=\beta\end{cases}$，故 $y^T=\beta\begin{bmatrix}1\\-2\\1\end{bmatrix}$，

$\therefore L\text{Ker}(A)=\text{span}\{[1\quad -2\quad 1]\}$。

## 習題演練

1. 試決定下列集合或圖形是否爲 $\mathbb{R}^n$ 中的子空間。

   (1) $s_1$爲 $\mathbb{R}^2$ 平面上包含直線 $4x+y=0$ 上之任一向量所形成集合。

   (2) $s_2$爲 $\mathbb{R}^2$ 平面上包含直線 $4x+y=1$ 上之任一向量所形成集合。

   (3) $s_3$爲 $\mathbb{R}^3$ 空間中包含平面 $4x+y-z=0$ 上之任一向量所形成集合。

   (4) $s_4$爲 $\mathbb{R}^3$ 空間中包含平面 $4x+y-z=1$ 上之任一向量所形成集合。

   (5) $s_5$爲 $\mathbb{R}^3$ 空間中包含 $z$ 軸上之任一向量所形成集合。

   (6) $s_6$爲 $\mathbb{R}^4$ 空間中包含所有向量$(-x, x, y, -3y)$所形成集合。

   (7) $s_7$爲 $\mathbb{R}^4$ 空間中包含所有向量$(-x, x, y, 2)$所形成集合。

   (8) $s_8$爲 $\mathbb{R}^5$ 空間中包含所有向量$(x, x-y, x+y-z, z, 0)$所形成集合。

2. 證明在向量空間 $P_2(\mathbb{R})$ 中滿足 $P(1)=0$ 之子集 $W$ 爲 $P_2(\mathbb{R})$ 的子空間。

3. 決定下列集合，何者爲 $\mathbb{R}^3$ 中的子空間：

   (1) $S_1=\{(x_1, x_2, x_3) \mid x_1+x_3=1\}$。

   (2) $S_2=\{(x_1, x_2, x_3) \mid x_1=x_2=x_3\}$。

   (3) $S_3=\{(x_1, x_2, x_3) \mid x_3=x_1+x_2\}$。

   (4) $S_4=\{(x_1, x_2, x_3) \mid x_3={x_1}^2+{x_2}^2\}$。

4. 設 $V$ 爲佈於實數體的函數向量空間，而 $W$ 爲 $V$ 的子集，且
   $W=\{f(x)\in V \mid f(x^2)=f(x)^2\}$，則請驗證 $W$ 是否爲 $V$ 的子空間。

5. $W=\{(a, b, -a) \mid a, b\in\mathbb{R}\}$爲 $\mathbb{R}^3$ 中子集合，請驗證 $W$ 是否爲 $\mathbb{R}^3$ 的子空間。

6. $S=\{(1, 1), (0, 2)\}$，若有 $\mathbb{R}^2$ 中向量 $\vec{\boldsymbol{v}}=(-3, 1)$、$\vec{\boldsymbol{u}}=(1, 5)$，請將 $\vec{\boldsymbol{v}}$ 與 $\vec{\boldsymbol{u}}$ 表示成 $S$ 中向量的線性組合。

7. $S=\{(2, -1, 3), (5, 1, 0), (0, -1, 4)\}$，若 $\vec{\boldsymbol{v}}=(1, 1, -1)$與 $\vec{\boldsymbol{u}}=(7, -1, 7)\in\mathbb{R}^3$，請將 $\vec{\boldsymbol{v}}$、$\vec{\boldsymbol{u}}$ 表示成 $S$ 中向量的線性組合。

8. 若 $\boldsymbol{M}_1=\begin{bmatrix}1 & 0\\ 0 & 1\end{bmatrix}$、$\boldsymbol{M}_2=\begin{bmatrix}1 & 0\\ 0 & -1\end{bmatrix}$、$\boldsymbol{M}_3=\begin{bmatrix}0 & 1\\ 1 & 0\end{bmatrix}$，求證$\{\boldsymbol{M}_1, \boldsymbol{M}_2, \boldsymbol{M}_3\}$可以生成 $2\times 2$ 的對稱矩陣集合。

9. $S = \{(1, 0, 0, 0), (1, 2, 0, 0)\}$，若有一向量 $\vec{f} = (a, b, 0, 0) \in \mathbb{R}^4$，請將 $\vec{f}$ 表示成 $S$ 中向量的線性組合。

10. 設 $V$ 爲 $\mathbb{R}^3$ 之子空間，且 $V$ 中所有向量均可表示爲$(a, a+2b, b-c)$，其中 $a$、$b$、$c \in \mathbb{R}$，請將 $V$ 表示爲生成空間的形式。

11. 若 $\boldsymbol{v}_1 = 1 + x^2$、$\boldsymbol{v}_2 = x^2 - x$、$\boldsymbol{v}_3 = 3 + 2x$，請問$\{\boldsymbol{v}_1, \boldsymbol{v}_2, \boldsymbol{v}_3\}$可否生成 $P_2(\mathbb{R})$。

12. $\boldsymbol{A} = \begin{bmatrix} 5 & 1 & 0 \\ 0 & 1 & 1 \\ 0 & 3 & 3 \end{bmatrix}$，求 $\mathbf{RS}(\boldsymbol{A})$、$\mathbf{CS}(\boldsymbol{A})$、$\mathrm{Ker}(\boldsymbol{A})$、$L\mathrm{Ker}(\boldsymbol{A})$。

13. $\boldsymbol{A} = \begin{bmatrix} 0 & 1 & 0 \\ 1 & 1 & 0 \\ 0 & 0 & 0 \end{bmatrix}$，求 $\mathbf{RS}(\boldsymbol{A})$、$\mathbf{CS}(\boldsymbol{A})$、$\mathrm{Ker}(\boldsymbol{A})$、$L\mathrm{Ker}(\boldsymbol{A})$。

14. $\boldsymbol{A} = \begin{bmatrix} 3 & 2 & 1 & 10 \\ -2 & -3 & -9 & 5 \\ 3 & 4 & 11 & -4 \end{bmatrix}$，求 $\mathbf{RS}(\boldsymbol{A})$、$\mathbf{CS}(\boldsymbol{A})$、$\mathrm{Ker}(\boldsymbol{A})$、$L\mathrm{Ker}(\boldsymbol{A})$。

15. $\boldsymbol{A} = \begin{bmatrix} 1 & 2 & 5 & 0 & 3 \\ 0 & 1 & 3 & 0 & 0 \\ 0 & 0 & 0 & 1 & 0 \\ 0 & 0 & 0 & 0 & 0 \end{bmatrix}$，求 $\boldsymbol{A}$ 的 $\mathbf{RS}(\boldsymbol{A})$、$\mathbf{CS}(\boldsymbol{A})$、$N(\boldsymbol{A})$。

16. $\boldsymbol{A} = \begin{bmatrix} 1 & 2 & 3 \\ -2 & 5 & -6 \\ 2 & -3 & 6 \end{bmatrix}$，求 $\mathbf{RS}(\boldsymbol{A})$、$\mathbf{CS}(\boldsymbol{A})$、$\mathrm{Ker}(\boldsymbol{A})$、$L\mathrm{Ker}(\boldsymbol{A})$。

17. 設 $W$、$U$ 爲向量空間 $V$ 的子空間，

    (1) $(V - W) \cap U$ 是否爲 $V$ 的子空間。

    (2) $V - W$ 是否爲 $V$ 的子空間。

18. 設 $P_n$ 表示次數小於 $n$ 的多項式，則下列集合何者爲 $P_4$ 的子空間？

    (1) $P_4$ 中偶數次多項式所形成的集合。

    (2) $P_4$ 中次數爲 3 之多項式所形成的集合。

    (3) $P_4$ 中滿足 $P(0) = 0$ 之多項式所形成的集合。

    (4) $P_4(\mathbb{R})$中至少有一個實根之多項式所形成的集合。

19. 設 $V$ 爲佈於實數體 $\mathbb{R}$ 的 $2\times 2$ 方陣向量空間，試證 $W$ 不是 $V$ 的子空間，其中

 (1) $W=\{\boldsymbol{A} \mid \det(\boldsymbol{A})=0，\forall \boldsymbol{A}\in V\}$。

 (2) $W=\{\boldsymbol{A} \mid \boldsymbol{A}^3=\boldsymbol{A}，\forall \boldsymbol{A}\in V\}$。

20. 令 $V=\{f|f：\mathbb{R}\to\mathbb{R}，f$ 爲連續函數$\}$，判別集合 $W$ 是否爲 $V$ 的子空間。

 (1) $W=\{f|f(x^2)=f^2(x)，\forall f\in V\}$。

 (2) $W=\{f|f(0)=f(2)，\forall f\in V\}$。

 (3) $W=\{f|f(-2)=0，\forall f\in V\}$。

21. 設 $W_1=\{\boldsymbol{A} \mid \boldsymbol{A}_{ij}=0，i>j，\forall \boldsymbol{A}\in M_{m\times n}(\mathbb{F})\}$，

 $W_2=\{\boldsymbol{A} \mid \boldsymbol{A}_{ij}=0，i\le j，\forall \boldsymbol{A}\in M_{m\times n}(\mathbb{F})\}$，

 試證明 $M_{m\times n}(\mathbb{F})=W_1\oplus W_2$。

## 2-4 向量空間的基底與維度

在 $\mathbb{R}^2$ 中，任一向量$(a, b)$均可寫爲(1,0)與(0,1)這 2 個向量的線性組合，而 $(1,0)=\vec{i}$ 、$(0,1)=\vec{j}$ 即爲 $\mathbb{R}^2$ 中的坐標。有趣的是，線性組合 $(a,b)=a\vec{i}+b\vec{j}$ 只有唯一的寫法，我們稱這種現象爲 「$\mathbb{R}^2$ 的維度是 2」。在一般向量空間中，我們也希望找出基底坐標與維度。此外，這種基底坐標唯一嗎？這些都是我們接下來要討論的。

### 一、線性獨立與線性相依

**1. 定義**

設 $S=\{\boldsymbol{v}_1, \boldsymbol{v}_2, \cdots\cdots, \boldsymbol{v}_n\}$爲佈於體 $\mathbb{F}$ 向量空間 $V$ 的非空子集合，若存在一組不全爲零的純量 $c_1$、$c_2$、……、$c_n$ 使得 $c_1\boldsymbol{v}_1+c_2\boldsymbol{v}_2+\cdots\cdots+c_n\boldsymbol{v}_n=\boldsymbol{0}$，

則稱 $S$ 爲線性相依的集合。反之，若使上式成立的唯一可能是 $c_1=\cdots\cdots=c_n=0$，則稱$\{\boldsymbol{v}_1, \boldsymbol{v}_2, \cdots\cdots, \boldsymbol{v}_n\}$爲線性獨立的集合。

**2. 性質**

(1) 根據定義，空集合爲線性獨立集合，因線性相依的集合必不爲空集合；

(2) $S=\{\boldsymbol{v}_1\}$爲線性獨立集合若且唯若 $\boldsymbol{v}_1\neq\boldsymbol{0}$；

(3) 若 $S=\{\boldsymbol{v}_1, \boldsymbol{v}_2,\cdots\cdots, \boldsymbol{v}_n\}$（$n\geq 2$）爲佈於體 $\mathbb{F}$ 向量空間 $V$ 線性相依的子集合，由定義知存在一組不全爲零的純量 $c_1$、$c_2$、……、$c_n$ 使得

$c_1\boldsymbol{v}_1+c_2\boldsymbol{v}_2+\cdots\cdots+c_n\boldsymbol{v}_n=\boldsymbol{0}$，

設 $c_j\neq 0$ （$1\leq j\leq n$），則

$$\boldsymbol{v}_j=-\frac{1}{c_j}(c_1\boldsymbol{v}_1+c_2\boldsymbol{v}_2+\cdots\cdots+c_{j-1}\boldsymbol{v}_{j-1}+c_{j+1}\boldsymbol{v}_{j+1}+\cdots\cdots+c_n\boldsymbol{v}_n),$$

即 $S=\{\boldsymbol{v}_1, \boldsymbol{v}_2, \cdots\cdots, \boldsymbol{v}_n\}$（$n\geq 2$）爲線性相依的集合時，集合 $S$ 中存在一向量 $\boldsymbol{v}_j$ 可用 $S$ 中剩下的$(n-1)$個向量的線性組合式來表示。

(4) 集合 $S$ 中含有 $\boldsymbol{0}$ 元素時，則 $S$ 必為線性相依集合。

**例說：**

① 令 $S_1 = \{ (1, 0, 0), (0, 1, 0), (0, 0, 3) \}$，如果
$\alpha_1 \times (1, 0, 0) + \alpha_2 \times (0, 1, 0) + \alpha_3 \times (0, 0, 3) = 0$，
則 $\alpha_1 = \alpha_2 = \alpha_3 = 0$ ，故 $S_1$ 為線性獨立。

② 令 $S_2 = \{ (1, 0, 0), (0, 2, 0), (3, 1, 0) \}$，如果
$\alpha_1 \times (1, 0, 0) + \alpha_2 \times (0, 2, 0) + \alpha_3 \times (3, 1, 0) = 0$，
則 $\begin{cases} \alpha_1 + 3\alpha_3 = 0 \\ 2\alpha_2 + \alpha_3 = 0 \end{cases}$ 解之得 $\alpha_3 = 1$、$\alpha_1 = -3$、$\alpha_2 = -\dfrac{1}{2}$，故 $S_2$ 為線性相依。

**3. 其他性質**

(1) 設 $V$ 為佈於體 $\mathbb{F}$ 的向量空間，且 $S_1 \subseteq S_2 \subseteq V$，若 $S_1$ 為線性相依，則 $S_2$ 亦為線性相依。

**【證明】**

請參閱附錄三、延伸 12。

(2) 設 $V$ 為佈於體 $\mathbb{F}$ 的向量空間，且 $S_1 \subseteq S_2 \subseteq V$，若 $S_2$ 為線性獨立，則 $S_1$ 亦為線性獨立。

(3) 判別線性獨立或線性相依

① 欲判斷 $\boldsymbol{u}_1, \boldsymbol{u}_2, \cdots\cdots, \boldsymbol{u}_n$ 是否線性獨立或相依，可將其依列排成矩陣 $\boldsymbol{A}$，然後將 $\boldsymbol{A}$ 矩陣進行列運算，若出現 $\boldsymbol{0}$ 列，則 $\boldsymbol{u}_1, \boldsymbol{u}_2, \cdots\cdots, \boldsymbol{u}_n$ 為線性相依，反之則為線性獨立。

② 欲判斷 $\boldsymbol{u}$ 是否可以寫成 $\boldsymbol{u}_1$、$\boldsymbol{u}_2$、$\boldsymbol{u}_3$ 之線性組合，則可以將 $\boldsymbol{u}_1$、$\boldsymbol{u}_2$、$\boldsymbol{u}_3$ 與 $\boldsymbol{u}$ 依序列排成矩陣 $\boldsymbol{A}$，然後將 $\boldsymbol{A}$ 矩陣進行列運算（最後一列不可列對調），若最後一列為 $\boldsymbol{0}$，則 $\boldsymbol{u}$ 可以表示成 $\boldsymbol{u}_1$、$\boldsymbol{u}_2$ 與 $\boldsymbol{u}_3$ 之線性組合，即 $\boldsymbol{u}$ 與 $\boldsymbol{u}_1$、$\boldsymbol{u}_2$、$\boldsymbol{u}_3$ 所形成之集合線性相依，即 $\boldsymbol{u}$ 屬於 $\text{span}\{ \boldsymbol{u}_1, \boldsymbol{u}_2, \boldsymbol{u}_3 \}$。
此方法的推廣及其證明：請參閱附錄三、延伸 13。

**Note**

其它有關線性獨立的延伸觀念請參閱附錄二、延伸 10。

## 範例 1

試判斷下列 $2\times 2$ 矩陣集合是線性獨立或相依：

$S=\left\{\begin{bmatrix}2&1\\0&1\end{bmatrix},\begin{bmatrix}3&0\\2&1\end{bmatrix},\begin{bmatrix}1&0\\2&0\end{bmatrix}\right\}$ 。

---

**解** 將 $\begin{bmatrix}2&1\\0&1\end{bmatrix}$、$\begin{bmatrix}3&0\\2&1\end{bmatrix}$、$\begin{bmatrix}1&0\\2&0\end{bmatrix}$ 視爲 $\mathbb{R}^4$ 中的向量：[2, 1, 0, 1]、[3, 0, 2, 1]、[1, 0, 2, 0]

因

$$\boldsymbol{A}=\begin{bmatrix}2&1&0&1\\3&0&2&1\\1&0&2&0\end{bmatrix}\xrightarrow{R_{13}}\begin{bmatrix}1&0&2&0\\3&0&2&1\\2&1&0&1\end{bmatrix}$$

$$\xrightarrow{R_{12}^{(-3)}R_{13}^{(-2)}}\begin{bmatrix}1&0&2&0\\0&0&-4&1\\0&1&-4&1\end{bmatrix}\xrightarrow{R_{23}}\begin{bmatrix}1&0&2&0\\0&1&-4&1\\0&0&-4&1\end{bmatrix},$$

知 $\text{rank}(\boldsymbol{A})=3$，故 $S$ 爲線性獨立集合。

■

## 範例 2

試判斷下列三個多項式爲線性獨立或相依：

$P_1(x)=2x^2+4x+6$ 、$P_2(x)=4x^2+5x+6$ 、$P_3(x)=7x^2+8x+9$ 。

---

**解** 取生成集 $\alpha=\{x^2, x, 1\}$，將 $P_1(x)$、$P_2(x)$、$P_3(x)$ 視爲 $\mathbb{R}^3$ 中的向量：

$[P_1(x)]_\alpha=[2, 4, 6]$、$[P_2(x)]_\alpha=[4, 5, 6]$、$[P_3(x)]_\alpha=[7, 8, 9]$，

$$\text{因 }\boldsymbol{A}=\begin{bmatrix}2&4&6\\4&5&6\\7&8&9\end{bmatrix}\xrightarrow{R_{12}^{(-2)}R_{13}^{(-\frac{7}{2})}}\begin{bmatrix}2&4&6\\0&-3&-6\\0&-6&-12\end{bmatrix}\xrightarrow{R_{23}^{(-2)}}\begin{bmatrix}2&4&6\\0&-3&-6\\0&0&0\end{bmatrix},$$

知 $\text{rank}(\boldsymbol{A})=2$，故 $S=\{P_1(x), P_2(x), P_3(x)\}$ 爲線性相依集合。

■

(4) $\mathbb{R}^n$中向量線性獨立或相依的判別：

設 $s = \{ \boldsymbol{v}_1, \boldsymbol{v}_2, \cdots\cdots, \boldsymbol{v}_n \}$，且 $\boldsymbol{v}_1 = [ a_{11}, a_{12}, \cdots\cdots, a_{1n} ]$、$\boldsymbol{v}_2 = [ a_{21}, a_{22}, \cdots\cdots, a_{2n} ]$、……、$\boldsymbol{v}_n = [ a_{n1}, a_{n2}, \cdots\cdots, a_{nn} ]$。考慮行列式值：

$$|\boldsymbol{A}| = \begin{vmatrix} a_{11} & a_{12} & \cdots & a_{1n} \\ a_{21} & a_{22} & & \vdots \\ \vdots & \vdots & & \vdots \\ a_{n1} & \cdots & \cdots & a_{nn} \end{vmatrix} \text{或} \quad |\boldsymbol{A}| = \begin{vmatrix} a_{11} & a_{21} & \cdots & a_{n1} \\ a_{12} & a_{22} & & \vdots \\ \vdots & \vdots & & \vdots \\ a_{1n} & \cdots & \cdots & a_{nn} \end{vmatrix},$$

即 $\boldsymbol{v}_1$、$\boldsymbol{v}_2$、……、$\boldsymbol{v}_n$ 依列或行排成方陣，則：

**4. 定理**

(1) 若$|\boldsymbol{A}| \neq 0$，則$\{ \boldsymbol{v}_1, \boldsymbol{v}_2, \cdots\cdots, \boldsymbol{v}_n \}$爲線性獨立

(2) 若$|\boldsymbol{A}| = 0$，則$\{ \boldsymbol{v}_1, \boldsymbol{v}_2, \cdots\cdots, \boldsymbol{v}_n \}$爲線性相依

**【證明】**

(1)的證明：

若 $c_1\boldsymbol{v}_1 + c_2\boldsymbol{v}_2 + \cdots\cdots + c_n\boldsymbol{v}_n = \boldsymbol{0}$，

則由克拉瑪公式知

$$c_i = \frac{1}{|\boldsymbol{A}|}\begin{vmatrix} a_{11} & a_{1\,i-1} & 0 & a_{1\,i+1} & a_{1n} \\ a_{21} & a_{2\,i-1} & 0 & a_{2\,i+1} & a_{2n} \\ \vdots & \vdots & \vdots & \vdots & \vdots \\ a_{n1} & a_{n\,i-1} & 0 & a_{n\,i+1} & a_{nn} \end{vmatrix} = 0,$$

其中$|\boldsymbol{A}| \neq 0$，$i = 1,2,3,\cdots\cdots, n$，

故$\{ \boldsymbol{v}_1, \boldsymbol{v}_2, \cdots\cdots, \boldsymbol{v}_n \}$線性獨立。

(2)的證明：

對 $\boldsymbol{A}$ 使用高斯消去法：

$$\boldsymbol{A} \xrightarrow{r} \begin{bmatrix} I_k & \boldsymbol{0} \\ \boldsymbol{0} & \boldsymbol{0} \end{bmatrix}，其中 k \leq n。$$

因$|\boldsymbol{A}| = 0$，故 $k \neq n$，即存在一 $\boldsymbol{A}$ 的列是其它列的線性組合，故$\{ \boldsymbol{v}_1, \boldsymbol{v}_2, \cdots\cdots, \boldsymbol{v}_n \}$線性相依。

## 範例 3

有一$\mathbb{R}^3$中集合$\{\boldsymbol{a}, \boldsymbol{b}, \boldsymbol{c}\}$，其中$\boldsymbol{a}=(-1, 1, 1)$、$\boldsymbol{b}=(1, -1, 1)$、$\boldsymbol{c}=(0, 0, 2)$，請判斷$\boldsymbol{a}$、$\boldsymbol{b}$、$\boldsymbol{c}$爲線性相依或獨立。

---

**解** 由$\begin{vmatrix} -1 & 1 & 1 \\ 1 & -1 & 1 \\ 0 & 0 & 2 \end{vmatrix}=0$，知$\{\boldsymbol{a}, \boldsymbol{b}, \boldsymbol{c}\}$爲線性相依。

**Note**

令$M=\begin{bmatrix} -1 & 1 & 1 \\ 1 & -1 & 1 \\ 0 & 0 & 2 \end{bmatrix} \xrightarrow{R_{12}^{(1)}} \begin{bmatrix} -1 & 1 & 1 \\ 0 & 0 & 2 \\ 0 & 0 & 2 \end{bmatrix} \xrightarrow{R_{23}^{(-1)}} \begin{bmatrix} -1 & 1 & 1 \\ 0 & 0 & 2 \\ 0 & 0 & 0 \end{bmatrix}$，

$\therefore c$可由$a$與$b$組合而成，即$-a-b+c=0$，

$c=a+b$，故$a$、$b$、$c$線性相依。

■

## 範例 4

$\boldsymbol{v}_1=\begin{bmatrix} 1 \\ 2 \\ 3 \end{bmatrix}$、$\boldsymbol{v}_2=\begin{bmatrix} 2 \\ -1 \\ 3 \end{bmatrix}$、$\boldsymbol{v}_3=\begin{bmatrix} 0 \\ 1 \\ -1 \end{bmatrix}$，求證$\boldsymbol{v}_1$、$\boldsymbol{v}_2$、$\boldsymbol{v}_3$爲線性獨立。

---

**解** 由$\begin{vmatrix} 1 & 2 & 0 \\ 2 & -1 & 1 \\ 3 & 3 & -1 \end{vmatrix} \neq 0 \rightarrow$ $\boldsymbol{v}_1$、$\boldsymbol{v}_2$、$\boldsymbol{v}_3$爲線性獨立。

**Note**

由$M=\begin{bmatrix} 1 & 2 & 3 \\ 2 & -1 & 3 \\ 0 & 1 & -1 \end{bmatrix} \xrightarrow{R_{12}^{(-2)}} \begin{bmatrix} 1 & 2 & 3 \\ 0 & -5 & -3 \\ 0 & 1 & -1 \end{bmatrix} \xrightarrow{R_{32}^{(5)}} \begin{bmatrix} 1 & 2 & 3 \\ 0 & 0 & -8 \\ 0 & 1 & -1 \end{bmatrix} \xrightarrow{R_{23}} \begin{bmatrix} 1 & 2 & 3 \\ 0 & 1 & -1 \\ 0 & 0 & -8 \end{bmatrix}$

知$\text{Rank}(M)=3$，故$v_1$、$v_2$、$v_3$爲線性獨立

■

前面介紹了向量所形成的集合，及如何判斷其線性獨立或相依，接著將判斷函數集合彼此獨立或相依：

**5. 設 $u_1(x)$、$u_2(x)$、……、$u_n(x)$在 $x \in [a, b]$中至少可微分$(n-1)$次的函數，令 Wronskian's 行列式為：**

$$W(u_1, u_2, \ldots, u_n) = \begin{vmatrix} u_1(x) & u_2(x) & \cdots & u_n(x) \\ u_1'(x) & u_2'(x) & \cdots & u_n'(x) \\ \vdots & \vdots & & \vdots \\ u_1^{(n-1)}(x) & u_2^{(n-1)}(x) & \cdots & u_n^{(n-1)}(x) \end{vmatrix}$$

(1) 若函數集合$\{ u_1(x), u_2(x), \cdots\cdots, u_n(x) \}$在 $x \in [a, b]$中為線性相依時，則

$W(u_1, u_2, \cdots\cdots, u_n) = 0$，$\forall\, x \in [a, b]$。

(2) 若$\exists\, x_0 \in [a, b]$，使得 $W(u_1, u_2, \cdots\cdots, u_n)|_{x=x_0} \neq 0$，則函數集合

$\{ u_1(x), u_2(x), \cdots\cdots, u_n(x) \}$

在 $x \in [a, b]$中為線性獨立。

【證明】

請參閱附錄三、延伸 11。

**Note**

本定理為充分非必要，即逆定理不恆真。

## 範例 5

設 F(ℝ)為由ℝ映射到ℝ之所有函數所形成集合，則決定下列哪幾個子集線性獨立或相依，

(1) $\{t^2-2t+5, 2t^2-4t+10\}$。

(2) $\{\sin t, \sin^2 t, \cos^2 t, 1\}$。

(3) $\{t^2-2t+5, 2t^2-5t+10, t^2\}$。

(4) $\{t, t\sin t\}$。

(5) $\{e^t, e^{2t}, \cdots\cdots, e^{nt}, \cdots\cdots\}$。

**解** (1) 線性相依，因$2(t^2-2t+5)=2t^2-4t+10$。

(2) 線性相依，因$\sin^2 t+\cos^2 t=1$。

(3) 線性獨立，因$\{t^2-2t+5, 2t^2-5t+10, t^2\}$在$t=0$處的 Wronskian's 行列式爲

$$W(t^2-2t+5, 2t^2-5t+10, t^2)\Big|_{t=0}=\begin{vmatrix} t^2-2t+5 & 2t^2-5t+10 & t^2 \\ 2t-2 & 4t-5 & 2t \\ 2 & 4 & 2 \end{vmatrix}_{t=0}$$

$$=\begin{vmatrix} 5 & 10 & 0 \\ -2 & -5 & 0 \\ 2 & 4 & 2 \end{vmatrix}=-10\neq 0\text{。}$$

(4) 線性獨立，因

$$W(t, t\sin t)=\begin{vmatrix} t & t\sin t \\ 1 & \sin t+t\cos t \end{vmatrix}=t^2\cos t\neq 0\text{。}$$

(5) 線性獨立，對任取的一組子集合$\{e^{N_1 t},\cdots\cdots,e^{N_n t}\}$，有

$$W\{e^{N_1 t},e^{N_2 t},\cdots\cdots,e^{N_n t}\}=\begin{vmatrix} 1 & \cdots\cdots & 1 \\ N_1 & \cdots\cdots & N_n \\ N_1^2 & \cdots\cdots & N_n^2 \\ \vdots & \cdots\cdots & \vdots \\ N_1^{n-1} & \cdots\cdots & N_n^{n-1} \end{vmatrix}\prod_{i=1}^{n}e^{N_i t}=\prod_{i=1}(N_j-N_i)\prod_{i=1}e^{N_i t}\neq 0\text{，}$$

故$\{e^t, e^{2t}, \cdots\cdots, e^{nt}, \cdots\cdots\}$爲線性獨立。

## 二、基底與維數

如同本節開頭所述，只要在$x-y$平面上找到兩個線性獨立的向量（如$\vec{i}=\begin{bmatrix}1\\0\end{bmatrix}$, $\vec{j}=\begin{bmatrix}0\\1\end{bmatrix}$）當作坐標，我們就可以將所有$x-y$平面上的向量唯一的寫成$\vec{i}$與$\vec{j}$的線性組合。我們稱$\{\vec{i}, \vec{j}\}$爲$x-y$平面的基底，然後稱$x-y$平面的維度是2（基底中有兩個向量）。接下來我們把這兩個觀念推廣到一般的向量空間中，並看看要如何找到基底及維度。

**1. 基底的定義**

若 $S=\{\boldsymbol{v}_1, \boldsymbol{v}_2, \cdots\cdots, \boldsymbol{v}_n\}$爲線性獨立的集合，且生成向量空間 $V$時，則 $S$ 稱爲 $V$的一組基底(Basis)。且定義零向量空間的基底爲空集合。

**2. 維度的定義**

有限維向量空間 $V$的維數（dimension），定義成 $V$的基底中的向量數目，一般表示成 $\dim(V)$。零向量空間的維數定義成零。

**3. 性質**

(1) 矩陣 $\boldsymbol{A}$ 的列空間與行空間的維數，各別稱爲 $\boldsymbol{A}$ 的列秩（row rank）及行秩（Column rank）。

(2) 矩陣 $\boldsymbol{A}$ 的秩，乃是將 $\boldsymbol{A}$ 用基本列或行運算化成**最簡列梯矩陣**時，不全爲 0 的列之個數，即這些非零列所對應之原向量爲線性獨立。因此矩陣 $\boldsymbol{A}$ 的秩，乃是 $\boldsymbol{A}$ 中存在一個 $r\times r$ 且行列式不爲 0 的子矩陣其最大的 $r$ 值。0 矩陣其秩定義成 0。且行秩和列秩相等。

(3) 矩陣 $\boldsymbol{A}$ 的秩（Rank($\boldsymbol{A}$)），乃是 $\boldsymbol{A}$ 的列空間的維數（列秩），及行空間的維數（行秩）的共同值，即矩陣 $\boldsymbol{A}$ 的秩，表示矩陣 $\boldsymbol{A}$ 最大的行向量或列向量的線性獨立個數。$\boldsymbol{A}$ 的零核空間的維數，稱爲 $\boldsymbol{A}$ 的零核維數（Nullity），一般表示成 nullity($\boldsymbol{A}$)。

**4. $\mathbb{R}^n$的標準基底（Standard basis for $\mathbb{R}^n$）**

$\boldsymbol{e}_1=(1, 0, 0, \cdots\cdots, 0)$、$\boldsymbol{e}_2=(0, 1, 0, \cdots\cdots, 0)$、$\boldsymbol{e}_n=(0, 0, 0, \cdots\cdots, 1)$，

則 $S=\{\boldsymbol{e}_1, \boldsymbol{e}_2, \cdots\cdots, \boldsymbol{e}_n\}$稱爲 $\mathbb{R}^n$ 的標準基底。

**5. 向量空間中的任何一個向量，當表示爲基底的線性組合時，係數必然是唯一的。**

**【證明】**

請參閱附錄三、延伸 9。

**例如：** $2\vec{i}-3\vec{j}+4\vec{k}$ 用 $\mathbb{R}^3$ 中的基底 $\left\{\vec{i},\vec{j},\vec{k}\right\}$ 來表示時，

令 $2\vec{i}-3\vec{j}+4\vec{k}=C_1\vec{i}+C_2\vec{j}+C_3\vec{k}$，

則 $C_1=2$ 、 $C_2=-3$ 、 $C_3=4$ 是唯一的一組係數。

## 範例 6

設 $V$ 爲由$(x+2y-z, y+2z, x+2y-3z, y+4z)$所生成之向量空間，其中 $x$、$y$、$z$ 均爲實數，求 $V$ 的一組基底。

---

**解** 因

$(x+2y-z, y+2z, x+2y-3z, y+4z)$

$=x(1, 0, 1, 0)+y(2, 1, 2, 1)+z(-1, 2, -3, 4)$，

又

$$\text{rank}\begin{bmatrix} 1 & 0 & 1 & 0 \\ 2 & 1 & 2 & 1 \\ -1 & 2 & -3 & 4 \end{bmatrix}=\text{rank}\begin{bmatrix} 1 & 0 & 1 & 0 \\ 0 & 1 & 0 & 1 \\ 0 & 0 & -2 & 2 \end{bmatrix}=3,$$

故

$\boldsymbol{v}_1=(1, 0, 1, 0)$、$\boldsymbol{v}_2=(2, 1, 2, 1)$、$\boldsymbol{v}_3=(-1, 2, -3, 4)$

爲線性獨立，因此$\{\boldsymbol{v}_1, \boldsymbol{v}_2, \boldsymbol{v}_3\}$爲向量空間 $V$ 的一組基底。

■

## 範例 7

設 $\mathbb{R}^4$ 中子空間 $S$ 爲包含形式爲$(a+b, a-2b+2c, b, c)$之集合，其中 $a$、$b$、$c$ 均爲實數，求 $S$ 的基底及維度。

---

**解** 因 $(a+b, a-2b+2c, b, c)$

$=a(1, 1, 0, 0)+b(1, -2, 1, 0)+c(0, 2, 0, 1)$，

又 $$\text{rank}\begin{bmatrix} 1 & 1 & 0 & 0 \\ 1 & -2 & 1 & 0 \\ 0 & 2 & 0 & 1 \end{bmatrix}=\text{rank}\begin{bmatrix} 1 & 1 & 0 & 0 \\ 0 & -3 & 1 & 0 \\ 0 & 2 & 0 & 1 \end{bmatrix}=3,$$

故 $\boldsymbol{v}_1=(1, 1, 0, 0)$、$\boldsymbol{v}_2=(1, -2, 1, 0)$、$\boldsymbol{v}_3=(0, 2, 0, 1)$

爲線性獨立，因此$\{\boldsymbol{v}_1, \boldsymbol{v}_2, \boldsymbol{v}_3\}$爲 $S$ 的一組基底，且 $\dim(S)=3$。

■

## 範例 8

設 $\mathbb{R}(x)$爲實數係之多項式向量空間，且 $W\subset\mathbb{R}(x)$爲一子空間，且由 $\boldsymbol{a}_1=-2-4x-4x^2-2x^3$、$\boldsymbol{a}_2=-2x^2-x^3$、$\boldsymbol{a}_3=2+4x^2-3x^3$ 所生成，求證 $\boldsymbol{a}_1$、$\boldsymbol{a}_2$、$\boldsymbol{a}_3$ 形成 $W$ 的一組基底。

**解** 因$\{\boldsymbol{a}_1,\boldsymbol{a}_2,\boldsymbol{a}_3\}$在 $x=0$ 處的 Wronskian's 行列式爲

$$W(\boldsymbol{a}_1,\boldsymbol{a}_2,\boldsymbol{a}_3)\big|_{x=0}=\left|\begin{matrix}-2-4x-4x^2-2x^3 & -2x^2-x^3 & 2+4x^2-3x^3\\ -4-8x-6x^2 & -4x-3x^2 & 8x-9x^2\\ -8-12x & -4-6x & 8-18x\end{matrix}\right|_{x=0}$$

$$=\begin{vmatrix}-2 & 0 & 2\\ -4 & 0 & 0\\ -8 & -4 & 8\end{vmatrix}=32\neq 0，$$

故$\{\boldsymbol{a}_1,\boldsymbol{a}_2,\boldsymbol{a}_3\}$爲線性獨立，且$\{\boldsymbol{a}_1,\boldsymbol{a}_2,\boldsymbol{a}_3\}$爲向量空間 $W$ 的一組有序基底。■

## 範例 9

設 $\boldsymbol{A}=\begin{bmatrix}1 & 2\\ 1 & 3\end{bmatrix}$、$\boldsymbol{B}=\begin{bmatrix}1 & 2\\ 2 & 4\end{bmatrix}$、$\boldsymbol{C}=\begin{bmatrix}-1 & -2\\ -3 & -5\end{bmatrix}$、$\boldsymbol{D}=\begin{bmatrix}-1 & -2\\ 0 & -2\end{bmatrix}$，

(1) 測試 $\boldsymbol{A}$、$\boldsymbol{B}$、$\boldsymbol{C}$ 與 $\boldsymbol{D}$ 是線性獨立或相依。

(2) 求由 $\boldsymbol{A}$、$\boldsymbol{B}$、$\boldsymbol{C}$ 與 $\boldsymbol{D}$ 所生成之向量空間的維度。

**解** 將$\begin{bmatrix}1 & 2\\ 1 & 3\end{bmatrix}$、$\begin{bmatrix}1 & 2\\ 2 & 4\end{bmatrix}$、$\begin{bmatrix}-1 & -2\\ -3 & -5\end{bmatrix}$與$\begin{bmatrix}-1 & -2\\ 0 & -2\end{bmatrix}$視爲 $\mathbb{R}^4$ 中的向量：

[1, 2, 1, 3]、[1, 2, 2, 4]、[–1, –2, –3, –5]與[–1, –2, 0, –2]，

(1) 因

$$\boldsymbol{E}=\begin{bmatrix}1 & 2 & 1 & 3\\ 1 & 2 & 2 & 4\\ -1 & -2 & -3 & -5\\ -1 & -2 & 0 & -2\end{bmatrix}\xrightarrow{R_{12}^{(-1)}R_{13}^{(1)}R_{14}^{(1)}}\begin{bmatrix}1 & 2 & 1 & 3\\ 0 & 0 & 1 & 1\\ 0 & 0 & -2 & -2\\ 0 & 0 & 1 & 1\end{bmatrix},$$

故 rank$(\boldsymbol{E})=2$，則 $\boldsymbol{A}$、$\boldsymbol{B}$、$\boldsymbol{C}$ 與 $\boldsymbol{D}$ 爲線性相依。

(2) 因 rank($\boldsymbol{E}$) = 2，故 $W = \text{span}\{\boldsymbol{A}, \boldsymbol{B}, \boldsymbol{C}, \boldsymbol{D}\}$的基底為

$$\{\boldsymbol{A}, \boldsymbol{B}\} = \left\{\begin{bmatrix}1 & 2\\1 & 3\end{bmatrix}, \begin{bmatrix}1 & 2\\2 & 4\end{bmatrix}\right\},$$

且 $\dim(W) = 2$。

■

## 範例 10

設 $V$ 為 $3\times 3$ 之反實對稱方陣所形成向量空間，求 $V$ 的一組基底。

---

解 $V = \{\boldsymbol{A} \in \mathbb{R}^{3\times 3} \mid \boldsymbol{A}^T = -\boldsymbol{A}\}$，

令 $\boldsymbol{A} = \begin{bmatrix}0 & a & b\\-a & 0 & c\\-b & -c & 0\end{bmatrix}$，$a$、$b$、$c$ 均為實數，

則 $\boldsymbol{A} = a\begin{bmatrix}0 & 1 & 0\\-1 & 0 & 0\\0 & 0 & 0\end{bmatrix} + b\begin{bmatrix}0 & 0 & 1\\0 & 0 & 0\\-1 & 0 & 0\end{bmatrix} + c\begin{bmatrix}0 & 0 & 0\\0 & 0 & 1\\0 & -1 & 0\end{bmatrix}$，

即 $V = \text{span}\left\{\begin{bmatrix}0 & 1 & 0\\-1 & 0 & 0\\0 & 0 & 0\end{bmatrix}, \begin{bmatrix}0 & 0 & 1\\0 & 0 & 0\\-1 & 0 & 0\end{bmatrix}, \begin{bmatrix}0 & 0 & 0\\0 & 0 & 1\\0 & -1 & 0\end{bmatrix}\right\}$，

又 $\begin{bmatrix}0 & 1 & 0\\-1 & 0 & 0\\0 & 0 & 0\end{bmatrix}$、$\begin{bmatrix}0 & 0 & 1\\0 & 0 & 0\\-1 & 0 & 0\end{bmatrix}$、$\begin{bmatrix}0 & 0 & 0\\0 & 0 & 1\\0 & -1 & 0\end{bmatrix}$為線性獨立，

故 $\begin{bmatrix}0 & 1 & 0\\-1 & 0 & 0\\0 & 0 & 0\end{bmatrix}, \begin{bmatrix}0 & 0 & 1\\0 & 0 & 0\\-1 & 0 & 0\end{bmatrix}, \begin{bmatrix}0 & 0 & 0\\0 & 0 & 1\\0 & -1 & 0\end{bmatrix}$為 $V$ 的一組基底。

■

## 範例 11

設 $V$ 爲常微分方程 $\dfrac{d^2y}{dx^2}-6\dfrac{dy}{dx}+9y=0$ 之實數函數解所形成的集合，請確認 $V$ 是否爲向量空間，若是向量空間，請求其基底與維度。

---

解 (1) 因 $y(x)=0$ 爲 $\dfrac{d^2y}{dx^2}-6\dfrac{dy}{dx}+9y=0$ 的解，故 $\boldsymbol{0}\in V$。

(2) 令 $y_1(x)$、$y_2(x)\in V$，即

$$\frac{d^2y_1}{dx^2}-6\frac{dy_1}{dx}+9y_1=0\text{ 、 }\frac{d^2y_2}{dx^2}-6\frac{dy_2}{dx}+9y_2=0\text{ ，}$$

令 $\alpha\in\mathbb{R}$，則

$$\frac{d^2}{dx^2}(\alpha y_1+y_2)-6\frac{d}{dx}(\alpha y_1+y_2)+9(\alpha y_1+y_2)$$

$$=\alpha(\frac{d^2y_1}{dx^2}-6\frac{dy_1}{dx}+9y_1)+(\frac{d^2y_2}{dx^2}-6\frac{dy_2}{dx}+9y_2)=0\text{ ，}$$

故 $\alpha y_1+y_2\in V$，則 $V$ 爲佈於 $\mathbb{R}$ 的向量空間。

(3) 再令 $y=e^{mx}$ 代回原 ODE 中可得 $m^2-6m+9=0$，故 $m=3$、$3$，

故 ODE 的通解爲

$$y(x)=c_1e^{3x}+c_2xe^{3x}\text{ ，}$$

可知 $V$ 的解基底爲 $\{e^{3x},xe^{3x}\}$，且 $\dim(V)=2$。■

我們都知道$V=\text{span}(S)=\text{span}\{(1,0,0),(0,1,0),(0,0,1)\}$爲$\mathbb{R}^3$，若取$V$中子集$X=\{(1,0,0),(1,1,0)\}=\{\vec{i},\vec{i}+\vec{j}\}$爲$V$中線性獨立子集合，因爲$\dim(V)=3$，而$X$中只有兩個線性獨立的向量，故沒辦法生成$V$。若我們取$Y=\{(0,0,1)\}=\{\vec{k}\}$，其中$(0,0,1)\in S$，且具有$3-2=1$個元素。則$X\cup Y=\{(1,0,0),(1,1,0),(0,0,1)\}$可以生成$\mathbb{R}^3$，此概念即爲代換定理，敘述如下：

**6. 斯坦尼茲的代換定理（Steinitz's replacement theorem）：**

設向量空間$V$是由具有$n$個向量的集合$S$所生成的，即$V=\text{span}(S)$，令

$X=\{\mathbf{v}_1,\mathbf{v}_2,\cdots\cdots,\mathbf{v}_m\}$（$m\le n$）

是$V$的線性獨立子集合，則存在一個$S$的子集合$Y$，恰有$n-m$個元素，使得$X\cup Y$生成$V$。

**【證明】**

請參閱附錄三、延伸15。

**Note**

(1) 有限維向量空間的所有基底，都具有相同數目的向量。

(2) 設$V$爲$n$維的向量空間，則

①每個具有$n+1$或更多的向量的集合，爲線性相依。

【證明】

請參閱附錄三、延伸8。

②每個具有少於$n$個向量的集合，不能生成$V$。

③含有$n$元素的線性獨立集合是一組基底。

【證明】

請參閱附錄三、延伸16。

## 範例 12

下列哪一個集合可形成 $\mathbb{R}^3 = \text{span}(s) = \text{span}\{(1,0,0),(0,1,0),(0,0,1)\}$ 中的一組基底？若無法形成，在 $s$ 中找一集合 $Y$，使得 $X \cup Y$ 可以生成 $\mathbb{R}^3$ 且爲基底。

(1) (1, 2, −1)與(0, 3, 1)。

(2) (2, 4, −3)、(0, 1, 1)與(0, 1, −1)。

(3) (1, 5, −6)、(2, 1, 8)、(3, −1, 4)與(2, 1, 1)。

(4) (1, 3, −4)、(1, 4, −3)與(2, 3, −11)。

---

解 (1) 只有 2 個向量，故不能生成 $\mathbb{R}^3$，取 $Y = \{(0,0,1)\}$，則 $\text{rank}\begin{bmatrix} 1 & 2 & -1 \\ 0 & 3 & 1 \\ 0 & 0 & 1 \end{bmatrix} = 3$，故

$\{(1,2,-1),(0,3,1),(0,0,1)\}$ 可以生成 $\mathbb{R}^3$ 且爲基底。

(2) 因 $\text{rank}\begin{bmatrix} 2 & 4 & -3 \\ 0 & 1 & 1 \\ 0 & 1 & -1 \end{bmatrix} = 3$，故可生成 $\mathbb{R}^3$，且爲 $\mathbb{R}^3$ 的基底。

(3) 因 $\text{rank}\begin{bmatrix} 1 & 5 & -6 \\ 2 & 1 & 8 \\ 3 & -1 & 4 \\ 2 & 1 & 1 \end{bmatrix} = \text{rank}\begin{bmatrix} 1 & 5 & -6 \\ 0 & -9 & 20 \\ 0 & -16 & 22 \\ 0 & -9 & 13 \end{bmatrix} = 3$，

故可生成 $\mathbb{R}^3$，但不爲 $\mathbb{R}^3$ 的基底。

(4) 因 $\text{rank}\begin{bmatrix} 1 & 3 & -4 \\ 1 & 4 & -3 \\ 2 & 3 & -11 \end{bmatrix} = \text{rank}\begin{bmatrix} 1 & 3 & -4 \\ 0 & 1 & 1 \\ 0 & -3 & -3 \end{bmatrix} = 2$，

故不可生成 $\mathbb{R}^3$，取 $Y = \{(0,0,1)\}$ (取代(2, 3, −11))，則

$\text{ank}\begin{bmatrix} 1 & 3 & -4 \\ 1 & 4 & -3 \\ 2 & 3 & -11 \end{bmatrix} = \text{rank}\begin{bmatrix} 1 & 3 & -4 \\ 0 & 1 & 1 \\ 0 & 0 & 1 \end{bmatrix} = 3$，故

$\{(1,3,-4),(1,4,3),(0,0,1)\}$ 可以生成 $\mathbb{R}^3$ 且爲基底。

## 三、和空間的維度

接下來將介紹和空間的維度如何計算

1. 若 $W$ 爲有限維度之向量空間 $V$ 的一子空間，則 $\dim(W) \le \dim(V)$，同時當 $\dim(W) = \dim(V)$時，有 $W = V$。
2. 設 $U$、$W$ 是有限維度向量空間 $V$ 的子空間，則 $U + W$ 爲有限維度，且

   $\dim(U + W) = \dim(U) + \dim(W) - \dim(U \cap W)$，

   若 $V$ 爲 $U$ 與 $W$ 的直和時，即 $V = U \oplus W$，則

   $\dim(V) = \dim(U) + \dim(W)$。

   **【證明】**

   請參閱附錄三、延伸 7。

### 範例 13

設 $W_1 = \text{span}\{ (1, 2, 3), (2, 1, 1) \}$且 $W_2 = \text{span}\{ (1, 0, 1), (3, 0, -1) \}$，求 $W_1 \cap W_2$的基底。

---

**解** 令 $\boldsymbol{w} = (w_1, w_2, w_3) \in W_1 \cap W_2$，則

$$\begin{cases}(w_1, w_2, w_3) = a(1, 2, 3) + b(2, 1, 1) \\ (w_1, w_2, w_3) = c(1, 0, 1) + d(3, 0, -1)\end{cases},$$

即

$$\begin{cases}w_1 = a + 2b = c + 3d \\ w_2 = 2a + b = 0 \\ w_3 = 3a + b = c - d\end{cases}。$$

故可得 $w_2 = 0$、$b = -2a$、$w_1 = -3a$、$w_3 = a$，因此

$\boldsymbol{w} = (w_1, w_2, w_3) = (-3a, 0, a) = a(-3, 0, 1) = \text{span}\{ (-3, 0, 1) \}$，

故$W_1 \cap W_2$的基底爲$\{ (-3, 0, 1) \}$。 ■

## 範例 14

設 $V$ 爲 $n\times n$ 之實對稱方陣所形成向量空間，$U$ 爲 $n\times n$ 之上三角方陣所形成向量空間，求 $\dim(V+U)=$？

---

**解** 由定義知 $\{E_{ij}\,|\,1\le i\ne j\le n\}$ 爲 $U$ 的基底，且 $\{E_{ij}\,|\,1\le i\le j\ne n\}$ 爲 $L$ 的基底，故

$\dim(V)=1+2+3+\cdots\cdots+n=\dfrac{n(n+1)}{2}$、

$\dim(U)=1+2+3+\cdots\cdots+n=\dfrac{n(n+1)}{2}$，

$\dim(V\cap U)=n$（$\because V\cap U$ 爲對角線矩陣）

$$\begin{aligned}故\ \dim(V+U)&=\dim(V)+\dim(U)-\dim(V\cap U)\\&=\frac{n(n+1)}{2}+\frac{n(n+1)}{2}-n\\&=n^2\ 。\end{aligned}$$

■

**Note**

以 $3\times3$ 矩陣爲例：$V$ 中元素爲 $\begin{bmatrix}a&d&e\\d&b&f\\e&f&c\end{bmatrix}$，

$U$ 中元素爲 $\begin{bmatrix}a&d&e\\0&b&f\\0&0&c\end{bmatrix}$，故 $V\cap U=\begin{bmatrix}a&0&0\\0&b&0\\0&0&c\end{bmatrix}$。

## 習題演練

1. 試判斷下列集合爲線性獨立或相依？
   (1) $s_1=\{(1,-2,3)\}$ 在 $\mathbb{R}^3$ 空間。
   (2) $s_2=\left\{\vec{i},2\vec{j},3\vec{i}-4\vec{k},\vec{i}+\vec{j}+\vec{k}\right\}$ 在 $\mathbb{R}^3$ 空間。
   (3) $s_3=\left\{\vec{i}+2\vec{j},3\vec{i}-4\vec{k},5\vec{i}+4\vec{j}-4\vec{k}\right\}$ 在 $\mathbb{R}^3$ 空間。
   (4) $s_4=\{(9,-2,0,0,0,0),(0,0,0,0,8,7)\}$ 在 $\mathbb{R}^6$ 空間。
   (5) $s_5=\{(4,0,0,0),(0,5,1,0),(8,-10,-2,0)\}$ 在 $\mathbb{R}^4$ 空間。

(6) $s_6=\{(1,-2),(3,4),(-5,8)\}$ 在 $\mathbb{R}^2$ 空間。

(7) $s_7=\{(-1,1,0,0,0),(0,-1,1,0,0),(0,1,1,1,0)\}$ 在 $\mathbb{R}^5$ 空間。

(8) $s_8=\left\{\vec{i}+2\vec{j}+\vec{k},3\vec{i}-4\vec{k},5\vec{i}+4\vec{j}-4\vec{k}\right\}$ 在 $\mathbb{R}^3$ 空間。

2. 判斷下列在 $P_2(\mathbb{R})$中的多項式向量集合爲線性獨立或相依：

(1) $S_1=\{1-x,2x+x^2,4-2x+x^2\}$。

(2) $S_2=\{x^2,x^2+3\}$。

(3) $S_3=\{x^2+1,2x-3\}$。

(4) $S_4=\{1+2x+3x^2,-1+5x+3x^2,2-3x\}$。

(5) $S_5=\{1,2x+3,x^2+x+1,x^2-1\}$。

3. 判斷下列在 $M_{2\times2}(\mathbb{R})$中的矩陣向量集合爲線性獨立或相依：

(1) $S_1=\left\{\begin{bmatrix}1&0\\0&1\end{bmatrix},\begin{bmatrix}0&1\\-1&0\end{bmatrix},\begin{bmatrix}2&3\\-3&2\end{bmatrix}\right\}$。

(2) $S_2=\left\{\begin{bmatrix}2&0\\-3&1\end{bmatrix},\begin{bmatrix}4&1\\0&-5\end{bmatrix},\begin{bmatrix}-8&-3\\-6&17\end{bmatrix}\right\}$。

(3) $S_3=\left\{\begin{bmatrix}1&-1\\2&3\end{bmatrix},\begin{bmatrix}4&2\\-3&2\end{bmatrix},\begin{bmatrix}-3&-3\\5&-1\end{bmatrix}\right\}$。

(4) $S_4=\left\{\begin{bmatrix}1&0\\0&-2\end{bmatrix},\begin{bmatrix}0&3\\0&0\end{bmatrix},\begin{bmatrix}0&0\\2&0\end{bmatrix}\right\}$。

(5) $S_5=\left\{\begin{bmatrix}2&0\\0&0\end{bmatrix},\begin{bmatrix}0&3\\1&0\end{bmatrix},\begin{bmatrix}4&9\\3&0\end{bmatrix}\right\}$。

(6) $S_6=\left\{\begin{bmatrix}1&2\\3&7\end{bmatrix},\begin{bmatrix}4&5\\8&9\end{bmatrix},\begin{bmatrix}-1&3\\5&2\end{bmatrix},\begin{bmatrix}0&1\\1&0\end{bmatrix},\begin{bmatrix}1&0\\0&1\end{bmatrix}\right\}$。

4. 試判斷下列敘述哪幾個爲眞？

(1) $S_1=\{(1,2,3),(4,5,6)\}$不是 $\mathbb{R}^3$ 的基底。

(2) $S_2=\{(1,2,3),(4,5,6),(7,8,9)\}$不是 $\mathbb{R}^3$ 的基底。

(3) $S_3=\{(1,1,0),(0,2,3),(1,3,4)\}$不是 $\mathbb{R}^3$ 的基底。

(4) $S_4=\{x+2,x^2+1,x^2+x-1,2x^2-x\}$不是 $P_2(\mathbb{R})$的基底。

(5) $S_5=\{1,1+x,1+x+x^2\}$不是 $P_2(\mathbb{R})$的基底。

(6) $S_6=\left\{\begin{bmatrix}1&0\\0&2\end{bmatrix},\begin{bmatrix}0&-2\\1&0\end{bmatrix}\right\}$不是 $M_{2\times 2}(\mathbb{R})$的基底。

(7) $S_7=\left\{\begin{bmatrix}1&0\\0&0\end{bmatrix},\begin{bmatrix}0&1\\0&0\end{bmatrix},\begin{bmatrix}0&0\\1&0\end{bmatrix},\begin{bmatrix}1&2\\3&4\end{bmatrix}\right\}$不是 $M_{2\times 2}(\mathbb{R})$的基底。

5. 下列集合爲$\mathbb{R}^n$中的子空間，求其基底與維度：

(1) $S_1=\{(3t,-2t)\mid t\in\mathbb{R}\}$。

(2) $S_2=\{(2t,t,t)\mid t\in\mathbb{R}\}$。

(3) $S_3=\{(-3t,s,t+s)\mid t,s\in\mathbb{R}\}$。

(4) $S_4=\{(a,b-c,a+c,b)\mid a,b,c\in\mathbb{R}\}$。

(5) $S_5=\{(2a+b,a-2b,5b,0)\mid a,b\in\mathbb{R}\}$。

6. 下列集合所生成的空間爲$\mathbb{R}^3$中的子空間，求由下列集合所生成之空間的基底與維度：

(1) $S_1=\{(1,-2,4),(1,3,4),(-2,1,-8)\}$。

(2) $S_2=\{(1,1,1),(-1,0,1),(0,1,1)\}$。

(3) $S_3=\{(4,2,20),(1,2,8),(0,1,2)\}$。

7. 求下列各矩陣的秩及列、行空間基底與維度：

(1)$\boldsymbol{A}=\begin{bmatrix}1&0\\0&3\end{bmatrix}$ (2)$\boldsymbol{B}=\begin{bmatrix}0\\1\\-2\end{bmatrix}$ (3)$\boldsymbol{C}=\begin{bmatrix}1&-3&2\\-2&6&-4\end{bmatrix}$ (4)$\boldsymbol{D}=\begin{bmatrix}1&-1&2\\2&4&1\end{bmatrix}$

(5)$\boldsymbol{E}=\begin{bmatrix}4&20&31\\6&-5&-6\\10&15&25\end{bmatrix}$ (6)$\boldsymbol{F}=\begin{bmatrix}-2&-4&4&5\\3&6&-6&-4\\-2&-4&4&8\end{bmatrix}$ (7)$\boldsymbol{G}=\begin{bmatrix}1&-1&2&1\\3&-3&6&3\\4&-4&8&4\end{bmatrix}$。

8. 求下列聯立方程組的解空間基底與維度：

(1)$\begin{cases}x-2y=0\\4x-8y=0\end{cases}$ (2)$\begin{cases}x+y-2z=0\\-3x-3y+6z=0\end{cases}$ (3)$\begin{cases}x-y-z=0\\3x-y=0\\2x-4y-5z=0\end{cases}$ (4)$\begin{cases}x_1+x_3=0\\x_2+x_3+x_4=0\\x_1+2x_3+x_4=0\\x_1+x_2-x_4=0\end{cases}$

(5)$\begin{cases}x_1+2x_2+x_3-x_4+2x_5=0\\x_1+4x_2+5x_3-3x_4+8x_5=0\\-2x_1-x_2+4x_3-x_4+5x_5=0\\3x_1+7x_2+5x_3-4x_4+9x_5=0\end{cases}$。

9. 設 V 爲有限維度向量空間，且 $U_1$、$U_2$、$U_3$ 爲其子空間，則下列何者爲眞？

(1) $\dim(U_1 \bigcup U_2) = \dim(U_1) + \dim(U_2)$。

(2) $\dim(U_1 + U_2) = \dim(U_1) + \dim(U_2) - \dim(U_1 \cap U_2)$。

(3) $\dim(U_1 \bigcup U_2 \bigcup U_3) = \dim(U_1) + \dim(U_2) + \dim(U_3)$。

(4) $\dim(U_1 + U_2 + U_3) = \dim(U_1) + \dim(U_2) + \dim(U_3) - \dim(U_1 \bigcap U_2) -$

$\dim(U_1 \bigcap U_3) - \dim(U_2 \bigcap U_3) + \dim(U_1 \bigcap U_2 \bigcap U_3)$。

10. 若$\{\boldsymbol{u}, \boldsymbol{v}, \boldsymbol{w}\}$爲線性獨立向量集合，求證$\{\boldsymbol{u}, \boldsymbol{u}+\boldsymbol{v}, \boldsymbol{u}+\boldsymbol{v}+\boldsymbol{w}\}$亦爲線性獨立。

11. 令 $\boldsymbol{v}_1 = \begin{bmatrix} 1 \\ 2 \\ 3 \end{bmatrix}$、$\boldsymbol{v}_2 = \begin{bmatrix} 2 \\ -1 \\ 3 \end{bmatrix}$、$\boldsymbol{v}_3 = \begin{bmatrix} 0 \\ 1 \\ -1 \end{bmatrix}$、$\boldsymbol{v}_4 = \begin{bmatrix} 4 \\ -1 \\ 5 \end{bmatrix}$，

(1) 求證 $\boldsymbol{v}_1$、$\boldsymbol{v}_2$、$\boldsymbol{v}_3$、$\boldsymbol{v}_4$ 線性相依。

(2) 求證 $\boldsymbol{v}_1$、$\boldsymbol{v}_2$、$\boldsymbol{v}_3$ 爲線性獨立。

12. 令 $S = \{x^{-2}, x^{-2}\ln x, x^{-2}(\ln x)^2\}$，$\forall\, x > 0$，求證 $S$ 爲線性獨立。

# 2-5 Matlab 與向量空間

## 1. 計算列空間基底 [rref]

(1) 以列簡化梯形矩陣求列空間基底，如圖 2-5.1 所示。

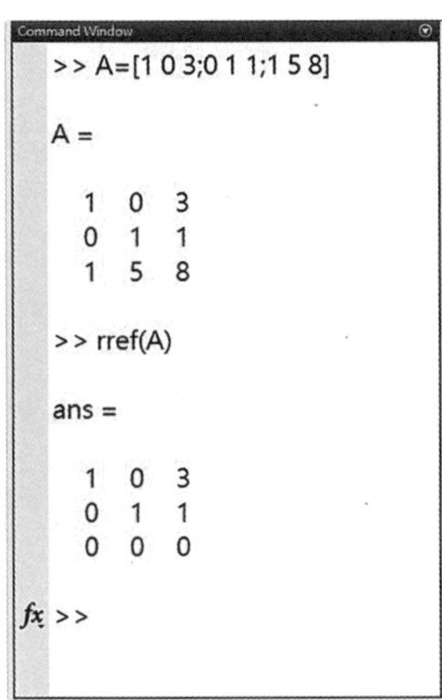


圖 2-5.1

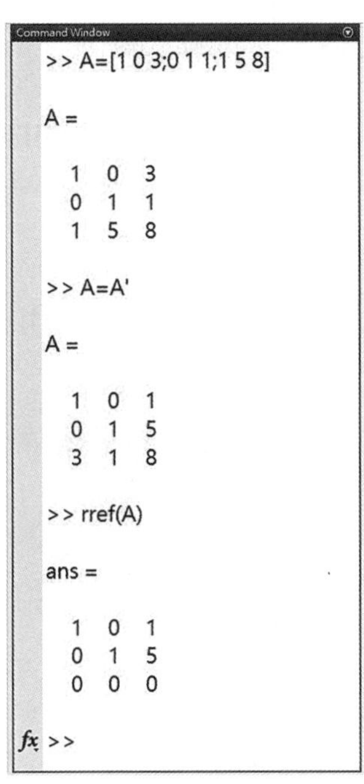


圖 2-5.2

(2) 以列簡化梯形矩陣求行空間基底，如圖 2-5.2 所示。

(3) 求零核空間基底，指令爲

**null**

如圖 2-5.3 所示。

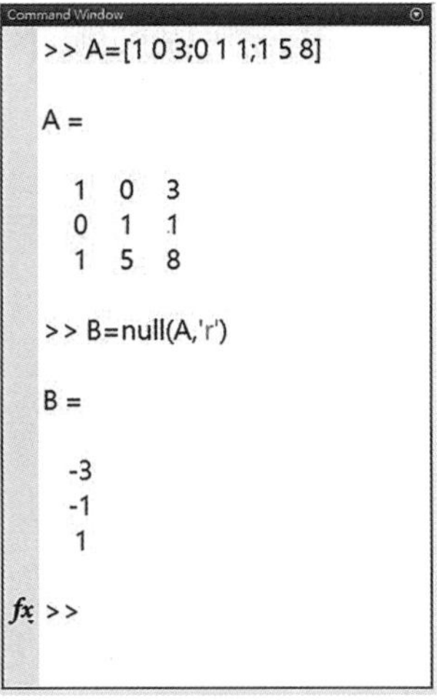


圖 2-5.3

2. 空間生成 [span]

(1) 建立函數

步驟一：建立一個腳本

步驟二：新增函數

```
function span(v, varargin)
%此函數用來檢測一已知向量是否在一向量集合生成的空間內。
A=[];
n=length(varargin);
for i=1:n
    u=varargin{i};
    u=u';
    A=[A u(:)];
end
v=v';
v=v(:);
if rank(A)==rank([A v])
  disp('已知向量在一向量集合生成的空間內')
else
  disp('已知向量不在一向量集合生成的空間內')
end
```

步驟三：執行

步驟四：存成 [.m] 檔

步驟五：新增從 Matlab 呼叫此函數的路徑（有兩種方式）

① 其他資料夾

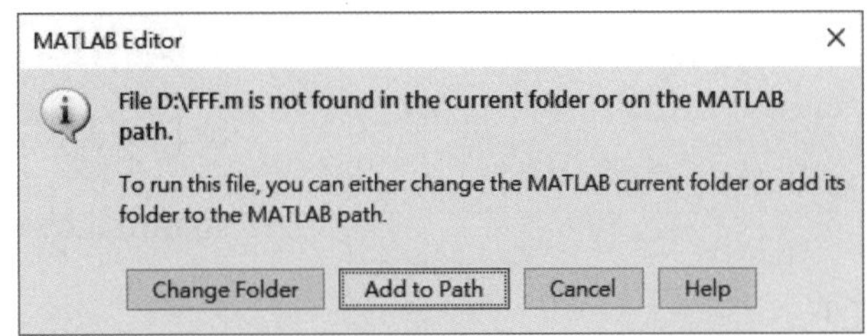


② 將已存好的函數，例如 span.m 放回路徑

C:\Program Files\MATLAB\儲存程式的資料夾名稱

建立腳本畫面如下：

Editor - C:\Program Files\MATLAB\R2017a\span.m

span.m

```
function span(v, varargin)
%此函數用來檢測一已知向量是否在一向量集合生成的空間內。

A=[];
n=length(varargin);
for i=1:n
    u=varargin{i};
    u=u';
    A=[A u(:)];
end
v=v';
v=v(:);
if rank(A)==rank([A v])
    disp('已知向量在一向量集合生成的空間內')
else
    disp('已知向量不在一向量集合生成的空間內')
end
```

(2) 檢測已知向量是否在一向量集合生成的空間內，底下舉兩例範例並檢測 ***u*** 是否在 span{***a***,***b***}內。

① u=[3 5 7]
a=[1 1 1]
b=[1 2 3]
span(u,a,b)

② u=[4 6 9]
a=[1 1 1]
b=[1 2 3]
span(u,a,b)

如圖 2-5.4 所示

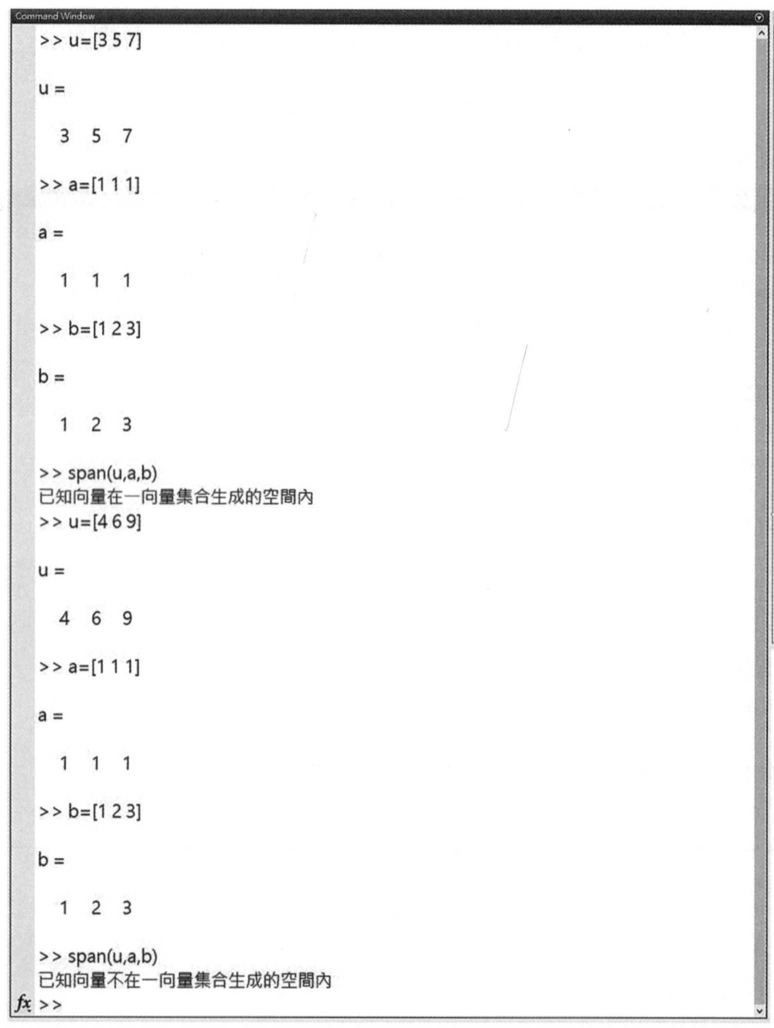
```
Command Window
>> u=[3 5 7]

u =

  3   5   7

>> a=[1 1 1]

a =

  1   1   1

>> b=[1 2 3]

b =

  1   2   3

>> span(u,a,b)
已知向量在一向量集合生成的空間內
>> u=[4 6 9]

u =

  4   6   9

>> a=[1 1 1]

a =

  1   1   1

>> b=[1 2 3]

b =

  1   2   3

>> span(u,a,b)
已知向量不在一向量集合生成的空間內
fx >>
```

圖 2-5.4

# 3

# 線性變換與矩陣表示式

3-1 矩陣轉換

3-2 一般線性變換

3-3 線性變換的矩陣表示式

3-4 基底轉換

3-5 Matlab 與線性變換

## 3-1 矩陣轉換

我們在中學時期學習了幾種常見的線性變換，包含投影、旋轉、擴張與壓縮等，都有一個對應的矩陣來描述這些動作。（即一種線性變換可對應一矩陣）這在線性代數中是非常重要的觀念。例如：在 $xy$ 平面上若要將一向量旋轉一個角度，可以將此向量乘上一個旋轉矩陣 $\boldsymbol{A}=\begin{bmatrix}\cos\theta & -\sin\theta \\ \sin\theta & \cos\theta\end{bmatrix}$，所以矩陣乘法本身即爲做變換的意思。本章將由矩陣轉換談起，然後推廣到一般的線性變換，並談談如何將各種線性變換用矩陣表示。我們從任一矩陣所對應的變換談起。

### 一、$\mathbb{F}^n$ 到 $\mathbb{F}^m$ 的矩陣轉換

**1. 定義**

由矩陣乘法可知 $\boldsymbol{Y}_{m\times 1} = \boldsymbol{A}_{m\times n}\boldsymbol{X}_{n\times 1}$ 即矩陣乘法轉換可將定義空間之向量 $\boldsymbol{X}$ 轉換到對應空間的向量 $\boldsymbol{Y}$，如圖 3-1.1 所示。

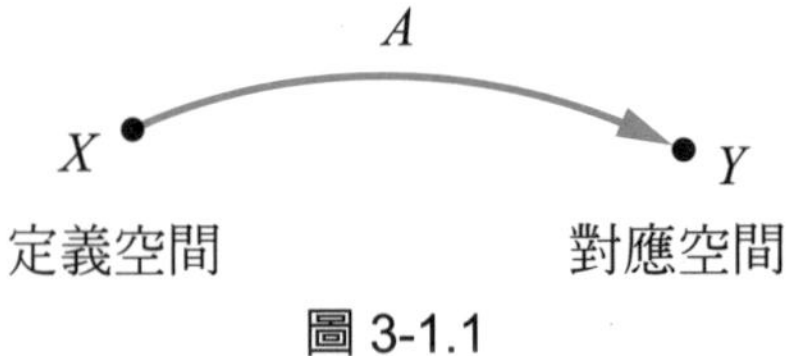


圖 3-1.1

**2. 前言**

設 $\boldsymbol{X}=[x_1\ x_2\ \cdots\cdots\ x_n]^{\mathrm{T}}$，$\boldsymbol{Y}=[y_1\ y_2\ \cdots\cdots\ y_n]^{\mathrm{T}}$，且分量的函數關係爲

$$\begin{cases} y_1 = f_1(x_1, x_2, \cdots\cdots, x_n) \\ y_2 = f_2(x_1, x_2, \cdots\cdots, x_n) \\ \vdots \qquad\qquad \vdots \\ y_m = f_m(x_1, x_2, \cdots\cdots, x_n) \end{cases} \tag{1}$$

若 $f_i$ 爲線性，則會存在 $\mathbb{F}$ 中的元素 $a_{ij}$（$1\le i$、$j\le n$），使得

$$\begin{cases} y_1 = a_{11}x_1 + a_{12}x_2 + \cdots\cdots + a_{1n}x_n \\ y_2 = a_{21}x_1 + a_{22}x_2 + \cdots\cdots + a_{2n}x_n \\ \vdots \qquad \vdots \qquad \vdots \qquad \vdots \\ y_m = a_{m1}x_1 + a_{m2}x_2 + \cdots\cdots + a_{mn}x_n \end{cases} \tag{2}$$

以矩陣表示為

$$\begin{bmatrix} y_1 \\ y_2 \\ \vdots \\ y_m \end{bmatrix} = \begin{bmatrix} a_{11} & a_{12} & \cdots & a_{1n} \\ a_{21} & a_{22} & \cdots & a_{2n} \\ \vdots & \vdots & & \vdots \\ a_{m1} & a_{m2} & \cdots & a_{mn} \end{bmatrix} \begin{bmatrix} x_1 \\ x_2 \\ \vdots \\ x_n \end{bmatrix} \tag{3}$$

即

$$\boldsymbol{Y} = \boldsymbol{AX} \tag{4}$$

記作 $\boldsymbol{A}_{m\times n}$：$\mathbb{F}^n \to \mathbb{F}^m$ 或 $T_A$：$\mathbb{F}^n \to \mathbb{F}^m$。稱 $T_A$ 為將 $\mathbb{F}^n$ 中向量 $\boldsymbol{X}$ 轉換到 $\mathbb{F}^m$ 中向量 $\boldsymbol{Y}$ 的矩陣轉換。

## 範例 1

$\mathbb{R}^4$ 到 $\mathbb{R}^3$ 的矩陣轉換 $T_A$：$\mathbb{R}^4 \to \mathbb{R}^3$ 定義為以下方程式：

$$\begin{cases} y_1 = 2x_1 - 4x_2 + x_3 - 3x_4 \\ y_2 = 3x_1 + x_2 - 2x_3 + x_4 \\ y_3 = 4x_1 - x_2 + 2x_3 \end{cases}。$$

(1) 求其轉換矩陣 $\boldsymbol{A}$。

(2) 若 $\boldsymbol{X} = [1 \quad 2 \quad 3 \quad 4]^{\mathrm{T}}$，求 $\boldsymbol{Y} = [y_1 \quad y_2 \quad y_3]^{\mathrm{T}}$。

---

解 (1) $\begin{bmatrix} y_1 \\ y_2 \\ y_3 \end{bmatrix} = \begin{bmatrix} 2 & -4 & 1 & -3 \\ 3 & 1 & -2 & 1 \\ 4 & -1 & 2 & 0 \end{bmatrix} \begin{bmatrix} x_1 \\ x_2 \\ x_3 \\ x_4 \end{bmatrix}$，

所以 $T$ 的標準矩陣為：

$$\boldsymbol{A} = \begin{bmatrix} 2 & -4 & 1 & -3 \\ 3 & 1 & -2 & 1 \\ 4 & -1 & 2 & 0 \end{bmatrix}。$$

(2) 若 $(x_1, x_2, x_3, x_4) = (1, 2, 3, 4)$，

則

$$\begin{bmatrix} y_1 \\ y_2 \\ y_3 \end{bmatrix} = \begin{bmatrix} 2 & -4 & 1 & -3 \\ 3 & 1 & -2 & 1 \\ 4 & -1 & 2 & 0 \end{bmatrix} \begin{bmatrix} 1 \\ 2 \\ 3 \\ 4 \end{bmatrix} = \begin{bmatrix} -15 \\ 3 \\ 8 \end{bmatrix}。$$

■

**3. 性質**

(1) 若 $T_A$：$\mathbb{F}^n \to \mathbb{F}^m$ 和 $\mathbb{F}_B$：$\mathbb{F}^n \to \mathbb{R}^m$ 均為矩陣轉換，且對每個 $\mathbb{F}^n$ 中的向量 $\mathbf{x}$，均為 $T_A(\mathbf{x}) = T_B(\mathbf{x})$，則 $\boldsymbol{A} = \boldsymbol{B}$。

(2) 若 $\boldsymbol{0}$ 為 $m \times n$ 的零矩陣，則

$T_0(\mathbf{x}) = 0\mathbf{x} = \boldsymbol{0}$，

我們稱 $T_0$ 為從 $\mathbb{F}^n$ 到 $\mathbb{F}^m$ 的**零轉換**（Zero transformation）。

(3) 若 $\boldsymbol{I}$ 為 $n \times n$ 的單位矩陣，則

$T_I(\mathbf{x}) = \boldsymbol{I}\mathbf{x} = \mathbf{x}$，

我們稱 $T_I$ 為 $\mathbb{R}^n$ 中的**單位變換**（Identity transformation）。

## 二、常見的矩陣轉換

**1. 鏡射轉換**

假設將向量 $\boldsymbol{X}$ 進行相對某一直線或平面的鏡射轉換為 $T_M$，矩陣為$[T_M] = \boldsymbol{A}$。取 $\boldsymbol{A} = \begin{bmatrix} -1 & 0 \\ 0 & 1 \end{bmatrix}$，則 $\begin{bmatrix} x_2 \\ y_2 \end{bmatrix} = \boldsymbol{Y} = \boldsymbol{A}\mathbf{x} = \boldsymbol{A}\begin{bmatrix} x_1 \\ y_1 \end{bmatrix}$ 得 $\begin{cases} x_2 = -x_1 \\ y_2 = y_1 \end{cases}$，表示將原向量 $\boldsymbol{X}$ 之 $x$ 分量變號，即以 $y$ 軸做鏡射變換，如圖 3-1.2 所示。

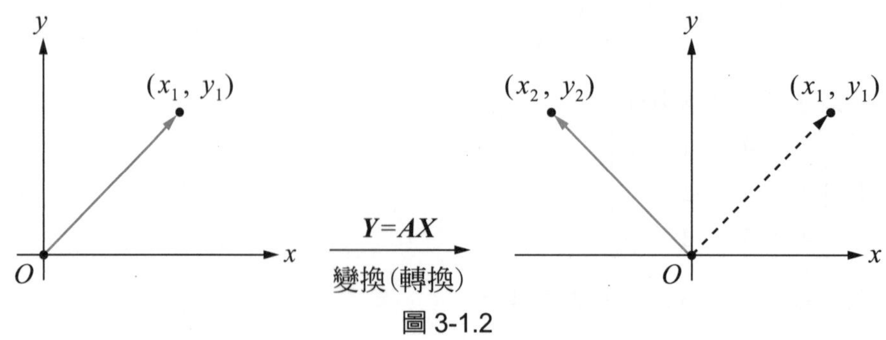

圖 3-1.2

常見之二維與三維鏡射如下：

(1) 二維平面鏡射

| 轉換 | 轉換關係 | 轉換矩陣 | 圖示 |
|---|---|---|---|
| 對 $y$ 軸作鏡射 | $\begin{cases} x_2 = -x_1 \\ y_2 = y_1 \end{cases}$ | $\boldsymbol{A} = \begin{bmatrix} -1 & 0 \\ 0 & 1 \end{bmatrix}$ | 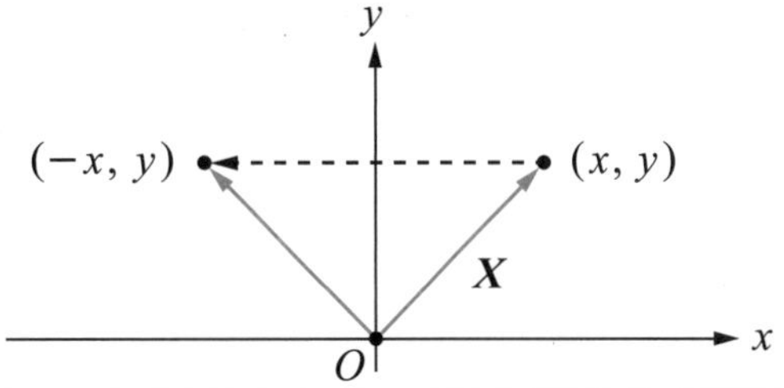  |
| 對 $x$ 軸作鏡射 | $\begin{cases} x_2 = x_1 \\ y_2 = -y_1 \end{cases}$ | $\boldsymbol{A} = \begin{bmatrix} 1 & 0 \\ 0 & -1 \end{bmatrix}$ | 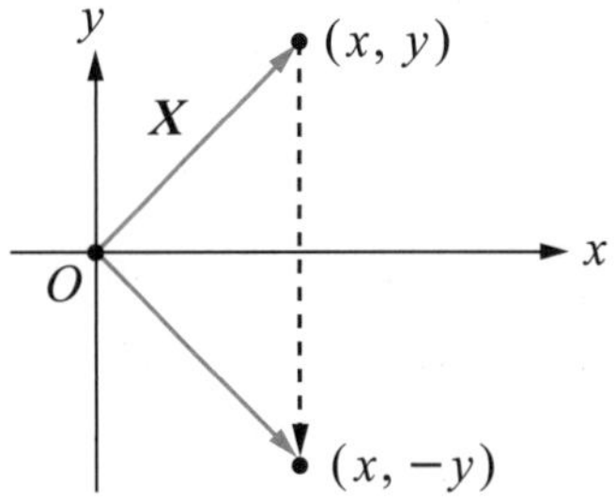  |
| 對 $y=x$ 作鏡射 | $\begin{cases} x_2 = y_1 \\ y_2 = x_1 \end{cases}$ | $\boldsymbol{A} = \begin{bmatrix} 0 & 1 \\ 1 & 0 \end{bmatrix}$ | 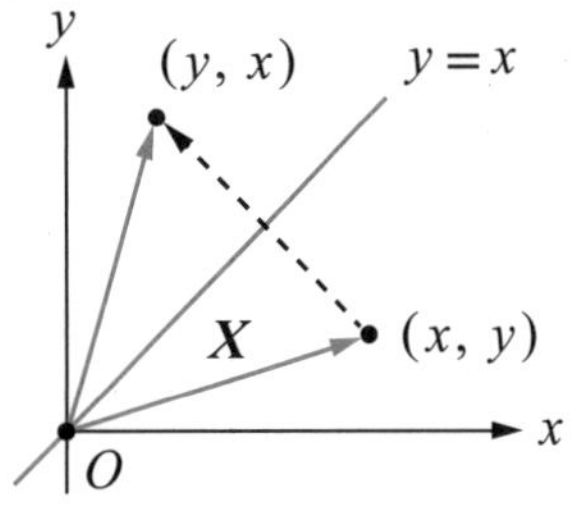  |

(2) 三維空間鏡射

| 轉換 | 轉換關係 | 轉換矩陣 | 圖示 |
|---|---|---|---|
| 對 $x$-$y$ 平面作鏡射 | $\begin{cases} x_2 = x_1 \\ y_2 = y_1 \\ z_2 = -z_1 \end{cases}$ | $\boldsymbol{A} = \begin{bmatrix} 1 & 0 & 0 \\ 0 & 1 & 0 \\ 0 & 0 & -1 \end{bmatrix}$ |  |
| 對 $x$-$z$ 平面作鏡射 | $\begin{cases} x_2 = x_1 \\ y_2 = -y_1 \\ z_2 = z_1 \end{cases}$ | $\boldsymbol{A} = \begin{bmatrix} 1 & 0 & 0 \\ 0 & -1 & 0 \\ 0 & 0 & 1 \end{bmatrix}$ |  |
| 對稱 $y$-$z$ 平面作鏡射 | $\begin{cases} x_2 = -x_1 \\ y_2 = y_1 \\ z_2 = z_1 \end{cases}$ | $\boldsymbol{A} = \begin{bmatrix} -1 & 0 & 0 \\ 0 & 1 & 0 \\ 0 & 0 & 1 \end{bmatrix}$ |  |

**2. 投影轉換**

假設將向量 $\boldsymbol{X}$ 相對某一直線或平面進行投影轉換爲 $T_P$，矩陣爲$[T_P]=\boldsymbol{A}$，若取 $\boldsymbol{A}=\begin{bmatrix}1 & 0\\ 0 & 0\end{bmatrix}$，則由$\begin{bmatrix}x_2\\ y_2\end{bmatrix}=\boldsymbol{Y}=\boldsymbol{AX}=\boldsymbol{A}\begin{bmatrix}x_1\\ y_1\end{bmatrix}$得$\begin{cases}x_2=x_1\\ y_2=0\end{cases}$，表示將原向量 $\boldsymbol{X}$ 投影到 $x$ 軸，如圖 3-1.3 所示。

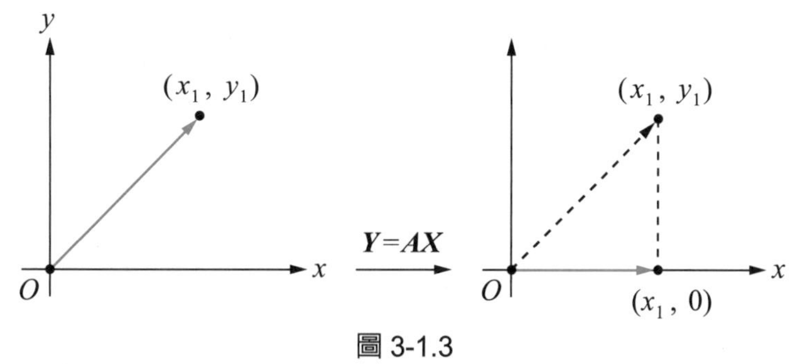


圖 3-1.3

常見之二維與三維投影轉換如下：

(1) 二維平面投影

| 轉換 | 轉換關係 | 轉換矩陣 | 圖示 |
|---|---|---|---|
| 投影到 $x$ 軸 | $\begin{cases}x_2=x_1\\ y_2=0\end{cases}$ | $\boldsymbol{A}=\begin{bmatrix}1 & 0\\ 0 & 0\end{bmatrix}$ | y, (x, y), X, (x, 0), O, x |
| 投影到 $y$ 軸 | $\begin{cases}x_2=0\\ y_2=y_1\end{cases}$ | $\boldsymbol{A}=\begin{bmatrix}0 & 0\\ 0 & 1\end{bmatrix}$ | y, (0, y), (x, y), X, O, x |

(2) 三維空間投影

| 轉換 | 轉換關係 | 標準矩陣 | 圖示 |
| --- | --- | --- | --- |
| 投影到 $xy$ 平面 | $\begin{cases} x_2 = x_1 \\ y_2 = y_1 \\ z_2 = 0 \end{cases}$ | $A = \begin{bmatrix} 1 & 0 & 0 \\ 0 & 1 & 0 \\ 0 & 0 & 0 \end{bmatrix}$ |  |
| 投影到 $xz$ 平面 | $\begin{cases} x_2 = x_1 \\ y_2 = 0 \\ z_2 = z_1 \end{cases}$ | $A = \begin{bmatrix} 1 & 0 & 0 \\ 0 & 0 & 0 \\ 0 & 0 & 1 \end{bmatrix}$ |  |
| 投影到 $yz$ 平面 | $\begin{cases} x_2 = 0 \\ y_2 = y_1 \\ z_2 = z_1 \end{cases}$ | $A = \begin{bmatrix} 0 & 0 & 0 \\ 0 & 1 & 0 \\ 0 & 0 & 1 \end{bmatrix}$ |  |

### 3. 旋轉轉換

在 $xy$ 平面上的旋轉變換 $\boldsymbol{A}$ 將向量 $\boldsymbol{X}=\begin{bmatrix} x_1 \\ y_1 \end{bmatrix}=\begin{bmatrix} r\cos\alpha \\ r\sin\alpha \end{bmatrix}$ 逆時針旋轉 $\theta$ 角，因此旋轉後的座標爲：

$$\begin{cases} x_2 = r\cos(\alpha+\theta) = r\left[\cos\alpha\cos\theta - \sin\alpha\sin\theta\right] = x_1\cos\theta - y_1\sin\theta \\ y_2 = r\sin(\alpha+\theta) = r\left[\sin\alpha\cos\theta + \cos\alpha\sin\theta\right] = x_1\sin\theta + y_1\cos\theta \end{cases}$$

整理成矩陣的形式得到：

$$\boldsymbol{Y}=\begin{bmatrix} x_2 \\ y_2 \end{bmatrix}=\begin{bmatrix} \cos\theta & -\sin\theta \\ \sin\theta & \cos\theta \end{bmatrix}\begin{bmatrix} x_1 \\ y_1 \end{bmatrix}=\boldsymbol{AX}\ ,$$

因此旋轉變換可以用矩陣

$\boldsymbol{A}=\begin{bmatrix} \cos\theta & -\sin\theta \\ \sin\theta & \cos\theta \end{bmatrix}$ 來描述。

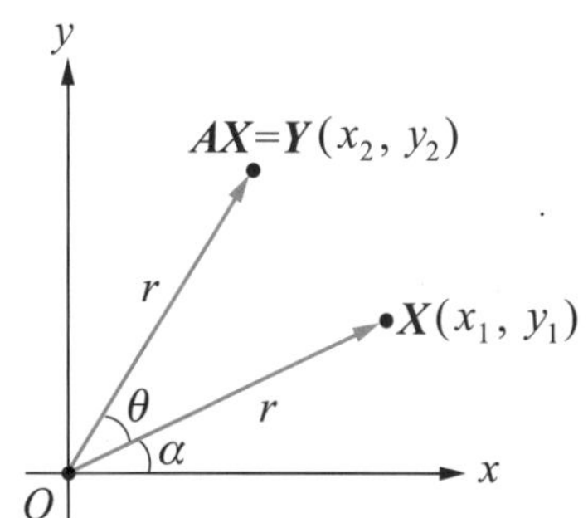


| 轉換 | 轉換關係 | 轉換矩陣 | 圖示 |
|---|---|---|---|
| 以原點爲中心逆時針旋轉 $\theta$ 角 | $\begin{cases} x_2 = x_1\cos\theta - y_1\sin\theta \\ y_2 = x_1\sin\theta + y_1\cos\theta \end{cases}$ | $\boldsymbol{A}=\begin{bmatrix} \cos\theta & -\sin\theta \\ \sin\theta & \cos\theta \end{bmatrix}$ | y, Y(x2, y2), X(x1, y1), θ, α, r, x, O |

## 範例 2

求 $\boldsymbol{X}=(1,-2)$進行以原點爲中心逆時針旋轉$\frac{\pi}{3}$弳度之後的像。

解 $\boldsymbol{A}=\begin{bmatrix}\cos\frac{\pi}{3} & -\sin\frac{\pi}{3}\\ \sin\frac{\pi}{3} & \cos\frac{\pi}{3}\end{bmatrix}=\begin{bmatrix}\frac{1}{2} & -\frac{\sqrt{3}}{2}\\ \frac{\sqrt{3}}{2} & \frac{1}{2}\end{bmatrix}$。

令 $\boldsymbol{X}$ 經過 $\boldsymbol{A}$ 旋轉後的像爲 $\boldsymbol{Y}$，則 $\boldsymbol{Y}=\boldsymbol{AX}=\begin{bmatrix}\frac{1}{2} & -\frac{\sqrt{3}}{2}\\ \frac{\sqrt{3}}{2} & \frac{1}{2}\end{bmatrix}\begin{bmatrix}1\\ -2\end{bmatrix}=\begin{bmatrix}\frac{1}{2}+\sqrt{3}\\ \frac{\sqrt{3}}{2}-1\end{bmatrix}$

■

**4. $\mathbb{R}^3$ 中的旋轉轉換矩陣**

(1) 在 $\mathbb{R}^3$ 中以 $x$ 軸爲旋轉軸，逆時針方向旋轉 $\theta$ 角之轉換矩陣

$$\boldsymbol{A}=\begin{bmatrix}1 & 0 & 0\\ 0 & \cos\theta & -\sin\theta\\ 0 & \sin\theta & \cos\theta\end{bmatrix}。$$

(2) 在 $\mathbb{R}^3$ 中以 $y$ 軸爲旋轉軸，逆時針方向旋轉 $\theta$ 角之轉換矩陣

$$\boldsymbol{A}=\begin{bmatrix}\cos\theta & 0 & -\sin\theta\\ 0 & 1 & 0\\ \sin\theta & 0 & \cos\theta\end{bmatrix}。$$

(3) 在 $\mathbb{R}^3$ 中以 $z$ 軸爲旋轉軸，逆時針方向旋轉 $\theta$ 角之轉換矩陣

$$\boldsymbol{A}=\begin{bmatrix}\cos\theta & -\sin\theta & 0\\ \sin\theta & \cos\theta & 0\\ 0 & 0 & 1\end{bmatrix}。$$

## 5. 擴張與收縮轉換

在平面上或空間中將向量 $\boldsymbol{X}$ 進行擴張或收縮之轉換矩陣如下：

(1) 二維平面

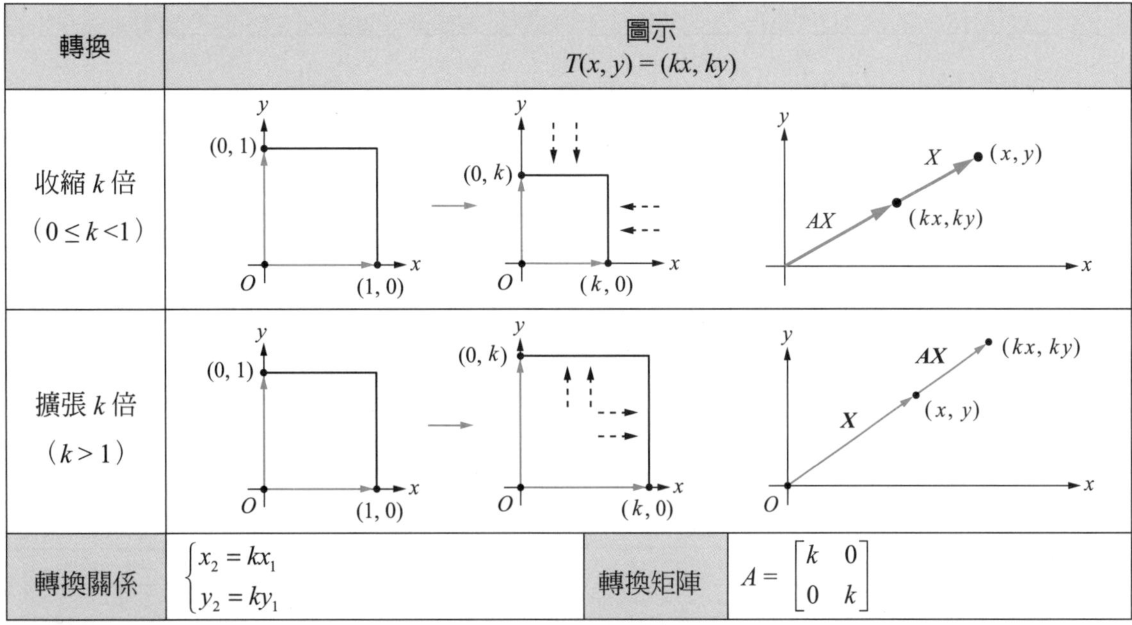


| 轉換 | 圖示 $T(x, y) = (kx, ky)$ | | |
|---|---|---|---|
| 收縮 $k$ 倍 $(0 \le k < 1)$ | | | |
| 擴張 $k$ 倍 $(k > 1)$ | | | |
| 轉換關係 | $\begin{cases} x_2 = kx_1 \\ y_2 = ky_1 \end{cases}$ | 轉換矩陣 | $A = \begin{bmatrix} k & 0 \\ 0 & k \end{bmatrix}$ |

(2) 三維空間

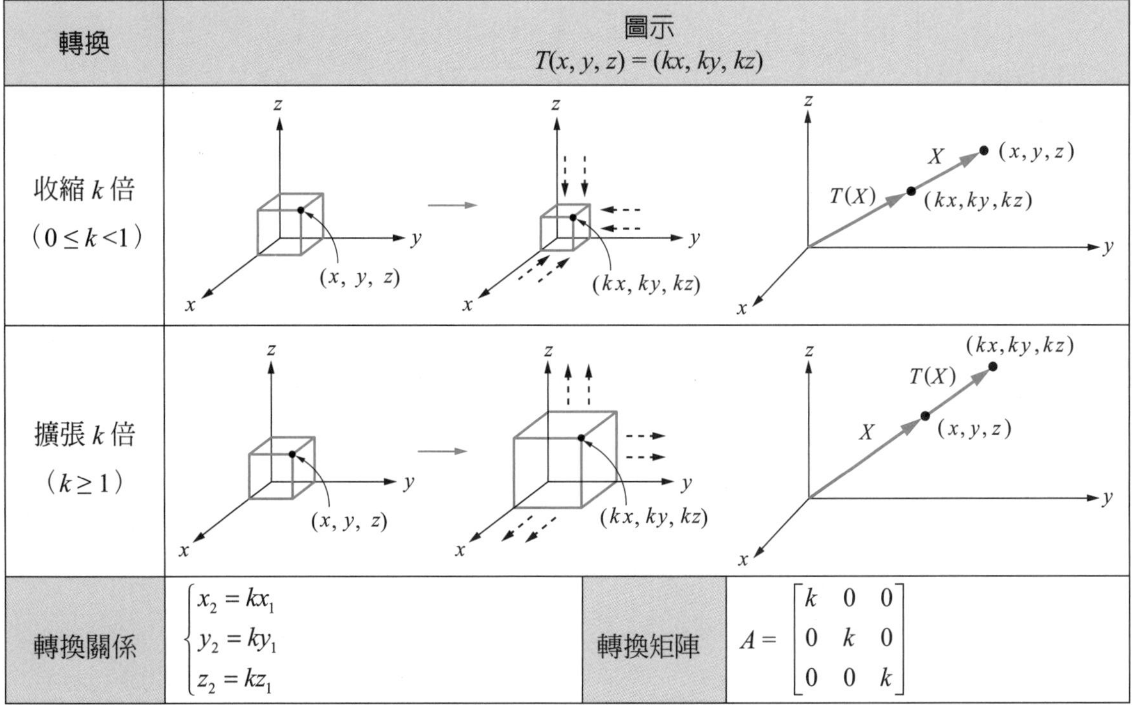


| 轉換 | 圖示 $T(x, y, z) = (kx, ky, kz)$ | | |
|---|---|---|---|
| 收縮 $k$ 倍 $(0 \le k < 1)$ | | | |
| 擴張 $k$ 倍 $(k \ge 1)$ | | | |
| 轉換關係 | $\begin{cases} x_2 = kx_1 \\ y_2 = ky_1 \\ z_2 = kz_1 \end{cases}$ | 轉換矩陣 | $A = \begin{bmatrix} k & 0 & 0 \\ 0 & k & 0 \\ 0 & 0 & k \end{bmatrix}$ |

## 6. 膨脹與壓縮轉換

在 $\mathbb{R}^2$ 中某向量進行 $x$ 方向或 $y$ 方向壓縮與膨脹之轉換如下：

| 轉換 | 圖示<br>$T(x, y) = (kx, y)$ | | |
|---|---|---|---|
| $x$-方向壓縮 $k$ 倍<br>$(0 \le k < 1)$ | | | |
| $x$-方向擴張 $k$ 倍<br>$(k > 1)$ | | | |
| 轉換關係 | $\begin{cases} x_2 = kx_1 \\ y_2 = y_1 \end{cases}$ | 轉換矩陣 | $A = \begin{bmatrix} k & 0 \\ 0 & 1 \end{bmatrix}$ |



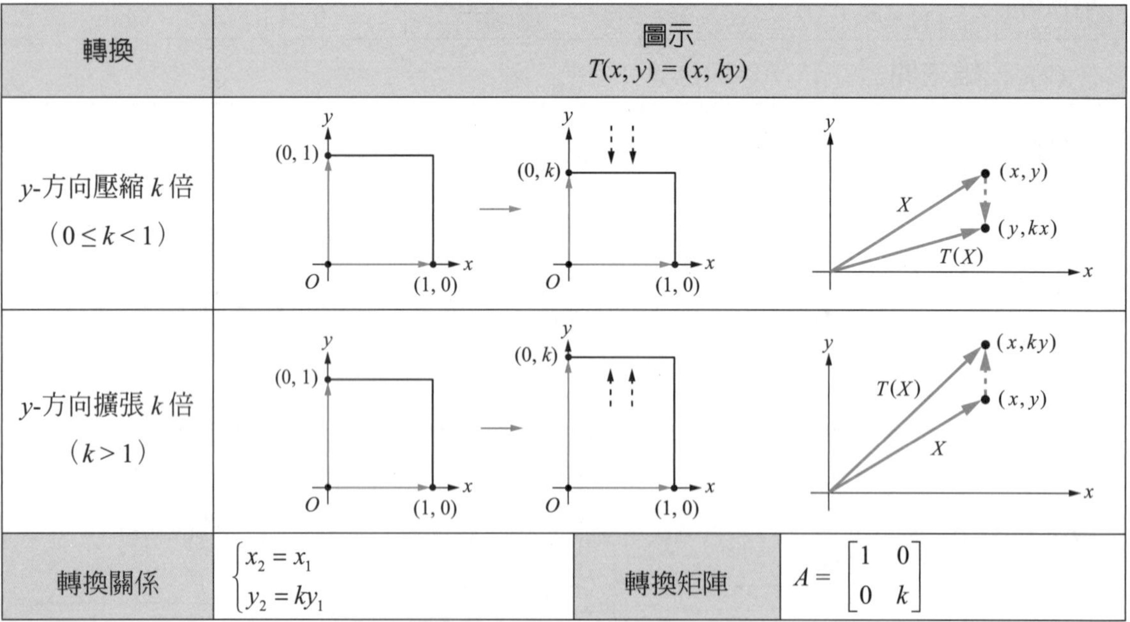

| 轉換 | 圖示<br>$T(x, y) = (x, ky)$ | | |
|---|---|---|---|
| $y$-方向壓縮 $k$ 倍<br>$(0 \le k < 1)$ | | | |
| $y$-方向擴張 $k$ 倍<br>$(k > 1)$ | | | |
| 轉換關係 | $\begin{cases} x_2 = x_1 \\ y_2 = ky_1 \end{cases}$ | 轉換矩陣 | $A = \begin{bmatrix} 1 & 0 \\ 0 & k \end{bmatrix}$ |

## 7. 修剪轉換

在 $\mathbb{R}^2$ 中對某向量進行 $x$ 方向或 $y$ 方向修剪之轉換如下：

| 轉換 | 轉換關係 | 轉換矩陣 | 圖示 $T(x, y) = (x + ky, y)$ |
|---|---|---|---|
| $x$ 方向作 $k$ 倍修剪（shear） | $\begin{cases} x_2 = x_1 + ky_1 \\ y_2 = y_1 \end{cases}$ | $\begin{bmatrix} 1 & k \\ 0 & 1 \end{bmatrix}$ | $y$, (0, 1), $O$, (1, 0), $x$；$y$, $(k, 1)$, $O$, (1, 0), $x$, $(k>0)$；$y$, $(k, 1)$, $O$, (1, 0), $x$, $(k<0)$ |
| 轉換 | 轉換關係 | 轉換矩陣 | 圖示 $T(x, y) = (x, ky + y)$ |
| $y$ 方向作 $k$ 倍修剪（shear） | $\begin{cases} x_2 = x_1 \\ y_2 = kx_1 + y_1 \end{cases}$ | $\begin{bmatrix} 1 & 0 \\ k & 1 \end{bmatrix}$ | $y$, (0, 1), $O$, (1, 0), $x$；$y$, (0, 1), $(1, k)$, $O$, $x$, $(k>0)$；$y$, (0, 1), $O$, $x$, $(1, k)$, $(k<0)$ |

## 範例 3

試描述以下矩陣轉換，並繪製其在 $\mathbb{R}^2$ 中對一個單位長度的正方形之轉換結果。

(1) $\boldsymbol{A}_1 = \begin{bmatrix} 3 & 0 \\ 0 & 3 \end{bmatrix}$ (2) $\boldsymbol{A}_2 = \begin{bmatrix} 1 & 3 \\ 0 & 1 \end{bmatrix}$ (3) $\boldsymbol{A}_3 = \begin{bmatrix} 3 & 0 \\ 0 & 1 \end{bmatrix}$。

---

解 (1) $\boldsymbol{A}_1$ 表示放大 3 倍：

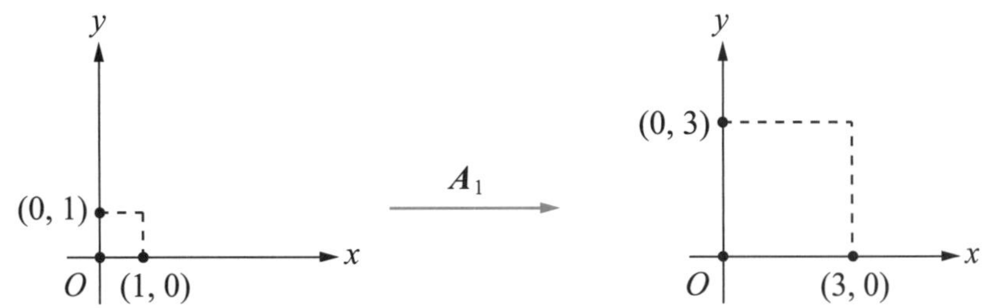

(2) $\boldsymbol{A}_2$ 表示將某向量 $x$ 方向以因子 3 之做修剪：

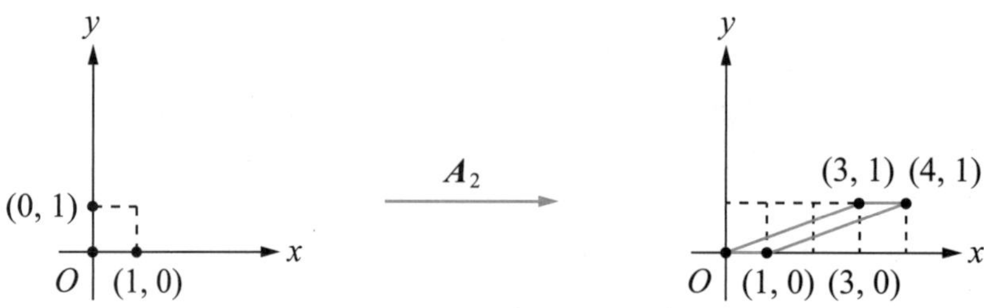


(3) $\boldsymbol{A}_3$ 表示沿 $x$ 方向膨脹 3 倍：

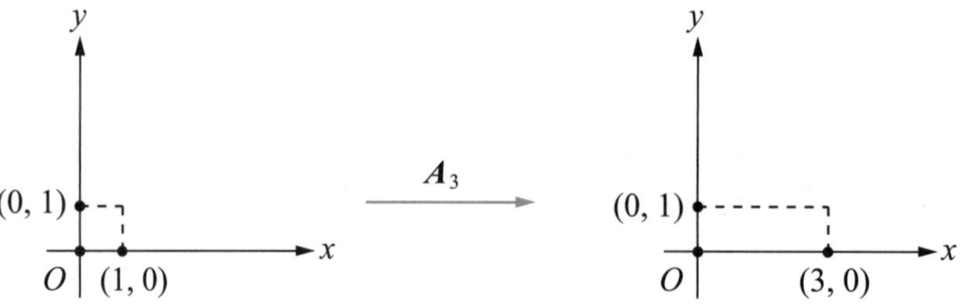


## 習題演練

1. 下列各小題定義了矩陣轉換的關係式，請在下列各題中，求①求其轉換矩陣 $\boldsymbol{A}$，②若定義了 $\boldsymbol{X}$，求其映射後的像 $\boldsymbol{W}$。

(1) $\begin{cases} w_1 = 2x_1 + x_2 \\ w_2 = x_1 + x_2 \end{cases}$，$\boldsymbol{X} = \begin{bmatrix} -1 \\ 1 \end{bmatrix}$

(2) $\begin{cases} w_1 = x_1 - x_2 + x_3 \\ w_2 = x_1 + x_2 + 2x_3 \end{cases}$，$\boldsymbol{X} = \begin{bmatrix} -1 \\ 1 \\ 2 \end{bmatrix}$

(3) $\begin{cases} w_1 = x_1 + 2x_2 + 3x_3 \\ w_2 = 2x_1 + 5x_2 + 3x_3 \\ w_3 = x_1 + 3x_3 \end{cases}$，$\boldsymbol{X} = \begin{bmatrix} 0 \\ 1 \\ 2 \end{bmatrix}$

(4) $\begin{cases} w_1 = -x_1 + x_2 + x_3 + x_4 \\ w_2 = 2x_1 + 3x_2 + 11x_3 + 8x_4 \end{cases}$，$\boldsymbol{X} = \begin{bmatrix} 1 \\ -1 \\ 0 \\ 1 \end{bmatrix}$

(5) $\begin{cases} w_1 = -2x_1 - 4x_2 + 4x_3 + 5x_4 \\ w_2 = 3x_1 + 6x_2 - 6x_3 - 4x_4 \\ w_3 = -2x_1 - 4x_2 + 4x_3 + 9x_4 \end{cases}$，$\boldsymbol{X} = \begin{bmatrix} 1 \\ 1 \\ 1 \\ 1 \end{bmatrix}$

(6) $\begin{cases} w_1 = x_1 + 3x_2 - 2x_3 + 4x_4 \\ w_2 = x_2 - x_3 + 2x_4 \\ w_3 = -2x_1 - 6x_2 + 4x_3 - 8x_4 \end{cases}$，$\boldsymbol{X} = \begin{bmatrix} 0 \\ 1 \\ 2 \\ 3 \end{bmatrix}$。

2. 設 $A_{2\times 2}$ 爲 $xy$ 平面上對 $y$ 軸之鏡射標準矩陣，求以下向量之像；

(1) $(2, 4)$ (2) $(1, -2)$ (3) $(\alpha, 0)$ (4) $(0, \beta)$ (5) $(\gamma, -\delta)$ (6) $(\ell, k)$。

3. 設 $A_{2\times 2}$ 爲 $xy$ 平面上對 $x$ 軸之鏡射標準矩陣，求以下向量之像；

(1) $(7, 3)$ (2) $(4, -2)$ (3) $(\alpha, 0)$ (4) $(0, \beta)$ (5) $(-\gamma, \delta)$ (6) $(\ell, -k)$。

4. 設 $A_{2\times 2}$ 爲 $xy$ 平面上對 $y = x$ 軸之鏡射標準矩陣，求以下向量之像；

(1) $(0, 2)$ (2) $(1, -3)$ (3) $(\alpha, 0)$ (4) $(0, \beta)$ (5) $(\gamma, -\delta)$ (6) $(-\ell, k)$。

5. 下列各小題爲 $xy$ 平面對原點之旋轉變換，求其旋轉矩陣 $A$，並求 $X$ 之像 $W$

(1) 以原點爲中心逆時針旋轉 $\frac{\pi}{3}$，且 $X = \begin{bmatrix} 1 \\ -2 \end{bmatrix}$。

(2) 以原點爲中心順時針旋轉 $\frac{\pi}{4}$，且 $X = \begin{bmatrix} 2 \\ 1 \end{bmatrix}$。

6. 以下各小題爲三維空間 $xyz$ 之旋轉變換，求其旋轉矩陣 $A$，並求向量$(1, -1, 1)$經旋轉後的像 $W$：

(1) 以 $x$ 軸爲旋轉軸，逆時針旋轉 $30°$。

(2) 以 $y$ 軸爲旋轉軸，逆時針旋轉 $60°$。

(3) 以 $z$ 軸爲旋轉軸，逆時針旋轉 $45°$。

7. 試描述以下矩陣變換，並描述其對 $\mathbb{R}^2$ 中一單位長度方形之變換效果；

(1) $A_1 = \begin{bmatrix} 3 & 0 \\ 0 & 1 \end{bmatrix}$ (2) $A_2 = \begin{bmatrix} 1 & 0 \\ 0 & 3 \end{bmatrix}$ (3) $A_3 = \begin{bmatrix} 3 & 0 \\ 0 & 3 \end{bmatrix}$ (4) $A_4 = \begin{bmatrix} 1 & 0 \\ 0 & \frac{1}{3} \end{bmatrix}$ (5) $A_5 = \begin{bmatrix} \frac{1}{3} & 0 \\ 0 & 1 \end{bmatrix}$

(6) $A_6 = \begin{bmatrix} 1 & 0 \\ 2 & 1 \end{bmatrix}$ (7) $A_7 = \begin{bmatrix} 1 & 3 \\ 0 & 1 \end{bmatrix}$ (8) $A_8 = \begin{bmatrix} 1 & 0 \\ -2 & 1 \end{bmatrix}$ (9) $A_9 = \begin{bmatrix} 1 & -3 \\ 0 & 1 \end{bmatrix}$。

8. 說明以下矩陣相乘之矩陣變換的幾何意義：

(1) $A_1 = \begin{bmatrix} 3 & 0 \\ 2 & 1 \end{bmatrix} = \begin{bmatrix} 3 & 0 \\ 0 & 1 \end{bmatrix}\begin{bmatrix} 1 & 0 \\ 2 & 1 \end{bmatrix}$ (2) $A_2 = \begin{bmatrix} 1 & 6 \\ 0 & 2 \end{bmatrix} = \begin{bmatrix} 1 & 3 \\ 0 & 1 \end{bmatrix}\begin{bmatrix} 1 & 0 \\ 0 & 2 \end{bmatrix}$

(3) $A_3 = \begin{bmatrix} 0 & 1 \\ 2 & 0 \end{bmatrix} = \begin{bmatrix} 0 & 1 \\ 1 & 0 \end{bmatrix}\begin{bmatrix} 2 & 0 \\ 0 & 1 \end{bmatrix}$ (4) $A_4 = \begin{bmatrix} -1 & 0 \\ 0 & 3 \end{bmatrix} = \begin{bmatrix} -1 & 0 \\ 0 & 1 \end{bmatrix}\begin{bmatrix} 1 & 0 \\ 0 & 3 \end{bmatrix}$

(5) $A_5 = \begin{bmatrix} 1 & 3 \\ 0 & -1 \end{bmatrix} = \begin{bmatrix} 1 & 0 \\ 0 & -1 \end{bmatrix}\begin{bmatrix} 1 & 3 \\ 0 & 1 \end{bmatrix}$。

# 3-2 一般線性變換

日常生活中常會出現變換（映射）的觀念，例如某班的成績由 0 分到 100 分，即集合$\{0,1,2,3,\cdots\cdots,100\}$到學期末要將其成績分爲$\{A,B,C,D,E\}$五個等級，則由原始集合（分數集合）對應到像集合（等級集合）即爲一種變換（映射）關係。這種關係有哪些是線性的，其特性如何，將在下面介紹。

## 一、定義

**1. 函數**

設 $A$、$B$ 爲兩個非空的集合，若$\forall a\in A$ 恰有一個 $b\in B$ 與之對應，則稱此對應爲從 $A$ 到 $B$ 的函數或映射（Mapping），一般表成 $T:A\rightarrow B$。

(1) 若函數 $T:A\rightarrow B$ 對不同的 $A$ 中元素，具有相異的 $B$ 中元素與之對應，則稱爲一對一或嵌射（Injective）。

(2) 若$\forall b\in B$ 至少是一個 $a\in A$ 的像，則稱函數 $T:A\rightarrow B$ 爲映成（Onto）或蓋射（Surjective）。

(3) 一對一且映成的函數稱爲對射（Bijective）。

**2. 線性變換**

設 $V$、$U$ 爲同佈於體 $\mathbb{F}$ 之兩向量空間，若有一函數 $T:V\rightarrow U$ 滿足

$$\begin{cases}T(\mathbf{x}+\mathbf{y})=T(\mathbf{x})+T(\mathbf{y})\\T(\alpha\mathbf{x})=\alpha T(\mathbf{x})\end{cases}，(\forall\mathbf{x}、\mathbf{y}\in V，\alpha\in\mathbb{F})，$$

則稱函數 $T:V\rightarrow U$ 爲由 $V$ 映至 $U$ 的線性變換。由此定義可知，線性變換是兩個向量空間之間的一種保持向量加法與純量積運算的特殊映射。

**Note**

(1) 一般證明某一映射 $T:V\rightarrow U$ 爲線性變換，即等價於證明：
$T(\alpha\mathbf{x}+\mathbf{y})=\alpha T(\mathbf{x})+T(\mathbf{y})$，$(\forall\mathbf{x}、\mathbf{y}\in V，\alpha\in\mathbb{F})$。

(2) 若 $T:V\rightarrow U$ 是一個線性變換，則 $T(0)=0$。反之若 $T(0)\neq 0$，則 $T$ 不爲線性變換。

## 範例 1

設 $T$：$\mathbb{R}^2 \to \mathbb{R}^2$ 定義為 $T(x, y) = (x + y, x)$，證明 $T$ 為線性變換。

解 令 $\boldsymbol{u} = (x_1, y_1)$、$\boldsymbol{v} = (x_2, y_2) \in \mathbb{R}^2$，$\alpha \in \mathbb{R}^2$，

$T(\boldsymbol{u}) = T(x_1, y_1) = (x_1 + y_1, x_1)$、$T(\boldsymbol{v}) = T(x_2, y_2) = (x_2 + y_2, x_2)$且

$\alpha\boldsymbol{u} + \boldsymbol{v} = \alpha(x_1, y_1) + (x_2, y_2) = (\alpha x_1 + x_2, \alpha y_1 + y_2)$，則

$$\begin{aligned} T(\alpha\boldsymbol{u} + \boldsymbol{v}) &= T(\alpha x_1 + x_2, \alpha y_1 + y_2) \text{，故} \\ &= (\alpha x_1 + x_2 + \alpha y_1 + y_2, \alpha x_1 + x_2) \\ &= \alpha(x_1 + y_1, x_1) + (x_2 + y_2, x_2) \\ &= \alpha T(x_1, y_1) + T(x_2, y_2) \\ &= \alpha T(\boldsymbol{u}) + T(\boldsymbol{v}) \text{，} \end{aligned}$$

故 $T$ 為線性變換。

■

## 範例 2

求證下列映射為一線性變換

$F$：$\mathbb{R}^3 \to \mathbb{R}$ 且 $F(x, y, z) = 2x - 3y + 4z$。

解 令 $\boldsymbol{u} = (x_1, y_1, z_1)$、$\boldsymbol{v} = (x_2, y_2, z_2) \in \mathbb{R}^3$，$\alpha \in \mathbb{R}$，則

$$\begin{aligned} F(\alpha\boldsymbol{u} + \boldsymbol{v}) &= F(\alpha x_1 + x_2, \alpha y_1 + y_2, \alpha z_1 + z_2) \\ &= 2(\alpha x_1 + x_2) - 3(\alpha y_1 + y_2) + 4(\alpha z_1 + z_2) \\ &= \alpha(2x_1 - 3y_1 + 4z_1) + (2x_2 - 3y_2 + 4z_2) \\ &= \alpha F(\boldsymbol{u}) + F(\boldsymbol{v}) \text{，} \end{aligned}$$

故 $F$ 為線性變換。

■

## 範例 3

設 $T$：$\mathbb{R}^2 \to \mathbb{R}^2$ 爲線性變換，且 $T(1, 3) = (1, 1)$、$T(2, 7) = (3, 1)$，求 $T(x, y)$。

---

解 令 $\begin{bmatrix} x \\ y \end{bmatrix} = a\begin{bmatrix} 1 \\ 3 \end{bmatrix} + b\begin{bmatrix} 2 \\ 7 \end{bmatrix} = \begin{bmatrix} 1 & 2 \\ 3 & 7 \end{bmatrix}\begin{bmatrix} a \\ b \end{bmatrix}$，則

$T\begin{bmatrix} x \\ y \end{bmatrix} = aT\begin{bmatrix} 1 \\ 3 \end{bmatrix} + bT\begin{bmatrix} 2 \\ 7 \end{bmatrix} = a\begin{bmatrix} 1 \\ 1 \end{bmatrix} + b\begin{bmatrix} 3 \\ 1 \end{bmatrix} = \begin{bmatrix} 1 & 3 \\ 1 & 1 \end{bmatrix}\begin{bmatrix} a \\ b \end{bmatrix}$，

而 $\begin{bmatrix} a \\ b \end{bmatrix} = \begin{bmatrix} 1 & 2 \\ 3 & 7 \end{bmatrix}^{-1}\begin{bmatrix} x \\ y \end{bmatrix}$，故

$T\begin{bmatrix} x \\ y \end{bmatrix} = \begin{bmatrix} 1 & 3 \\ 1 & 1 \end{bmatrix}\begin{bmatrix} a \\ b \end{bmatrix} = \begin{bmatrix} 1 & 3 \\ 1 & 1 \end{bmatrix}\begin{bmatrix} 1 & 2 \\ 3 & 7 \end{bmatrix}^{-1}\begin{bmatrix} x \\ y \end{bmatrix} = \begin{bmatrix} -2x + y \\ 4x - y \end{bmatrix}$。

■

**Note**

範例 3 的計算可簡化如下：

因 $T\begin{bmatrix} 1 & 2 \\ 3 & 7 \end{bmatrix} = \begin{bmatrix} 1 & 3 \\ 1 & 1 \end{bmatrix}$，

所以 $T\begin{bmatrix} x \\ y \end{bmatrix} = \begin{bmatrix} 1 & 3 \\ 1 & 1 \end{bmatrix}\begin{bmatrix} 1 & 2 \\ 3 & 7 \end{bmatrix}^{-1}\begin{bmatrix} x \\ y \end{bmatrix} = \begin{bmatrix} -2x + y \\ 4x - y \end{bmatrix}$。

## 範例 4

求一個線性變換 $T$：$\mathbb{R}^3 \to \mathbb{R}^2$，使得

$T\begin{bmatrix} 1 \\ 1 \\ 0 \end{bmatrix} = \begin{bmatrix} 1 \\ -1 \end{bmatrix}$、$T\begin{bmatrix} 1 \\ 0 \\ 1 \end{bmatrix} = \begin{bmatrix} 3 \\ 2 \end{bmatrix}$、$T\begin{bmatrix} 0 \\ 1 \\ 1 \end{bmatrix} = \begin{bmatrix} -3 \\ 2 \end{bmatrix}$。

---

解 因$T\begin{bmatrix}1&1&0\\1&0&1\\0&1&1\end{bmatrix}=\begin{bmatrix}1&3&-3\\-1&2&2\end{bmatrix}$，

故$T\begin{bmatrix}x\\y\\z\end{bmatrix}=\begin{bmatrix}1&3&-3\\-1&2&2\end{bmatrix}\begin{bmatrix}1&1&0\\1&0&1\\0&1&1\end{bmatrix}^{-1}\begin{bmatrix}x\\y\\z\end{bmatrix}=\frac{1}{2}\begin{bmatrix}7&-5&-1\\-1&-1&5\end{bmatrix}\begin{bmatrix}x\\y\\z\end{bmatrix}$

$=\frac{1}{2}\begin{bmatrix}7x-5y-z\\-x-y+5z\end{bmatrix}$。

**3. 常見線性變換**

設 $V$、$U$ 為佈於體 $\mathbb{F}$ 的兩向量空間，

(1) 單位線性變換（Identity transformation）：

$I_V: V \to V$ 為 $I_V(x)=x$，$\forall x\in V$。

(2) 零線性變換（Zero transformation）：

$T_0: V \to U$ 為 $T_0(x)=\mathbf{0}$，$\forall x\in V$。

**4. 線性變換的零核空間與值域**

(1) 設 $U$、$V$ 為佈於體 $\mathbb{F}$ 的向量空間，$T:V\to U$ 為線性變換。

① 定義 $T$ 的零核空間（Null space）為：在 $T$ 的定義域 $V$ 中所有滿足 $T(\mathbf{x})=0$ 的向量 $\mathbf{x}$ 所構成的集合。一般以符號 $\boldsymbol{N}(T)$ 表示。即

$$\boldsymbol{N}(T)=\mathrm{Ker}(T)=\{\mathbf{x}\in V \mid T(\mathbf{x})=\boldsymbol{0}\}$$

$T$ 的核次數 nullity($T$)定義為 $\dim(\boldsymbol{N}(T))$。

② 定義 $T$ 的值域（range）為：在 $T$ 的對應域 $U$ 中 $T(\mathbf{x})$ 所構成的集合。一般以符號 $\boldsymbol{R}(T)$ 表示。即

$$\boldsymbol{R}(T)=\{T(\mathbf{x})\mid \mathbf{x}\in V\}$$

$T$ 的秩 rank($T$)定義為 $\dim(\boldsymbol{R}(T))$。

$\boldsymbol{N}(T)$與$\boldsymbol{R}(T)$的定義可統合於一張圖中，如圖 3-2.1 所示。

**Note**

零核空間又稱核（**Kernel**）、值域又稱像（**Image**），有時像也用 **Im(*T*)** 表示。

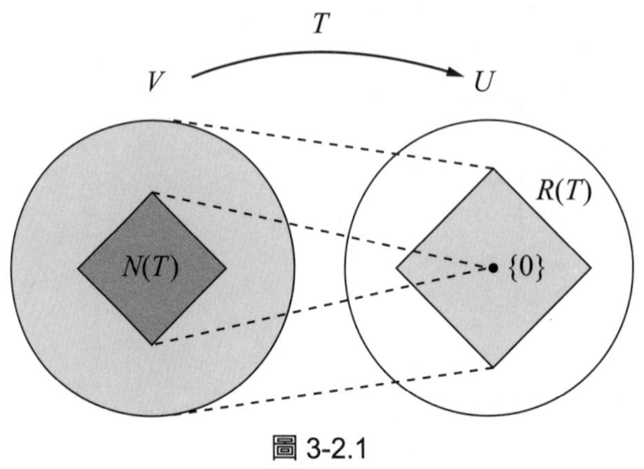


圖 3-2.1

## 範例 5

設 $V$ 與 $U$ 爲二向量空間，令 $I_V: V \to V$，$T_0: V \to U$ 分別表示單位變換及零變換，試求 $\boldsymbol{N}(I_V)$、$\boldsymbol{R}(I_V)$、$\boldsymbol{N}(T_0)$、$\boldsymbol{R}(T_0)$。

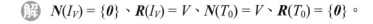

---

**解** $\boldsymbol{N}(I_V) = \{\boldsymbol{0}\}$、$\boldsymbol{R}(I_V) = V$、$\boldsymbol{N}(T_0) = V$、$\boldsymbol{R}(T_0) = \{\boldsymbol{0}\}$。

■

## 範例 6

求證下列線性變換之零核空間：

$T: \mathbb{R}^3 \to \mathbb{R}^2$，且

$T(1, 1, 1) = (2, 2)$、$T(0, 1, 1) = (0, 1)$、$T(0, 0, 1) = (-1, 1)$。

---

**解** $T\begin{bmatrix} 1 & 0 & 0 \\ 1 & 1 & 0 \\ 1 & 1 & 1 \end{bmatrix} = \begin{bmatrix} 2 & 0 & -1 \\ 2 & 1 & 1 \end{bmatrix}$，

則 $T\begin{bmatrix}x\\y\\z\end{bmatrix}=\begin{bmatrix}2&0&-1\\2&1&1\end{bmatrix}\begin{bmatrix}1&0&0\\1&1&0\\1&1&1\end{bmatrix}^{-1}\begin{bmatrix}x\\y\\z\end{bmatrix}=\begin{bmatrix}2x+y-z\\x+z\end{bmatrix}$，

由 $T\begin{bmatrix}x\\y\\z\end{bmatrix}=\boldsymbol{0}$ 得 $\begin{cases}2x+y-z=0\\x+z=0\end{cases}$，令 $x=\alpha$ 得 $\begin{cases}x=\alpha\\y=-3\alpha\\z=-\alpha\end{cases}$，故 $\begin{bmatrix}x\\y\\z\end{bmatrix}=\alpha\begin{bmatrix}1\\-3\\-1\end{bmatrix}$，

$\therefore \boldsymbol{N}(T)=\text{span}\left\{\begin{bmatrix}1\\-3\\-1\end{bmatrix}\right\}$，

$\boldsymbol{N}(T)=\text{span}[1,-3,-1]$。

## 範例 7

令 $P_n(\mathbb{R})$爲 $n$ 次實係數多項式所形成集合，設線性變換 $T: P_3(\mathbb{R}) \rightarrow P_3(\mathbb{R})$定義爲 $T(y)=(x+1)\dfrac{dy}{dx}-2y$，

(1) 請寫出 $P_n(\mathbb{R})$的標準基底　(2) 求 $\boldsymbol{N}(T)$的基底　(3) 求 $\boldsymbol{R}(T)$的基底。

---

解 (1) $P_n(\mathbb{R})$的標準基底爲 $S=\{1, x, x^2, \dots, x^n\}$。

(2) 設

$y=a_0+a_1x+a_2x^2+a_3x^3 \in \boldsymbol{N}(T)$，

其中 $a_0$、$a_1$、$a_2$、$a_3 \in \mathbb{R}$，故

$$\begin{aligned}T(y)&=(x+1)(a_1+2a_2x+3a_3x^2)-2(a_0+a_1x+a_2x^2+a_3x^3)\\&=(a_1-2a_0)+(2a_2-a_1)x+3a_3x^2+a_3x^3=0 \qquad ①\end{aligned}$$

因 $\beta=\{1, x, x^2, x^3\}$爲 $P_3(\mathbb{R})$的基底，即 $\beta$ 爲線性獨立的集合，故由①式可得

$$\begin{cases}a_1-2a_0=0\\2a_2-a_1=0\\3a_3=0\\a_3=0\end{cases} \qquad ②$$

解②式可得 $a_1=2a_0$、$a_2=a_0$、$a_3=0$，故

$y = a_0 + a_1x + a_2x^2 + a_3x^3 = a_0(1 + 2x + x^2)$。

故 $\boldsymbol{N}(T) = \text{span}\{1 + 2x + x^2\}$，因此 $\boldsymbol{N}(T)$的基底爲$\{1 + 2x + x^2\}$。

(3) 設

$\forall y = a_0 + a_1x + a_2x^2 + a_3x^3 \in P_3(\mathbb{R})$，其中 $a_1$、$a_1$、$a_2$、$a_3 \in \mathbb{R}$。故

$$\begin{aligned} T(y) &= (x + 1)(a_1 + 2a_2x + 3a_3x^2) - 2(a_0 + a_1x + a_2x^2 + a_3x^3) \\ &= (a_1 - 2a_0) + (2a_2 - a_1)x + a_3(3x^2 + x^3) \in \text{span}\{1, x, 3x^2 + x^3\} \text{。} \end{aligned}$$

因此 $\boldsymbol{R}(T)$的基底爲$\{1, x, 3x^2 + x^3\}$。

■

## 範例 8

設 $T$ 爲一個由 $M_{2\times 2}(\mathbb{R})$映射到 $P_2(\mathbb{R})$的線性變換，且

$T\left(\begin{bmatrix}1 & 0\\0 & 0\end{bmatrix}\right) = x^2 + x$、$T\left(\begin{bmatrix}1 & 1\\0 & 0\end{bmatrix}\right) = x^2 + 2x + 1$、

$T\left(\begin{bmatrix}1 & 1\\1 & 0\end{bmatrix}\right) = 2x^2 + 2x + 2$、$T\left(\begin{bmatrix}1 & 1\\1 & 1\end{bmatrix}\right) = 3x^2 + 4x + 5$，

(1) 求$T\left(\begin{bmatrix}1 & 2\\3 & 4\end{bmatrix}\right)$。

(2) 求 nullity$(T)$及 $\boldsymbol{N}(T)$的基底。

(3) 求 rank$(T)$及 $\boldsymbol{R}(T)$的基底。

---

解 (1) 令

$$\begin{bmatrix}a & b\\c & d\end{bmatrix} = \alpha\begin{bmatrix}1 & 0\\0 & 0\end{bmatrix} + \beta\begin{bmatrix}1 & 1\\0 & 0\end{bmatrix} + \gamma\begin{bmatrix}1 & 1\\1 & 0\end{bmatrix} + \delta\begin{bmatrix}1 & 1\\1 & 1\end{bmatrix} = \begin{bmatrix}\alpha+\beta+\gamma+\delta & \beta+\gamma+\delta\\ \gamma+\delta & \delta\end{bmatrix} \text{。}$$

比較矩陣的各元素可得：

$$\begin{cases} a = \alpha + \beta + \gamma + \delta \\ b = \beta + \gamma + \delta \\ c = \gamma + \delta \\ d = \delta \end{cases} \tag{1}$$

解(1)式可得 $\alpha = a - b$、$\beta = b - c$、$\gamma = c - d$、$\delta = d$，故

$$T\begin{bmatrix} a & b \\ c & d \end{bmatrix} = \alpha T\left(\begin{bmatrix} 1 & 0 \\ 0 & 0 \end{bmatrix}\right) + \beta T\left(\begin{bmatrix} 1 & 1 \\ 0 & 0 \end{bmatrix}\right) + \gamma T\left(\begin{bmatrix} 1 & 1 \\ 1 & 0 \end{bmatrix}\right) + \delta T\left(\begin{bmatrix} 1 & 1 \\ 1 & 1 \end{bmatrix}\right)$$

$$= (a-b)(x^2+x) + (b-c)(x^2+2x+1) + (c-d)(2x^2+2x+2)$$

$$+ d(3x^2+4x+5)$$

$$= (a+c+d)x^2 + (a+b+2d)x + (b+c+3d)\text{，}$$

因此

$$T\left(\begin{bmatrix} 1 & 2 \\ 3 & 4 \end{bmatrix}\right) = 8x^2 + 11x + 17\text{。}$$

(2) 令 $\begin{bmatrix} a & b \\ c & d \end{bmatrix} \in \boldsymbol{N}(T)$，則

$$T\left(\begin{bmatrix} a & b \\ c & d \end{bmatrix}\right) = (a+c+d)x^2 + (a+b+2d)x + (b+c+3d) = 0\text{，}$$

因 $S = \{x^2, x, 1\}$ 爲 $P_2(\mathbb{R})$ 的基底，故 S 爲線性獨立集合，所以

$$\begin{cases} a+c+d=0 \\ a+b+2d=0 \\ b+c+3d=0 \end{cases} \tag{2}$$

解(2)式可得 $a = 0$、$b = -2d$、$c = -d$，即

$$\begin{bmatrix} a & b \\ c & d \end{bmatrix} = d\begin{bmatrix} 0 & -2 \\ -1 & 1 \end{bmatrix}\text{，}$$

故 $\boldsymbol{N}(T) = \text{span}\left\{\begin{bmatrix} 0 & -2 \\ -1 & 1 \end{bmatrix}\right\}$，即 $\boldsymbol{N}(T)$ 的基底爲 $\left\{\begin{bmatrix} 0 & -2 \\ -1 & 1 \end{bmatrix}\right\}$，

故 $\text{nullity}(T) = 1$。

(3) $T\left(\begin{bmatrix} a & b \\ c & d \end{bmatrix}\right) = (a+c+d)x^2 + (a+b+2d)x + (b+c+3d) \in \text{span}\{x^2, x, 1\}$，

因矩陣 $\boldsymbol{A} = \begin{bmatrix} 1 & 0 & 1 & 1 \\ 1 & 1 & 0 & 2 \\ 0 & 1 & 1 & 3 \end{bmatrix}$ 的秩爲 3，即任意 $P_2(\mathbb{R})$ 中的多項式都可表

爲 $T\begin{bmatrix} a & b \\ c & d \end{bmatrix}$，故 $\boldsymbol{R}(T)$ 的基底爲 $\{x^2, x, 1\}$。

■

## 二、重要定理

**1. 定理 1：**

設 $V$、$U$ 爲佈於體 $\mathbb{F}$ 之兩向量空間。令 $T: V \to U$ 爲線性轉換，則 $R(T)$是 $U$ 的子空間，而 $N(T)$是 $V$ 的子空間。

【證明】

(1) 證明 $\boldsymbol{N}(T)$爲 $V$ 的子空間：

① 因 $T(\boldsymbol{0}_v) = \boldsymbol{0}_u$，故 $\boldsymbol{0}_v \in N(T)$。

② 設 $\mathbf{x}$、$\mathbf{y} \in \boldsymbol{N}(T)$，即 $T(\boldsymbol{x}) = \boldsymbol{0}_u$、$T(\boldsymbol{y}) = \boldsymbol{0}_u$，再令 $\alpha \in \mathbb{F}$，因

$T(\alpha\mathbf{x} + \mathbf{y}) = \alpha T(\mathbf{x}) + T(\mathbf{y}) = \alpha \cdot \boldsymbol{0}_u + \boldsymbol{0}_u = \boldsymbol{0}_u$，
故 $\alpha\mathbf{x} + \mathbf{y} \in \boldsymbol{N}(T)$。因此 $\boldsymbol{N}(T)$爲 $V$ 的子空間。

(2) 證明 $\boldsymbol{R}(T)$爲 $U$ 的子空間：

① 因 $T(\boldsymbol{0}_v) = \boldsymbol{0}_u$，故 $\boldsymbol{0}_u \in \boldsymbol{R}(T)$。

② 設 $\boldsymbol{u}_1$、$\boldsymbol{u}_2 \in \boldsymbol{R}(T)$，即$\exists \boldsymbol{v}_1$、$\boldsymbol{v}_2 \in V$ 使得 $T(\boldsymbol{v}_1) = \boldsymbol{u}_1$、$T(\boldsymbol{v}_2) = \boldsymbol{u}_2$，令 $\beta \in \mathbb{F}$，
$T(\beta\boldsymbol{v}_1 + \boldsymbol{v}_2) = \beta T(\boldsymbol{v}_1) + T(\boldsymbol{v}_2) = \beta\boldsymbol{u}_1 + \boldsymbol{u}_2 \in \mathbf{R}(T)$，因此 $\boldsymbol{R}(T)$爲 $U$ 的子空間

**2. 定理 2：**

設 $V$、$U$ 爲佈於體 $\mathbb{F}$ 的兩向量空間。令變換 $T: V \to U$ 爲線性轉換，若
$S = \{x_1, x_2, \cdots\cdots, x_n\}$爲 $V$ 的一組基底，則

$\boldsymbol{R}(T) = \text{span}\{T(\boldsymbol{x}_1), T(\boldsymbol{x}_2), \cdots\cdots, T(\boldsymbol{x}_n)\}$

【證明】

(1) 因 $T(\boldsymbol{x}_i) \in \boldsymbol{R}(T)$，又 $\boldsymbol{R}(T)$爲一子空間，故

$\text{span}\{T(\boldsymbol{x}_1), T(\boldsymbol{x}_2), \cdots\cdots, T(\boldsymbol{x}_n)\} \subseteq \boldsymbol{R}(T)$。 ①

(2) 設 $y \in \boldsymbol{R}(T)$，則$\exists \boldsymbol{x} \in V$ 使得 $T(\boldsymbol{x}) = \boldsymbol{y}$。

因 $S = \{\boldsymbol{x}_1, \boldsymbol{x}_2, \cdots\cdots, \boldsymbol{x}_n\}$爲 $V$ 的一組基底，故

$x = c_1\boldsymbol{x}_1 + c_2\boldsymbol{x}_2 + \cdots\cdots + c_n\boldsymbol{x}_n = \sum_{i=1}^{n} c_i\boldsymbol{x}_i$ （$c_1$、$c_2$、⋯⋯、$c_n \in \mathbb{F}$）。

因此

$$\boldsymbol{y} = T(\boldsymbol{x}) = T(\sum_{i=1}^{n} c_i\boldsymbol{x}_i) = \sum_{i=1}^{n} c_i T(\boldsymbol{x}_i) \in \text{span}\{T(\boldsymbol{x}_1), T(\boldsymbol{x}_2), \cdots\cdots, T(\boldsymbol{x}_n)\}，$$

即 $\boldsymbol{R}(T) \subseteq \text{span}\{T(\boldsymbol{x}_1), T(\boldsymbol{x}_2), \cdots\cdots, T(\boldsymbol{x}_n)\}$。 ②

由(1)、(2)式知 $\boldsymbol{R}(T) = \text{span}\{T(\boldsymbol{x}_1), T(\boldsymbol{x}_2), \cdots\cdots, T(\boldsymbol{x}_n)\}$。

**Note**

若兩集合存在 $A \subseteq B$ 且 $B \subseteq A$ 的關係，則 $A = B$。

## 範例 9

設 $\boldsymbol{B} = \begin{bmatrix} 1 & -1 \\ -4 & 4 \end{bmatrix}$，定義一個在 $M_{2\times 2}(\mathbb{R})$之線性運算子 $T$，

$T(\boldsymbol{A}) = \boldsymbol{BA}$，$\forall \boldsymbol{A} \in M_{2\times 2}(\mathbb{R})$。

請計算 nullity($T$)及 $\boldsymbol{R}(T)$的基底。

---

**解** 令 $\boldsymbol{A} = \begin{bmatrix} a & b \\ c & d \end{bmatrix} \in \boldsymbol{N}(T)$，其中 $a$、$b$、$c$、$d \in \mathbb{R}$，故

$$T(\boldsymbol{A}) = \boldsymbol{BA} = \begin{bmatrix} 1 & -1 \\ -4 & 4 \end{bmatrix}\begin{bmatrix} a & b \\ c & d \end{bmatrix}$$

$$= \begin{bmatrix} a-c & b-d \\ -4a+4c & -4b+4d \end{bmatrix}$$

$$= \begin{bmatrix} 0 & 0 \\ 0 & 0 \end{bmatrix},$$

比較可得

$$\begin{cases} a-c=0 \\ b-d=0 \\ -4a+4c=0 \\ -4b+4d=0 \end{cases} \Rightarrow \begin{cases} a-c=0 \\ b-d=0 \end{cases},$$

可解得 $a = c$，$b = d$，故

$$\boldsymbol{A} = \begin{bmatrix} a & b \\ c & d \end{bmatrix} = \begin{bmatrix} a & b \\ a & b \end{bmatrix} = a\begin{bmatrix} 1 & 0 \\ 1 & 0 \end{bmatrix} + b\begin{bmatrix} 0 & 1 \\ 0 & 1 \end{bmatrix}。$$

故

$$N(T)=\text{span}\left\{\begin{bmatrix}1&0\\1&0\end{bmatrix},\begin{bmatrix}0&1\\0&1\end{bmatrix}\right\},$$

因此 nullity$(T)=\dim\{N(T)\}=2$。又 $M_{2\times2}(\mathbb{R})$的標準基底爲

$$\beta=\left\{\begin{bmatrix}1&0\\0&0\end{bmatrix},\begin{bmatrix}0&1\\0&0\end{bmatrix},\begin{bmatrix}0&0\\1&0\end{bmatrix},\begin{bmatrix}0&0\\0&1\end{bmatrix}\right\},$$

故

$$\begin{aligned}\boldsymbol{R}(T)&=\text{span}\left\{T\left(\begin{bmatrix}1&0\\0&0\end{bmatrix}\right),T\left(\begin{bmatrix}0&1\\0&0\end{bmatrix}\right),T\left(\begin{bmatrix}0&0\\1&0\end{bmatrix}\right),T\left(\begin{bmatrix}0&0\\0&1\end{bmatrix}\right)\right\}\\&=\text{span}\left\{\begin{bmatrix}1&0\\-4&0\end{bmatrix},\begin{bmatrix}0&1\\0&-4\end{bmatrix},\begin{bmatrix}-1&0\\4&0\end{bmatrix},\begin{bmatrix}0&-1\\0&4\end{bmatrix}\right\}\\&=\text{span}\left\{\begin{bmatrix}1&0\\-4&0\end{bmatrix},\begin{bmatrix}0&1\\0&-4\end{bmatrix}\right\},\end{aligned}$$

故 $T$ 的值域的基底可取爲$\left\{\begin{bmatrix}1&0\\-4&0\end{bmatrix},\begin{bmatrix}0&1\\0&-4\end{bmatrix}\right\}$。

■

**3. 定理 3：**

維度定理（Sylvester dimension theorem or Rank plus nullity theorem）

設 $V$、$U$ 爲佈於體 $\mathbb{F}$ 的兩向量空間，且 $T:V\to U$ 爲線性轉換，若 $V$ 爲有限維度，則

$$\text{nullity}(T)+\text{rank}(T)=\dim(V)$$

**【證明】**

請參閱附錄三、延伸 18。

**Note**

我們可以在範例 9 上驗證此定理。因爲 $\text{nullity}(T)=\dim(N(T))=2$ 且 $\text{rank}(T)=\dim(R(T))=2$，而 $V$ 爲 $M_{2\times2}(\mathbb{R})$，所以 $\dim(V)=2\times2=4=\text{nullity}(T)+\text{rank}(T)$ 驗證了維度定理。

**4. 定理 4：**

設 $V$、$U$ 爲佈於 $\mathbb{F}$ 的兩向量空間，且 $T: V \to U$ 爲線性轉換。則 $T$ 爲一對一若且惟若 $N(T) = \{\boldsymbol{0}\}$。

【證明】

(1) 證明必要條件：

因 $T$ 爲線性變換，故 $T(\boldsymbol{0}) = \boldsymbol{0}$，則 $\boldsymbol{0} \in \boldsymbol{N}(T)$，

又已知 $T$ 爲一對一，故 $T(V) = \boldsymbol{0}$ 得 $T(\boldsymbol{0})$得 $V = \boldsymbol{0}$，即 $\boldsymbol{N}(T) = \{\boldsymbol{0}\}$。

(2) 證明充份條件：

設 $\mathbf{x}$、$\mathbf{y} \in V$，且 $T(\mathbf{x}) = \mathbf{w}$、$T(\mathbf{y}) = \mathbf{w}$，因

$T(\mathbf{x}) - T(\mathbf{y}) = T(\mathbf{x} - \mathbf{y}) = \mathbf{w} - \mathbf{w} = 0$，

故 $\mathbf{x} - \mathbf{y} \in \boldsymbol{N}(T)$，又已知 $\boldsymbol{N}(T) = \{\boldsymbol{0}\}$，因此 $\mathbf{x} - \mathbf{y} = \boldsymbol{0}$，即 $\mathbf{x} = \mathbf{y}$，

故 $T$ 爲一對一。

**5. 定理 5：**

設 $V$、$U$ 爲佈於體 $\mathbb{F}$ 的兩個維度相等的向量空間，且 $T: V \to U$ 爲線性轉換。則 $T$ 爲一對一，若且惟若 $T$ 爲映成。

【證明】

由維度定理知

$\text{nullity}(T) + \text{rank}(T) = \dim(V)$，故

$T$ 爲一對一 $\Leftrightarrow \boldsymbol{N}(T) = \{\boldsymbol{0}\}$

$\Leftrightarrow \text{nullity}(T) = 0$

$\Leftrightarrow \text{rank}(T) = \dim(V)$（將 nullity = 0 代入維度定理）

$\Leftrightarrow \text{rank}(T) = \dim(U)$（因 $\dim(V) = \dim(U)$）

$\Leftrightarrow T$ 爲映成。

**Note**

設 $V$、$U$ 爲佈於體 $\mathbb{F}$ 的向量空間，且 $S = \{x_1, x_2, \cdots\cdots, x_n\}$爲 $V$ 的基底。
若 $T_1$、$T_2: V \to U$ 均爲線性轉換，且 $T_1(x_i) = T_2(x_i)$，$\forall i = 1$、2、……、$n$，則 $T_1 = T_2$。

**6. 定理 6：**

(1) 設 $T\in \mathscr{L}(\mathbb{R}^n,\mathbb{R}^m)$，則

① $T$ 爲映成，則 $n\geq m$。

② $T$ 爲一對一，則 $n\leq m$。

③ $T$ 爲一對一且映成，則 $n=m$。

④ $T$ 爲一對一 $\Leftrightarrow \text{Ker}(T)=\{\boldsymbol{0}\}$

$\Leftrightarrow \text{nullity}(T)=\{\boldsymbol{0}\}$

$\Leftrightarrow \text{rank}(T)=\dim(V)=n$。

⑤ $T$ 爲映成 $\Leftrightarrow \text{Im}(T)=U=\mathbb{R}^m$

$\Leftrightarrow \text{rank}(T)=\dim(U)=m$

$\Leftrightarrow \text{nullity}(T)=\dim(V)-\dim(U)=n-m$。

(2) 設 $T\in \mathscr{L}(V,U)$

① 若 $S$ 爲線性相依，則 $T(S)$ 爲線性相依，反之未必成立；

**【證明】**

請參閱附錄三，延伸 19。

② 若 $S$ 爲 $V$ 的生成集，則 $T$ 爲映成若且唯若 $T(S)$ 爲 $U$ 的生成集；

③ 若 $S$ 爲 $V$ 的線性獨立子集合，則 $T$ 爲一對一若且唯若 $T(S)$ 線性獨立。

**【證明】**

請參閱附錄三，延伸 20。

## 範例 10

設 $T$：$\mathbb{R}^2\to\mathbb{R}^3$ 爲線性運算子，且 $T(1,1)=(1,0,2)$、$T(2,3)=(1,-1,4)$，則

(1)$T(8,11)=$？ (2)$T$ 是否爲一對一？

**解** (1) 因$T\begin{bmatrix}1&2\\1&3\end{bmatrix}=\begin{bmatrix}1&1\\0&-1\\2&4\end{bmatrix}$，故$T\begin{bmatrix}x\\y\end{bmatrix}=\begin{bmatrix}1&1\\0&-1\\2&4\end{bmatrix}\begin{bmatrix}1&2\\1&3\end{bmatrix}^{-1}\begin{bmatrix}x\\y\end{bmatrix}=\begin{bmatrix}2&-1\\1&-1\\2&0\end{bmatrix}\begin{bmatrix}x\\y\end{bmatrix}=\begin{bmatrix}2x-y\\x-y\\2x\end{bmatrix}$

故 $T(x, y) = (2x - y, x - y, 2x)$，

因此 $T(8, 11) = (5, -3, 16)$。

(2) 設$\forall(x, y) \in \boldsymbol{N}(T)$，則

$T(x, y) = (2x - y, x - y, 2x) = \boldsymbol{0}$，

比較可得$\begin{cases}2x-y=0\\x-y=0\\2x=0\end{cases}$ ①

解①式可得 $x = 0$、$y = 0$，故 $\boldsymbol{N}(T) = \{\boldsymbol{0}\}$，即 $T$ 爲 1-1。

## 範例 11

令 $T$：$P_2(\mathbb{R}) \to P_3(\mathbb{R})$且 $T[f(x)] = xf(x) + f'(x)$

(1)求證 $T$ 爲線性 (2)求 $\boldsymbol{N}(T)$與 $\boldsymbol{R}(T)$的基底 (3)試決定 $T$ 爲一對一或是映成。

---

**解** (1) 令 $\alpha \in \mathbb{R}$ 且 $f(x)$、$g(x) \in P_2(\mathbb{R})$，故

$T[f(x)] = xf(x) + f'(x)$、$T[g(x)] = xg(x) + g'(x)$，

因

$$\begin{aligned}T[\alpha f(x) + g(x)] &= x[\alpha f(x) + g(x)] + [\alpha f(x) + g(x)]'\\&= \alpha xf(x) + xg(x) + \alpha f'(x) + g'(x)\\&= \alpha[xf(x) + f'(x)] + [xg(x) + g'(x)]\\&= \alpha T[f(x)] + T[g(x)]\end{aligned}$$，

故 $T$ 爲線性變換。

(2) 令 $f(x) = c_0 + c_1x + c_2x^2 \in \boldsymbol{N}(T)$，且 $c_1$、$c_2$、$c_2 \in \mathbb{R}$，故

$T(f(x)) = xf(x) + f'(x) = x(c_0 + c_1x + c_2x^2) + (c_1 + 2c_2x)$

$= c_1 + (c_0 + 2c_2)x + c_1x^2 + c_2x^3 = 0$， ①

因 $S = \{1, x, x^2, x^3\}$爲 $P_3(\mathbb{R})$的標準基底，即 $S$ 爲線性獨立的集合，故由①式可得

$$\begin{cases} c_1 = 0 \\ c_0 + 2c_2 = 0 \\ c_2 = 0 \end{cases} \qquad ②$$

解②式可得 $c_0 = c_1 = c_2 = 0$，故 $f(x) = 0$，即 $\boldsymbol{N}(T) = \{\boldsymbol{0}\}$。

又 $h(x) = a_0 + a_1x + a_2x^2 \in P_2(\mathbb{R})$（$a_0$、$a_1$、$a_2 \in \mathbb{R}$）

有 $T(h(x)) = xh(x) + h'(x)$

$= a_1 + (a_0 + 2a_2)x + a_1x^2 + a_2x^3$

$= a_0x + a_1(1 + x^2) + a_2(2x + x^3) \in \text{span}\{x, 1 + x^2, 2x + x^3\}$。

簡單計算知$\{x, 1 + x^2, 2x + x^3\}$線性獨立，

因此 $\boldsymbol{R}(T)$的基底爲$\{x, 1 + x^2, 2x + x^3\}$。

(3) 因 $\boldsymbol{N}(T) = \{\boldsymbol{0}\}$故 $T$ 爲 1-1，但

$\dim\{\boldsymbol{R}(T)\} = 3 \neq \dim(P_3(\mathbb{R})) = 4$，

故 $T$ 不爲映成。■

## 習題演練

1. 試判別下列變換是否爲線性變換：

(1) $T_1$：$\mathbb{R}^2 \to \mathbb{R}^2$，$T(x, y) = (x, 2)$。

(2) $T_2$：$\mathbb{R}^2 \to \mathbb{R}^2$，$T(x, y) = (x^2, y)$。

(3) $T_3$：$\mathbb{R}^3 \to \mathbb{R}^3$，$T(x, y, z) = (x + 1, y - 2, z + 2)$。

(4) $T_4$：$\mathbb{R}^3 \to \mathbb{R}^3$，$T(x, y, z) = (x + y, y + z, x + x)$。

(5) $T_5$：$\mathbb{R}^2 \to \mathbb{R}^3$，$T(x, y) = (x, xy, x^2y^2)$。

(6) $T_6$：$\mathbb{R}^2 \to \mathbb{R}^3$，$T(x, y) = (x, \sqrt{xy}, y)$。

(7) $T_7$：$M_{2\times 2} \to \mathbb{R}$，$T(\boldsymbol{A}) = \det(\boldsymbol{A})$。

(8) $T_8$：$M_{2\times 2} \to \mathbb{R}$，$T(\boldsymbol{A}) = \text{trace}(\boldsymbol{A})$。

(9) $T_9$：$M_{2\times 2} \to \mathbb{R}$，$T(\boldsymbol{A}) = \sum_{i=1}^{4} a_i$，$\boldsymbol{A} = \begin{bmatrix} a_1 & a_2 \\ a_3 & a_4 \end{bmatrix}$。

(10) $T_{10}$：$M_{2\times 2} \to M_{2\times 2}$，$T(\boldsymbol{A}) = \begin{bmatrix} 0 & 1 \\ 1 & 0 \end{bmatrix}\boldsymbol{A}$。

(11) $T_{11}$：$M_{3\times 3} \to M_{3\times 3}$，$T(\boldsymbol{A}) = \begin{bmatrix} 1 & 0 & 0 \\ 0 & 2 & 0 \\ 0 & 0 & 3 \end{bmatrix}\boldsymbol{A}$。

(12) $T_{12}$：$P_2(\mathbb{R}) \to P_1(\mathbb{R})$，$T(a_0 + a_1x + a_2x^2) = a_1 + 2a_2x$。

(13) $T_{13}$：$P_2(\mathbb{R}) \to P_2(\mathbb{R})$，$T(a_0 + a_1x + a_2x^2) = 1 + (a_0 + a_1)x + (a_0 + a_1 + a_2)x^2$。

(14) $T_{14}$：$P_2(\mathbb{R}) \to \mathbb{R}$，$T(a_0 + a_1x + a_2x^2) = a_0 + a_1 + a_2$。

2. 令 $T$：$\mathbb{R}^2 \to \mathbb{R}^2$爲線性變換，

(1) 若 $T(1, 0) = (1, 2)$、$T(0, 1) = (2, 1)$，求 $T(-2, 3) =$？

(2) 若 $T(1, 1) = (1, 5)$、$T(2, 1) = (-2, 3)$，求 $T(-3, -1) =$？

3. 令 $T$：$\mathbb{R}^3 \to \mathbb{R}^3$爲線性變換，

(1) 若 $T(1, 0, 0) = (1, 2, -1)$、$T(0, 1, 0) = (-1, 1, 3)$、$T(0, 0, 1) = (1, 1, 1)$，求 $T(2, 1, 0) =$？$T(1, 2, 3) =$？

(2) 若 $T(1, 0, 1) = (2, 0, -1)$、$T(-4, 1, -2) = (0, -2, 2)$、$T(4, -1, 1) = (4, 2, 0)$，求 $T(0, 2, -1) =$？$T(2, -1, 1) =$？

4. 令 $T$：$M_{2\times 2} \to M_{2\times 2}$爲線性變換，且 $T\left(\begin{bmatrix} 1 & 0 \\ 0 & 0 \end{bmatrix}\right) = \begin{bmatrix} 1 & 1 \\ 0 & -1 \end{bmatrix}$、$T\left(\begin{bmatrix} 0 & 1 \\ 0 & 0 \end{bmatrix}\right) = \begin{bmatrix} 0 & 1 \\ 2 & 1 \end{bmatrix}$、$T\left(\begin{bmatrix} 0 & 0 \\ 1 & 0 \end{bmatrix}\right) = \begin{bmatrix} 1 & 2 \\ 0 & 1 \end{bmatrix}$、$T\left(\begin{bmatrix} 0 & 0 \\ 0 & 1 \end{bmatrix}\right) = \begin{bmatrix} 3 & 1 \\ -1 & 0 \end{bmatrix}$，求(1)$T\left(\begin{bmatrix} 1 & 2 \\ 3 & 4 \end{bmatrix}\right) =$？(2)$T\left(\begin{bmatrix} 1 & -1 \\ 1 & 2 \end{bmatrix}\right) =$？

5. $T$：$P_2(\mathbb{R}) \to P_2(\mathbb{R})$爲線性變換，且

(1) $T(1) = x$、$T(x) = 1 + 2x$、$T(x^2) = 1 + 2x + 3x^2$，求 $T(2 - 3x + 2x^2) =$？

(2) $T(1) = 0$、$T(x) = 1$、$T(x^2) = 2x$，求 $T(3 + 2x - x^2) =$？

6. 求下列線性變換之零核空間：

(1) $T_1$：$\mathbb{R}^2 \to \mathbb{R}^2$，$T(x, y) = (2x + y, x + 2y)$。

(2) $T_2$：$\mathbb{R}^2 \to \mathbb{R}^2$，$T(x, y) = (x - 2y, -x + 2y)$。

(3) $T_3$：$\mathbb{R}^3 \to \mathbb{R}^3$，$T(x, y, z) = (z, x, y)$。

(4) $T_4$：$\mathbb{R}^3 \to \mathbb{R}^2$，$T(x, y, z) = (x - y - 2z, -x + 2y + 3z)$。

(5) $T_5$：$P_2(\mathbb{R}) \to \mathbb{R}$，$T(a_0 + a_1x + a_2x^2) = a_0$。

(6) $T_6$：$P_2(\mathbb{R}) \to P_1(\mathbb{R})$，$T(a_0 + a_1x + a_2x^2) = a_1 + 2a_2x$。

(7) $T_7$：$P_2(\mathbb{R}) \to P_1(\mathbb{R})$，$T(a_0 + a_1x + a_2x^2) = a_1 + a_2$。

7. 若 $T(\boldsymbol{X}) = \boldsymbol{AX}$ 爲線性變換，求 Ker($T$)、nullity($T$)、R($T$)、rank($T$)。

(1)$\boldsymbol{A} = \begin{bmatrix} 1 & 2 \\ 2 & 4 \end{bmatrix}$ (2)$\boldsymbol{A} = \begin{bmatrix} 1 & 2 \\ 3 & 4 \end{bmatrix}$ (3)$\boldsymbol{A} = \begin{bmatrix} 1 & 1 \\ -1 & 1 \\ 0 & 1 \end{bmatrix}$ (4)$\boldsymbol{A} = \begin{bmatrix} 1 & -1 & 2 \\ 0 & 1 & 1 \end{bmatrix}$

(5)$\boldsymbol{A} = \begin{bmatrix} 1 & -1 & 2 \\ -2 & 2 & -4 \end{bmatrix}$ (6)$\boldsymbol{A} = \begin{bmatrix} 1 & 2 & 3 \\ 2 & 4 & 6 \\ 0 & 0 & 1 \end{bmatrix}$ (7)$\boldsymbol{A} = \begin{bmatrix} 1 & 2 & 0 & 1 \\ 2 & 1 & 3 & 1 \\ -1 & 0 & -2 & 0 \\ 0 & 0 & 0 & 1 \end{bmatrix}$。

8. 試決定下列變換是否爲一對一，映成，或兩者皆非：

(1) $T_1$：$\mathbb{R}^2 \to \mathbb{R}^2$，$T(x, y) = (x + y, x - y)$。

(2) $T_2$：$\mathbb{R}^3 \to \mathbb{R}^2$，$T(x, y, z) = (x + 2y, y - z)$。

(3) $T_3$：$\mathbb{R}^2 \to \mathbb{R}^3$，$T(x, y) = (x - 3y, y, 0)$。

(4) $T_4$：$\mathbb{R}^3 \to \mathbb{R}^3$，$T(x, y, z) = (x + 2y, y + z, 0)$。

9. 求下列線性變換之 nullity：

(1) $T_1$：$\mathbb{R}^3 \to \mathbb{R}^2$，且 rank($T_1$) = 1。

(2) $T_2$：$\mathbb{R}^5 \to \mathbb{R}^5$，且 rank($T_2$) = 5。

(3) $T_3$：$P_4 \to P_2$，且 rank($T_3$) = 2。

(4) $T_4$：$P_3 \to P_1$，且 rank($T_4$) = 2。

(5) $T_5$：$M_{2\times 3} \to M_{3\times 2}$，且 rank($T_5$) = 4。

(6) $T_6$：$M_{2\times 2} \to M_{2\times 2}$，且 rank($T_6$) = 4。

10. 下列哪些向量空間與 $\mathbb{R}^4$ 具有同構性質？

(1) $M_{2\times 2}$ (2) $M_{4\times 1}$ (3) $P_2$ (4) $P_3$ (5) $S = \{(a, b, c, 0, d) \mid a, b, c, d \in \mathbb{R}\}$。

11. 設 $T$：$\mathbb{R}^2 \to \mathbb{R}^3$ 爲線性運算子，且 $T(1, 1) = (1, 0, 2)$、$T(2, 3) = (1, -1, 4)$，則

(1) $T(8, 11) =$？

(2) $T$ 是否爲一對一？

12. 令 $T$：$P_2(\mathbb{R}) \to P_3(\mathbb{R})$ 爲線性且 $T(f(x)) = 2f'(x) + \int_0^x 3f(t)dt$ ，

(1) 求 rank($T$) = ？

(2) 求 nullity($T$) = ？

(3) 確認 $T$ 爲一對一或映成。

13. 令 $P_2 = \{ax^2 + bx + c；a, b, c \in \mathbb{R}\}$ 且令 $T$：$P_2 \to \mathbb{R}$ 爲線性變換，定義爲 $T(P(x)) = \int_0^1 P(x)\,dx$ ，

(1) 求 Ker($T$)的基底。

(2) 求 $\boldsymbol{R}(T)$的基底。

14. 令 $T$：$P_2(\mathbb{R}) \to M_{2\times2}(\mathbb{R})$爲一線性變換，定義爲 $T(f) = \begin{bmatrix} f(1) - f(2) & 0 \\ 0 & f(0) \end{bmatrix}$，

求 $\boldsymbol{R}(T)$的一組基底。

# 3-3 線性變換的矩陣表示式

線性變換是一種特殊的映射，如果我們可以將這種集合（向量空間）之間的映射關係轉化成矩陣，就可以利用矩陣運算來代替線性變換進行實際的計算。本節在定義過線性變換所對應的矩陣後，接著將詳細描述在不同基底上線性轉換的表示矩陣，以及不同基底上的表示矩陣如何互相做轉換，是線性代數理論發展中一個極具關鍵性的步驟。

## 一、概論

### 1. 坐標向量

令 $S=\{\boldsymbol{x}_1, \boldsymbol{x}_2, \cdots\cdots, \boldsymbol{x}_n\}$爲佈於體 $\mathbb{F}$ 的有限維度向量空間 $V$ 的有序基底，若 $\boldsymbol{x}\in V$，且

$$\boldsymbol{x}=c_1\boldsymbol{x}_1+c_2\boldsymbol{x}_2+\cdots\cdots+c_n\boldsymbol{x}_n=\sum_{i=1}^{n}c_i\boldsymbol{x}_i \text{，}$$

其中 $c_1$、$c_2$、……、$c_n\in\mathbb{F}$，則向量

$$[\boldsymbol{x}]_S=\begin{bmatrix}c_1\\c_2\\\vdots\\c_n\end{bmatrix}$$

稱 $\boldsymbol{x}$ 相對 $S$ 的坐標向量。

### 範例 1

設 $E=\{1+t, t+t^2, 1+t^2\}$、$F=\{1, 1+t, 1+t+t^2\}$爲兩個三次多項式空間 $P_2$ (表示次數小於 3 的多項式)中的有序基底，則 $7+5t+9t^2$ 相對基底 $E$ 與 $F$ 之坐標爲何？

解 (1) 因 $7+5t+9t^2=\dfrac{3}{2}(1+t)+\dfrac{7}{2}(t+t^2)+\dfrac{11}{2}(1+t^2)$，

$$\therefore [7+5t+9t^2]_E=\begin{bmatrix}\frac{3}{2}\\ \frac{7}{2}\\ \frac{11}{2}\end{bmatrix}。$$

(2) 因 $7+5t+9t^2=2\times 1+(-4)\times(1+t)+9\times(1+t+t^2)$，故

$$[7+5t+9t^2]_F=\begin{bmatrix}2\\ -4\\ 9\end{bmatrix}。$$

■

**2. 線性變換的矩陣表示**

設 $V$ 與 $U$ 爲佈於體 $\mathbb{F}$ 的有限維度之向量空間，且其有序基底分別爲

$S_1=\{\boldsymbol{x}_1, \boldsymbol{x}_2, \cdots\cdots, \boldsymbol{x}_n\}$

及

$S_2=\{\boldsymbol{y}_1, \boldsymbol{y}_2, \cdots\cdots, \boldsymbol{y}_m\}$，

令

$T：V\rightarrow U$

爲線性變換，則存在唯一純量，

$a_{ij}\in\mathbb{F}$（$i=1$、$2$、……、$m$ 及 $j=1$、$2$、……、$n$）

使得

$T(\boldsymbol{x}_j)=\sum_{i=1}^{m}a_{ij}\boldsymbol{y}_i$（$1\le j\le n$），

即

$$\begin{cases} T(\boldsymbol{x}_1) = a_{11}\boldsymbol{y}_1 + a_{21}\boldsymbol{y}_2 + \cdots + a_{m1}\boldsymbol{y}_m \\ T(\boldsymbol{x}_2) = a_{12}\boldsymbol{y}_1 + a_{22}\boldsymbol{y}_2 + \cdots + a_{m2}\boldsymbol{y}_m \\ \qquad \vdots \\ T(\boldsymbol{x}_n) = a_{1n}\boldsymbol{y}_1 + a_{2n}\boldsymbol{y}_2 + \cdots + a_{mn}\boldsymbol{y}_m \end{cases},$$

則矩陣

$$\boldsymbol{A} = \begin{bmatrix} a_{11} & a_{12} & \cdots & a_{1n} \\ a_{21} & a_{22} & \cdots & a_{2n} \\ \vdots & \vdots & \vdots & \vdots \\ a_{m1} & a_{m2} & \cdots & a_{mn} \end{bmatrix}$$

稱爲相對有序基底 $S_1$ 及 $S_2$ 的矩陣表示 $T$ 寫成 $\boldsymbol{A} = [T]_{S_1}^{S_2}$（$[T]_{(\text{domain})}^{(\text{codomain})}$）。若 $V = U$ 且 $S_1 = S_2$，則寫成 $[T]_{S_1}$。

**Note**

在 $\boldsymbol{A} = [T]_{S_1}^{S_2}$ 中的第 $j$ 行，爲 $T(x_j)$相對 $S_2$ 的座標向量，即 $[T(\boldsymbol{x}_j)]_{S_2} = \begin{pmatrix} a_{1j} \\ a_{2j} \\ \vdots \\ a_{mj} \end{pmatrix}$。

## 3. 線性變換運算子之加法與純量乘法運算

設 $V$、$U$ 皆佈於體 $\mathbb{F}$ 的向量空間，且 $T_1$，$T_2$：$V \to U$ 爲任意函數。定義

(1) $T_1 + T_2$：$V \to U$ 爲 $(T_1 + T_2)(\boldsymbol{x}) = T_1(\boldsymbol{x}) + T_2(\boldsymbol{x})$（$\boldsymbol{x} \in V$）；

(2) $\alpha T_1$：$V \to U$ 爲 $(\alpha T_1)(\boldsymbol{x}) = \alpha T_1(\boldsymbol{x})$（$\boldsymbol{x} \in V$，$\alpha \in \mathbb{F}$）。

### 範例 2

定義線性變換 $T$：$P_3(\mathbb{R}) \to P_2(\mathbb{R})$爲 $T(f(x)) = f'(x)$。已知 $S_1 = \{1, x, x^2, x^3\}$爲 $P_3(\mathbb{R})$的一有序基底，$S_2 = \{1, (x+1), (x+1)^2\}$及 $S_3 = \{1, x, x^2\}$均爲 $P_2(\mathbb{R})$的一有序基底。試求 $[T]_{S_1}^{S_2}$ 及 $[T]_{S_1}^{S_3}$。

**解** (1)
$$\begin{cases} T(1)=0=0\times 1+0\times(x+1)+0\times(x+1)^2 \\ T(x)=1=1\times 1+0\times(x+1)+0\times(x+1)^2 \\ T(x^2)=2x=-2\times 1+2\times(x+1)+0\times(x+1)^2 \\ T(x^3)=3x^2=3\times 1-6\times(x+1)+3\times(x+1)^2 \end{cases},$$

故

$$[T]_{S_1}^{S_2}=\begin{bmatrix} 0 & 1 & -2 & 3 \\ 0 & 0 & 2 & -6 \\ 0 & 0 & 0 & 3 \end{bmatrix}。$$

(2)
$$\begin{cases} T(1)=0=0\times 1+0\times x+0\times x^2 \\ T(x)=1=1\times 1+0\times x+0\times x^2 \\ T(x^2)=2x=0\times 1+2\times x+0\times x^2 \\ T(x^3)=3x^2=0\times 1+0\times x+3\times x^2 \end{cases},$$

故

$$[T]_{S_1}^{S_3}=\begin{bmatrix} 0 & 1 & 0 & 0 \\ 0 & 0 & 2 & 0 \\ 0 & 0 & 0 & 3 \end{bmatrix}。$$

■

## 範例 3

(1) 將多項式 $2x^3-3x^2+5x-6$ 以一組新的基底 $S_2=\{1, 1+x, x+x^2, x^2+x^3\}$ 來表示。

(2) 求由 $P_3(\mathbb{R})$ 的標準基底 $S_1$ 到 $S_2$ 的轉移矩陣。其中，轉移矩陣定義為 $[1_{P_3[\mathbb{R}]}]_{S_1}^{S_3}$。

---

**解** (1) 由 $2x^3-3x^2+5x-6=a+b(1+x)+c(x+x^2)+d(x^2+x^3)$

比較同次項係數可得：

$a=-16$、$b=10$、$c=-5$、$d=2$，

$\therefore 2x^3-3x^2+5x-6=-16+10(1+x)-5(x+x^2)+2(x^2+x^3)$。

(2) 因
$$\begin{cases} 1=1+0\times(1+x)+0\times(x+x^2)+0\times(x^2+x^3) \\ x=-1+1\times(1+x)+0\times(x+x^2)+0\times(x^2+x^3) \\ x^2=1-1\times(1+x)+1\times(x+x^2)+0\times(x^2+x^3) \\ x^3=-1+1\times(1+x)-1\times(x+x^2)+1\times(x^2+x^3) \end{cases},$$

故轉移矩陣為：

$$\boldsymbol{P}=\begin{bmatrix}1 & -1 & 1 & -1\\ 0 & 1 & -1 & 1\\ 0 & 0 & 1 & -1\\ 0 & 0 & 0 & 1\end{bmatrix}。$$

■

## 範例 4

設 $C[a, b]$為在區間$[a, b]$上的連續函數所形成的向量空間，

且$(f+g)(x)=f(x)+g(x)$、$(f\cdot g)(x)=f(x)$、$g(x)$。

考慮 $C[a, b]$的子空間 $V=\text{span}\{1, e^{-x}, e^{x}\}$，且 $D$ 為 $V$ 上的微分運算子，則

(1) 求微分運算子 $D$ 相對應$\{1, e^{-x}, e^{x}\}$之矩陣表示式。

(2) 求由基底$\{1, e^{-x}, e^{x}\}$到$\{1, \sinh x, \cosh x\}$之轉移矩陣。

---

**解** (1) 因

$$\begin{cases}D(1)=0=0\times 1+0\times e^{-x}+0\times e^{x}\\ D(e^{-x})=-e^{-x}=0\times 1+(-1)\times e^{-x}+0\times e^{x}\\ D(e^{x})=e^{x}=0\times 1+0\times e^{-x}+1\times e^{x}\end{cases}，$$

故

$$\boldsymbol{A}=\begin{bmatrix}0 & 0 & 0\\ 0 & -1 & 0\\ 0 & 0 & 1\end{bmatrix}。$$

(2) 令 $S=\{1, e^{-x}, e^{x}\}$、$S'=\{1, \sinh x, \cosh x\}$，又

$$\begin{cases}1=1\times 1+0\times \sinh x+0\times \cosh x\\ e^{-x}=0\times 1+(-1)\times \sinh x+1\times \cosh x\\ e^{x}=0\times 1+1\times \sinh x+1\times \cosh x\end{cases}，$$

故由 $S$ 轉換到 $S'$ 的轉移矩陣為

$$\boldsymbol{P}=\begin{bmatrix}1 & 0 & 0\\ 0 & -1 & 1\\ 0 & 1 & 1\end{bmatrix}。$$

■

## 二、常見性質

**1. 性質 1：**

設 $V$、$U$ 爲佈於體 $\mathbb{F}$ 的向量空間，且 $T_1$、$T_2$：$V \to U$ 爲線性變換，則

(1) $\alpha T_1 + T_2$（$\alpha \in \mathbb{F}$）亦爲線性變換。

(2) 在函數加法及純量乘法下，所有由 $V$ 到 $U$ 的線性變換所構成的集合亦爲佈於 $\mathbb{F}$ 的向量空間。一般表示成 $\mathscr{L}(V, U)$；當 $V = U$ 時，$\mathscr{L}(V, U)$ 簡寫爲 $\mathscr{L}(V)$。

① 透過線性變換在給定基底上的矩陣表示，

$\mathscr{L}(U, V)$（$\dim(U) = m$、$\dim(V) = n$）中所有線性變換均可以在矩陣向量空間 $M_{m\times n}(\mathbb{F})$ 裡找到唯一對應的矩陣表示。在實際問題，便可以用矩陣代替原先複雜、抽象的線性變換做計算。

**【證明】**

請參閱附錄三、延伸 28。

**2. 性質 2：**

設 $V$、$U$ 爲佈於體 $\mathbb{F}$ 的有限維度向量空間，$V$、$U$ 的有序基底分別爲 $S_1$ 及 $S_2$，同時令 $T_1$、$T_2$：$V \to U$ 爲線性變換，則

(1) $[T_1 + T_2]_{S_1}^{S_2} = [T_1]_{S_1}^{S_2} + [T_2]_{S_1}^{S_2}$。

(2) $[\alpha T_1]_{S_1}^{S_2} = \alpha[T_1]_{S_1}^{S_2}$。（$\alpha \in \mathbb{F}$）

**【證明】**

請參閱附錄三、延伸 29。

**3. 性質 3：**

設 $V$、$U$ 爲佈於體 $\mathbb{F}$ 的有限維度向量空間，$V$、$U$ 的有序基底分別爲 $S_1$ 及 $S_2$，同時令 $T$：$V \to U$ 爲線性變換，則

$[T(x)]_{S_2} = [T]_{S_1}^{S_2}[x]_{S_1}$（$\forall x \in V$）

【證明】

令 $S_1 = \{\boldsymbol{x}_1, \boldsymbol{x}_2, \cdots\cdots, \boldsymbol{x}_n\}$、$S_2 = \{\boldsymbol{y}_1, \boldsymbol{y}_2, \cdots\cdots, \boldsymbol{y}_m\}$。令 $\boldsymbol{x} \in V$，則

$$\boldsymbol{x} = c_1\boldsymbol{x}_1 + c_2\boldsymbol{x}_2 + \cdots\cdots + c_n\boldsymbol{x}_n = \sum_{j=1}^{n} c_j\boldsymbol{x}_j \quad (\forall c_j \in \mathbb{F})$$

及 $T(\boldsymbol{x}_j) = \sum_{i=1}^{m} a_{ij}\boldsymbol{y}_i$ （$\forall a_{ij} \in \mathbb{F}$），則

$$[\boldsymbol{x}]_{S_1} = \begin{bmatrix} c_1 \\ c_2 \\ \vdots \\ c_n \end{bmatrix}、[T]_{S_1}^{S_2} = \begin{bmatrix} a_{11} & a_{12} & \cdots & a_{1n} \\ a_{21} & a_{22} & \cdots & a_{2n} \\ \vdots & \vdots & \vdots & \vdots \\ a_{m1} & a_{m2} & \cdots & a_{mn} \end{bmatrix}。$$

又

$$T(\boldsymbol{x}) = T(\sum_{j=1}^{n} c_j\boldsymbol{x}_j) = \sum_{j=1}^{n} c_j T(\boldsymbol{x}_j) = \sum_{j=1}^{n}\sum_{i=1}^{m} c_j a_{ij}\boldsymbol{y}_i = \sum_{i=1}^{m}\sum_{j=1}^{n} c_j a_{ij}\boldsymbol{y}_i，$$

則

$$[T(\boldsymbol{x})]_{S_2} = \begin{bmatrix} \sum_{j=1}^{n} c_j a_{1j} \\ \sum_{j=1}^{n} c_j a_{2j} \\ \vdots \\ \sum_{j=1}^{n} c_j a_{mj} \end{bmatrix} = \begin{bmatrix} a_{11} & a_{12} & \cdots & a_{1n} \\ a_{21} & a_{22} & \cdots & a_{2n} \\ \vdots & \vdots & \vdots & \vdots \\ a_{m1} & a_{m2} & \cdots & a_{mn} \end{bmatrix}\begin{bmatrix} c_1 \\ c_2 \\ \vdots \\ c_n \end{bmatrix} = [T]_{S_1}^{S_2}[\boldsymbol{x}]_{S_1}。$$

## 範例 5

令 $T$ 為 $\mathbb{R}^3$ 中的線性運算子，且

$$T\left(\begin{bmatrix} 1 \\ 1 \\ 0 \end{bmatrix}\right) = \begin{bmatrix} 1 \\ 2 \\ -1 \end{bmatrix}、T\left(\begin{bmatrix} 1 \\ 0 \\ 1 \end{bmatrix}\right) = \begin{bmatrix} 3 \\ -1 \\ 1 \end{bmatrix}、T\left(\begin{bmatrix} 0 \\ 1 \\ 1 \end{bmatrix}\right) = \begin{bmatrix} 2 \\ 0 \\ 3 \end{bmatrix}，$$

求 $T$ 相對標準基底 $\{\boldsymbol{e}_1, \boldsymbol{e}_2, \boldsymbol{e}_3\}$ 的矩陣表示。

解 $T\left(\begin{bmatrix}1&1&0\\1&0&1\\0&1&1\end{bmatrix}\right)=\begin{bmatrix}1&3&2\\2&-1&0\\-1&1&3\end{bmatrix}$，

故

$$T\left(\begin{bmatrix}x\\y\\z\end{bmatrix}\right)=\begin{bmatrix}1&3&2\\2&-1&0\\-1&1&3\end{bmatrix}\begin{bmatrix}1&1&0\\1&0&1\\0&1&1\end{bmatrix}^{-1}\begin{bmatrix}x\\y\\z\end{bmatrix}=\frac{1}{2}\begin{bmatrix}2&0&4\\1&3&-3\\-3&1&5\end{bmatrix}\begin{bmatrix}x\\y\\z\end{bmatrix},$$

故 $T$ 的標準矩陣為：

$$A=\frac{1}{2}\begin{bmatrix}2&0&4\\1&3&-3\\-3&1&5\end{bmatrix}。$$

■

## 範例 6

線性變換 $L: M_{2\times2}(\mathbb{R}) \to M_{2\times2}(\mathbb{R})$定義為 $L(\boldsymbol{A})=\frac{1}{2}(\boldsymbol{A}+\boldsymbol{A}^T)$，$\forall \boldsymbol{A}\in M_{2\times2}(\mathbb{R})$。

(1) 求相對下列標準基底之 $L$ 的矩陣表示：

$\{\boldsymbol{u}_1=\begin{bmatrix}1&0\\0&0\end{bmatrix}, \boldsymbol{u}_2=\begin{bmatrix}0&1\\0&0\end{bmatrix}, \boldsymbol{u}_3=\begin{bmatrix}0&0\\1&0\end{bmatrix}, \boldsymbol{u}_4=\begin{bmatrix}0&0\\0&1\end{bmatrix}\}$；

(2) 求 $L$ 的零核與值域，並決定其維度。

---

解 (1) 令 $\beta=\{\boldsymbol{u}_1, \boldsymbol{u}_2, \boldsymbol{u}_3, \boldsymbol{u}_4\}$，再令 $\boldsymbol{A}=\begin{bmatrix}a&b\\c&d\end{bmatrix}$，則 $[\boldsymbol{A}]_\beta=\begin{bmatrix}a\\b\\c\\d\end{bmatrix}$，

又

$$L(\boldsymbol{A})=\frac{1}{2}(\boldsymbol{A}+\boldsymbol{A}^T)=\frac{1}{2}\left\{\begin{bmatrix}a&b\\c&d\end{bmatrix}+\begin{bmatrix}a&c\\b&d\end{bmatrix}\right\}=\begin{bmatrix}a&\frac{b+c}{2}\\\frac{c+b}{2}&d\end{bmatrix},$$

故

$$[L(\boldsymbol{A})]_{\beta}=\begin{bmatrix} a \\ \frac{b+c}{2} \\ \frac{b+c}{2} \\ d \end{bmatrix}=\begin{bmatrix} 1 & 0 & 0 & 0 \\ 0 & \frac{1}{2} & \frac{1}{2} & 0 \\ 0 & \frac{1}{2} & \frac{1}{2} & 0 \\ 0 & 0 & 0 & 1 \end{bmatrix}\begin{bmatrix} a \\ b \\ c \\ d \end{bmatrix}=[L]_{\beta}[\boldsymbol{A}]_{\beta}\text{，}$$

因此

$$[L]_{\beta}=\begin{bmatrix} 1 & 0 & 0 & 0 \\ 0 & \frac{1}{2} & \frac{1}{2} & 0 \\ 0 & \frac{1}{2} & \frac{1}{2} & 0 \\ 0 & 0 & 0 & 1 \end{bmatrix}\text{。}$$

(2) ① 設 $\boldsymbol{A}=\begin{bmatrix} a & b \\ c & d \end{bmatrix}\in \text{Ker}(L)$，則

$$[L(\boldsymbol{A})]_{\beta}=\begin{bmatrix} 1 & 0 & 0 & 0 \\ 0 & \frac{1}{2} & \frac{1}{2} & 0 \\ 0 & \frac{1}{2} & \frac{1}{2} & 0 \\ 0 & 0 & 0 & 1 \end{bmatrix}\begin{bmatrix} a \\ b \\ c \\ d \end{bmatrix}=\begin{bmatrix} 0 \\ 0 \\ 0 \\ 0 \end{bmatrix}\text{，}$$

故

$$\begin{cases} a=0 \\ \frac{1}{2}(b+c)=0 \\ d=0 \end{cases}\text{，}$$

可解得 $a=0$、$c=-b$、$d=0$。因此

$$\boldsymbol{A}=\begin{bmatrix} a & b \\ c & d \end{bmatrix}=b\begin{bmatrix} 0 & 1 \\ -1 & 0 \end{bmatrix}\text{。}$$

故

$$\text{Ker}(L)=\text{span}\left\{\begin{bmatrix} 0 & 1 \\ -1 & 0 \end{bmatrix}\right\}$$

且 $\dim(\text{Ker}(L)) = 1$。

② $CS([L]_\beta) = \text{span}\left\{\begin{bmatrix}1\\0\\0\\0\end{bmatrix}, \begin{bmatrix}0\\1\\1\\0\end{bmatrix}, \begin{bmatrix}0\\0\\0\\1\end{bmatrix}\right\}$，且 $\left\{\begin{bmatrix}1\\0\\0\\0\end{bmatrix}, \begin{bmatrix}0\\1\\1\\0\end{bmatrix}, \begin{bmatrix}0\\0\\0\\1\end{bmatrix}\right\}$ 爲線性獨立，

故

$R(L) = \text{span}\left\{\begin{bmatrix}1 & 0\\0 & 0\end{bmatrix}, \begin{bmatrix}0 & 1\\1 & 0\end{bmatrix}, \begin{bmatrix}0 & 0\\0 & 1\end{bmatrix}\right\}$，

且 $\dim(\mathbb{R}(L)) = 3$。

■

## 三、合成變換

### 1. 定義

設 $V$、$U$ 與 $W$ 爲佈於體 $\mathbb{F}$ 的向量空間，且 $T_1 : V \to U$、$T_2 : U \to W$ 爲線性變換，則合成之線性變換 $T_2T_1 : V \to W$ 定義成

$(T_2T_1)(\boldsymbol{x}) = T_2(T_1(\boldsymbol{x}))$（$\forall \boldsymbol{x} \in V$）

如圖 3-3.1 所示。

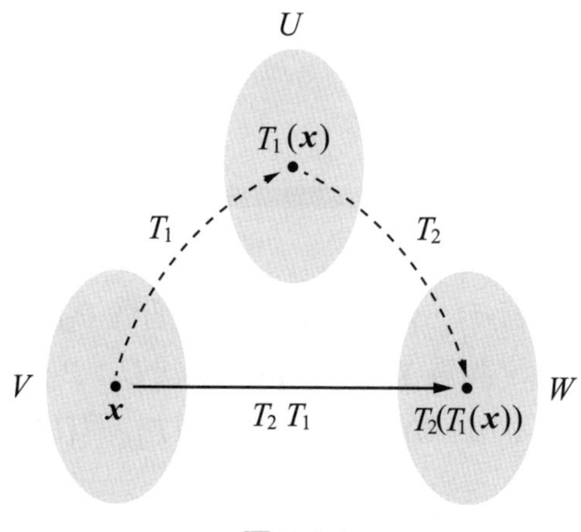


圖 3-3.1

## 2. 性質

(1) 設 $V$、$U$ 與 $W$ 為佈於體 $\mathbb{F}$ 的向量空間，且 $T_1: V \to U$、$T_2: U \to W$ 均為線性變換，則合成函數 $T_2T_1: V \to W$ 亦為線性變換。

【證明】

請參閱附錄三、延伸 30。

(2) 設 $V$ 為佈於體 $\mathbb{F}$ 的向量空間且 $T_1$、$T_2$、$T_3 \in \mathcal{L}(V)$，則

① $T_1(T_2+T_3)=T_1T_2+T_1T_3$ 且 $(T_2+T_3)T_1=T_2T_1+T_3T_1$。

② $T_1(T_2T_3)=(T_1T_2)T_3$。

③ $T_1I_v=I_vT_1$。

④ $c(T_1T_2)=(cT_1)T_2=T_1(cT_2)$（$c \in \mathbb{F}$）。

【證明】

請參閱附錄三、延伸 31。

(3) 設 $V$、$U$ 與 $W$ 為佈於體 $\mathbb{F}$ 的有限維向量空間，且 $V$、$U$ 與 $W$ 的有序基底分別為 $S_v$、$S_u$ 與 $S_w$。若 $T_1: V \to U$、$T_2: U \to W$ 為線性變換，則
$T_1$ 的矩陣表示為 $[T_1]_{S_v}^{S_u}$，
$T_2$ 的矩陣表示為 $[T_2]_{S_u}^{S_w}$，
且我們有 $[T_2T_1]_{S_v}^{S_w}=[T_2]_{S_u}^{S_w}[T_1]_{S_v}^{S_u}$。

### 範例 7

設 $g(x)=3+x$。$\beta=\{1, x, x^2\}$、$\gamma=\{e_1, e_2, e_3\}$ 分別為 $P_2(\mathbb{R})$ 與 $\mathbb{R}^3$ 中標準基底，$T: P_2(\mathbb{R}) \to P_2(\mathbb{R})$，定義為 $T(f)=f'g+2f$，$U: P_2(\mathbb{R}) \to \mathbb{R}^3$ 定義為 $U(a+bx+cx^2)=(a+b, c, a-b)$。計算 $[U]_\beta^\gamma$、$[T]_\beta$ 與 $[UT]_\beta^\gamma$。

---

解 (1)令 $f=a+bx+cx^2$，

因

$$[U(f)]_\gamma=\begin{bmatrix}a+b\\c\\a-b\end{bmatrix}=\begin{bmatrix}1&1&0\\0&0&1\\1&-1&0\end{bmatrix}\begin{bmatrix}a\\b\\c\end{bmatrix}=[U]_\beta^\gamma[f]_\beta，$$

故

$$[U]_\beta^\gamma=\begin{bmatrix}1&1&0\\0&0&1\\1&-1&0\end{bmatrix}，$$

$$\begin{aligned}T(f)&=(b+2cx)(3+x)+2(a+bx+cx^2)\\&=(3b+2a)+(6c+3b)x+4cx^2\text{。}\end{aligned}$$

(2) $$[T(f)]_\beta=\begin{bmatrix}3b+2a\\6c+3b\\4c\end{bmatrix}=\begin{bmatrix}2&3&0\\0&3&6\\0&0&4\end{bmatrix}\begin{bmatrix}a\\b\\c\end{bmatrix}$$

故

$$[T]_\beta=\begin{bmatrix}2&3&0\\0&3&6\\0&0&4\end{bmatrix}\text{。}$$

(3) $$[UT]_\beta^\gamma=[U]_\beta^\gamma[T]_\beta=\begin{bmatrix}1&1&0\\0&0&1\\1&-1&0\end{bmatrix}\begin{bmatrix}2&3&0\\0&3&6\\0&0&4\end{bmatrix}=\begin{bmatrix}2&6&6\\0&0&4\\2&0&-6\end{bmatrix}\text{。}$$

■

## 四、左乘變換

回憶在二、常見性質中所述，一個矩陣唯一對應一個線性變換。並根據矩陣乘法的規則，線性變換等同於在行向量的左邊乘上對應的矩陣，詳述如下：

### 1. 定義

設 $\boldsymbol{A}\in M_{m\times n}(\mathbb{F})$，則線性變換 $L_{\boldsymbol{A}}$：$\mathbb{F}^n\to\mathbb{F}^m$ 定義成

$L_A(\boldsymbol{x})=\boldsymbol{Ax}$（$\boldsymbol{x}\in\mathbb{F}^n$）

稱 $\boldsymbol{L_A}$ 為左乘變換。

**2. 性質**

若 $\boldsymbol{A} \in M_{m\times n}(\mathbb{F})$，且 $S_1$、$S_2$ 分別爲 $\mathbb{F}^n$ 及 $\mathbb{F}^m$ 的標準基底，則左乘變換 $L_A$，有下列性質：

(1) $[L_A]_{S_1}^{S_2} = \boldsymbol{A}$。

(2) $\boldsymbol{N}(L_A) = \boldsymbol{N}(A)$。

(3) $\boldsymbol{R}(L_A) = \mathbf{CS}(A)$。

**Note**

性質(1)淺白的說，即 $A_{m\times n}$ 所對應之左乘變換爲在標準基底上的矩陣表示式。

## 範例 8

設 $T\begin{bmatrix}x\\y\\z\end{bmatrix}=\begin{bmatrix}-x+2y+z\\2x-4y-2z\\-3x+6y+3z\end{bmatrix}$，令 $\boldsymbol{A}_T$ 爲線性變換 $T$ 的矩陣表示，求

(1)矩陣 $\boldsymbol{A}_T$　(2)Ker($T$)　(3)$\boldsymbol{R}(T)$　(4)nullity($T$)　(5)rank($T$)。

---

**解** 設 $\beta$ 爲 $\mathbb{R}^3$ 中的標準基底，則

$$T\begin{bmatrix}x\\y\\z\end{bmatrix}=\begin{bmatrix}-x+2y+z\\2x-4y-2z\\-3x+6y+3z\end{bmatrix}=\begin{bmatrix}-1&2&1\\2&-4&-2\\-3&6&3\end{bmatrix}\begin{bmatrix}x\\y\\z\end{bmatrix}。$$

(1) $\boldsymbol{A}_T=[T]_\beta=\begin{bmatrix}-1&2&1\\2&-4&-2\\-3&6&3\end{bmatrix}$。

(2) 設 $(x, y, z)^T \in \boldsymbol{N}(T)$，故

$$T\begin{bmatrix}x\\y\\z\end{bmatrix}=\begin{bmatrix}-1&2&1\\2&-4&-2\\-3&6&3\end{bmatrix}\begin{bmatrix}x\\y\\z\end{bmatrix}=\begin{bmatrix}0\\0\\0\end{bmatrix}。$$

由高斯消去法知 $A_T \longrightarrow \begin{bmatrix} -1 & 2 & 1 \\ 0 & 0 & 0 \\ 0 & 0 & 0 \end{bmatrix}$，故 $-x+2y+z=0$。

令 $y=c_1$、$z=c_2$，則 $\begin{bmatrix} x \\ y \\ z \end{bmatrix} = c_1\begin{bmatrix} 2 \\ 1 \\ 0 \end{bmatrix} + c_2\begin{bmatrix} 1 \\ 0 \\ 1 \end{bmatrix}$，

即 $\boldsymbol{N}(T) = \operatorname{span}\left\{\begin{bmatrix} 2 \\ 1 \\ 0 \end{bmatrix}, \begin{bmatrix} 1 \\ 0 \\ 1 \end{bmatrix}\right\}$。

(3) 因 $\operatorname{rank}(\boldsymbol{A}_T)=1$，故 $\boldsymbol{R}(T) = \operatorname{span}\left\{\begin{bmatrix} -1 \\ 2 \\ -3 \end{bmatrix}\right\}$。

(4) $\operatorname{nulity}(T)=2$。

(5) $\operatorname{rank}(T)=1$。

## 範例 9

令 $A = \begin{bmatrix} 1 & 0 & 1 & -1 \\ -1 & 1 & 1 & 2 \\ 1 & 2 & 5 & 1 \end{bmatrix}$

(1)求 $\boldsymbol{N}(\boldsymbol{A})$的基底 (2)求 $\boldsymbol{R}(\boldsymbol{A})$的基底 (3)求 $\operatorname{rank}(\boldsymbol{A})$ 與 $\dim(\boldsymbol{N}(\boldsymbol{A}))$。

---

**解** (1) $\boldsymbol{A} = \begin{bmatrix} 1 & 0 & 1 & -1 \\ -1 & 1 & 1 & 2 \\ 1 & 2 & 5 & 1 \end{bmatrix} \xrightarrow{R_{12}^{(1)}R_{13}^{(-1)}} \begin{bmatrix} 1 & 0 & 1 & -1 \\ 0 & 1 & 2 & 1 \\ 0 & 2 & 4 & 2 \end{bmatrix} \xrightarrow{R_{23}^{(-2)}} \begin{bmatrix} 1 & 0 & 1 & -1 \\ 0 & 1 & 2 & 1 \\ 0 & 0 & 0 & 0 \end{bmatrix}$

故 $\operatorname{rank}(\boldsymbol{A})=2$。令 $z=(z_1, z_2, z_3, z_4)^T \in \boldsymbol{N}(\boldsymbol{A})$，則 $\boldsymbol{A}\boldsymbol{z}=\boldsymbol{0}$，即

$\begin{cases} z_1+z_3-z_4=0 \\ z_2+2z_3+z_4=0 \end{cases}$，

設 $z_3=c_1$、$z_4=c_2$，可解得 $z_1=-c_1+c_2$、$z_2=-2c_1-c_2$，故

$$\boldsymbol{z}=\begin{bmatrix} z_1\\ z_2\\ z_3\\ z_4 \end{bmatrix}=\begin{bmatrix} -c_1+c_2\\ -2c_1-c_2\\ c_1\\ c_2 \end{bmatrix}=c_1\begin{bmatrix} -1\\ -2\\ 1\\ 0 \end{bmatrix}+c_2\begin{bmatrix} 1\\ -1\\ 0\\ 1 \end{bmatrix}。$$

因此 $\boldsymbol{N}(\boldsymbol{A})$的一組基底爲

$$\left\{\begin{bmatrix} -1\\ -2\\ 1\\ 0 \end{bmatrix},\begin{bmatrix} 1\\ -1\\ 0\\ 1 \end{bmatrix}\right\}。$$

(2) 設 $\boldsymbol{y}\in\boldsymbol{R}(\boldsymbol{A})$，則 $\boldsymbol{y}=\boldsymbol{A}\boldsymbol{x}$，即

$$\boldsymbol{y}=x_1\begin{bmatrix} 1\\ -1\\ 1 \end{bmatrix}+x_2\begin{bmatrix} 0\\ 1\\ 2 \end{bmatrix}+x_3\begin{bmatrix} 1\\ 1\\ 5 \end{bmatrix}+x_4\begin{bmatrix} -1\\ 2\\ 1 \end{bmatrix}$$

$$=x_1y_1+x_2y_2+x_3y_3+x_4y_4\ 。$$

由於 rank($A$) = 2，故 **CS**($A$)具有二個線性獨立之行向量，即 $y_1$、$y_2$、$y_3$與 $y_4$ 中僅有二個向量爲線性獨立。由高斯消去法知 $\boldsymbol{A}_T\longrightarrow\begin{bmatrix} 1 & 0 & 1 & -1\\ 0 & 1 & 2 & 1\\ 0 & 0 & 0 & 0 \end{bmatrix}$，

因此 $\boldsymbol{R}(\boldsymbol{A})$之基底可取爲$\left\{\begin{bmatrix} 1\\ -1\\ 1 \end{bmatrix},\begin{bmatrix} 0\\ 1\\ 2 \end{bmatrix}\right\}$，

由(1)可知 rank($A$) = 2、dim{$\boldsymbol{N}(\boldsymbol{A})$}= 2。

■

## 範例 10

令 $\boldsymbol{A}=\begin{bmatrix} -2 & -5 & 8 & 0 & -17\\ 1 & 3 & -5 & 1 & 5\\ 3 & 11 & -19 & 7 & 1\\ 1 & 7 & -13 & 5 & -3 \end{bmatrix}$。

求 **CS**($A$)、**RS**($A$)、$\boldsymbol{N}(\boldsymbol{A})$與 $\boldsymbol{N}(\boldsymbol{A}^T)$的基底。

解 $A=\begin{bmatrix}-2&-5&8&0&-17\\1&3&-5&1&5\\3&11&-19&7&1\\1&7&-13&5&-3\end{bmatrix}$

$$\xrightarrow{R_{12}^{(\frac{1}{2})}R_{13}^{(\frac{3}{2})}R_{14}^{(\frac{1}{2})}}\begin{bmatrix}-2&-5&8&0&-17\\0&\frac{1}{2}&-1&1&-\frac{7}{2}\\0&\frac{7}{2}&-7&7&-\frac{49}{2}\\0&\frac{9}{2}&-9&5&-\frac{23}{2}\end{bmatrix}\xrightarrow{R_{23}^{(-7)}R_{24}^{(-9)}}\begin{bmatrix}-2&-5&8&0&-17\\0&\frac{1}{2}&-1&1&-\frac{7}{2}\\0&0&0&0&0\\0&0&0&-4&20\end{bmatrix}$$

故 $\text{rank}(A)=3$，

(1) **RS**($A$)的基底可取

$\{[-2\ \ -5\ \ 8\ \ 0\ \ -17],\ [1\ \ 3\ \ -5\ \ 1\ \ 5],\ [1\ \ 7\ \ -13\ \ 5\ \ -3]\}$。

(2) **CS**($A$)的基底可取（區別元素存在的行）

$\left\{\begin{bmatrix}-2\\1\\3\\1\end{bmatrix},\begin{bmatrix}-5\\3\\11\\7\end{bmatrix},\begin{bmatrix}0\\1\\7\\5\end{bmatrix}\right\}$。

(3) 令 $\boldsymbol{x}=(x_1,x_2,x_3,x_4,x_5)^T\in \boldsymbol{N}(\boldsymbol{A})$，故 $\boldsymbol{Ax}=\boldsymbol{0}$，則

$$\begin{cases}-2x_1-5x_2+8x_3-17x_5=0\\ \frac{1}{2}x_2-x_3+x_4-\frac{7}{2}x_5=0\\ -4x_4+20x_5=0\end{cases}\Rightarrow\begin{cases}x_1=-c_1-c_2\\x_2=2c_1-3c_2\\x_3=c_1\\x_4=5c_2\\x_5=c_2\end{cases},$$

故 $\boldsymbol{x}=\begin{bmatrix}x_1\\x_2\\x_3\\x_4\\x_5\end{bmatrix}=c_1\begin{bmatrix}-1\\2\\1\\0\\0\end{bmatrix}+c_2\begin{bmatrix}-1\\-3\\0\\5\\1\end{bmatrix}$。

故 $\boldsymbol{N}(\boldsymbol{A})$的基底為：

$$\left\{\begin{bmatrix}-1\\2\\1\\0\\0\end{bmatrix},\begin{bmatrix}-1\\-3\\0\\5\\1\end{bmatrix}\right\}。$$

(4) 令 $\boldsymbol{A}_1$、$\boldsymbol{A}_2$、$\boldsymbol{A}_3$、$\boldsymbol{A}_4$為 $\boldsymbol{A}$ 的列向量，由前面之列運算可知，因第三列為 $\boldsymbol{0}$ 向量，故

$$(\frac{3}{2}\boldsymbol{A}_1+\boldsymbol{A}_3)+(-7)(\frac{1}{2}\boldsymbol{A}_1+\boldsymbol{A}_2)=\boldsymbol{0}\Rightarrow -2\boldsymbol{A}_1-7\boldsymbol{A}_2+\boldsymbol{A}_3=\boldsymbol{0}，$$

即$\begin{bmatrix}-2 & -7 & 1 & 0\end{bmatrix}\boldsymbol{A}=\boldsymbol{0}$。

由 $\boldsymbol{A}^T\boldsymbol{y}=\boldsymbol{0}$ 可得 $\boldsymbol{y}^T\boldsymbol{A}=\boldsymbol{0}$，故由上式可知 $\boldsymbol{N}(\boldsymbol{A}^T)$的基底包含$\begin{bmatrix}-2 & -7 & 1 & 0\end{bmatrix}^T$，

由維度定理知：

$$\begin{aligned}4&=\text{rank}(\boldsymbol{A}^T)+\text{nullity}(\boldsymbol{A}^T)\\&=\text{rank}(\boldsymbol{A})+\text{nullity}(\boldsymbol{A}^T)\\&=3+\text{nullity}(\boldsymbol{A}^T)，\end{aligned}$$

即 $\text{nullity}(\boldsymbol{A}^T)=1$，

故 $\boldsymbol{N}(\boldsymbol{A}^T)=\text{span}\left\{\begin{bmatrix}-2 & -7 & 1 & 0\end{bmatrix}^T\right\}$。

■

## 五、逆變換與同構變換（Isomorphism）

### 1. 定義

(1) 設 $V$、$U$為佈於體$\mathbb{F}$的向量空間，且 $T:V\rightarrow U$為線性變換，若存在一線性變換 $H:U\rightarrow V$，使得 $HT=I_V$、$TH=I_U$（其中 $I_V$、$I_U$為 $V$與 $U$中的單位變換），則稱 $T$為可逆的（invertible），同時 $H$稱為 $T$的逆變換（Inverse transformation），一般以 $T^{-1}$來表示 $T$的逆變換，即 $T^{-1}T=I_V$、$TT^{-1}=I_U$。

換句話說，若 $T$相對標準基底之矩陣為 $\boldsymbol{A}$，則 $T$在 $V$上的作用等價於 $\boldsymbol{A}$ 的左乘變換 $L_A$，且此變換可逆，其逆變換為 $\boldsymbol{A}^{-1}$。

(2) 設 $V$ 與 $U$ 為佈於體 $\mathbb{F}$ 的向量空間。若存在一線性變換 $T: V \to U$ 為可逆，則稱 $V$ 同構（isomorphic）於 $U$。而 $T$ 亦稱為由 $V$ 映到（onto）$U$ 的同構變換（Isomorphism）。

例子：$T: P_2(\mathbb{R}) \to \mathbb{R}^3$ 為線性，且 $T(a + bx + cx^2) = (a, b, c)$，

則 $T^{-1}: \mathbb{R}^3 \to P_2(\mathbb{R})$ 亦為線性，

所以 $T$ 為同構變換，即 $P_2(\mathbb{R})$ 可以同構為 $\mathbb{R}^3$。

**Note**

在給定基底的情況下，任何一個有限維向量空間都同構到 $\mathbb{R}^n$（$n$ 是原向量空間維度），可方便計算。

## 2. 性質

(1) 設 $V$、$U$ 為佈於體 $\mathbb{F}$ 的向量空間，且 $T: V \to U$ 為線性變換。則 $T$ 為可逆若且惟若 $T$ 為一對一映成。

**Note**

此觀念說明要一對一且映成的線性變換，才會有逆變換。

(2) 設 $V$、$U$ 為佈於體 $\mathbb{F}$ 的向量空間，且 $T: V \to U$ 為可逆的線性變換，則 $T$ 的逆變換 $T^{-1}: U \to V$ 亦為線性變換。

**【證明】**

請參閱附錄三、延伸 32。

(3) 設 $V$、$U$ 為佈於體 $\mathbb{F}$ 的向量空間。取有序基底分別為 $\alpha$、$\beta$，且 $T: V \to U$ 為線性變換，當 $T$ 可逆時，若且惟若 $[T]_\alpha^\beta$ 為可逆，同時 $[T^{-1}]_\alpha^\beta = ([T]_\alpha^\beta)^{-1}$。若 $V = U$ 且 $\alpha = \beta$ 時，則 $[T^{-1}]_\alpha = ([T]_\alpha)^{-1}$，即 $\left[T\right]_\alpha = \boldsymbol{A}$ 可逆，則 $\left[T^{-1}\right]_\alpha = \boldsymbol{A}^{-1}$。

**【證明】**

請參閱附錄三、延伸 33。

(4) 若 $\boldsymbol{A} \in M_{n \times n}(\mathbb{F})$，當 $\boldsymbol{A}$ 為可逆時，若且唯若左乘變換 $L_A$ 亦為可逆，同時 $(L_A)^{-1} = \boldsymbol{A}^{-1}$。

(5) 設 $V$、$U$ 為佈於體 $\mathbb{F}$ 的有限維向量空間。則 $V$ 同構於 $U$ 若且惟若 $\dim(V) = \dim(U)$

**Note**

$\dim(P_2(\mathbb{R})) = \dim(\mathbb{R}^3)$，所以 $P_2(\mathbb{R})$與 $\mathbb{R}^3$ 同構。

## 範例 11

令 $T$ 爲 $P_2(\mathbb{R})$上的線性變換，且 $T(f(x)) = f(0) + f(x) + f'(x) + f(1)x^2$，

(1) 求$[T]_\beta$，其中 $\beta$ 爲 $P_2(\mathbb{R})$上的標準基底。

(2) 對 $f(x) = a_0 + a_1x + a_2x^2$，求 $T^{-1}(f(x)) = ?$

---

解 (1) 令 $P_2(\mathbb{R})$的標準基底爲 $\beta = \{1, x, x^2\}$，設 $f(x) = a_0 + a_1x + a_2x^2 \in P_2(\mathbb{R})$，則

$$[f]_\beta = \begin{bmatrix} a_0 \\ a_1 \\ a_2 \end{bmatrix},$$

且

$$\begin{aligned} T(f(x)) &= f(0) + f(x) + f'(x) + f(1)x^2 \\ &= a_0 + a_0 + a_1x + a_2x^2 + a_1 + 2a_2x + (a_0 + a_1 + a_2)x^2 \\ &= (2a_0 + a_1) + (a_1 + 2a_2)x + (a_0 + a_1 + 2a_2)x^2, \end{aligned}$$

故

$$[T(f)]_\beta = \begin{bmatrix} 2a_0 + a_1 \\ a_1 + 2a_2 \\ a_0 + a_1 + 2a_2 \end{bmatrix} = \begin{bmatrix} 2 & 1 & 0 \\ 0 & 1 & 2 \\ 1 & 1 & 2 \end{bmatrix} \begin{bmatrix} a_0 \\ a_1 \\ a_2 \end{bmatrix} = [T]_\beta [f]_\beta$$

且

$$[T]_\beta = \begin{bmatrix} 2 & 1 & 0 \\ 0 & 1 & 2 \\ 1 & 1 & 2 \end{bmatrix}。$$

(2) 令 $\boldsymbol{A} = [T]_\beta$，故

$$[T^{-1}]_\beta = \boldsymbol{A}^{-1} = \begin{bmatrix} 0 & -1 & 1 \\ 1 & 2 & -2 \\ -\frac{1}{2} & -\frac{1}{2} & 1 \end{bmatrix}。$$

因 $f(x) = a_0 + a_1x + a_2x^2$，故

$$[f]_\beta = \begin{bmatrix} a_0 \\ a_1 \\ a_2 \end{bmatrix}。$$

因此

$$[T^{-1}(f)]_\beta = [T^{-1}]_\beta [f]_\beta = \begin{bmatrix} 0 & -1 & 1 \\ 1 & 2 & -2 \\ -\frac{1}{2} & -\frac{1}{2} & 1 \end{bmatrix} \begin{bmatrix} a_0 \\ a_1 \\ a_2 \end{bmatrix} = \begin{bmatrix} -a_1 + a_2 \\ a_0 + 2a_1 - 2a_2 \\ -\frac{1}{2}a_0 - \frac{1}{2}a_1 + a_2 \end{bmatrix},$$

故

$$T^{-1}(f(x)) = (-a_1 + a_2) + (a_0 + 2a_1 - 2a_2)x + (-\frac{1}{2}a_0 - \frac{1}{2}a_1 + a_2)x^2 。$$

■

## 範例 12

令變換 $T: P_2(\mathbb{R}) \to P_2(\mathbb{R})$ 且 $T(f) = f'' + 2f' - f$，求證 $T$ 是可逆，並導出 $T^{-1}$。

---

**解** 令 $f(x) = a_0 + a_1x + a_2x^2 \in P_2(\mathbb{R})$ 故

$$\begin{aligned} T(f) &= f'' + 2f' - f \\ &= 2a_2 + 2(a_1 + 2a_2x) - (a_0 + a_1x + a_2x^2) \\ &= (-a_0 + 2a_1 + 2a_2) + (-a_1 + 4a_2)x - a_2x^2, \end{aligned}$$

因 $\beta = \{1, x, x^2\}$ 為 $P_2(\mathbb{R})$ 的標準基底，故

$$[T(f)]_\beta = \begin{bmatrix} -a_0 + 2a_1 + 2a_2 \\ -a_1 + 4a_2 \\ -a_2 \end{bmatrix} = \begin{bmatrix} -1 & 2 & 2 \\ 0 & -1 & 4 \\ 0 & 0 & -1 \end{bmatrix} \begin{bmatrix} a_0 \\ a_1 \\ a_2 \end{bmatrix} = [T]_\beta [f]_\beta ,$$

$$[T]_\beta = \begin{bmatrix} -1 & 2 & 2 \\ 0 & -1 & 4 \\ 0 & 0 & -1 \end{bmatrix}。$$

(1) 令 $f(x) = a_0 + a_1x + a_2x^2 \in \boldsymbol{N}(T)$，則$[T(f)]_\beta = 0$，即

$$\begin{bmatrix} -1 & 2 & 2 \\ 0 & -1 & 4 \\ 0 & 0 & -1 \end{bmatrix}\begin{bmatrix} a_0 \\ a_1 \\ a_2 \end{bmatrix} = \begin{bmatrix} 0 \\ 0 \\ 0 \end{bmatrix}，$$

可解得 $a_0 = a_1 = a_2 = 0$，即 $f(x) = 0$。故 $\boldsymbol{N}(T) = \{\boldsymbol{0}\}$，故 $T$ 爲 1-1 且映成，因此 $T$ 爲可逆。

(2) 因 $[T]_\beta = \begin{bmatrix} -1 & 2 & 2 \\ 0 & -1 & 4 \\ 0 & 0 & -1 \end{bmatrix} = \boldsymbol{A}$，故

$$[T^{-1}]_\beta = ([T]_\beta)^{-1} = \begin{bmatrix} -1 & -2 & -10 \\ 0 & -1 & -4 \\ 0 & 0 & -1 \end{bmatrix} = \boldsymbol{A}^{-1}，$$

令 $f(x) = a_0 + a_1x + a_2x^2 \in P_2(\mathbb{R})$，則

$$[T^{-1}(f)]_\beta = [T^{-1}]_\beta[f]_\beta = \begin{bmatrix} -1 & -2 & -10 \\ 0 & -1 & -4 \\ 0 & 0 & -1 \end{bmatrix}\begin{bmatrix} a_0 \\ a_1 \\ a_2 \end{bmatrix}$$

$$= \begin{bmatrix} -a_0 - 2a_1 - 10a_2 \\ -a_1 - 4a_2 \\ -a_2 \end{bmatrix}，$$

即

$$T^{-1}(f) = (-a_0 - 2a_1 - 10a_2) + (-a_1 - 4a_2)x - a_2x^2 \text{。}$$

## 習題演練

1. 求下列多項式向量 $P$ 相對 $P_3$ 中標準基底的坐標向量：

   (1) $P_1 = x^3 + x^2 - 2x + 4$　　(2) $P_2 = -2 + 3x - 2x^2$

   (3) $P_3 = 3x^3 - 4x^2 + 5$　　(4) $P_4 = 3x^2 - 13$。

2. 求下列 $\vec{f}$ 相對 $\mathbb{R}^n$ 中標準基底的坐標矩陣：

   (1) $\vec{f} = (5, -7)$　　(2) $\vec{f} = (2, -4, 3)$

   (3) $\vec{f} = (1, 3, 4, -7)$　　(4) $\vec{f} = (-2, 1, 0, 3, 8)$。

3. $T$：$\mathbb{R}^2 \to \mathbb{R}^3$，$T(x, y) = (x, x+y, y)$，$B_1 = \{(1, 0), (0, 1)\}$、$B_2 = \{(1, -1), (0, 1)\}$爲$\mathbb{R}^2$中兩組有序基底，$B_1' = \{(1, 0, 0), (0, 1, 0), (0, 0, 1)\}$、$B_2' = \{(1, 1, 0), (0, 1, 1), (1, 0, 1)\}$爲$\mathbb{R}^3$中兩組有序基底，且$\boldsymbol{v} = (4, 5) \in \mathbb{R}^2$。
   (1) 求線性變換 $T$，相對 $B_1$ 和 $B_1'$ 之矩陣表示式。
   (2) 求線性變換 $T$，相對 $B_2$ 和 $B_2'$ 之矩陣表示式。
   (3) 求$[\boldsymbol{v}]_{B_1}$、$[\boldsymbol{v}]_{B_2}$、$[T(\boldsymbol{v})]_{B_1'}$、$[T(\boldsymbol{v})]_{B_2'}$。

4. $T$：$\mathbb{R}^3 \to \mathbb{R}^2$，$T(x, y, z) = (x-y, y-z)$，$B_1 = \{(1, 0, 0), (0, 1, 0), (0, 0, 1)\}$、$B_2 = \{(1, 1, 0), (1, 1, 1), (1, 0, 1)\}$爲$\mathbb{R}^3$中兩組有序基底，且$\boldsymbol{v} = (1, 2, 3) \in \mathbb{R}^3$，$B_1' = \{(1, 0), (0, 1)\}$、$B_2' = \{(1, -1), (1, 0)\}$爲$\mathbb{R}^2$中兩組有序基底。
   (1) 求線性變換 $T$，相對 $B_1$、$B_1'$ 之矩陣表示式。
   (2) 求線性變換 $T$，相對 $B_2$、$B_2'$ 之矩陣表示式。
   (3) 求$[\boldsymbol{v}]_{B_1}$、$[\boldsymbol{v}]_{B_2}$、$[T(\boldsymbol{v})]_{B_1'}$、$[T(\boldsymbol{v})]_{B_2'}$。

5. $T$：$\mathbb{R}^3 \to \mathbb{R}^3$，$T(x, y, z) = (x+y+z, x-2z, z-2y)$，$B_1 = \{(2, 0, 1), (1, 2, 1), (0, 2, 1)\}$、$B_2 = \{(1, 0, 0), (0, 1, 0), (0, 0, 1)\}$爲$\mathbb{R}^3$中兩組有序基底，且$\boldsymbol{v} = (4, -3, 5) \in \mathbb{R}^3$。
   (1) 求$[T]_{B_1}$、$[T]_{B_2}$、$[T]_{B_1}^{B_2}$、$[T]_{B_2}^{B_1}$。
   (2) 求$[\boldsymbol{v}]_{B_1}$、$[\boldsymbol{v}]_{B_2}$、$[T(\boldsymbol{v})]_{B_1}$、$[T(\boldsymbol{v})]_{B_2}$。

6. 求下列合成變換 $T_1T_2$ 與 $T_2T_1$ 相對標準基底之矩陣表示式：
   (1) $T_1$：$\mathbb{R}^2 \to \mathbb{R}^2$，$T_1(x, y) = (x+y, 2x-3y)$，
   $T_2$：$\mathbb{R}^2 \to \mathbb{R}^2$，$T_2(x, y) = (y, x)$。
   (2) $T_1$：$\mathbb{R}^2 \to \mathbb{R}^3$，$T_1(x, y) = (2x-3y, x+y, y-2x)$，
   $T_2$：$\mathbb{R}^3 \to \mathbb{R}^2$，$T_2(x, y, z) = (x+2y, y+2z)$。
   (3) $T_1$：$\mathbb{R}^3 \to \mathbb{R}^3$，$T_1(x, y, z) = (0, y, z)$，
   $T_2$：$\mathbb{R}^3 \to \mathbb{R}^3$，$T_2(x, y, z) = (x, y, z)$。

7. $T$：$\mathbb{R}^n \to \mathbb{R}^n$ 爲線性變換，在下列轉換定義下，證明 $T$ 是可逆，並求反轉換 $T^{-1}$：
   (1) $T(x_1, x_2) = (2x_1 + 4x_2, x_1 + 3x_2)$。
   (2) $T(x_1, x_2, x_3) = (x_1 + 2x_3, 2x_1 - x_2 + 3x_3, 4x_1 + x_2 + 8x_3)$。
   (3) $T(x_1, x_2, x_3) = (x_2 + 2x_3, 2x_1 + x_2 + x_3, 3x_1 + x_2 + x_3)$。

8. 令 $T：P_2 \rightarrow P_1$ 爲線性變換，且 $T(f(x)) = f'(x)$ 爲微分變換，若 $v = 2 + 3x - x^2 \in P_2$，求線性變換相對下列基底 $B_1$、$B_2$ 之矩陣表示式：

   (1) $B_1 = \{1, x, x^2\}$，$B_2 = \{1, x\}$。

   (2) $B_1 = \{1, 1+x, 1+x+x^2\}$，$B_2 = \{1, 1+x\}$。

9. 令 $T：P_2 \rightarrow P_3$ 爲線性變換，且 $T(f(x)) = x \times f(x)$，其中 $f(x)$ 爲多項式，若 $B_1 = \{1, 2x, 3x^2\}$、$B' = \{1, x, x^2, x^3\}$、$B_2 = \{1, 1+x, 1+x+x^2\}$，且 $\boldsymbol{v} = 1 - x + x^2 \in P_2$

   (1) 求 $T$ 相對 $B_1$ 與 $B'$ 之矩陣表示式 $A$，與 $[\boldsymbol{v}]_{B_1}$、$[T(\boldsymbol{v})]_{B'}$。

   (2) 求 $T$ 相對 $B_2$ 與 $B'$ 之矩陣表示式 $A$，與 $[\boldsymbol{v}]_{B_2}$、$[T(\boldsymbol{v})]_{B'}$。

10. 設 $W$ 爲連續函數向量空間中的子空間。下列(1)～(3)的 $B$ 爲 $W$ 中一組有序基底，且 $T$ 爲 $W$ 中的線性變換，滿足 $T(f(x)) = f'(x)$，求 $T$ 相對 $B$ 之矩陣表示式。

    (1) $B = \{1, x, e^x, xe^x\}$ (2) $B = \{e^x, e^{-x}, e^{2x}\}$ (3) $B = \{e^x, xe^x, x^2e^x\}$。

11. 令 $I_v：P_2(\mathbb{R}) \rightarrow P_2(\mathbb{R})$ 之單位變換，其中 $P_2(\mathbb{R})$ 爲次數最高爲 2 次之多項式空間，設 $\beta = \{1, x, x^2\}$、$\gamma = \{1, 1+x, 1+x+x^2\}$ 爲 $P_2(\mathbb{R})$ 中兩個有序的基底，求 $[I_v]_\beta^\gamma = ?$

12. 令 $P_2(\mathbb{R})$ 表示所有次數小於 2 之多項式所形成的集合，

    (1) 求由有序基底 $\{1, x, x^2\}$ 到 $\{1, 2x, 4x^2 - 2\}$ 之轉移矩陣。

    (2) 令 $D$ 爲 $P_2$ 上的微分運算子，求 $D$ 相對應基底 $\{1, 2x, 4x^2 - 2\}$ 之矩陣表示式。

13. $E = \{1+t, t+t^2, 1+t^2\}$、$F = \{1, 1+t, 1+t+t^2\}$ 均爲向量空間 $P_2$ 中的有序基底，求由 $E$ 到 $F$ 之轉移矩陣。

14. 求 $\mathbf{RS}(\boldsymbol{A})$、$\mathbf{CS}(\boldsymbol{A})$ 及 $N(\boldsymbol{A})$ 的基底，其中 $\boldsymbol{A} = \begin{bmatrix} 1 & 1 & 3 & 3 & 1 \\ 2 & 3 & 7 & 8 & 2 \\ 2 & 3 & 7 & 8 & 3 \\ 3 & 1 & 7 & 5 & 4 \end{bmatrix}$。

15. 令 $T：\mathbb{R}^3 \rightarrow \mathbb{R}^3$ 且 $T(x, y, z) = (2y + z, x + 2y + 3z, x + 3y + 3z)$，求 $T^{-2}(x, y, z) = ?$

# 3-4 基底轉換

若$T = P_1(\mathbb{R}) \to P_1(\mathbb{R})$爲單位變換，取$S = \{1, x\}$, $S' = \{1, 1+x\}$爲兩組$P_1(\mathbb{R})$的基底。若$f = 2+3x$，則$[T(f)]_s = \begin{bmatrix} 2 \\ 3 \end{bmatrix}$、$[T(f)]_{s'} = \begin{bmatrix} -1 \\ 3 \end{bmatrix}$，由此可見在不同的基底下同一線性變換的矩陣表示不同。由於不同基底間可透過轉移矩陣作變換，所以兩種矩陣表示間必存在轉換關係。本節將推導在不同基底上矩陣表示的轉換關係。

## 一、基底轉換矩陣

設集合$S = \{\boldsymbol{x}_1, \boldsymbol{x}_2, \cdots\cdots, \boldsymbol{x}_n\}$及$S' = \{\boldsymbol{y}_1, \boldsymbol{y}_2, \cdots\cdots, \boldsymbol{y}_n\}$皆爲向量空間$V$的有序基底，且線性變換$I: V \to V$爲$V$中的單位變換。則

$$I(\boldsymbol{y}_j) = \boldsymbol{y}_j = \sum_{i=1}^{n} p_{ij}\boldsymbol{x}_i \quad (j = 1、2、\cdots\cdots、n)，$$

即

$$\begin{aligned} I(\boldsymbol{y}_1) &= \boldsymbol{y}_1 = p_{11}\boldsymbol{x}_1 + p_{21}\boldsymbol{x}_2 + \cdots\cdots + p_{n1}\boldsymbol{x}_n \\ I(\boldsymbol{y}_2) &= \boldsymbol{y}_2 = p_{12}\boldsymbol{x}_1 + p_{22}\boldsymbol{x}_2 + \cdots\cdots + p_{n2}\boldsymbol{x}_n \\ &\vdots \\ I(\boldsymbol{y}_n) &= \boldsymbol{y}_n = p_{1n}\boldsymbol{x}_1 + p_{2n}\boldsymbol{x}_2 + \cdots\cdots + p_{nn}\boldsymbol{x}_n \end{aligned} \tag{1}$$

稱

$$\boldsymbol{P} = [I]_{S'}^{S} = \begin{bmatrix} [\boldsymbol{y}_1]_S & [\boldsymbol{y}_2]_S & \cdots & [\boldsymbol{y}_n]_S \end{bmatrix} = \begin{bmatrix} p_{11} & p_{12} & \cdots & p_{1n} \\ p_{21} & p_{22} & \cdots & p_{2n} \\ \vdots & \vdots & \cdots & \vdots \\ p_{n1} & p_{n2} & \cdots & p_{nn} \end{bmatrix}$$

爲從基底$S'$變爲基底$S$的轉換矩陣（*transition matrix*）。若$\beta$爲$V$中的一組有序基底，則(1)式取坐標可得

$$\begin{aligned} [\boldsymbol{y}_1]_\beta &= p_{11}[\boldsymbol{x}_1]_\beta + p_{21}[\boldsymbol{x}_2]_\beta + \cdots\cdots + p_{n1}[\boldsymbol{x}_n]_\beta \\ [\boldsymbol{y}_2]_\beta &= p_{12}[\boldsymbol{x}_1]_\beta + p_{22}[\boldsymbol{x}_2]_\beta + \cdots\cdots + p_{n2}[\boldsymbol{x}_n]_\beta \\ &\vdots \\ [\boldsymbol{y}_n]_\beta &= p_{1n}[\boldsymbol{x}_1]_\beta + p_{2n}[\boldsymbol{x}_2]_\beta + \cdots\cdots + p_{nn}[\boldsymbol{x}_n]_\beta \end{aligned} \tag{2}$$

將(2)式寫成矩陣的形式，可得

$$\begin{bmatrix}[\boldsymbol{y}_1]_\beta & [\boldsymbol{y}_2]_\beta & \cdots & [\boldsymbol{y}_n]_\beta\end{bmatrix}=\begin{bmatrix}[\boldsymbol{x}_1]_\beta & [\boldsymbol{x}_2]_\beta & \cdots & [\boldsymbol{x}_n]_\beta\end{bmatrix}\begin{bmatrix}p_{11} & p_{12} & \cdots & p_{1n}\\ p_{21} & p_{22} & \cdots & p_{2n}\\ \vdots & \vdots & \cdots & \vdots\\ p_{n1} & p_{n2} & \cdots & p_{nn}\end{bmatrix} \tag{3}$$

令 $\boldsymbol{X}=\begin{bmatrix}[\boldsymbol{x}_1]_\beta & [\boldsymbol{x}_2]_\beta & \cdots & [\boldsymbol{x}_n]_\beta\end{bmatrix}$、$\boldsymbol{Y}=\begin{bmatrix}[\boldsymbol{y}_1]_\beta & [\boldsymbol{y}_2]_\beta & \cdots & [\boldsymbol{y}_n]_\beta\end{bmatrix}$，

則(3)式可改寫成 $\boldsymbol{Y}=\boldsymbol{XP}$，如圖 3-4.1 所示。

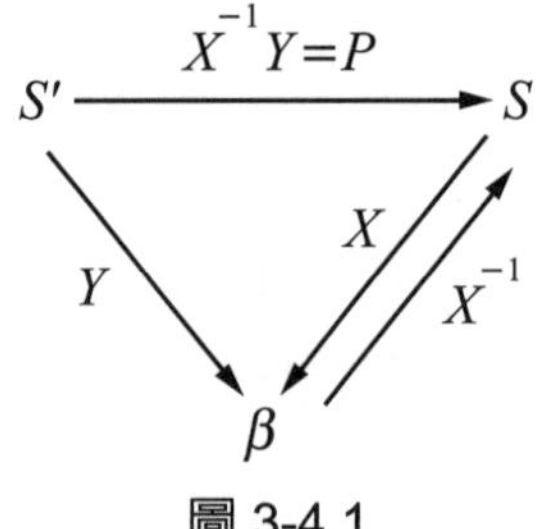


圖 3-4.1

因此 $\boldsymbol{P}=[I]_{S'}^{S}=\boldsymbol{X}^{-1}\boldsymbol{Y}=[I]_{\beta}^{S}[I]_{S'}^{\beta}=\left([I]_{S}^{\beta}\right)^{-1}[I]_{S'}^{\beta}$。因 $\boldsymbol{P}=\begin{bmatrix}[\boldsymbol{y}_1]_S & [\boldsymbol{y}_2]_S & \cdots & [\boldsymbol{y}_n]_S\end{bmatrix}$，故

$\begin{bmatrix}[\boldsymbol{y}_1]_S & [\boldsymbol{y}_2]_S & \cdots & [\boldsymbol{y}_n]_S\end{bmatrix}=\boldsymbol{X}^{-1}\boldsymbol{Y}=\boldsymbol{X}^{-1}\begin{bmatrix}[\boldsymbol{y}_1]_\beta & [\boldsymbol{y}_2]_\beta & \cdots & [\boldsymbol{y}_n]_\beta\end{bmatrix}$，

可得基底 $S'$ 相對於基底 $S$ 的座標矩陣爲

$$[\boldsymbol{y}_1]_S=\begin{bmatrix}p_{11}\\ p_{21}\\ \vdots\\ p_{n1}\end{bmatrix}=\boldsymbol{X}^{-1}[\boldsymbol{y}_1]_\beta \text{、……、} [\boldsymbol{y}_n]_S=\begin{bmatrix}p_{1n}\\ p_{2n}\\ \vdots\\ p_{nn}\end{bmatrix}=\boldsymbol{X}^{-1}[\boldsymbol{y}_n]_\beta$$

## 二、性質

### 1. 坐標向量變換

設 $S$、$S'$ 爲有限維向量空間 $V$ 的有序基底，且線性變換 $I : V \to V$ 爲 $V$ 中的單位變換，同時令 $\boldsymbol{P}$ 爲基底 $S'$ 變換到基底 $S$ 的轉換矩陣，則

(1) $\boldsymbol{P} = [I]_{S'}^{S}$。

(2) $\boldsymbol{P}$ 爲可逆的矩陣，且 $\boldsymbol{P}^{-1}$ 爲 $S$ 變換到基底 $S'$ 的轉換矩陣。

(3) $[\boldsymbol{v}]_S = [I(\boldsymbol{v})]_S = [I]_{S'}^{S}[\boldsymbol{v}]_{S'} = P[\boldsymbol{v}]_{S'}$，$\forall$（$\boldsymbol{v} \in V$）。

【證明】

請參閱附錄三、延伸 34。

## 範例 1

設 $V$ 上之基底爲 $B = \{\boldsymbol{u}_1, \boldsymbol{u}_2\}$ 及 $B' = \{\boldsymbol{v}_1, \boldsymbol{v}_2\}$，其中

$\boldsymbol{u}_1 = 2 + 3x$、$\boldsymbol{u}_2 = 10 + 2x$、

$\boldsymbol{v}_1 = 2$、$\boldsymbol{v}_2 = 1 + 2x$，

(1) 試求由 $B'$ 到 $B$ 的轉移矩陣。

(2) 試求由 $B$ 到 $B'$ 的轉移矩陣。

(3) 若 $\boldsymbol{w} \in V$ 且 $\boldsymbol{w} = -1 + 3x$，試求座標矩陣 $[\boldsymbol{w}]_B$ 及 $[\boldsymbol{w}]_{B'}$。

---

**解** 令 $P_1(\mathbb{R})$ 的標準基底爲 $\{1, x\}$，故

$$\boldsymbol{U} = \big[[\boldsymbol{u}_1]_\beta \quad [\boldsymbol{u}_2]_\beta\big] = \begin{bmatrix} 2 & 10 \\ 3 & 2 \end{bmatrix} = [I]_B^\beta,$$

$$\boldsymbol{V} = \big[[\boldsymbol{v}_1]_S \quad [\boldsymbol{v}_2]_S\big] = \begin{bmatrix} 2 & 1 \\ 0 & 2 \end{bmatrix} = [I]_{B'}^\beta,$$

(1) 由 $B'$ 到 $B$ 的轉移矩陣爲

$$\boldsymbol{P} = \left([I]_B^S\right)^{-1}[I]_{B'}^S = \boldsymbol{U}^{-1}\boldsymbol{V} = \frac{1}{26}\begin{bmatrix} -4 & 18 \\ 6 & -1 \end{bmatrix}。$$

(2) 由 $B$ 到 $B'$ 的轉移矩陣為

$$\boldsymbol{P}^{-1}=\left([I]_{B'}^{S}\right)^{-1}[I]_{B}^{S}=\boldsymbol{V}^{-1}\boldsymbol{U}=\frac{1}{4}\begin{bmatrix}1 & 18\\ 6 & 4\end{bmatrix}。$$

(3) $[\boldsymbol{w}]_B=[I]_S^B[\boldsymbol{w}]_S=U^{-1}\begin{bmatrix}-1\\ 3\end{bmatrix}=\dfrac{1}{26}\begin{bmatrix}32\\ -9\end{bmatrix}$，

$$[\boldsymbol{w}]_{B'}=[I]_S^{B'}[\boldsymbol{w}]_S=\boldsymbol{V}^{-1}[\boldsymbol{w}]_S=\boldsymbol{V}^{-1}\begin{bmatrix}-1\\ 3\end{bmatrix}=\frac{1}{4}\begin{bmatrix}-5\\ 6\end{bmatrix}。$$

■

## 範例 2

令 $B=\{\boldsymbol{u}_1, \boldsymbol{u}_2, \boldsymbol{u}_3\}$、$C=\{\boldsymbol{v}_1, \boldsymbol{v}_2, \boldsymbol{v}_3\}$為 $\mathbb{R}^3$ 中基底，其中

$$\boldsymbol{u}_1=\begin{bmatrix}-3\\ 0\\ -3\end{bmatrix}、\boldsymbol{u}_2=\begin{bmatrix}-3\\ 2\\ -1\end{bmatrix}、\boldsymbol{u}_3=\begin{bmatrix}1\\ 6\\ 1\end{bmatrix} \text{ 且 } \boldsymbol{v}_1=\begin{bmatrix}-6\\ -6\\ 0\end{bmatrix}、\boldsymbol{v}_2=\begin{bmatrix}-2\\ -6\\ 4\end{bmatrix}、\boldsymbol{v}_3=\begin{bmatrix}-2\\ -3\\ 7\end{bmatrix}。$$

(1) 求由 $B$ 到 $C$ 之轉換矩陣。

(2) 求由 $C$ 到 $B$ 之轉換矩陣。

(3) 若座標向量$[\boldsymbol{w}]_B=\begin{bmatrix}1\\ 1\\ 1\end{bmatrix}$，求$[\boldsymbol{w}]_C=$？

---

**解** 令 $S=\{(1,0,0), (0,1,0), (0,0,1)\}$為 $\mathbb{R}^3$ 中的標準基底，則

$$\boldsymbol{U}=[\boldsymbol{u}_1 \quad \boldsymbol{u}_2 \quad \boldsymbol{u}_3]=[I]_B^S=\begin{bmatrix}-3 & -3 & 1\\ 0 & 2 & 6\\ -3 & -1 & 1\end{bmatrix}，$$

$$\boldsymbol{V}=[\boldsymbol{v}_1 \quad \boldsymbol{v}_2 \quad \boldsymbol{v}_3]=[I]_C^S=\begin{bmatrix}-6 & -2 & -2\\ -6 & -6 & -3\\ 0 & 4 & 7\end{bmatrix}，$$

(1) 從 $B$ 到 $C$ 的轉換矩陣為

$$P = [I]_S^C [I]_B^S \quad \boldsymbol{V}^{-1}\boldsymbol{U}$$

$$=\frac{1}{24}\begin{bmatrix}-5 & 1 & -1\\ 7 & -7 & -1\\ -4 & 4 & 4\end{bmatrix}\begin{bmatrix}-3 & -3 & 1\\ 0 & 2 & 6\\ -3 & -1 & 1\end{bmatrix}=\frac{1}{12}\begin{bmatrix}9 & 9 & 0\\ -9 & -17 & -18\\ 0 & 8 & 12\end{bmatrix}。$$

(2) 從 $C$ 到 $B$ 的轉換矩陣為 $\boldsymbol{P}^{-1}=[I]_S^B[I]_C^S$，其中

$$\boldsymbol{P}^{-1}=\frac{1}{6}\begin{bmatrix}-10 & -18 & -27\\ 18 & 18 & 27\\ -12 & -12 & -12\end{bmatrix}。$$

(3) $$[\boldsymbol{w}]_C = P[\boldsymbol{w}]_B = \frac{1}{12}\begin{bmatrix}9 & 9 & 0\\ -9 & -17 & -18\\ 0 & 8 & 12\end{bmatrix}\begin{bmatrix}1\\1\\1\end{bmatrix}=\frac{1}{12}\begin{bmatrix}18\\-44\\20\end{bmatrix}。$$

■

**2. 同空間基底變換**

如圖 3-4.2 所示，設 $\boldsymbol{P}$ 是從有限維向量空間 $V$ 的基底 $S'$ 變換到基底 $S$ 的轉換矩陣，則對 $V$ 中的任意線性運算子 $T : V \to V$ 而言

$$[T]_{S'} = \boldsymbol{P}^{-1}[T]_S\boldsymbol{P}$$

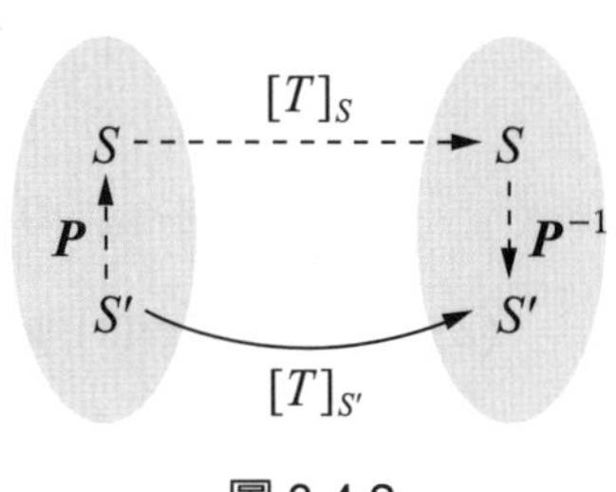

圖 3-4.2

【證明】

請參閱附錄三、延伸 35。

**範例 3**

設 $V$ 為集合 $\{f_1(x), f_2(x), f_3(x)\}$ 所生成的向量空間，其中

$$f_1(x)=\begin{cases}1 & ,0\le x<1\\ 0 & ,\text{其他}\end{cases}、f_2(x)=\begin{cases}1 & ,1\le x<2\\ 0 & ,\text{其他}\end{cases}、f_3(x)=\begin{cases}1 & ,2\le x<3\\ 0 & ,\text{其他}\end{cases}。$$

定義線性變換 $L : V \to V$ 滿足下列性質：

$L[f_1(x)]=\begin{cases}1 & ,1\le x<3\\ 0 & ,\text{其他}\end{cases}$，$L[f_2(x)]=\begin{cases}1 & ,0\le x<3\\ 0 & ,\text{其他}\end{cases}$，$L[f_3(x)]=\begin{cases}1 & ,0\le x<2\\ 0 & ,\text{其他}\end{cases}$。

(1) 求 $L$ 相對 $\{f_1(x), f_2(x), f_3(x)\}$ 的矩陣表示。

(2) 若使用另一組基底 $\{g_1(x), g_2(x), g_3(x)\}$，其中

$g_1(x)=\begin{cases}1 & ,0\le x<2\\ 0 & ,\text{其他}\end{cases}$、$g_2(x)=\begin{cases}1 & ,1\le x<3\\ 0 & ,\text{其他}\end{cases}$、$g_3(x)=\begin{cases}1 & ,2\le x<3\\ 0 & ,\text{其他}\end{cases}$。

求線性變換 $L$ 相對 $\{g_1(x), g_2(x), g_3(x)\}$ 之矩陣表示。

---

解 (1) $\beta=\{f_1(x), f_2(x), f_3(x)\}$，且

$$\begin{cases}L\{f_1(x)\}=f_2+f_3\\ L\{f_2(x)\}=f_1+f_2+f_3\\ L\{f_3(x)\}=f_1+f_2\end{cases}，$$

故

$$[L]_\beta=\begin{bmatrix}0&1&1\\1&1&1\\1&1&0\end{bmatrix}。$$

(2) 因 $\beta'=\{g_1(x), g_2(x), g_3(x)\}$，且

$$\begin{cases}g_1(x)=f_1+f_2\\ g_2(x)=f_2+f_3\\ g_3(x)=f_3\end{cases}，$$

故 $\beta'$ 變到 $\beta$ 的轉換矩陣為

$$\boldsymbol{P}=[I]_{\beta'}^{\beta}=\begin{bmatrix}1&0&0\\1&1&0\\0&1&1\end{bmatrix}。$$

則 $[L]_{\beta'}=[I]_{\beta'}^{\beta}[L]_\beta[I]_{\beta'}^{\beta}=\boldsymbol{P}^{-1}[L]_\beta\boldsymbol{P}=\begin{bmatrix}1&2&1\\1&0&0\\1&1&0\end{bmatrix}$。

■

### 3. 不同空間基底變換

如圖 3-4.3 所示，設 $\boldsymbol{P}$ 是從有限維向量空間 $V$ 的基底 $S'$ 變換到基底 $S$ 的轉換矩陣，且 $\boldsymbol{Q}$ 是從有限維向量空間 $U$ 的基底 $R'$ 變換到基底 $R$ 的轉換矩陣，若線性轉換為 $T: V \to U$，則

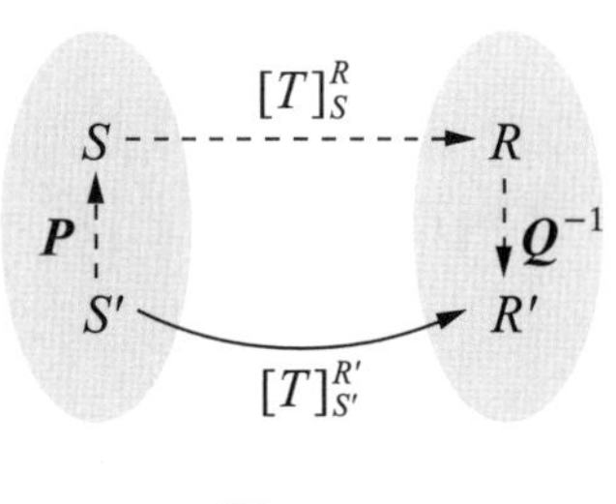

圖 3-4.3

$$[T]_{S'}^{R'} = \boldsymbol{Q}^{-1}[T]_S^R \boldsymbol{P}$$

## 範例 4

令 $T: \mathbb{R}^2 \to \mathbb{R}^3$ 為線性變換滿足 $T(\boldsymbol{u}_1) = \boldsymbol{v}_1 + \boldsymbol{v}_2 + \boldsymbol{v}_3$、$T(\boldsymbol{u}_2) = \boldsymbol{v}_1 - \boldsymbol{v}_2$，其中

$\boldsymbol{u}_1 = \begin{bmatrix} 1 \\ 1 \end{bmatrix}$、$\boldsymbol{u}_2 = \begin{bmatrix} 1 \\ -1 \end{bmatrix}$ 且 $\boldsymbol{v}_1 = \begin{bmatrix} 1 \\ 1 \\ 1 \end{bmatrix}$、$\boldsymbol{v}_2 = \begin{bmatrix} 1 \\ 1 \\ 0 \end{bmatrix}$、$\boldsymbol{v}_3 = \begin{bmatrix} 1 \\ 0 \\ 0 \end{bmatrix}$。

求線性變換 $T$ 的標準轉換矩陣？

---

**解** 令 $U = \{\boldsymbol{u}_1, \boldsymbol{u}_2\}$、$V = \{\boldsymbol{v}_1, \boldsymbol{v}_2, \boldsymbol{v}_3\}$，因

$$\begin{cases} T(\boldsymbol{u}_1) = \boldsymbol{v}_1 + \boldsymbol{v}_2 + \boldsymbol{v}_3 \\ T(\boldsymbol{u}_2) = \boldsymbol{v}_1 - \boldsymbol{v}_2 \end{cases},$$

故

$$[T]_U^V = \begin{bmatrix} 1 & 1 \\ 1 & -1 \\ 1 & 0 \end{bmatrix},$$

再令 $\beta$、$\gamma$ 分別 $\mathbb{R}^2$、$\mathbb{R}^3$ 的標準基底，設 $\boldsymbol{P}$ 為 $U$ 轉換到 $\beta$ 的轉換矩陣，$\boldsymbol{Q}$ 為 $V$ 轉換到 $\gamma$ 的轉換矩陣，則

$$\boldsymbol{P} = [I]_U^\beta = \begin{bmatrix} 1 & 1 \\ 1 & -1 \end{bmatrix}，\boldsymbol{Q} = [I]_V^\gamma = \begin{bmatrix} 1 & 1 & 1 \\ 1 & 1 & 0 \\ 1 & 0 & 0 \end{bmatrix}。$$

故

$$A=[T]_\beta^\gamma=[I]_V^\gamma[T]_U^V[I]_\beta^U=Q[T]_U^V P^{-1}=\begin{bmatrix}\frac{3}{2}&\frac{3}{2}\\1&1\\1&0\end{bmatrix}。$$

## 範例 5

令 $L$：$M_{2\times2}(\mathbb{R})\rightarrow P_2(\mathbb{R})$爲線性變換，且滿足

$$L\left(\begin{bmatrix}a&b\\c&d\end{bmatrix}\right)=(b-c)x^2+(3a-d)x+(4a-2c+d)。$$

另分別給定 $M_{2\times2}(\mathbb{R})$及 $P_2(\mathbb{R})$的基底

$$D=\left\{\begin{bmatrix}3&-4\\1&-1\end{bmatrix},\begin{bmatrix}-2&1\\1&1\end{bmatrix},\begin{bmatrix}2&-2\\1&-1\end{bmatrix},\begin{bmatrix}-2&1\\0&1\end{bmatrix}\right\}、E=\{2x-1,-5x^2+3x-1,x^2-2x+1\}$$

(1) 求 $L$ 相對 $M_{2\times2}(\mathbb{R})$與 $P_2(\mathbb{R})$中標準基底 $B$ 與 $C$ 之矩陣表示式 $A_{BC}$；

(2) 求 $L$ 相對 $M_{2\times2}(\mathbb{R})$與 $P_2(\mathbb{R})$中有序基底 $D$ 與 $E$ 之矩陣表示式 $A_{DE}$。

---

**解** (1) 令

$$B=\left\{\begin{bmatrix}1&0\\0&0\end{bmatrix},\begin{bmatrix}0&1\\0&0\end{bmatrix},\begin{bmatrix}0&0\\1&0\end{bmatrix},\begin{bmatrix}0&0\\0&1\end{bmatrix}\right\}爲 M_{2\times2}(\mathbb{R})的標準基底，$$

$C=\{x^2,x,1\}$爲 $P_2(\mathbb{R})$的標準基底，則

$$[L\left(\begin{bmatrix}a&b\\c&d\end{bmatrix}\right)]_c=\begin{bmatrix}b-c\\3a-d\\4a-2c+d\end{bmatrix}=\begin{bmatrix}0&1&-1&0\\3&0&0&-1\\4&0&-2&1\end{bmatrix}\begin{bmatrix}a\\b\\c\\d\end{bmatrix},$$

故

$$A_{BC}=[L]_B^C=\begin{bmatrix}0&1&-1&0\\3&0&0&-1\\4&0&-2&1\end{bmatrix}。$$

(2) 設 $\boldsymbol{P}$ 爲 $D$ 轉換到 $B$ 的轉換矩陣，$\boldsymbol{Q}$ 爲 $E$ 轉換到 $C$ 的轉換矩陣，則

$$\boldsymbol{P}=[I]_D^B=\begin{bmatrix}3&-2&2&-2\\-4&1&-2&1\\1&1&1&0\\-1&1&-1&1\end{bmatrix}、\boldsymbol{Q}=[I]_E^C=\begin{bmatrix}0&-5&1\\2&3&-2\\-1&-1&1\end{bmatrix}，$$

故

$$\boldsymbol{A}_{DE}=[I]_D^E=[I]_C^E[L]_B^C[I]_D^B=\boldsymbol{Q}^{-1}\boldsymbol{A}_{BC}\boldsymbol{P}=\begin{bmatrix}126&-63&88&-76\\36&-17&75&-21\\175&-85&122&-104\end{bmatrix}。$$

■

## 範例 6

設 $T:\mathbb{R}^3\to\mathbb{R}^2$ 爲一個線性變換，且滿足

$$T\left(\begin{bmatrix}1\\0\\0\end{bmatrix}\right)=\begin{bmatrix}1\\1\end{bmatrix}、T\left(\begin{bmatrix}1\\1\\0\end{bmatrix}\right)=\begin{bmatrix}1.5\\0.5\end{bmatrix}、T\left(\begin{bmatrix}1\\1\\1\end{bmatrix}\right)=\begin{bmatrix}1.5\\1.5\end{bmatrix}，$$

若 $\mathbb{R}^3$ 中任一向量可以表示爲 $\boldsymbol{x}=x_1\begin{bmatrix}1\\0\\1\end{bmatrix}+x_2\begin{bmatrix}0\\1\\0\end{bmatrix}+x_3\begin{bmatrix}-1\\0\\1\end{bmatrix}$

且 $\mathbb{R}^2$ 中任一向量可以表示爲 $T(\boldsymbol{x})=y_1\begin{bmatrix}1\\1\end{bmatrix}+y_2\begin{bmatrix}0\\1\end{bmatrix}$，

求使得 $\begin{bmatrix}y_1\\y_2\end{bmatrix}=\boldsymbol{M}\begin{bmatrix}x_1\\x_2\\x_3\end{bmatrix}$ 之相對應矩陣 $\boldsymbol{M}$。

---

**解** 已知 $[T(\boldsymbol{x})]_\alpha=\boldsymbol{M}[\boldsymbol{x}]_\beta$，

令 $\mathbb{R}^3$ 的有序基底爲

$$\beta_0=\left\{\begin{bmatrix}1\\0\\0\end{bmatrix},\begin{bmatrix}1\\1\\0\end{bmatrix},\begin{bmatrix}1\\1\\1\end{bmatrix}\right\}、\beta=\left\{\begin{bmatrix}1\\0\\1\end{bmatrix},\begin{bmatrix}0\\1\\0\end{bmatrix},\begin{bmatrix}-1\\0\\1\end{bmatrix}\right\}，$$

$\mathbb{R}^2$的有序基底爲

$\alpha_0=\left\{\begin{bmatrix}1\\1\end{bmatrix},\begin{bmatrix}3\\1\end{bmatrix}\right\}$ 、 $\alpha=\left\{\begin{bmatrix}1\\1\end{bmatrix},\begin{bmatrix}0\\1\end{bmatrix}\right\}$，

根據題意，$\begin{bmatrix}y_1\\y_2\end{bmatrix}=[T(x)]_\alpha=\boldsymbol{M}_\alpha\begin{bmatrix}x_1\\x_2\\x_3\end{bmatrix}=\boldsymbol{M}_\alpha[x]_\beta$，故 $\boldsymbol{M}$ 即爲$[T(\boldsymbol{x})]_\beta^\alpha$。

因

$$T\left(\begin{bmatrix}1\\0\\0\end{bmatrix}\right)=\begin{bmatrix}1\\1\end{bmatrix}=1\times\begin{bmatrix}1\\1\end{bmatrix}+0\times\begin{bmatrix}3\\1\end{bmatrix},$$

$$T\left(\begin{bmatrix}1\\1\\0\end{bmatrix}\right)=\begin{bmatrix}\frac{3}{2}\\\frac{1}{2}\end{bmatrix}=0\times\begin{bmatrix}1\\1\end{bmatrix}+\frac{1}{2}\times\begin{bmatrix}3\\1\end{bmatrix},$$

$$T\left(\begin{bmatrix}1\\1\\1\end{bmatrix}\right)=\begin{bmatrix}\frac{3}{2}\\\frac{3}{2}\end{bmatrix}=\frac{3}{2}\times\begin{bmatrix}1\\1\end{bmatrix}+0\times\begin{bmatrix}3\\1\end{bmatrix},$$

故

$$[T]_{\beta_0}^{\alpha_0}=\begin{bmatrix}1&0&\frac{3}{2}\\0&\frac{1}{2}&0\end{bmatrix}。$$

設 $\beta$ 轉換到 $\beta_0$ 的轉換矩陣爲$[I]_\beta^{\beta_0}$，因

$$\begin{bmatrix}1\\0\\1\end{bmatrix}=1\times\begin{bmatrix}1\\0\\0\end{bmatrix}+(-1)\times\begin{bmatrix}1\\1\\0\end{bmatrix}+1\times\begin{bmatrix}1\\1\\1\end{bmatrix},$$

$$\begin{bmatrix}0\\1\\0\end{bmatrix}=(-1)\times\begin{bmatrix}1\\0\\0\end{bmatrix}+1\times\begin{bmatrix}1\\1\\0\end{bmatrix}+0\times\begin{bmatrix}1\\1\\1\end{bmatrix},$$

$$\begin{bmatrix}-1\\0\\1\end{bmatrix}=(-1)\times\begin{bmatrix}1\\0\\0\end{bmatrix}+(-1)\times\begin{bmatrix}1\\1\\0\end{bmatrix}+1\times\begin{bmatrix}1\\1\\1\end{bmatrix},$$

故

$$[I]_{\beta}^{\beta_0}=\begin{bmatrix}1 & -1 & -1\\ -1 & 1 & -1\\ 1 & 0 & 1\end{bmatrix}。$$

設 $\alpha_0$ 變換到 $\alpha$ 的轉換矩陣為 $[I]_{\alpha_0}^{\alpha}$，因

$$\begin{bmatrix}1\\1\end{bmatrix}=1\times\begin{bmatrix}1\\1\end{bmatrix}+0\times\begin{bmatrix}0\\1\end{bmatrix}，$$

$$\begin{bmatrix}3\\1\end{bmatrix}=3\times\begin{bmatrix}1\\1\end{bmatrix}+(-2)\times\begin{bmatrix}0\\1\end{bmatrix}，$$

故

$$[I]_{\alpha_0}^{\alpha}=\begin{bmatrix}1 & 3\\ 0 & -2\end{bmatrix}。$$

因

故由不同空間基底轉換公式知

$$\boldsymbol{M}=[T]_{\beta}^{\alpha}=[I]_{\alpha_0}^{\alpha}[T]_{\beta_0}^{\alpha_0}[I]_{\beta}^{\beta_0}$$

$$=\begin{bmatrix}1 & 3\\ 0 & -2\end{bmatrix}\begin{bmatrix}1 & 0 & \frac{3}{2}\\ 0 & \frac{1}{2} & 0\end{bmatrix}\begin{bmatrix}1 & -1 & -1\\ -1 & 1 & -1\\ 1 & 0 & 1\end{bmatrix}$$

$$=\begin{bmatrix}1 & \frac{1}{2} & -1\\ 1 & -1 & 1\end{bmatrix}。$$

■

## 習題演練

1. 設 $W$ 為 $\mathbb{R}^2$ 中的子空間，且 $B$ 與 $B'$ 為 $W$ 中兩組有序基底，又 $v = (1, -2) \in W$，請在下列各題中，求①由 $B$ 到 $B'$ 之轉移矩陣 $P$，②由 $B'$ 到 $B$ 之轉移矩陣 $Q$，③求座標矩陣$[v]_B$、$[v]_{B'}$，
   (1) $B = \{(-12, 0), (-4, 4)\}$，$B' = \{(1, 3), (-2, -2)\}$。
   (2) $B = \{(1, -1), (2, -1)\}$，$B' = \{(1, 2), (-1, 1)\}$。
   (3) $B = \{(2, 1), (-1, -1)\}$，$B' = \{(2, 0), (1, -4)\}$。

2. 設 $W$ 為 $\mathbb{R}^3$ 中的子空間，且 $B$ 與 $B'$ 為 $W$ 中兩組有序基底，又 $v = (1, 2, 3) \in W$，請計算(a)由 $B$ 到 $B'$ 之轉移矩陣 $P$，(b)由 $B'$ 到 $B$ 之轉移矩陣 $Q$，(c)求座標矩陣$[v]_B$、$[v]_{B'}$，
   (1) $B = \{(1, 0, 1), (-4, 1, -2), (4, -1, 1)\}$、$B' = \{(3, -2, 1), (-1, 1, -1), (1, 1, -2)\}$。
   (2) $B = \{(1, 2, 4), (0, -1, 1), (2, 3, 8)\}$、$B' = \{(0, 2, 3), (1, 1, 1), (2, 1, 1)\}$。

3. $T$：$\mathbb{R}^2 \to \mathbb{R}^2$ 為線性變換，利用座標變換，求 $T$ 相對基底 $B$ 的矩陣表示式
   (1) $T(x, y) = (2x + y, x - y)$，$B = \{(-1, 2), (0, 3)\}$。
   (2) $T(x, y) = (x + y, -2y)$，$B = \{(-2, 1), (1, -1)\}$。
   (3) $T(x, y) = (-2x + y, x + 2y)$，$B = \{(1, 2), (0, -1)\}$。

4. $T$：$\mathbb{R}^3 \to \mathbb{R}^3$ 為線性變換，利用基底變換，求 $T$ 相對基底 $B$ 之矩陣表示式
   (1) $T(x, y, z) = (y + z, x + z, x + y)$，$B = \{(1, 0, 1), (-4, 1, -2), (4, -1, 1)\}$。
   (2) $T(x, y, z) = (-x, y - x, z - y)$，$B = \{(3, -2, 1), (-1, 1, -1), (1, 1, -2)\}$。
   (3) $T(x, y, z) = (x, x + y, x + y + z)$，$B = \{(1, 2, 4), (0, -1, 1), (2, 3, 8)\}$。
   (4) $T(x, y, z) = (x - y, y - z, z - x)$，$B = \{(0, 2, 3), (1, 1, 1), (2, 1, 1)\}$。

5. 令線性變換 $L$：$P_2 \to P_1$，且 $L(P(t)) = \dfrac{P(t) - P(0)}{t}$，設$\{1 + t, t + t^2, 1 + t^2\}$與$\{t, 1 + t\}$分別為 $P_2$ 與 $P_1$ 中的有序基底，求 $L$ 相對此兩基底之矩陣表示式。

6. 令 $T$：$\mathbb{R}^2 \to \mathbb{R}^3$ 為線性變換，且 $T(x_1, x_2) = (x_2, -5x_1 + 13x_2, -7x_1 + 16x_2)$，若 $B = \{\begin{bmatrix}3\\1\end{bmatrix}, \begin{bmatrix}5\\2\end{bmatrix}\}$ 與 $B' = \{\begin{bmatrix}1\\0\\0\end{bmatrix}, \begin{bmatrix}1\\1\\0\end{bmatrix}, \begin{bmatrix}1\\1\\1\end{bmatrix}\}$分別為 $\mathrm{R}^2$ 與 $\mathrm{R}^3$ 中的有序基底，求 $T$ 相對 $B$ 與 $B'$之矩陣表示式。

7. 令 $T$：$\mathbb{R}^2 \to \mathbb{R}^3$ 爲線性變換，且 $T(\begin{bmatrix} x_1 \\ x_2 \end{bmatrix}) = x_1b_2 + x_2b_1 + (x_1 + x_2)b_3$，其中

$\{a_1 = \begin{bmatrix} 1 \\ -1 \end{bmatrix}, a_2 = \begin{bmatrix} 0 \\ 1 \end{bmatrix}\}$與$\{b_1 = \begin{bmatrix} 1 \\ -1 \\ 0 \end{bmatrix}, b_2 = \begin{bmatrix} 1 \\ 0 \\ -1 \end{bmatrix}, b_3 = \begin{bmatrix} 0 \\ -1 \\ -1 \end{bmatrix}\}$分別爲 $\mathbb{R}^2$ 與 $\mathbb{R}^3$ 中的基底，

$S = \{\begin{bmatrix} 1 \\ 0 \end{bmatrix}, \begin{bmatrix} 0 \\ 1 \end{bmatrix}\}$，$S' = \{\begin{bmatrix} 1 \\ 0 \\ 0 \end{bmatrix}, \begin{bmatrix} 0 \\ 1 \\ 0 \end{bmatrix}, \begin{bmatrix} 0 \\ 0 \\ 1 \end{bmatrix}\}$分別爲 $\mathbb{R}^2$ 與 $\mathbb{R}^3$ 中的標準基底

(1) 求 $T$ 相對 $S$ 與 $S'$ 之矩陣表示式。

(2) 求 $T$ 相對 $\{a_1, a_2\}$ 與 $\{b_1, b_2, b_3\}$ 之矩陣表示式。

8. 令 $T$：$\mathbb{R}^3 \to \mathbb{R}^2$ 爲線性變換，且 $T(x_1, x_2, x_3) = (x_1 - x_2, x_1 + x_3)$，且 $E = \{u_1, u_2, u_3\}$，$F = \{b_1, b_2\}$分別爲 $\mathrm{R}^3$ 與 $\mathrm{R}^2$ 中有序基底，其中 $u_1 = (1, 0, -1)$，$u_2 = (1, 2, 1)$，$u_3 = (-1, 1, 1)$，$b_1 = (1, -1)$，$b_2 = (2, -1)$，求 $T$ 相對 $E$ 與 $F$ 之矩陣表示式。

9. 求下列 $\mathbb{R}^2 \to \mathbb{R}^2$ 相對 $y = mx$ 之鏡射線性變換，相對標準基底$\{e_1, e_2\}$之矩陣表示式。

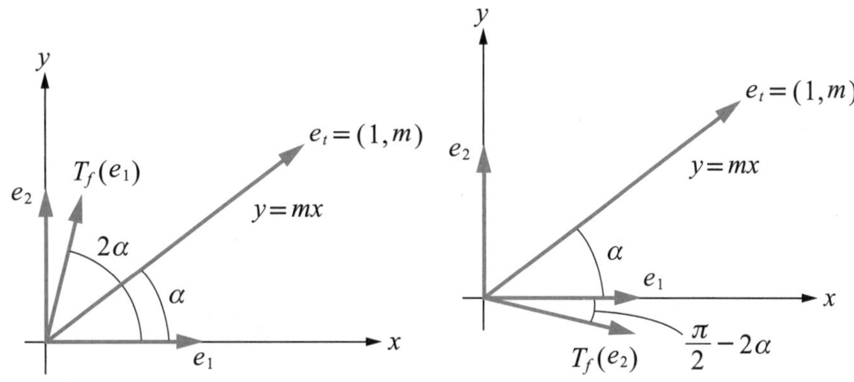

# 3-5 Matlab 與線性變換

## 一、幾何變換

**1. 鏡射-水平映射，見下方程式範例：**

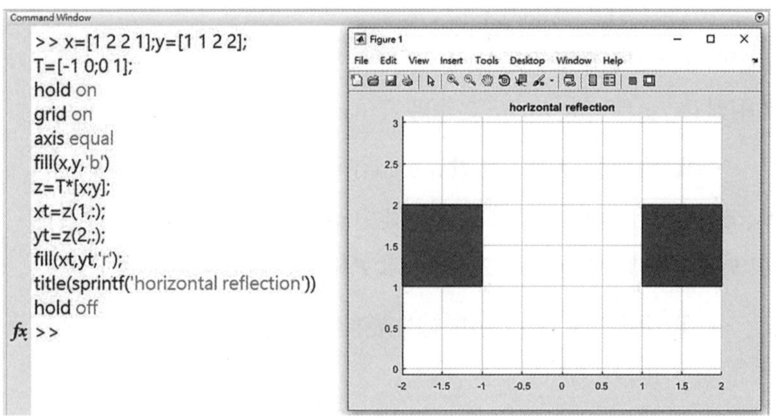


**2. 鏡射-垂直映射，見下方程式範例：**

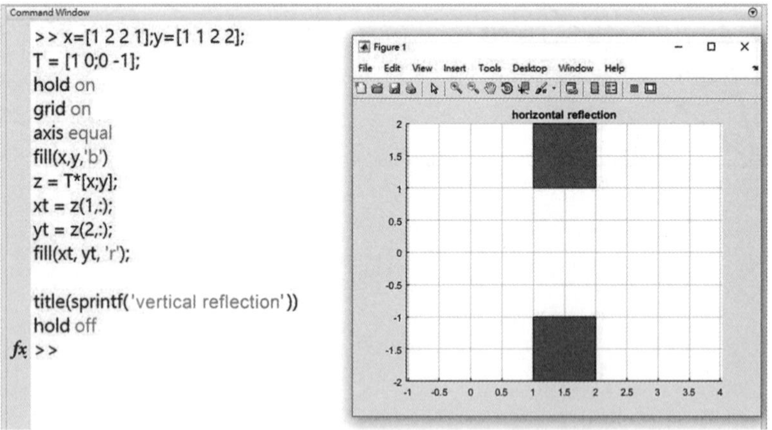

3. 切變-水平切變，見下方程式範例：

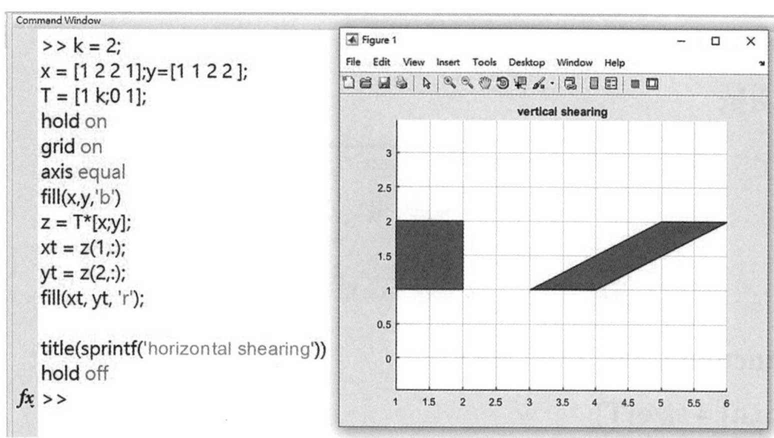


4. 切變-垂直切變，見下方程式範例：

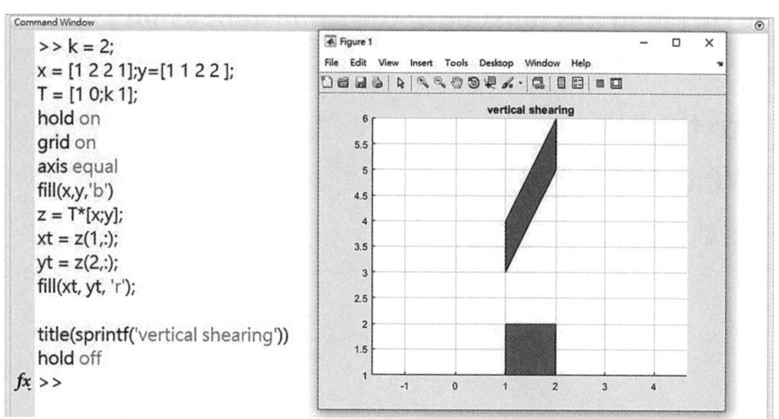


5. 旋轉，見下方程式範例：

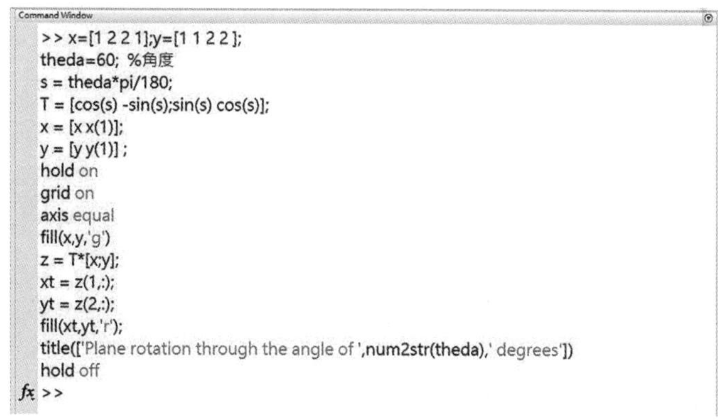


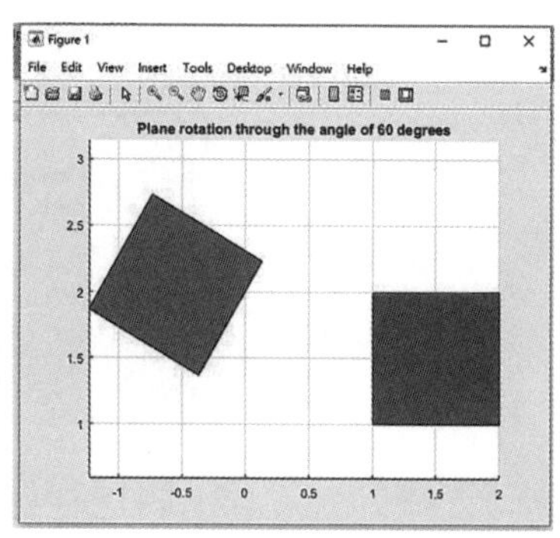

## 二、基底變換

**基底變換 [transmat]**

(1) 建立函數

步驟一：建立一個腳本

步驟二：新增函數

```
function V = transmat(T,S)
[m,n] = size(T);
[p,q] = size(S);
if (m ~= p) | (n ~=q)
   error('Matrices must be of the same dimension')
end
V = rref([S T]);
V = V(:,(m+1):(m+n));
```

步驟三：執行

步驟四：存成 [.m] 檔

步驟五：新增從 Matlab 呼叫此函數的路徑(有兩種方式)

① 其他資料夾

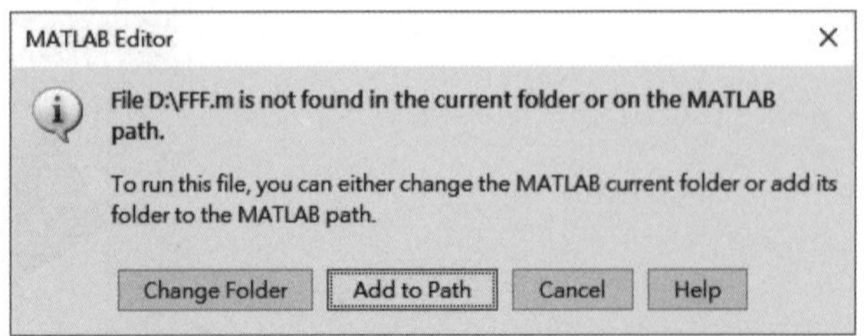


② 將已存好的函數，例如 tran.m 放回路徑

C:\Program Files\MATLAB\儲存程式的資料夾名稱

建立腳本畫面如下：

```
Editor - C:\Program Files\MATLAB\R2017a\transmat.m
transmat.m
function V = transmat(T,S)
%求一基底T轉移到另一基底S的轉移矩陣
[m,n] = size(T);
[p,q] = size(S);
if (m ~= p) | (n ~=q)
   error('Matrices must be of the same dimension')
end
V = rref([S T]);
V = V(:,(m+1):(m+n));
```

(2) 範例

欲求 $\mathbb{R}^2$ 中基底 $T = \{(2, 0), (0, 2)\}$變換到

$S = \{(6, 2), (4, 2)\}$的轉移矩陣，指令爲

**transmat (T, S)**

如圖 3-5.1 所示。

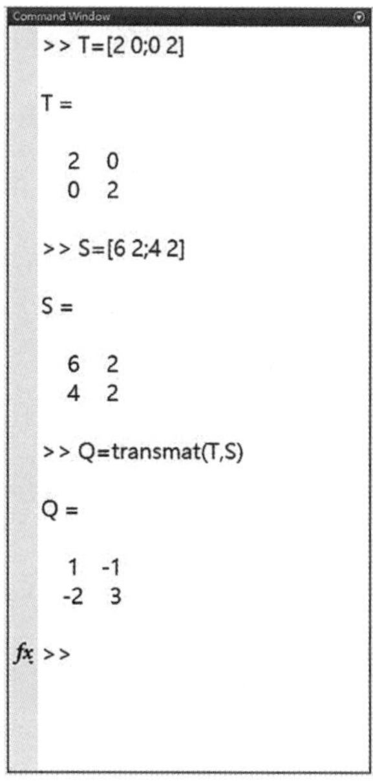


圖 3-5.1

# 4

# 特徵值系統

工程應用領域有許多的線性系統會保留物理量的形態，僅將該物理量放大或縮小，而常見的這類系統就是麥克風系統，講者的物理量（聲音）可透過麥克風系統放大；若以線性代數的角度來看，我們稱具有此特性的系統爲特徵值系統，請參見以下詳細介紹。

## 4-1 矩陣的特徵值系統

首先說說矩陣的特徵值：

### 一、基本定義與定理

**1. 定義 1**

設 $\boldsymbol{A}$ 爲 $n$ 階矩陣，若 $\boldsymbol{X}$ 爲 $\mathbb{C}^n$ 中非零向量，且滿足

$\boldsymbol{A}_{n\times n}\boldsymbol{X}_{n\times 1}=\lambda\boldsymbol{X}_{n\times 1}$（其中 $\lambda$ 爲純量）

則稱 $\boldsymbol{A}_{n\times n}\boldsymbol{X}_{n\times 1}=\lambda\boldsymbol{X}_{n\times 1}$ 爲特徵值系統（Eigensystem），且 $\boldsymbol{X}$ 爲 $\boldsymbol{A}$ 之特徵向量（Eigenvector），$\lambda$ 爲 $\boldsymbol{X}$ 所對應之特徵值（Eigenvalue）。

**Note**

設 $A$ 爲 $n$ 階實方陣，則如圖 **4-1.1** 所示，

特徵值與特徵向量之幾何意義爲：

(1) 特徵向量 $X$：若 $\Lambda$ 爲包圍 $X$ 的直線，則 $X$ 在 $A$ 之轉換前後方位不變動。

(2) 特徵值 $\lambda$：$|\lambda|$ 爲 $X$ 在 $L$ 上之尺度變換係數。

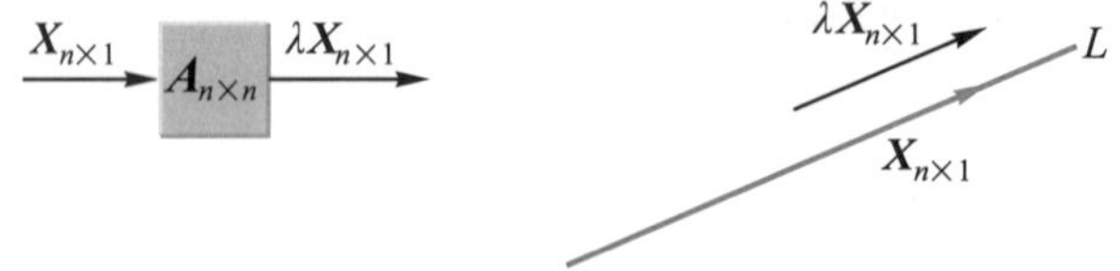


圖 4-1.1 特徵值系統示意圖

**2. 定理 1**

設 $A$ 爲 $n$ 階方陣。則 $\lambda$ 爲 $A$ 之特徵值，若且唯若

$\lambda$ 爲 $\det(\boldsymbol{A}-\lambda\boldsymbol{I})=|\boldsymbol{A}-\lambda\boldsymbol{I}|=0$ 之根。

【證明】

$AX=\lambda X \Leftrightarrow (A-\lambda I)X=0$

$\Leftrightarrow \text{rank}(A-\lambda I)<n \Leftrightarrow |A-\lambda I|=0$，

$AX=\lambda X$ 具有非零解 $X$，即 $X$ 爲 $(A-\lambda I)X=\boldsymbol{0}$ 之非零解

$\Rightarrow X\in N(A-\lambda I)$。

**3. 定義 2**

設 $A$ 爲 $n\times n$ 方陣。稱

$$f(\lambda)=\det(A-\lambda I)=|A-\lambda I|=\begin{vmatrix} a_{11}-\lambda & a_{12} & \cdots & a_{1n} \\ \vdots & & & \vdots \\ \vdots & \ddots & & \vdots \\ \vdots & & \ddots & \vdots \\ a_{n1} & a_{n2} & \cdots & a_{nn}-\lambda \end{vmatrix}$$

爲 $A$ 的特徵多項式。$f(\lambda)=0$，稱爲 $A$ 的特徵方程式（characteristic equation）。

**4. 定理 2**

設 $A$ 爲 $n\times n$ 方陣，若

$\det(A-\lambda I)=|A-\lambda I|=(-1)^n[\lambda^n-\beta_1\lambda^{n-1}+\beta_2\lambda^{n-2}+\cdots\cdots+(-1)^n\beta_n]$，

則 $\beta^k$ 爲 $A$ 之所有 $k$ 階主子方陣行列式值的和。

【說明】

(1) $n=2$ 時：

由 $|A-\lambda I|=\begin{vmatrix} a_{11}-\lambda & a_{12} \\ a_{21} & a_{22}-\lambda \end{vmatrix}=(-1)^2(\lambda^2-\beta_1\lambda+\beta_2)$，

則 $\beta_1=a_{11}+a_{22}=\text{tr}(A)$、$\beta_2=\begin{vmatrix} a_{11} & a_{12} \\ a_{21} & a_{22} \end{vmatrix}=|A|$。

(2) $n=3$ 時：

由$|\boldsymbol{A}-\lambda \boldsymbol{I}|=\begin{vmatrix} a_{11}-\lambda & a_{12} & a_{13} \\ a_{21} & a_{22}-\lambda & a_{23} \\ a_{31} & a_{32} & a_{33}-\lambda \end{vmatrix}$

$=(-1)^3(\lambda^3-\beta_1\lambda^2+\beta_2\lambda-\beta_3)$，

則$\beta_1=a_{11}+a_{22}+a_{33}=\text{tr}(\boldsymbol{A})$，

$\beta_2=\begin{vmatrix} a_{22} & a_{23} \\ a_{32} & a_{33} \end{vmatrix}+\begin{vmatrix} a_{11} & a_{13} \\ a_{31} & a_{33} \end{vmatrix}+\begin{vmatrix} a_{11} & a_{12} \\ a_{21} & a_{22} \end{vmatrix}=\boldsymbol{A}_{11}+\boldsymbol{A}_{22}+\boldsymbol{A}_{33}$，

$\beta_3=|\boldsymbol{A}|=\begin{vmatrix} a_{11} & a_{12} & a_{13} \\ a_{21} & a_{22} & a_{23} \\ a_{31} & a_{32} & a_{33} \end{vmatrix}$。

**Note**

特徵方程式的決定

(1) 對 $\boldsymbol{A}_{2\times 2}$：

$|\boldsymbol{A}-\lambda \boldsymbol{I}|=(-1)^2(\lambda^2-\text{tr}(\boldsymbol{A})\lambda+|\boldsymbol{A}|)$。

(2) 對 $\boldsymbol{A}_{3\times 3}$：

$|\boldsymbol{A}-\lambda \boldsymbol{I}|=(-1)^3\left[\lambda^3-\text{tr}(\boldsymbol{A})\lambda^2+(\boldsymbol{A}_{11}+\boldsymbol{A}_{22}+\boldsymbol{A}_{33})\lambda-|\boldsymbol{A}|\right]$。

## 範例 1

求下列方陣之特徵多項式與特徵值：

(1) $\boldsymbol{A}=\begin{bmatrix} 3 & 1 \\ 1 & 3 \end{bmatrix}$ (2) $\boldsymbol{A}=\begin{bmatrix} 0 & 1 & -2 \\ 2 & 1 & 0 \\ 4 & -2 & 5 \end{bmatrix}$。

---

**解** (1) $|\boldsymbol{A}-\lambda \boldsymbol{I}|=(-1)^2\left[\lambda^2-\text{tr}(\boldsymbol{A})\lambda+|\boldsymbol{A}|\right]=\lambda^2-(3+3)\lambda+(9-1)=\lambda^2-6\lambda+8$。

由$|\boldsymbol{A}-\lambda \boldsymbol{I}|=\lambda^2-6\lambda+8=0\Rightarrow\lambda=2$、4，

所以 $\boldsymbol{A}$ 的特徵多項式為 $f(\lambda)=|\boldsymbol{A}-\lambda \boldsymbol{I}|=\lambda^2-6\lambda+8$ 且特徵值為 2、4。

(2) $|\boldsymbol{A}-\lambda \boldsymbol{I}|=(-1)^3\left[\lambda^3-\text{tr}(\boldsymbol{A})\lambda^2+(\boldsymbol{A}_{11}+\boldsymbol{A}_{22}+\boldsymbol{A}_{33})\lambda-|\boldsymbol{A}|\right]$，

其中 $tr(\boldsymbol{A})=6$。

$$A_{11}+A_{22}+A_{33}=\begin{vmatrix}1&0\\-2&5\end{vmatrix}+\begin{vmatrix}0&-2\\4&5\end{vmatrix}+\begin{vmatrix}0&1\\2&1\end{vmatrix}=5+8-2=11\text{；}$$

$$|A|=\begin{vmatrix}0&1&-2\\2&1&0\\4&-2&5\end{vmatrix}=6\text{，}$$

所以 $A$ 的特徵多項式為 $f(\lambda)=|A-\lambda I|=-(\lambda^3-6\lambda^2+11\lambda-6)$，

由 $|A-\lambda I|=-(\lambda^3-6\lambda^2+11\lambda-6)=0\Rightarrow\lambda=1$、2、3，特徵值為 1、2、3。

**5. 特徵值與特徵多項式係數關係**

設 $\lambda_1$、……、$\lambda_n$ 為 $A$ 之 $n$ 個特徵值，即 $\lambda_1$、……、$\lambda_n$ 為 $|A-\lambda I|=0$ 之 $n$ 個根。則

$$\begin{aligned}|A-\lambda I|&=(-1)^n[\lambda^n-\beta_1\lambda^{n-1}+\cdots\cdots+(-1)^n\beta_n]\\&=(-1)^n\left[(\lambda-\lambda_1)(\lambda-\lambda_2)\cdots\cdots(\lambda-\lambda_n)\right]\\&=(-1)^n[\lambda^n-(\lambda_1+\lambda_2+\cdots\cdots+\lambda_n)\lambda^{n-1}+\cdots\cdots+(-1)^n\lambda_1\lambda_2\cdots\cdots\lambda_n]\text{。}\end{aligned}$$

$\therefore\ \beta_1=\lambda_1+\lambda_2+\cdots\cdots+\lambda_n=\text{tr}(A)$，即 $A$ 中 1 階主子行列式和，

$\beta_2=\lambda_1\lambda_2+\lambda_1\lambda_3+\cdots\cdots=A$ 中 2 階主子行列式的和，

$\vdots$

$\beta_n=\lambda_1\lambda_2\cdots\cdots\lambda_n=|A|=A$ 中 $n$ 階主子行列式的和。

**例如：**

$A=\begin{bmatrix}0&1&-2\\2&1&0\\4&-2&5\end{bmatrix}$，由前面範例可知，

$A$ 的特徵多項式為 $f(\lambda)=|A-\lambda I|=-(\lambda^3-6\lambda^2+11\lambda-6)$，

特徵值為 $\lambda_1=1$、$\lambda_2=2$、$\lambda_3=3$，則

$\lambda_1+\lambda_2+\lambda_3=1+2+3=\beta_1=\text{tr}(A)=0+1+5$，

$\lambda_1\lambda_2+\lambda_2\lambda_3+\lambda_3\lambda_1=1\times2+2\times3+3\times1=\beta_2=A_{11}+A_{22}+A_{33}=5+8-2$，

$\lambda_1\times\lambda_2\times\lambda_3=1\times2\times3=\beta_3=|A|=6$。

**6. 特徵向量之求法**

設$\lambda_1$、……、$\lambda_n$爲 $\boldsymbol{A}$ 的特徵值。根據特徵向量的定義，我們可得到線性聯立方程組$(\boldsymbol{A}-\lambda_i)\boldsymbol{X}=\boldsymbol{0}$，此齊性聯立方程組的解 $\boldsymbol{X}_i$ 即爲對應特徵值 $\lambda_i$ 的特徵向量。

## 範例 2

求下列方陣之特徵值與特徵向量

$\boldsymbol{A}=\begin{bmatrix}-5 & 2\\ 2 & -2\end{bmatrix}$。

---

解 (1) 求特徵值，

$|\boldsymbol{A}-\lambda\boldsymbol{I}|=\lambda^2-(-7)\lambda+6=0\Rightarrow\lambda=-1$、$-6$。

(2) 求特徵向量：

$\lambda=-1$ 時，代入$(\boldsymbol{A}-\lambda\boldsymbol{I})\boldsymbol{X}=\boldsymbol{0}$中可得

$\begin{bmatrix}-4 & 2\\ 2 & -1\end{bmatrix}\begin{bmatrix}x_1\\ x_2\end{bmatrix}=\begin{bmatrix}0\\ 0\end{bmatrix}$，因爲係數矩陣之秩數爲 1，

所以只有一個線性獨立方程式 $2x_1-x_2=0$，令 $x_1=c_1$，則 $x_2=2c_1$，

特徵向量 $\boldsymbol{X}_1=\begin{bmatrix}x_1\\ x_2\end{bmatrix}=\begin{bmatrix}c_1\\ 2c_1\end{bmatrix}=c_1\begin{bmatrix}1\\ 2\end{bmatrix}$，$c_1\neq 0\Rightarrow$亦可寫成 $\boldsymbol{X}_1=\text{span}\left\{\begin{bmatrix}1\\ 2\end{bmatrix}\right\}$。

$\lambda=-6$ 時，代入$(\boldsymbol{A}-\lambda\boldsymbol{I})\boldsymbol{X}=\boldsymbol{0}$中可得

$\begin{bmatrix}1 & 2\\ 2 & 4\end{bmatrix}\begin{bmatrix}x_1\\ x_2\end{bmatrix}=\begin{bmatrix}0\\ 0\end{bmatrix}$，因爲係數矩陣之秩數爲 1，

所以只有一個線性獨立方程式 $x_1+2x_2=0$，令 $x_2=c_2$，則 $x_1=-2c_2$，

特徵向量 $\boldsymbol{X}_2=\begin{bmatrix}x_1\\ x_2\end{bmatrix}=\begin{bmatrix}-2c_2\\ c_2\end{bmatrix}=c_2\begin{bmatrix}-2\\ 1\end{bmatrix}$，$c_2\neq 0\Rightarrow$亦可寫成 $\boldsymbol{X}_2=\text{span}\left\{\begin{bmatrix}-2\\ 1\end{bmatrix}\right\}$。

**Note**

對方程式 $ax_1+bx_2=0$，表示兩向量$\begin{bmatrix}x_1\\ x_2\end{bmatrix}$與$\begin{bmatrix}a\\ b\end{bmatrix}$正交，所以$\begin{bmatrix}x_1\\ x_2\end{bmatrix}=c\begin{bmatrix}b\\ -a\end{bmatrix}$或$c\begin{bmatrix}-b\\ a\end{bmatrix}$。

例如：$x_1+2x_2=0\Rightarrow\begin{bmatrix}x_1\\ x_2\end{bmatrix}=c\times\begin{bmatrix}-2\\ 1\end{bmatrix}$或$c\times\begin{bmatrix}2\\ -1\end{bmatrix}$。

## 範例 3

$$A=\begin{bmatrix}1&0&0\\3&7&0\\-2&4&-5\end{bmatrix}，$$

(1) 求 $\boldsymbol{A}$ 的特徵值。

(2) 求所有線性獨立的特徵向量。

---

**解** (1) 求特徵值

$$|\boldsymbol{A}-\lambda\boldsymbol{I}|=(-1)^3[\lambda^3-(3)\lambda^2+(-33)\lambda-(-35)]=(-1)^3(\lambda-1)(\lambda-7)(\lambda+5)=0$$

$\Rightarrow\lambda=1$、$7$、$-5$。

**Note**

$A$ 矩陣為上（下）三角矩陣或對角線矩陣時，$A$ 矩陣之對角線元素即為特徵值。
本題中 $A$ 為下三角矩陣，所以特徵值為對角線元素 **1**、**7**、**－5**。

(2) 求特徵向量

① $\lambda_1=1$ 時，代入 $(\boldsymbol{A}-\lambda_1\boldsymbol{I})\boldsymbol{X}_1=\boldsymbol{0}$ 中可得 $\begin{bmatrix}0&0&0\\3&6&0\\-2&4&-6\end{bmatrix}\begin{bmatrix}x_1\\x_2\\x_3\end{bmatrix}=\begin{bmatrix}0\\0\\0\end{bmatrix}$。

因為係數矩陣之秩數為 2，所以有兩個線性獨立方程式：

$$\begin{cases}3x_1+6x_2=0\\-2x_1+4x_2-6x_3=0\end{cases}，$$

則 $x_1:x_2:x_3=\begin{vmatrix}6&0\\4&-6\end{vmatrix}:-\begin{vmatrix}3&0\\-2&-6\end{vmatrix}:\begin{vmatrix}3&6\\-2&4\end{vmatrix}=-36:18:24=-6:3:4$，

所以 $\lambda_1=1$ 所對應之特徵向量為 $\boldsymbol{X}_1=c_1\begin{bmatrix}-6\\3\\4\end{bmatrix}$，$c_1\neq0$ 或 $\boldsymbol{X}_1=\text{span}\left\{\begin{bmatrix}-6\\3\\4\end{bmatrix}\right\}$。

② $\lambda_2=7$，代入 $(\boldsymbol{A}-\lambda_2\boldsymbol{I})\boldsymbol{X}_2=\boldsymbol{0}$ 中可得 $\Rightarrow\begin{bmatrix}-6&0&0\\3&0&0\\-2&4&-12\end{bmatrix}\begin{bmatrix}x_1\\x_2\\x_3\end{bmatrix}=\begin{bmatrix}0\\0\\0\end{bmatrix}$，

因爲係數矩陣之秩數爲 2，

所以有兩個線性獨立方程式$\begin{cases}3x_1+0x_2+0x_3=0\\-2x_1+4x_2-12x_3=0\end{cases}$，而

$x_1：x_2：x_3=\begin{vmatrix}0&0\\4&-12\end{vmatrix}：-\begin{vmatrix}3&0\\-2&-12\end{vmatrix}：\begin{vmatrix}3&0\\-2&4\end{vmatrix}=0：36：12=0：3：1$，

所以$\lambda_2=7$所對應之特徵向量爲$\boldsymbol{X}_2=c_2\begin{bmatrix}0\\3\\1\end{bmatrix}$, $c_2\neq 0$或$\boldsymbol{X}_2=\text{span}\left\{\begin{bmatrix}0\\3\\1\end{bmatrix}\right\}$。

③ $\lambda_3=-5$，代入$(\boldsymbol{A}-\lambda_3\boldsymbol{I})\boldsymbol{X}_3=\boldsymbol{0}$中可得$\Rightarrow\begin{bmatrix}6&0&0\\3&12&0\\-2&4&0\end{bmatrix}\begin{bmatrix}x_1\\x_2\\x_3\end{bmatrix}=\begin{bmatrix}0\\0\\0\end{bmatrix}$，

因爲係數矩陣之秩數爲 2，

所以有兩個線性獨立方程式$\begin{cases}6x_1+0x_2+0x_3=0\\3x_1+12x_2+0x_3=0\end{cases}$，而

$x_1：x_2：x_3=\begin{vmatrix}0&0\\12&0\end{vmatrix}：-\begin{vmatrix}6&0\\3&0\end{vmatrix}：\begin{vmatrix}6&0\\3&12\end{vmatrix}=0：0：72=0：0：1$，

所以$\lambda_3=-5$所對應之特徵向量爲$\boldsymbol{X}_3=c_3\begin{bmatrix}0\\0\\1\end{bmatrix}$，$c_3\neq 0$或$\boldsymbol{X}_3=\text{span}\left\{\begin{bmatrix}0\\0\\1\end{bmatrix}\right\}$。

**Note**

對於聯立方程組$\begin{cases}a_1x_1+b_1x_2+c_1x_3=0\\a_2x_1+b_2x_2+c_2x=0\end{cases}$，可以視爲$\vec{X}=\begin{bmatrix}x_1\\x_2\\x_3\end{bmatrix}$與$\vec{u}=\begin{bmatrix}a_1\\b_1\\c_1\end{bmatrix}$及$\vec{v}=\begin{bmatrix}a_2\\b_2\\c_2\end{bmatrix}$正交，

即$\begin{cases}\vec{X}\cdot\vec{u}=0\\\vec{X}\cdot\vec{v}=0\end{cases}$，所以$\vec{X}=\begin{bmatrix}x_1\\x_2\\x_3\end{bmatrix}$可以取$\vec{u}=\begin{bmatrix}a_1\\b_1\\c_1\end{bmatrix}$與$\vec{v}=\begin{bmatrix}a_2\\b_2\\c_2\end{bmatrix}$之外積向量的比，

即$x_1：x_2：x_3=\begin{vmatrix}b_1&c_1\\b_2&c_2\end{vmatrix}：-\begin{vmatrix}a_1&c_1\\a_2&c_2\end{vmatrix}：\begin{vmatrix}a_1&b_1\\a_2&b_2\end{vmatrix}$。

## 二、相關於 $n$ 階方陣 $A$ 之特徵值與特徵向量之重要性質

**1.** 相異特徵值所對應之特徵向量必線性獨立。

**2.** $\boldsymbol{A}$ 爲一奇異方陣（$|\boldsymbol{A}|=0$）若且唯若 $\boldsymbol{A}$ 至少有一特徵值爲 0。

**3.** $\boldsymbol{A}$ 與 $\boldsymbol{A}^T$ 具有相同特徵值。

**4.** 設 $\boldsymbol{A}$ 爲上（下）三角矩陣或對角線矩陣，則 $\boldsymbol{A}$ 之 $n$ 個特徵值爲其對角線元素 $a_{11}$、$a_{22}$、……、$a_{nn}$。

**5.** 設 $\boldsymbol{A}$ 之 $n$ 個特徵值爲 $\lambda_1$、$\lambda_2$、……、$\lambda_n$，則

(1) $\alpha\boldsymbol{A}$ 之 $n$ 個特徵值爲 $\alpha\lambda_1$、$\alpha\lambda_2$、……、$\alpha\lambda_n$。

(2) $\boldsymbol{A}^m$ 之 $n$ 個特徵值爲 $\lambda_1{}^m$、$\lambda_2{}^m$、……、$\lambda_n{}^m$。

(3) 設 $\boldsymbol{B}=\alpha_k\boldsymbol{A}^k+\cdots\cdots+\alpha_1\boldsymbol{A}+\alpha_0\boldsymbol{I}$，則 $\boldsymbol{B}$ 之 $n$ 個特徵值爲

$\alpha_k\lambda_i{}^k+\cdots\cdots+\alpha_1\lambda_i+\alpha_0$，$i=1,\ \cdots\cdots, n$。

(4) 設 $\boldsymbol{A}$ 爲一可逆方陣，則 $\boldsymbol{A}^{-1}$ 之 $n$ 個特徵值爲 $\lambda_1{}^{-1}$、$\lambda_2{}^{-1}$、……、$\lambda_n{}^{-1}$。

**6.** 上述之 $\alpha\boldsymbol{A}, \boldsymbol{A}^m, \boldsymbol{B}, \boldsymbol{A}^{-1}$ 均與 $\boldsymbol{A}$ 具有相同的特徵向量。

**Note**

$A$ 矩陣之特徵值必滿足 $|A-\lambda I|=0$，即 $A$ 矩陣之主對角線元素同減去一數後，其行列式值爲 0，該減去之數即爲 $A$ 矩陣之特徵值。所以求解特徵值時，可以先觀察看看 $A$ 矩陣主對角線同減一數後，會不會出現某一列（行）全爲 0 或是某兩列（行）成比例，再配合所有特徵值之和爲 tr($A$)，可以觀察出部分特徵值，如此可以降低求解高次方程式之麻煩。

**例如：**

$\boldsymbol{A}=\begin{bmatrix}2&1&0\\2&1&0\\0&0&5\end{bmatrix}$，則 $\boldsymbol{A}$ 矩陣之主對角線元素同減 5 後，第三列爲零列，所以有一特徵值爲 5。又同減 0 後（即不用減），第一列與第二列成比例，所以又有一特徵值爲 0。最後再利用所有特徵值的和爲 $\text{tr}(\boldsymbol{A})=2+1+5=8$，所以第三個特徵值爲 $8-5-0=3$。如此可以輕易求得三個特徵值，而不用解一元三次方程式。

**Note**

另外有一奇特的性質也是值得注意的，就是 $A$ 矩陣中各列(行)和均相同，則此相同的數為 $A$ 矩陣之特徵值。

**例如：**

$\boldsymbol{A}=\begin{bmatrix}9&1&1\\1&9&1\\1&1&9\end{bmatrix}$，則所有列和均為 11，所以 $\boldsymbol{A}$ 矩陣必有特徵值為 11。

## 範例 4

設 $\boldsymbol{A}\in\mathbb{F}^{3\times3}$ 且其特徵值為 1、2、3，則

(1) 求 $2\boldsymbol{A}^{-1}+\boldsymbol{I}$ 的特徵值。

(2) 若 $\boldsymbol{A}=\begin{bmatrix}2&-1&1\\1&2&-1\\1&-1&a\end{bmatrix}$，求 $a$。

(3) $\text{rank}(\boldsymbol{A}^5)=$？

---

**解**

(1) $|\boldsymbol{A}|=1\times2\times3=6\neq0$，

$\therefore\boldsymbol{A}^{-1}$ 存在，

故 $\boldsymbol{B}=2A^{-1}+I$ 之特徵值為

$2\times\frac{1}{1}+1=3$、$2\times\frac{1}{2}+1=2$、$2\times\frac{1}{3}+1=\frac{5}{3}$。

(2) $\text{tr}(\boldsymbol{A})=4+a=\lambda_1+\lambda_2+\lambda_3=6\Rightarrow a=2$。

(3) $\det(\boldsymbol{A}^5)=|\boldsymbol{A}|^5=6^5\neq0$，$\therefore\text{rank}(\boldsymbol{A}^5)=3$。

## 範例 5

求 $\boldsymbol{A}=\begin{bmatrix}9&1&1\\1&9&1\\1&1&9\end{bmatrix}$ 的特徵值與特徵向量。

---

**解** (1) 求特徵值：

由 $|\boldsymbol{A}-\lambda\boldsymbol{I}|=0\Rightarrow\lambda=8$、8、11。

**Note**

(1) 由所有列和均為 11，所以特徵值有 11。

(2) $A$ 矩陣主對角線元素同減 8 後成比例，所以特徵值有 8。

(3) 再有所有特徵值和為 $\text{tr}(A)=27$，所以另一個特徵值為 $27-11-8=8$。

(2) 求特徵向量

① $\lambda=8$ 代回 $(\boldsymbol{A}-\lambda\boldsymbol{I})\boldsymbol{X}=\boldsymbol{0}$ 可得 $\Rightarrow\begin{bmatrix}1&1&1\\1&1&1\\1&1&1\end{bmatrix}\begin{bmatrix}x_1\\x_2\\x_3\end{bmatrix}=\begin{bmatrix}0\\0\\0\end{bmatrix}\Rightarrow x_1+x_2+x_3=0$。

令 $x_2=c_1$，$x_3=c_2$，則 $x_1=-c_1-c_2$，

故 $\boldsymbol{X}=\begin{bmatrix}-c_1-c_2\\c_1\\c_2\end{bmatrix}=c_1\begin{bmatrix}-1\\1\\0\end{bmatrix}+c_2\begin{bmatrix}-1\\0\\1\end{bmatrix}=\text{span}\left\{\begin{bmatrix}-1\\1\\0\end{bmatrix},\begin{bmatrix}-1\\0\\1\end{bmatrix}\right\}$。

特徵向量為 $\boldsymbol{X}_1=c_1\begin{bmatrix}-1\\1\\0\end{bmatrix}$、$\boldsymbol{X}_2=c_2\begin{bmatrix}-1\\0\\1\end{bmatrix}$，其中 $c_1$、$c_2$ 均為非 0。

② $\lambda=11$ 代回 $(\boldsymbol{A}-\lambda\boldsymbol{I})\boldsymbol{X}=\boldsymbol{0}$

可得 $\begin{bmatrix}-2&1&1\\1&-2&1\\1&1&-2\end{bmatrix}\begin{bmatrix}x_1\\x_2\\x_3\end{bmatrix}=\begin{bmatrix}0\\0\\0\end{bmatrix}\Rightarrow\begin{cases}-2x_1+x_2+x_3=0\\x_1-2x_2+x_3=0\end{cases}$，

特徵向量 $\Rightarrow\boldsymbol{X}_3=c_3\begin{bmatrix}1\\1\\1\end{bmatrix}$，$c_3\neq0$。

## 習題演練

1. 求下列各方陣之特徵值與特徵向量：

(1)$\begin{bmatrix} 5 & 4 \\ 1 & 2 \end{bmatrix}$ (2)$\begin{bmatrix} 2 & 4 \\ 6 & 4 \end{bmatrix}$ (3)$\begin{bmatrix} -3 & 2 \\ 6 & 1 \end{bmatrix}$ (4)$\begin{bmatrix} 0 & 0 \\ 0 & 0 \end{bmatrix}$。

2. 求下列各方陣之特徵值與特徵向量：

(1)$\begin{bmatrix} 4 & 0 & 0 \\ 0 & 8 & 0 \\ 0 & 0 & 6 \end{bmatrix}$ (2)$\begin{bmatrix} 1 & -1 & 0 \\ -1 & 2 & -1 \\ 0 & -1 & 1 \end{bmatrix}$ (3)$\begin{bmatrix} 3 & 0 & 0 \\ 1 & -2 & -8 \\ 0 & -5 & 1 \end{bmatrix}$。

3. 求下列各方陣之特徵值與特徵向量：

(1)$\begin{bmatrix} 8 & 0 & 3 \\ 2 & 2 & 1 \\ 2 & 0 & 3 \end{bmatrix}$ (2)$\begin{bmatrix} -2 & 2 & -3 \\ 2 & 1 & -6 \\ -1 & -2 & 0 \end{bmatrix}$ (3)$\begin{bmatrix} 13 & 0 & -15 \\ -3 & 4 & 9 \\ 5 & 0 & -7 \end{bmatrix}$。

4. 求下列各方陣之特徵值與特徵向量：

(1)$\begin{bmatrix} 2 & 1 & 1 \\ 1 & 2 & 1 \\ 1 & 1 & 2 \end{bmatrix}$ (2)$\begin{bmatrix} 0 & 1 & 1 \\ 1 & 0 & 1 \\ 1 & 1 & 0 \end{bmatrix}$。

# 4-2 矩陣對角化

矩陣對角化在矩陣運算與線性代數中有重要價值，因爲對角矩陣比較容易處理。本節將介紹如何利用特徵值系統所得到的特徵值與特徵向量對一個矩陣進行對角化，以利後續計算該矩陣的高次矩陣函數。

## 一、相似矩陣（Similar matrix）

**1. 定義：**

設 $\boldsymbol{A}$、$\boldsymbol{B}$ 均爲 $n$ 階方陣。若存在一非奇異方陣（Nonsingular matrix）$\boldsymbol{Q}$ 使得 $\boldsymbol{Q}^{-1}\boldsymbol{A}\boldsymbol{Q}=\boldsymbol{B}$，則稱 $\boldsymbol{A}$ 到 $\boldsymbol{B}$ 的轉換爲相似轉換（similar transformation）。此時稱 $\boldsymbol{A}$ 相似於 $\boldsymbol{B}$，記作 $\boldsymbol{A}\sim\boldsymbol{B}$，$\boldsymbol{A}$、$\boldsymbol{B}$ 爲相似矩陣。

**2. 性質：**

若 $A\sim B$，

(1) $\det(\boldsymbol{A})=\det(\boldsymbol{B})$。

(2) $\text{rank}(\boldsymbol{A})=\text{rank}(\boldsymbol{B})$。

(3) $\boldsymbol{A}$ 與 $\boldsymbol{B}$ 具有相同的特徵值。

(4) $\text{trace}(\boldsymbol{A})=\text{trace}(\boldsymbol{B})$。

**Note**

$\boldsymbol{A}\sim\boldsymbol{B}$，則此兩相似矩陣具有相同特徵多項式，其證明如下：

$|\boldsymbol{B}-\lambda\boldsymbol{I}|=|\boldsymbol{Q}^{-1}\boldsymbol{A}\boldsymbol{Q}-\lambda\boldsymbol{Q}^{-1}\boldsymbol{Q}|=|\boldsymbol{Q}^{-1}(\boldsymbol{A}-\lambda\boldsymbol{I})\boldsymbol{Q}|=|\boldsymbol{Q}^{-1}||\boldsymbol{A}-\lambda\boldsymbol{I}||\boldsymbol{Q}|=|\boldsymbol{A}-\lambda\boldsymbol{I}|$，

所以相似矩陣具有相同特徵值。

## 二、矩陣之對角化（Matrix diagonalization）

**1. 定義**

設 $\boldsymbol{A}$ 爲一 $n$ 階方陣，存在 $\boldsymbol{P}$ 爲一可逆方陣滿足

**$\boldsymbol{P}^{-1}\boldsymbol{A}\boldsymbol{P}$ 爲一對角矩陣 $D$，（即 $A\sim D$）**，

若且唯若稱 $\boldsymbol{A}$ 可對角化（Diagonalizable）。

其中 $\boldsymbol{P}$ 稱爲 $\boldsymbol{A}$ 之過渡矩陣（Transition matrix）。

**2. 定理**

設 $\boldsymbol{A}$ 爲一 $n$ 階方陣。$\boldsymbol{A}$ 具有 $n$ 個線性獨立的特徵向量，若且唯若 $\boldsymbol{A}$ 與一對角矩陣 $\boldsymbol{D}$ 相似，即 $\boldsymbol{A}$ 可對角化。

【證明】

(1) （⇒）

設 $\boldsymbol{V}_1$、$\boldsymbol{V}_2$、……、$\boldsymbol{V}_n$ 爲相應 $\boldsymbol{A}$ 之 $n$ 個特徵值 $\lambda_1$、$\lambda_2$、……、$\lambda_n$（可能重覆）之 $n$ 個線性獨立的特徵向量，滿足 $\boldsymbol{AV}_1=\lambda_1\boldsymbol{V}_1$、$\boldsymbol{AV}_2=\lambda_2\boldsymbol{V}_2$、……、$\boldsymbol{AV}_n=\lambda_n\boldsymbol{V}_n$。

令 $\boldsymbol{P}\equiv\{\boldsymbol{V}_1,\boldsymbol{V}_2,\ldots,\boldsymbol{V}_n\}$，則 

$$\begin{aligned}\boldsymbol{AP}&=\boldsymbol{A}[\boldsymbol{V}_1,\boldsymbol{V}_2,\ldots,\boldsymbol{V}_n]\\&=[\boldsymbol{AV}_1\quad \boldsymbol{AV}_2\quad\ldots\quad \boldsymbol{AV}_n]=[\lambda_1\boldsymbol{V}_1\quad \lambda_2\boldsymbol{V}_2\quad\ldots\quad \lambda_n\boldsymbol{V}_n]\\&=[\boldsymbol{V}_1\quad \boldsymbol{V}_2\quad\ldots\quad \boldsymbol{V}_n]\begin{bmatrix}\lambda_1 & & & 0\\ & \lambda_2 & & \\ & & \ddots & \\ 0 & & & \lambda_n\end{bmatrix}\\&=\boldsymbol{PD}\end{aligned}$$

$\Rightarrow \boldsymbol{AP}=\boldsymbol{PD}\Rightarrow \boldsymbol{P}^{-1}\boldsymbol{AP}=\boldsymbol{D}$ 。

(2) （⇐）

$\because \boldsymbol{A}\sim\boldsymbol{D}$，$\therefore\exists\boldsymbol{P}$ 可逆滿足 $\boldsymbol{P}^{-1}\boldsymbol{AP}=\boldsymbol{D}\Rightarrow\boldsymbol{AP}=\boldsymbol{PD}$，

令 $\boldsymbol{P}=[\xi_1\quad\xi_2\quad\ldots\quad\xi_n]$，$\boldsymbol{D}=\begin{bmatrix}\boldsymbol{d}_1 & & 0\\ & \ddots & \\ 0 & & \boldsymbol{d}_n\end{bmatrix}$

$$\Rightarrow \boldsymbol{A}[\xi_1\quad\xi_2\quad\cdots\quad\xi_n]=[\xi_1\quad\xi_2\quad\ldots\quad\xi_n]\begin{bmatrix}\boldsymbol{d}_1 & & 0\\ & \ddots & \\ 0 & & \boldsymbol{d}_n\end{bmatrix}=[\boldsymbol{d}_1\xi_1\quad\ldots\quad\boldsymbol{d}_n\xi_n]$$

$\Rightarrow \boldsymbol{A}\xi_k=\boldsymbol{d}_k\xi_k$，$k$：1, ……, $n$，

$\therefore \boldsymbol{d}_1$、$\boldsymbol{d}_2$、……、$\boldsymbol{d}_n$ 爲 $\boldsymbol{A}$ 之 $n$ 個特徵值，

$\xi_1$、$\xi_2$……、$\xi_n$ 爲其相應之特徵向量，

又 $\boldsymbol{P}$ 可逆 ⇒ $\xi_1$、$\xi_2$、……、$\xi_n$ 必線性獨立。

**3. 性質**：若 $n$ 階方陣 $\boldsymbol{A}$ 具有 $n$ 個相異特徵值，則 $\boldsymbol{A}$ 必可對角化。

**Note**

對角化時，過渡矩陣 $\boldsymbol{P}$ 中特徵向量的排列順序，必須要跟對角矩陣 $\boldsymbol{D}$ 一致才可。

## 範例 1

考慮 $\boldsymbol{A}=\begin{bmatrix}5 & 10\\ 4 & -1\end{bmatrix}$，

(1) 求一矩陣 $\boldsymbol{P}$ 使得 $\boldsymbol{P}^{-1}\boldsymbol{AP}=\boldsymbol{D}$ 為一對角矩陣。

(2) 求此對角矩陣 $\boldsymbol{D}$。

---

**解** (1) 由 $|\boldsymbol{A}-\lambda\boldsymbol{I}|=0 \Rightarrow (-1)^2(\lambda^2-4\lambda-45)=0 \Rightarrow (\lambda-9)(\lambda+5)=0$ 得

$\lambda=9$、$-5$，（行和為 9，必有特徵值為 9）。

$\lambda=9 \Rightarrow (A-\lambda I)\boldsymbol{X}=\boldsymbol{0}$

$$\Rightarrow \begin{bmatrix}-4 & 10\\ 4 & -10\end{bmatrix}\begin{bmatrix}x_1\\ x_2\end{bmatrix}=\begin{bmatrix}0\\ 0\end{bmatrix}$$

$$\Rightarrow \boldsymbol{X}_1=c_1\begin{bmatrix}5\\ 2\end{bmatrix}，c_1\neq 0，$$

$\lambda=-5 \Rightarrow (\boldsymbol{A}-\lambda\boldsymbol{I})\boldsymbol{X}=\boldsymbol{0}$

$$\Rightarrow \begin{bmatrix}10 & 10\\ 4 & 4\end{bmatrix}\begin{bmatrix}x_1\\ x_2\end{bmatrix}=\begin{bmatrix}0\\ 0\end{bmatrix}$$

$$\Rightarrow \boldsymbol{X}_2=c_2\begin{bmatrix}1\\ -1\end{bmatrix}，c_2\neq 0，$$

$$\therefore \boldsymbol{P}=\begin{bmatrix}5 & 1\\ 2 & -1\end{bmatrix}。$$

(2) $\boldsymbol{P}^{-1}\boldsymbol{AP}=\begin{bmatrix}9 & 0\\ 0 & -5\end{bmatrix}=\boldsymbol{D}$。■

## 範例 2

考慮 $A=\begin{bmatrix}0&1&0\\1&0&0\\0&0&1\end{bmatrix}$，

(1) 求矩陣 $\boldsymbol{A}$ 之特徵值。

(2) 求矩陣 $\boldsymbol{A}$ 之特徵向量。

(3) 求矩陣 $\boldsymbol{P}$，使 $\boldsymbol{P}^{-1}\boldsymbol{A}\boldsymbol{P}$ 成為對角矩陣。

(4) 求 $\boldsymbol{P}$ 之反矩陣 $\boldsymbol{P}^{-1}$。

---

**解** (1) 由 $|\boldsymbol{A}-\lambda\boldsymbol{I}|=0\Rightarrow\lambda=-1$、1、1（$\boldsymbol{A}$ 中的列和為 1，必有特徵值為 1）。

(2) $\lambda=-1\Rightarrow\boldsymbol{X}_1=c_1\begin{bmatrix}1\\-1\\0\end{bmatrix}$，$c_1\neq0$，

$\lambda=1\Rightarrow\boldsymbol{X}_2=c_2\begin{bmatrix}1\\1\\0\end{bmatrix}$，$c_2\neq0$、$\boldsymbol{X}_3=c_3\begin{bmatrix}0\\0\\1\end{bmatrix}$，$c_3\neq0$，

$$\begin{array}{c}\begin{matrix}1&1&0&1&1\end{matrix}\\ \begin{matrix}-1\\0\\1\\-1\end{matrix}\begin{pmatrix}1&0&-1&1\\0&1&0&0\\1&0&1&1\\1&0&-1&1\end{pmatrix}^T\end{array}$$

特徵向量可取 $\Rightarrow\boldsymbol{X}_1=\begin{bmatrix}1\\-1\\0\end{bmatrix}$、$\boldsymbol{X}_2=\begin{bmatrix}1\\1\\0\end{bmatrix}$、$\boldsymbol{X}_3=\begin{bmatrix}0\\0\\1\end{bmatrix}$。

(3) $\boldsymbol{P}=\begin{bmatrix}\boldsymbol{X}_1&\boldsymbol{X}_2&\boldsymbol{X}_3\end{bmatrix}=\begin{bmatrix}1&1&0\\-1&1&0\\0&0&1\end{bmatrix}\Rightarrow\boldsymbol{P}^{-1}\boldsymbol{A}\boldsymbol{P}=\boldsymbol{D}=\begin{bmatrix}-1&0&0\\0&1&0\\0&0&1\end{bmatrix}$。

(4) $|\boldsymbol{P}|=2$，$\therefore\boldsymbol{P}^{-1}=\dfrac{1}{2}\begin{bmatrix}1&-1&0\\1&1&0\\0&0&2\end{bmatrix}$。

## 習題演練

1. 針對下列方陣，求一矩陣 $\boldsymbol{P}$ 使得 $\boldsymbol{P}^{-1}\boldsymbol{AP}=\boldsymbol{D}$ 爲一對角矩陣，並求此對角矩陣 $\boldsymbol{D}$：

(1) $\begin{bmatrix} 3 & 4 \\ 2 & -4 \end{bmatrix}$ (2) $\begin{bmatrix} 1 & 0 \\ 2 & -1 \end{bmatrix}$ (3) $\begin{bmatrix} 25 & 40 \\ -12 & -19 \end{bmatrix}$。

2. 針對下列方陣，求一矩陣 $\boldsymbol{P}$ 使得 $\boldsymbol{P}^{-1}\boldsymbol{AP}=\boldsymbol{D}$ 爲一對角矩陣，並求此對角矩陣 $\boldsymbol{D}$：

(1) $\begin{bmatrix} 1 & 2 & 1 \\ 6 & -1 & 0 \\ -1 & -2 & -1 \end{bmatrix}$ (2) $\begin{bmatrix} 2 & 1 & -1 \\ 1 & 4 & 3 \\ -1 & 3 & 4 \end{bmatrix}$ (3) $\begin{bmatrix} 1 & 1 & -4 \\ 2 & 0 & -4 \\ -1 & 1 & -2 \end{bmatrix}$。

3. 針對下列方陣，求一矩陣 $\boldsymbol{P}$ 使得 $\boldsymbol{P}^{-1}\boldsymbol{AP}=\boldsymbol{D}$ 爲一對角矩陣，並求此對角矩陣 $\boldsymbol{D}$：

(1) $\begin{bmatrix} 1 & 2 & 2 \\ 1 & 2 & -1 \\ -1 & 1 & 4 \end{bmatrix}$ (2) $\begin{bmatrix} 5 & 2 & 2 \\ 3 & 6 & 3 \\ 6 & 6 & 9 \end{bmatrix}$ (3) $\begin{bmatrix} 5 & 1 & 1 \\ 1 & 5 & 1 \\ 1 & 1 & 5 \end{bmatrix}$。

# 4-3 線性變換之特徵值與特徵向量

一個線性變換可以對應一個矩陣，所以對於一般的線性變換，我們只要適當的選取基底座標，則可以將此線性變換表示成矩陣，則我們就可以利用前面的性質來求此變換的特徵值與特徵向量，其介紹如下：

## 一、定義

1. 設 $V$ 爲佈於體 $\mathbb{F}$ 有限維度的向量空間，若線性變換 $T \in \mathscr{L}(V)$，對非零向量 $\boldsymbol{u} \in V$，若存在一純量 $\lambda \in \mathbb{F}$，使得 $T(\boldsymbol{u}) = \lambda \boldsymbol{u}$，則稱 $\lambda$ 爲 $T$ 的特徵值，而向量 $\boldsymbol{u}$ 稱爲 $\lambda$ 對應的特徵向量。
2. 設 $V$ 爲佈於體 $\mathbb{F}$ 有限維度的向量空間，若線性變換 $T \in \mathscr{L}(V)$，且 $S$ 爲 $V$ 中的一組有序基底，定義線性變換 $T$ 的行列式爲

   $\det(T) = \det([T]_S)$。
3. 有限維度的向量空間 $V$ 中的線性運算子 $T$，稱爲可對角化（Diagonalizable），乃是指 $V$ 中存在一有序基底 $\beta$，使得 $[T]_\beta$ 爲對角矩陣。

### 範例 1

設 $V$ 爲佈於體 $\mathbb{F}$ 有限維度的向量空間，若 $T \in \mathscr{L}(V)$，且 $S$、$S'$ 爲 $V$ 中的有序基底，則 $\det([T]_S) = \det([T]_{S'})$。

---

**解** 設 $\boldsymbol{P}$ 爲由 $S$ 變換到 $S'$ 的轉換矩陣，則

$[T]_S = \boldsymbol{P}^{-1}[T]_{S'}\boldsymbol{P}$，

則

$\det([T]_S) = \det(\boldsymbol{P}^{-1}[T]_{S'}\boldsymbol{P}) = \det(\boldsymbol{P}^{-1})\det([T]_{S'})\det(\boldsymbol{P}) = \det([T]_{S'})$。

■

## 二、性質

1. 設 $V$ 為佈於體 $\mathbb{F}$ 有限維度的向量空間，若 $T \in \mathscr{L}(V)$，且 $S$ 為 $V$ 中的一組有序基底，當純量 $\lambda$ 為 $T$ 的特徵值時，若且惟若

   $\det(T - \lambda I_V) = \det(\boldsymbol{A} - \lambda \boldsymbol{I}) = 0$，

   其中 $\boldsymbol{A} = [T]_S$，而 $f(\lambda) = \det(T - \lambda I_V)$稱為 $T$ 的特徵多項式，$I_V$ 為 $V$ 中的單位變換。

2. 設 $V$ 為佈於體 $\mathbb{F}$ 有限維度的向量空間，若 $T \in \mathscr{L}(V)$，且令 $\lambda$ 是 $T$ 的特徵值，若 $\boldsymbol{u}$ 是 $T$ 對應 $\lambda$ 的特徵向量，若且惟若

   $\boldsymbol{u} \in \mathbf{N}(T - \lambda \boldsymbol{I}_V)$（$\boldsymbol{u} \neq 0$，且 $\boldsymbol{u} \in V$）。

3. 設 $T$ 為 $n$ 維向量空間 $V$ 中可對角化的線性運算子，若且惟若存在 $V$ 中的一組有序基底 $\beta = \{\boldsymbol{x}_1, \boldsymbol{x}_2, \cdots\cdots, \boldsymbol{x}_n\}$及純量 $\lambda_1$、$\lambda_2$、……、$\lambda_n$（不一定為相異值），使得

   $T(\boldsymbol{x}_i) = \lambda_i \boldsymbol{x}_i$（$1 \leq i \leq n$），且

   $$[T]_\beta = \begin{bmatrix} \lambda_1 & 0 & & 0 \\ 0 & \lambda_2 & & 0 \\ & & \ddots & \\ 0 & 0 & 0 & \lambda_n \end{bmatrix}。$$

   【證明】

   (1) 證必要條件：

   因 $T$ 為可對角化，故存在 $V$ 中的一組有序基底 $\beta$ 使得$[T]_\beta = \boldsymbol{D}$ (對角矩陣)，令 $D_{ii} = \lambda_i$ 又

   $\beta = \{ \boldsymbol{x}_1, \boldsymbol{x}_2, \cdots\cdots, \boldsymbol{x}_n \}$，

   故

   $$T(\boldsymbol{x}_j) = \sum_{i=1}^{n} D_{ij}\boldsymbol{x}_i = D_{jj}\boldsymbol{x}_j = \lambda_j \boldsymbol{x}_j \text{（} 1 \leq j \leq n \text{）。}$$

   (2) 證充份條件：

   若 $V$ 中存在一組有序基底，

   $\beta = \{ \boldsymbol{x}_1, \boldsymbol{x}_2, \cdots\cdots, \boldsymbol{x}_n \}$

及純量$\{\lambda_1, \lambda_2, \cdots\cdots, \lambda_n\}$，使得$T(\boldsymbol{x}_i)=\lambda_i\boldsymbol{x}_i$，$(1\le i\le n)$則很明顯可得

$$[T]_\beta=\begin{bmatrix}\lambda_1 & 0 & & 0\\ 0 & \lambda_2 & & 0\\ & & \ddots & \\ 0 & 0 & 0 & \lambda_n\end{bmatrix},$$

即$T$可對角化。

## 範例 2

令$T=P_3(\mathbb{R})\to P_3(\mathbb{R})$，且$T(f)=\dfrac{f(x)+f(-x)}{2}$，求$T$的所有特徵值。

---

解 令$P_3(\mathbb{R})$的有序基底爲$\beta=\{x^3, x^2, x, 1\}$，再令$f(x)=ax^3+bx^2+cx+d\in P_3(\mathbb{R})$，

因

$$T(f)=\frac{f(x)+f(-x)}{2}=bx^2+d,$$

故

$$[T(f)]_\beta=\begin{bmatrix}0\\b\\0\\d\end{bmatrix}=\begin{bmatrix}0&0&0&0\\0&1&0&0\\0&0&0&0\\0&0&0&1\end{bmatrix}\begin{bmatrix}a\\b\\c\\d\end{bmatrix},\ [f]_\beta=\begin{bmatrix}a\\b\\c\\d\end{bmatrix}$$

且

$$[T]_\beta=\begin{bmatrix}0&0&0&0\\0&1&0&0\\0&0&0&0\\0&0&0&1\end{bmatrix},$$

$\det([T]_\beta-\lambda I)=0$可得$\lambda=0$、$0$、$1$、$1$。

## 範例 3

求下列線性變換 $T$ 所對應的特徵值與特徵向量，其中
$T(x_1, x_2, x_3) = (3x_1 - x_2 + x_3, -2x_1 + 2x_2 - x_3, 2x_1 + x_2 + 4x_3)$爲 $\mathbb{R}^3$ 中的線性變換。

---

**解** 令 $\beta = \{(1, 0, 0), (0, 1, 0), (0, 0, 1)\}$爲 $\mathbb{R}^3$ 中的標準基底，則

$$[T(x_1, x_2, x_3)]_\beta = \begin{bmatrix} 3x_1 - x_2 + x_3 \\ -2x_1 + 2x_2 - x_3 \\ 2x_1 + x_2 + 4x_3 \end{bmatrix} = \begin{bmatrix} 3 & -1 & 1 \\ -2 & 2 & -1 \\ 2 & 1 & 4 \end{bmatrix}\begin{bmatrix} x_1 \\ x_2 \\ x_3 \end{bmatrix},$$

故

$$\boldsymbol{A} = [T]_\beta = \begin{bmatrix} 3 & -1 & 1 \\ -2 & 2 & -1 \\ 2 & 1 & 4 \end{bmatrix}。$$

因此 $\boldsymbol{A}$ 的特徵值及特徵向量，即爲 $T$ 的特徵值及相對標準基底 $\beta$ 的特徵向量，由

$$\begin{aligned}\det(\boldsymbol{A} - \lambda \boldsymbol{I}) &= (-1)^3(\lambda^3 - 9\lambda^2 + 23\lambda - 15) \\ &= (-1)^3(\lambda - 1)(\lambda - 3)(\lambda - 5) \\ &= 0,\end{aligned}$$

可得 $\boldsymbol{A}$ 的特徵值爲 $\lambda = 1$、$3$、$5$，

$\lambda = 1$ 代回 $(\boldsymbol{A} - \lambda \boldsymbol{I})\boldsymbol{v}_1 = \boldsymbol{0}$ 中可得

$$\begin{bmatrix} 2 & -1 & 1 \\ -2 & 1 & -1 \\ 2 & 1 & 3 \end{bmatrix}\begin{bmatrix} v_1 \\ v_2 \\ v_3 \end{bmatrix} = \begin{bmatrix} 0 \\ 0 \\ 0 \end{bmatrix},$$

故對應的特徵向量爲

$$\boldsymbol{v}_1 = c_1\begin{bmatrix} 1 \\ 1 \\ -1 \end{bmatrix} \ (c_1 \neq 0),$$

$\lambda = 3$ 代回 $(\boldsymbol{A} - \lambda \boldsymbol{I})\boldsymbol{v}_2 = \boldsymbol{0}$ 中可得

$$\begin{bmatrix} 0 & -1 & 1 \\ -2 & -1 & -1 \\ 2 & 1 & 1 \end{bmatrix}\begin{bmatrix} v_1 \\ v_2 \\ v_3 \end{bmatrix} = \begin{bmatrix} 0 \\ 0 \\ 0 \end{bmatrix},$$

故對應的特徵向量為

$$\boldsymbol{v}_2 = c_2\begin{bmatrix} -1 \\ 1 \\ 1 \end{bmatrix} \ (c_2 \neq 0),$$

$\lambda = 5$ 代回$(\boldsymbol{A} - \lambda\boldsymbol{I})\boldsymbol{v}_3 = \boldsymbol{0}$ 中可得

$$\begin{bmatrix} -2 & -1 & 1 \\ -2 & -3 & -1 \\ 2 & 1 & -1 \end{bmatrix}\begin{bmatrix} v_1 \\ v_2 \\ v_3 \end{bmatrix} = \begin{bmatrix} 0 \\ 0 \\ 0 \end{bmatrix},$$

故對應的特徵向量為

$$\boldsymbol{v}_3 = c_3\begin{bmatrix} 1 \\ -1 \\ 1 \end{bmatrix} \ (c_3 \neq 0)。$$

故 $T$ 的特徵值為 $\lambda = 1$ 時，對應的特徵向量為 $\textbf{span}\{(1, 1, -1)\}$，
$T$ 的特徵值為 $\lambda = 3$ 時，對應的特徵向量為 $\textbf{span}\{(-1, 1, 1)\}$，
$T$ 的特徵值為 $\lambda = 5$ 時，對應的特徵向量為 $\textbf{span}\{(1, -1, 1)\}$。

■

## 範例 4

設 $P_3(\mathbb{R})$ 為次數小於 3 的多項式向量空間，且 $\beta = \{x^2, x, 1\}$ 為 $P_3(\mathbb{R})$ 中的有序基底，令 $T$： $P_3(\mathbb{R}) \to P_3(\mathbb{R})$ 為線性變換，求其特徵值與特徵向量。其中
$T(ax^2 + bx + c) = (a - b - c)x^2 + (b - c - a)x + (c - a - b)$。

---

**解** 設 $f(x) = ax^2 + bx + c \in P_3(\mathbb{R})$，則

$$[T(f)]_\beta = \begin{bmatrix} a-b-c \\ b-c-a \\ c-a-b \end{bmatrix} = \begin{bmatrix} 1 & -1 & -1 \\ -1 & 1 & -1 \\ -1 & -1 & 1 \end{bmatrix}\begin{bmatrix} a \\ b \\ c \end{bmatrix}$$

且

$$[T]_\beta = \boldsymbol{A} = \begin{bmatrix} 1 & -1 & -1 \\ -1 & 1 & -1 \\ -1 & -1 & 1 \end{bmatrix}。$$

由 $\det(\boldsymbol{A}-\lambda\boldsymbol{I})=0$ 可得特徵值 $\lambda=2$、2、$-1$，

將 $\lambda=2$ 代回 $(\boldsymbol{A}-\lambda\boldsymbol{I})\boldsymbol{u}=\boldsymbol{0}$ 中可得

$$\begin{bmatrix}-1&-1&-1\\-1&-1&-1\\-1&-1&-1\end{bmatrix}\begin{bmatrix}u_1\\u_2\\u_3\end{bmatrix}=\begin{bmatrix}0\\0\\0\end{bmatrix},$$

故特徵值 $\lambda=2$ 對應的特徵向量為

$$\boldsymbol{u}=c_1\begin{bmatrix}1\\-1\\0\end{bmatrix}+c_2\begin{bmatrix}1\\0\\-1\end{bmatrix}$$（$c_1$、$c_2$ 不全為 0）。

將 $\lambda=-1$ 代回 $(\boldsymbol{A}-\lambda\boldsymbol{I})\boldsymbol{u}=\boldsymbol{0}$ 中可得

$$\begin{bmatrix}2&-1&-1\\-1&2&-1\\-1&-1&2\end{bmatrix}\begin{bmatrix}u_1\\u_2\\u_3\end{bmatrix}=\begin{bmatrix}0\\0\\0\end{bmatrix},$$

故特徵值 $\lambda=-1$ 對應的特徵向量為

$$\boldsymbol{u}=c_3\begin{bmatrix}1\\1\\1\end{bmatrix}$$（$c_3\neq0$）。

即 $T$ 的特徵值為 2 時，對應的特徵向量為 $\textbf{span}\{(x^2-x),(x^2-1)\}$，

$T$ 的特徵值為 $-1$ 時，對應的特徵向量為 $\textbf{span}\{(x^2+x+1)\}$。

## 範例 5

令 $T$：$P_2(\mathbb{R})\to P_2(\mathbb{R})$ 且 $T(f)=f(10)+f(1)(x+x^2)$，求證 $T$ 可對角化。

---

**解** 令 $\beta=\{1,x,x^2\}$ 為 $P_2(\mathbb{R})$ 的標準基底，則 $\forall f=a+bx+cx^2\in P_2(\mathbb{R})$ 有

$T(f)=a+10b+100c+(a+b+c)x+(a+b+c)x^2$，

故

$$[T(f)]_\beta=\begin{bmatrix}a+10b+100c\\a+b+c\\a+b+c\end{bmatrix}=\begin{bmatrix}1&10&100\\1&1&1\\1&1&1\end{bmatrix}\begin{bmatrix}a\\b\\c\end{bmatrix}。$$

令

$$A=[T]_\beta=\begin{bmatrix}1 & 10 & 100\\ 1 & 1 & 1\\ 1 & 1 & 1\end{bmatrix},$$

由

$\det(\boldsymbol{A}-\lambda\boldsymbol{I})=-\lambda(\lambda-12)(\lambda+9)=0$，

可得特徵值為 0、12、−9 均為相異的實數，故 $T$ 可對角化。

## 範例 6

設 $T$：$\mathbb{R}^2\to\mathbb{R}^2$ 為線性變換，且定義為 $T(\begin{bmatrix}x_1\\ x_2\end{bmatrix})=\begin{bmatrix}x_1+2x_2\\ 2x_1+x_2\end{bmatrix}$，

求一組基底 $\beta$，使得 $[T]_\beta$ 為對角化。

---

解 令 $\alpha=\{\boldsymbol{e}_1,\boldsymbol{e}_2\}$ 為 $\mathbb{R}^2$ 中的標準基底，因

$$T(x)=\begin{bmatrix}1 & 2\\ 2 & 1\end{bmatrix}\begin{bmatrix}x_1\\ x_2\end{bmatrix},$$

故 $T$ 相對於標準基底的矩陣為

$$[T]_\alpha=\boldsymbol{A}=\begin{bmatrix}1 & 2\\ 2 & 1\end{bmatrix},$$

由

$\det(\boldsymbol{A}-\lambda\boldsymbol{I})=(-1)^2(\lambda^2-2\lambda-3)=(\lambda+1)(\lambda-3)=0$，

可知 $\lambda=-1$、3，將 $\lambda=-1$ 代回 $(\boldsymbol{A}-\lambda\boldsymbol{I})\boldsymbol{u}=\boldsymbol{0}$ 中可得

$\begin{bmatrix}2 & 2\\ 2 & 2\end{bmatrix}\begin{bmatrix}u_1\\ u_2\end{bmatrix}=\begin{bmatrix}0\\ 0\end{bmatrix}$，解之得 $\boldsymbol{u}=c_1\begin{bmatrix}1\\ -1\end{bmatrix}$，

故對應的特徵向量為 $\boldsymbol{v}_1=\begin{bmatrix}1\\ -1\end{bmatrix}$，

將 $\lambda=3$ 代回 $(\boldsymbol{A}-\lambda\boldsymbol{I})\boldsymbol{u}=\boldsymbol{0}$ 中可得

$\begin{bmatrix}-2 & 2\\ 2 & -2\end{bmatrix}\begin{bmatrix}u_1\\ u_2\end{bmatrix}=\begin{bmatrix}0\\ 0\end{bmatrix}$，解之得 $\boldsymbol{u}=c_2\begin{bmatrix}1\\ 1\end{bmatrix}$。

故對應的特徵向量爲 $\boldsymbol{v}_2=\begin{bmatrix}1\\1\end{bmatrix}$，

令基底

$$\beta=\{\boldsymbol{v}_1,\boldsymbol{v}_2\}=\left\{\begin{bmatrix}1\\-1\end{bmatrix},\begin{bmatrix}1\\1\end{bmatrix}\right\}，$$

故基底 $\beta$ 變換到基底 $\alpha$ 的轉換矩陣爲

$$\boldsymbol{P}=\begin{bmatrix}\boldsymbol{v}_1 & \boldsymbol{v}_2\end{bmatrix}=\begin{bmatrix}1 & 1\\-1 & 1\end{bmatrix}，$$

則

$$[T]_\beta=\boldsymbol{P}^{-1}[T]_\alpha\boldsymbol{P}=\boldsymbol{P}^{-1}\boldsymbol{AP}=\boldsymbol{D}=\begin{bmatrix}-1 & 0\\0 & 3\end{bmatrix}。$$

■

## 範例 7

令 $T$：$P_2(\mathbb{R})\to P_2(\mathbb{R})$ 且定義爲 $T(f)=f(0)+f(1)(x+x^2)$，求一組基底 $\beta$，使得 $[T]_\beta$ 爲對角矩陣。

---

解 取 $P_2(\mathbb{R})$ 的一組有序基底爲 $\alpha=\{1,x,x^2\}$，設
$f(x)=a+bx+cx^2\in P_2(\mathbb{R})$，

則

$$T(f)=a+(a+b+c)(x+x^2)=a+(a+b+c)x+(a+b+c)x^2，$$

故

$$[T(f)]_\alpha=\begin{bmatrix}a\\a+b+c\\a+b+c\end{bmatrix}=\begin{bmatrix}1 & 0 & 0\\1 & 1 & 1\\1 & 1 & 1\end{bmatrix}\begin{bmatrix}a\\b\\c\end{bmatrix}。$$

令

$$\boldsymbol{A}=[T]_\alpha=\begin{bmatrix}1 & 0 & 0\\1 & 1 & 1\\1 & 1 & 1\end{bmatrix}，$$

由

$\det(\boldsymbol{A}-\lambda\boldsymbol{I})=(-1)^3\lambda(\lambda-1)(\lambda-2)=0$，

可得特徵值爲 $\lambda=0$、1、2，

將 $\lambda=0$ 代回 $(\boldsymbol{A}-\lambda\boldsymbol{I})\boldsymbol{u}=\boldsymbol{0}$ 中可得

$$\begin{bmatrix}1&0&0\\1&1&1\\1&1&1\end{bmatrix}\begin{bmatrix}u_1\\u_2\\u_3\end{bmatrix}=\begin{bmatrix}0\\0\\0\end{bmatrix}，$$

對應的特徵向量爲

$\boldsymbol{u}=c_1\begin{bmatrix}0\\1\\-1\end{bmatrix}$，令 $[\boldsymbol{v}_1]_\alpha=\begin{bmatrix}0\\1\\-1\end{bmatrix}$，故 $\boldsymbol{v}_1=x-x^2$，

將 $\lambda=1$ 代回 $(\boldsymbol{A}-\lambda\boldsymbol{I})\boldsymbol{u}=\boldsymbol{0}$ 中可得

$$\begin{bmatrix}0&0&0\\1&0&1\\1&1&0\end{bmatrix}\begin{bmatrix}u_1\\u_2\\u_3\end{bmatrix}=\begin{bmatrix}0\\0\\0\end{bmatrix}，$$

對應的特徵向量爲，

$\boldsymbol{u}=c_2\begin{bmatrix}-1\\1\\1\end{bmatrix}$，令 $[\boldsymbol{v}_2]_\alpha=\begin{bmatrix}-1\\1\\1\end{bmatrix}$，故 $\boldsymbol{v}_2=-1+x+x^2$，

將 $\lambda=2$ 代入 $(\boldsymbol{A}-\lambda\boldsymbol{I})\boldsymbol{u}=\boldsymbol{0}$ 中可得

$$\begin{bmatrix}-1&0&0\\1&-1&1\\1&1&-1\end{bmatrix}\begin{bmatrix}u_1\\u_2\\u_3\end{bmatrix}=\begin{bmatrix}0\\0\\0\end{bmatrix}，$$

對應的特徵向量爲，

$\boldsymbol{u}=c_3\begin{bmatrix}0\\1\\1\end{bmatrix}$，令 $[\boldsymbol{v}_3]_\alpha=\begin{bmatrix}0\\1\\1\end{bmatrix}$，故 $\boldsymbol{v}_3=x+x^2$，

令基底

$\beta=\{\boldsymbol{v}_1,\boldsymbol{v}_2,\boldsymbol{v}_3\}=\{x-x^2,-1+x+x^2,x+x^2\}$，

故基底 $\beta$ 變換到基底 $\alpha$ 的轉換矩陣爲

$$P=\left[[v_1]_\alpha,[v_2]_\alpha,[v_3]_\alpha\right]=\begin{bmatrix}0&-1&0\\1&1&1\\-1&1&1\end{bmatrix}，$$

故

$$[T]_\beta=P^{-1}[T]_\alpha P=P^{-1}AP=D=\begin{bmatrix}0&0&0\\0&1&0\\0&0&2\end{bmatrix}。$$

■

## 習題演練

1. 求下列變換的特徵值：
   $T(a_1, a_2, a_3) = (4a_1 + a_3, 2a_1 + 3a_2, a_1 + 4a_3)$。

2. 令 $T$：$\mathbb{C}^2\to\mathbb{C}^2$ 爲一線性變換，其中 $\mathbb{C}^2 = \{(c_1, c_2) \mid c_1, c_2\in\mathbb{C}\}$爲複數系的向量空間，且 $T(1, 0) = (0, i)$，$T(0, 1) = (-i, 0)$，
   (1) 計算 $T(1, i) =$？
   (2) 計算 $T$ 的特徵值。

3. 求 $\mathbb{R}^3$ 中線性變換 $T$ 的特徵值與特徵向量，其中 $T(x_1, x_2, x_3) = (x_1, 4x_2 + 7x_3, 2x_2 - x_3)$。

4. 令 $\beta = \{e^t, te^t, t^2e^t\}$，$V = \text{span}(\beta)$，$T$ 爲 $V$ 中線性變換且 $T(f) = f'(t)$，
   (1) 求$[T]_\beta$之矩陣表示式？
   (2) 驗證 $T$ 是否可逆？若爲可逆，求 $T^{-1}(c_1e^t + c_2te^t + c_3t^2e^t)$。
   (3) 求 $T$ 的特徵值及各特徵空間的基底。

5. 設 $\boldsymbol{v}_1$ 與 $\boldsymbol{v}_2$ 爲 $\mathbb{R}^2$ 中兩個線性獨立向量，且 $T$：$\mathbb{R}^2\to\mathbb{R}^2$ 爲線性變換，
   且 $\begin{cases}T(\boldsymbol{v}_1+\boldsymbol{v}_2)=3\boldsymbol{v}_1+3\boldsymbol{v}_2\\T(\boldsymbol{v}_1-2\boldsymbol{v}_2)=-3\boldsymbol{v}_2\end{cases}$，求 $T$ 的特徵值與特徵向量。

6. 令 $T$：$\mathbb{R}^3\to\mathbb{R}^3$ 爲線性變換，且 $T(x, y, z) = (x - z, -y, 2z)$，求 $T$的特徵向量所形成的 $\mathbb{R}^3$ 基底。

7. 定義 $T$：$\mathbb{R}^2\to\mathbb{R}^2$ 且 $T(x) = \boldsymbol{Ax}$，其中 $\boldsymbol{A}=\begin{bmatrix}7&2\\-4&1\end{bmatrix}$，設 $\beta$ 爲 $\mathbb{R}^2$ 中一組相對變換 $\boldsymbol{A}$ 爲對角矩陣的基底，求此對角矩陣及基底 $\beta$。

# 4-4 Matlab 與特徵值系統

## 基本指令

**1. 特徵值與特徵向量 [eig]**

(1) 計算一矩陣 ***A*** 的特徵值，指令爲

**eig(A)**

如圖 4-4.1 所示。

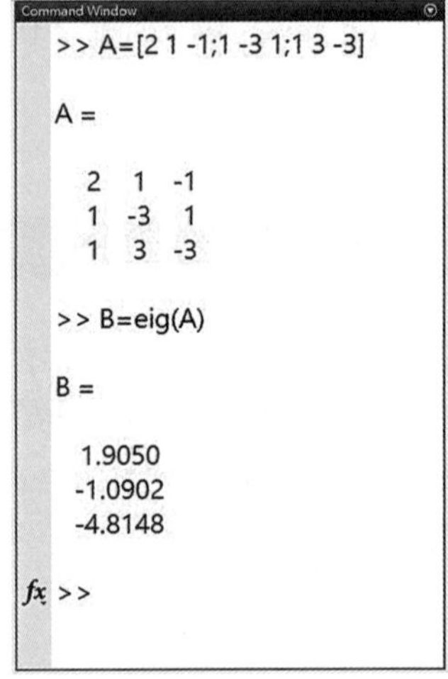

```
Command Window
>> A=[2 1 -1;1 -3 1;1 3 -3]

A =

   2   1  -1
   1  -3   1
   1   3  -3

>> B=eig(A)

B =

  1.9050
 -1.0902
 -4.8148

fx >>
```

圖 4-4.1

(2) 同時計算矩陣 ***A*** 的特徵向量(儲存在矩陣 ***B***)與特徵值(儲存在矩陣 ***C***)，指令爲

**[B,C]=eig(A)**

如圖 4-4.2 所示。

```
Command Window
>> A=[2 1 -1;1 -3 1;1 3 -3]

A =

   2   1  -1
   1  -3   1
   1   3  -3

>> [B,C]=eig(A)

B =

  -0.9055   0.1127   0.1999
  -0.2539   0.5066  -0.5551
  -0.3399   0.8548   0.8074


C =

   1.9050        0        0
        0  -1.0902        0
        0        0  -4.8148

fx >>
```

圖 4-4.2

(3) 先求矩陣 $A$ 的特徵多項式，指令爲

**poly(A)**

在求其根，指令爲

**root(多項式)**

如圖 4-4.3 所示。

```
Command Window
>> A=[2 0 0;4 -2 0;2 3 7]

A =

  2  0  0
  4 -2  0
  2  3  7

>> B=poly(A)

B =

  1  -7  -4  28

>> eigenvals = roots(B)

eigenvals =

   7.0000
  -2.0000
   2.0000

fx >>
```

圖 4-4.3

**2. 特徵空間**

計算矩陣 $A$ 對應特徵值 $\lambda$ 的特徵空間，

可先使用指令 **eig(A)**算出特徵值，

再使用指令

**null(特徵值*單位矩陣-A, 'r')**

如圖 4-4.4 所示。

```
Command Window
>> A=[0 0 -2;1 2 1;1 0 3]

A =

  0  0  -2
  1  2   1
  1  0   3

>> D=eig(A)

D =

  2
  1
  2

>> lamda=1

lamda =

  1

>> E=lamda*eye(3)-A

E =

   1   0   2
  -1  -1  -1
  -1   0  -2

>> null(E,'r')

ans =

  -2
   1
   1

fx >>
```

圖 4-8.4

# 5

# 内積空間

我們在中學利用 $\mathbb{R}^n$ 空間中的內積計算物理系統中的力與作功，事實上內積不只用於幾何坐標系統 $\mathbb{R}^n$，一般的向量空間也可以有合理的內積運算，可來求長度大小與夾角，本章複習 $\mathbb{R}^n$ 空間中的內積後，進而推廣到一般的向量空間，並利用內積運算計算最小二乘方解。

如何在幾何向量空間中建立計算長度與角度的大小呢？其觀念是來自內積，我們從 $\mathbb{R}^n$ 中的內積談起。

## 5-1 $\mathbb{R}^n$ 空間的內積

我們從 $\mathbb{R}^2$ 的內積開始。如圖 5-1.1 所示，對 $\mathbb{R}^2$ 中的任兩向量 $\boldsymbol{u}=(x_1, y_1)$ 、$\boldsymbol{v}=(x_2, y_2)$，有

$$\cos(\beta-\alpha)=\cos\beta\cos\alpha+\sin\beta\sin\alpha$$

$$=\frac{x_1}{\|\boldsymbol{u}\|}\frac{x_2}{\|\boldsymbol{v}\|}+\frac{y_1}{\|\boldsymbol{u}\|}\frac{y_2}{\|\boldsymbol{v}\|}=\frac{x_1x_2+y_1y_2}{\|\boldsymbol{u}\|\|\boldsymbol{v}\|}\text{。}$$

$\therefore \|\boldsymbol{u}\|\|\boldsymbol{v}\|\cos(\beta-a)=x_1x_2+y_1y_2$。這便是你在中學時所學的 $\boldsymbol{u}$ 與 $\boldsymbol{v}$ 的內積，其中 $\beta-\alpha$ 爲 $\boldsymbol{u}$ 與 $\boldsymbol{v}$ 向量的夾角。若 $\alpha=\beta$，則 $\boldsymbol{u}=\boldsymbol{v}$，則 $\|\boldsymbol{u}\|=\sqrt{x_1^{\ 2}+y_1^{\ 2}}$ 便是你所熟知的實數平面的向量長度。

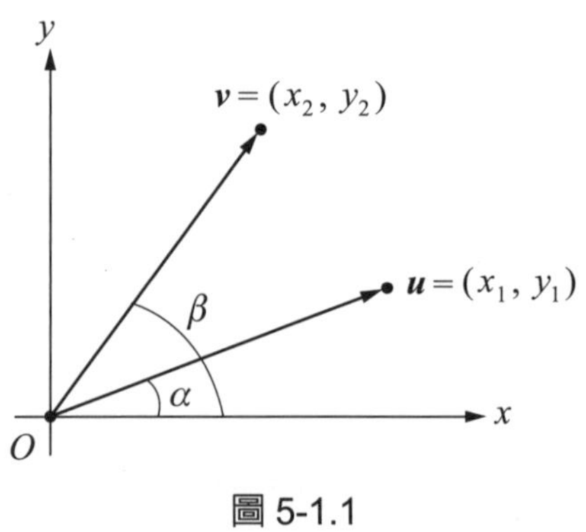


圖 5-1.1

### 一、$\mathbb{R}^n$ 中向量的長度（範數）

**1. 定義 1**

若 $\boldsymbol{v}=(v_1, v_2, \cdots\cdots, v_n)$爲 $\mathbb{R}^n$ 中的向量，則 $\boldsymbol{v}$ 的範數，又稱爲 $\boldsymbol{v}$ 的長度（length）或 $\boldsymbol{v}$ 的大小（magnitude），記作 $\|\boldsymbol{v}\|$，定義爲

$$\|v\|=\sqrt{v_1^{\ 2}+v_2^{\ 2}+v_3^{\ 2}+\cdots\cdots+v_n^{\ 2}}\text{。}$$

圖 5-1.2(a)、(b)所示，分別圖示了 2 維及 3 維中向量的長度求法。

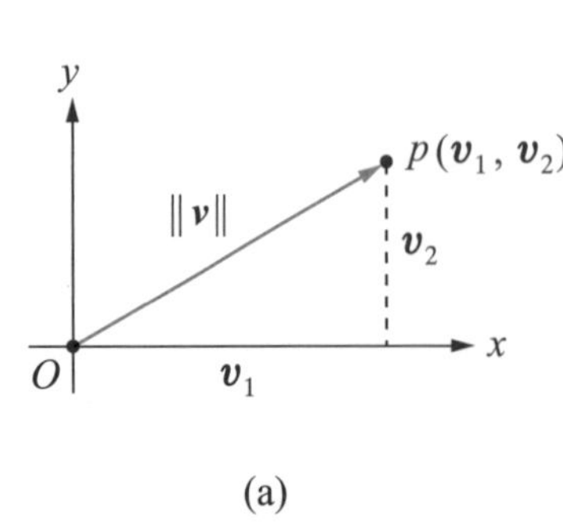


(a)

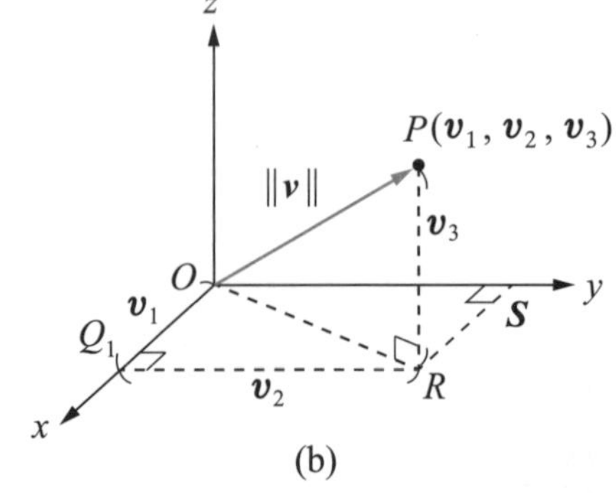


(b)

圖 5-1.2 $\mathbb{R}^2$ 及 $\mathbb{R}^3$ 中的範數

## 範例 1

$\mathbb{R}^3$ 中的向量 $\boldsymbol{v} = (-2, 2, 1)$，$\mathbb{R}^4$ 中的向量 $\boldsymbol{u} = (1, -1, 3, -5)$。計算 $\boldsymbol{v}$、$\boldsymbol{u}$ 之範數。

---

**解** $\|\boldsymbol{u}\| = \sqrt{(-2)^2 + 2^2 + 1^2} = \sqrt{3}$，

$\|\boldsymbol{v}\| = \sqrt{1^2 + (-1)^2 + 3^2 + (-5)^2} = \sqrt{36} = 6$。

■

**2. 定理**

若 $\boldsymbol{v}$ 為 $\mathbb{R}^n$ 中的向量、$k$ 為任意純量，則

(1) $\|\boldsymbol{v}\| \geq 0$。

(2) $\|\boldsymbol{v}\| = 0$ 若且唯若 $\boldsymbol{v} = 0$。

(3) $\|k\boldsymbol{v}\| = |k|\,\|\boldsymbol{v}\|$。

**3. 單位向量**

當向量的範數等於 1 時，稱之為單位向量（unit vector）。

若 $\boldsymbol{v}$ 為 $\mathbb{R}^n$ 中的任意非零向量，則

$$\boldsymbol{u} = \frac{1}{\|\boldsymbol{v}\|}\boldsymbol{v}$$

為 $\boldsymbol{v}$ 方向上的單位向量，可用來指示向量 $\boldsymbol{v}$ 的方向。

計算向量 $\boldsymbol{u}$ 稱之為對 $\boldsymbol{v}$ 向量進行**正規化**（normalizing）或單位化。

## 範例 2

試求一個與 $\boldsymbol{v} = (2, -2, -1)$同方向之單位向量 $\boldsymbol{u}$。

---

**解** $\|\boldsymbol{v}\| = 3$，所以 $\boldsymbol{u} = \dfrac{\boldsymbol{v}}{\|\boldsymbol{v}\|} = \dfrac{(2, -2, -1)}{3}$。

■

**4. 標準單位向量**

(1) $\mathbb{R}^n$ 空間中，定義出其標準單位向量爲

$e_1=(1,0,0,\cdots\cdots,0)$ 、 $e_2=(0,1,0,\cdots\cdots,0)$ 、……、 $e_n=(0,0,0,\cdots\cdots,1)$ 。

(2) $\mathbb{R}^n$ 空間中的任意向量 $\boldsymbol{v}=(v_1,v_2,\cdots\cdots,v_n)$ 可被展開爲

$\boldsymbol{v}=(v_1,v_2,\cdots\cdots,v_n)=v_1\boldsymbol{e}_1+v_2\boldsymbol{e}_2+\cdots\cdots+v_n\boldsymbol{e}_n$ 。

【例】

$\mathbb{R}^3$ 中，$(2,-3,4)=2\boldsymbol{e}_1-3\boldsymbol{e}_2+4\boldsymbol{e}_3$ 。

$\mathbb{R}^4$ 中，$(7,3,-4,5)=7\boldsymbol{e}_1+3\boldsymbol{e}_2-4\boldsymbol{e}_3+5\boldsymbol{e}_4$ 。

**5. 兩向量間距離**

若 $\boldsymbol{u}=(u_1,u_2,\cdots\cdots,u_n)$、$\boldsymbol{v}=(v_1,v_2,\cdots\cdots,v_n)$爲 $\mathbb{R}^n$ 空間中的兩向量，則 $\boldsymbol{u}$ 和 $\boldsymbol{v}$ 的距離（distance）記作 $d(\boldsymbol{u},\boldsymbol{v})$，且定義爲

$d(\boldsymbol{u},\boldsymbol{v})=\|\boldsymbol{u}-\boldsymbol{v}\|=\sqrt{(u_1-v_1)^2+(u_2-v_2)^2+\cdots\cdots+(u_n-v_n)^2}$ 。

**範例 3**

令 $\boldsymbol{u}=(1,3,-2,7)$與 $\boldsymbol{v}=(0,7,2,2)$，

則 $\boldsymbol{u}$、$\boldsymbol{v}$ 的間距離爲何？

---

**解** $\boldsymbol{u}$、$\boldsymbol{v}$ 的間距離爲

$d(\boldsymbol{u},\boldsymbol{v})=\sqrt{(1-0)^2+(3-7)^2+(-2-2)^2+(7-2)^2}=\sqrt{58}$ 。

■

## 二、內積

**1. 定義**

如圖 5-1.3 所示，令 $\boldsymbol{u}$ 和 $\boldsymbol{v}$ 爲 $\mathbb{R}^2$ 或 $\mathbb{R}^3$ 空間的非零向量，若 $\theta$ 爲 $\boldsymbol{u}$ 和 $\boldsymbol{v}$ 之間的夾角，則 $\boldsymbol{u}$ 和 $\boldsymbol{v}$ 的點積（dot product）又稱爲尤拉內積或歐幾里德內積（Euclidean inner product），記作 $\boldsymbol{u}\cdot\boldsymbol{v}$，且定義爲

$v$ $\theta$ $u$

圖 5-1.3 尤拉內積

$\boldsymbol{u}\cdot\boldsymbol{v}=\|\boldsymbol{u}\|\|\boldsymbol{v}\|\cos\theta$

**Note**

(1) 若 $u=0$ 或 $v=0$，則定義 $u\cdot v$ 為 0。

(2) 兩向量之夾角 $\theta$ 為 $\cos\theta=\dfrac{u\cdot v}{\|u\|\|v\|}$。

若 $\boldsymbol{v}=(v_1, v_2, \cdots\cdots, v_n)$為 $\mathbb{R}^n$ 中的向量，則 $\boldsymbol{v}$ 的範數，又稱為 $\boldsymbol{v}$ 的長度（length）或 $\boldsymbol{v}$ 的大小（magnitude），記作$\|\boldsymbol{v}\|$，且定義為

$\|\boldsymbol{v}\|=\sqrt{\boldsymbol{v}\cdot\boldsymbol{v}}$。

## 範例 4

求圖中向量的點積

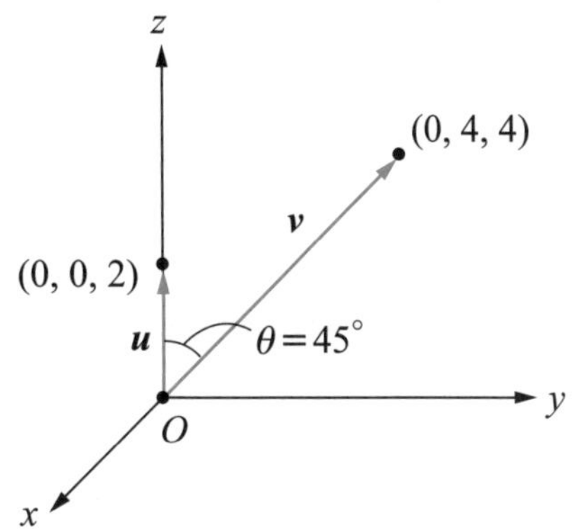


解 $\boldsymbol{u}\cdot\boldsymbol{v}=\|\boldsymbol{u}\|\|\boldsymbol{v}\|\cos\theta=2\times4\sqrt{2}\times\dfrac{1}{\sqrt{2}}=8$。

### 2. $\mathbb{R}^n$ 尤拉內積

若 $\boldsymbol{u}=(u_1, u_2, \cdots\cdots, u_n)$和 $\boldsymbol{v}=(v_1, v_2, \cdots\cdots, v_n)$為 $\mathbb{R}^n$ 中的向量則 $\boldsymbol{u}\cdot\boldsymbol{v}$ 定義為

$\boldsymbol{u}\cdot\boldsymbol{v}=u_1v_1+u_2v_2+\cdots\cdots+u_nv_n$。

**Note**

若 $\boldsymbol{u}=\begin{bmatrix}u_1\\u_2\\\vdots\\u_n\end{bmatrix}$、$\boldsymbol{v}=\begin{bmatrix}v_1\\v_2\\\vdots\\v_n\end{bmatrix}\in\mathbb{R}^n$，則 $\boldsymbol{u}\cdot\boldsymbol{v}=\boldsymbol{u}^T\boldsymbol{v}=\boldsymbol{v}^T\boldsymbol{u}$。

## 範例 5

計算下列$\mathbb{R}^4$中向量的 $\boldsymbol{u}\cdot\boldsymbol{v}$：

$\boldsymbol{u}=(-1, 3, 5, 7)$、$\boldsymbol{v}=(-3, -4, 1, 0)$。

---

**解** $\boldsymbol{u}\cdot\boldsymbol{v}=3-12+5+0=-4$。

■

**Note**

$\boldsymbol{v}\cdot\boldsymbol{v}=v_1^{\ 2}+v_2^{\ 2}+\cdots\cdots+v_n^{\ 2}=\|\boldsymbol{v}\|^2$，即$\|\boldsymbol{v}\|=\sqrt{\boldsymbol{v}\cdot\boldsymbol{v}}$ 。

**3. 性質：**

若 $\boldsymbol{u}$、$\boldsymbol{v}$ 與 $\boldsymbol{w}$ 為$\mathbb{R}^n$中的向量，且 $k$ 為純量，則

(1) $\boldsymbol{u}\cdot\boldsymbol{v}=\boldsymbol{v}\cdot\boldsymbol{u}$（交換性）。

(2) $\boldsymbol{u}\cdot(\boldsymbol{v}+\boldsymbol{w})=\boldsymbol{u}\cdot\boldsymbol{v}+\boldsymbol{u}\cdot\boldsymbol{w}$（分配律）。

(3) $k(\boldsymbol{u}\cdot\boldsymbol{v})=(k\boldsymbol{u})\cdot\boldsymbol{v}$（結合性）。

(4) $\boldsymbol{v}\cdot\boldsymbol{v}\geq 0$，$\|\boldsymbol{v}\|=0$ 若且唯若 $\boldsymbol{v}=0$（正値性）。

## 範例 6

請用內積計算$(\boldsymbol{u}-2\boldsymbol{v})\cdot(3\boldsymbol{u}+4\boldsymbol{v})=$？

（其中$\|\boldsymbol{u}\|=2$、$\|\boldsymbol{v}\|=1$、$\theta=\dfrac{\pi}{3}$）

---

**解**

$$\begin{aligned}(\boldsymbol{u}-2\boldsymbol{v})\cdot(3\boldsymbol{u}+4\boldsymbol{v})&=\boldsymbol{u}\cdot(3\boldsymbol{u}+4\boldsymbol{v})-2\boldsymbol{v}\cdot(3\boldsymbol{u}+4\boldsymbol{v})=3(\boldsymbol{u}\cdot\boldsymbol{u})+4(\boldsymbol{u}\cdot\boldsymbol{v})-6(\boldsymbol{v}\cdot\boldsymbol{u})-8(\boldsymbol{v}\cdot\boldsymbol{v})\\&=3\|\boldsymbol{u}\|^2-2(\boldsymbol{u}\cdot\boldsymbol{v})-\mathbf{8}\|\boldsymbol{v}\|^2=3\times2^2-2\times2\times1\times\cos\frac{\pi}{3}-8\times1^2\\&=12-2-8=2\text{。}\end{aligned}$$

■

## 三、柯西－史瓦茲不等式

柯西－史瓦茲不等式是一個非常廣泛應用的不等式，描述內積空間中兩個向量內積大小與各自長度乘積的不等式關係，介紹如下：

**1. 定理：$\mathbb{R}^n$ 中柯西－史瓦茲不等式**

若 $\boldsymbol{u}=(u_1, u_2, \cdots\cdots, u_n)$、$\boldsymbol{v}=(v_1, v_2, \cdots\cdots, v_n)$為 $\mathbb{R}^n$ 中的向量，則

$$|\boldsymbol{u}\cdot\boldsymbol{v}|\le\|\boldsymbol{u}\|\|\boldsymbol{v}\|$$

或以分量形式表示為：

$$|u_1v_1+u_2v_2+\cdots\cdots+u_nv_n|\le(u_1^{\ 2}+u_2^{\ 2}+\cdots\cdots+u_n^{\ 2})^{\frac{1}{2}}(v_1^{\ 2}+v_2^{\ 2}+\cdots\cdots+v_n^{\ 2})^{\frac{1}{2}}$$

**2. $\mathbb{R}^n$ 的幾何性**

若 $\boldsymbol{u}$、$\boldsymbol{v}$、$\mathbf{w}$ 為 $\mathbb{R}^n$ 中的向量，且設 $k$ 為任一純量，則

(1) $\|\boldsymbol{u}+\boldsymbol{v}\|\le\|\boldsymbol{u}\|+\|\boldsymbol{v}\|$（向量的三角不等式）。

(2) $d(\boldsymbol{u},\boldsymbol{v})=d(\boldsymbol{u}\cdot\boldsymbol{w})+d(\boldsymbol{w},\boldsymbol{v})$（距離的三角不等式）。

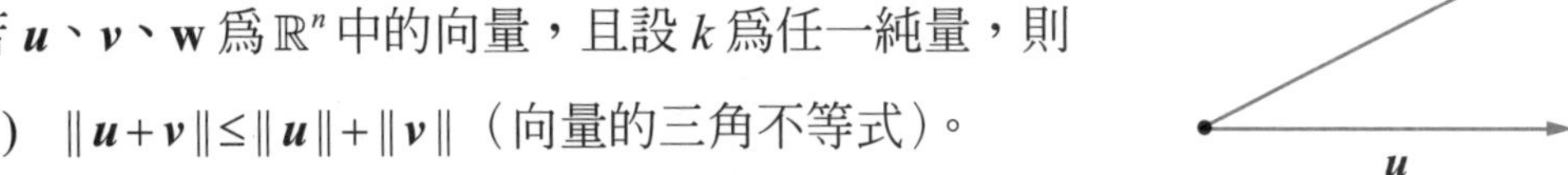

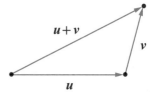


圖 5-1.4　三角不等式

例如：若 $\boldsymbol{u}=(1,0,-2,2)$、$\boldsymbol{v}=(0,-3,4,0)$，則 $\|\boldsymbol{u}\|=3$、$\|\boldsymbol{v}\|=5$

且 $\boldsymbol{u}\cdot\boldsymbol{v}=-8$，則 $|\boldsymbol{u}\cdot\boldsymbol{v}|=|-8|=8\le\|\boldsymbol{u}\|\times\|\boldsymbol{v}\|=3\times5=15$，

滿足柯西－史瓦茲不等式，如圖 5-1.4 所示。

## 四、正交性

**1. 正交向量定義**

取 $\mathbb{R}^n$ 中兩非零向量 $\boldsymbol{u}$、$\boldsymbol{v}$，若 $\boldsymbol{u}\cdot\boldsymbol{v}=0$，則稱 $\boldsymbol{u}$ 和 $\boldsymbol{v}$ 為正交（orthogonal）或稱垂直（perpendicular），故 $\mathbb{R}^n$ 中的零向量正交於其它所有向量。若 $\mathbb{R}^n$ 中的一非空集合，其任兩個不同向量為正交，則稱為正交集（orthogonal set）。單位向量所構成的正交集合，稱為正規化正交集合（orthonormal set）。

### 範例 7

證明 $\mathbb{R}^n$ 中的 $\boldsymbol{u}=(-2, 3, 1, -4)$和 $\boldsymbol{v}=(1, 2, 0, 1)$為正交。

**解** $\boldsymbol{u}\cdot\boldsymbol{v}=0\Rightarrow\boldsymbol{u}$、$\boldsymbol{v}$ 正交。■

**2. 幾何空間之點法式**

$\mathbb{R}^2$ 及 $\mathbb{R}^3$ 中的直線 $L$ 和平面 $E$ 都可利用內積決定，如圖 5-1.5 所示，我們有 $\boldsymbol{n}\cdot\overrightarrow{P_0P}=0$ 。

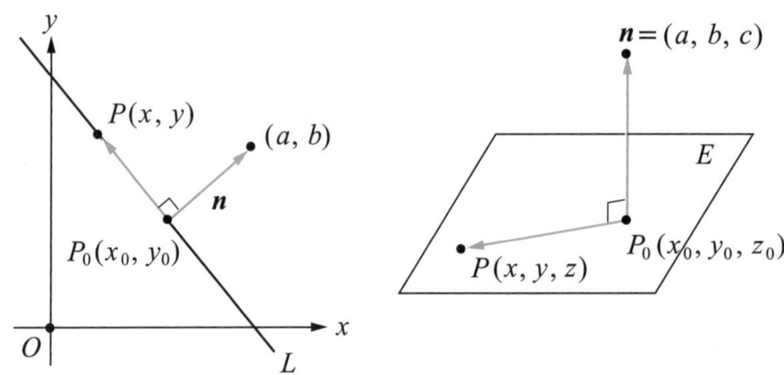


圖 5-1.5

故

$$a(x-x_0)+b(y-y_0)=0 \qquad \text{（直線）}$$

$$a(x-x_0)+b(y-y_0)+c(z-z_0)=0 \qquad \text{（平面）}$$

以上這些稱爲 $\mathbb{R}^2$ 中直線 $L$ 和 $\mathbb{R}^3$ 中平面 $E$ 的點法式方程（point-normal equations）。

【例】

(1) $6(x-3)+2(y+5)=0$ 代表通過點(3, –5)，法向量爲 $\boldsymbol{n}=(6, 2)$的直線；

(2) $4(x-1)+3y-5(z-2)=0$ 代表通過點(1, 0, 2)，法向量爲 $\boldsymbol{n}=(4, 3, -5)$的平面。

**3. 定理**

(1) 若 $a$ 和 $b$ 爲常數且不同時爲零，則方程式形式爲

$$ax+by+c=0$$

代表 $\mathbb{R}^2$ 中的一直線，且其法向量爲 $\boldsymbol{n}=(a, b)$。

(2) 若 $a$、$b$ 和 $c$ 爲常數且不同時爲零，則方程式形式爲

$$ax+by+cz+d=0$$

代表 $\mathbb{R}^3$ 中的一平面，且其法向量爲 $\boldsymbol{n}=(a, b, c)$。

## 4. 正交投影

圖 5-1.6 表示了 $\boldsymbol{u}$ 向量在 $\boldsymbol{a}$ 向量上之投影情形，其中 $\boldsymbol{w}_1$ 爲 $\boldsymbol{u}$ 在 $\boldsymbol{a}$ 上的正交投影向量，$\boldsymbol{w}_2$ 爲正交於 $\boldsymbol{a}$ 的向量。

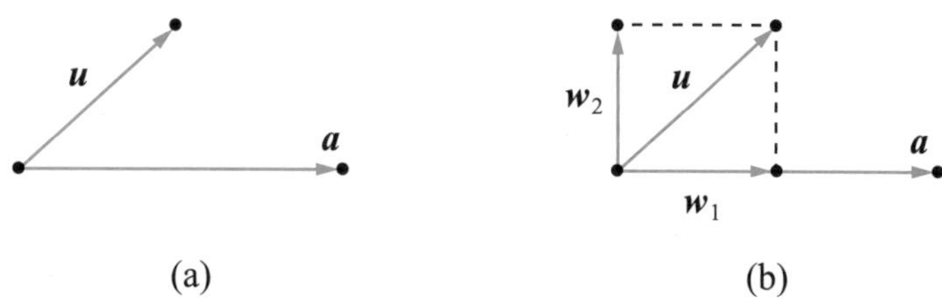


圖 5-1.6

一般用符號 $\text{Proj}_{\boldsymbol{a}}\boldsymbol{u}$ 爲表示 $\boldsymbol{u}$ 在 $\boldsymbol{a}$ 上的投影。

## 5. 投影定理

若 $\boldsymbol{u}$ 和 $\boldsymbol{a}$ 爲 $\mathbb{R}^n$ 中之向量，且 $\boldsymbol{a} \neq 0$，則 $\boldsymbol{u}$ 可唯一表爲 $\boldsymbol{u} = \boldsymbol{w}_1 + \boldsymbol{w}_2$，其中，$\boldsymbol{w}_1$ 爲平行於 $\boldsymbol{a}$ 的向量，$\boldsymbol{w}_2$ 爲正交於 $\boldsymbol{a}$ 之向量，原因如下：

令 $\boldsymbol{w}_1 = k\boldsymbol{a}$，則 $\boldsymbol{u} = \boldsymbol{w}_1 + \boldsymbol{w}_2 = k\boldsymbol{a} + \boldsymbol{w}_2$，

對 $\boldsymbol{a}$ 取內積

$$\boldsymbol{u}\cdot\boldsymbol{a} = (k\boldsymbol{a} + \boldsymbol{w}_2)\cdot\boldsymbol{a} = k\|\boldsymbol{a}\|^2 + (\boldsymbol{w}_2\cdot\boldsymbol{a}) \text{ 得 } k = \frac{\boldsymbol{u}\cdot\boldsymbol{a}}{\|\boldsymbol{a}\|^2},$$

且根據向量幾何知：可令 $\boldsymbol{w}_2 = \boldsymbol{u} - \text{proj}_{\boldsymbol{a}}\boldsymbol{u}$。則

$$\boldsymbol{w}_1 = k\boldsymbol{a} = \text{Proj}_{\boldsymbol{a}}\boldsymbol{u} = \frac{\boldsymbol{u}\cdot\boldsymbol{a}}{\|\boldsymbol{a}\|^2}\boldsymbol{a} \quad (\boldsymbol{u} \text{ 在 } \boldsymbol{a} \text{ 上的分量向量})),$$

$$\boldsymbol{w}_2 = \boldsymbol{u} - \text{Proj}_{\boldsymbol{a}}\boldsymbol{u} = \boldsymbol{u} - \frac{\boldsymbol{u}\cdot\boldsymbol{a}}{\|\boldsymbol{a}\|^2}\boldsymbol{a} \quad (\boldsymbol{u} \text{ 正交於 } \boldsymbol{a} \text{ 的分量向量})。$$

### 範例 8

令 $\boldsymbol{u} = (2, -1, 3)$及 $\boldsymbol{a} = (1, 2, 2)$，試求 $\boldsymbol{u}$ 在 **a** 上的分量向量與正交於 $\boldsymbol{a}$ 的分量向量。

---

**解** $\text{Proj}_{\boldsymbol{a}}\boldsymbol{u} = (\frac{\boldsymbol{u}\cdot\boldsymbol{a}}{\boldsymbol{a}\cdot\boldsymbol{a}})\boldsymbol{a} = \frac{2-2+6}{9}(1, 2, 2) = (\frac{2}{3}, \frac{4}{3}, \frac{4}{3})$ 爲 $\boldsymbol{u}$ 在 $\boldsymbol{a}$ 上的分量向量，

$\boldsymbol{u} - \text{Proj}_{\boldsymbol{a}}\boldsymbol{u} = (2, -1, 3) - (\frac{2}{3}, \frac{4}{3}, \frac{4}{3}) = (\frac{4}{3}, -\frac{7}{3}, \frac{5}{3})$ 爲 $\boldsymbol{u}$ 之正交於 $\boldsymbol{a}$ 的分量向量。 ■

**6. $\mathbb{R}^n$ 中的畢達哥拉斯定理**

若 $\boldsymbol{u}$ 和 $\boldsymbol{v}$ 爲 $\mathbb{R}^n$ 中的兩正交向量，如圖 5-1.7 所示，則由內積的分配律知：

$\| \boldsymbol{u}+\boldsymbol{v} \|^2 = \| \boldsymbol{u} \|^2 + \| \boldsymbol{v} \|^2$

在初中時我們在實數平面 $\mathbb{R}^2$ 上學過這個定理：直角三角形之斜邊平方等於兩股平方和。如今我們發現在一般的 $\mathbb{R}^n$ 中也是對的。

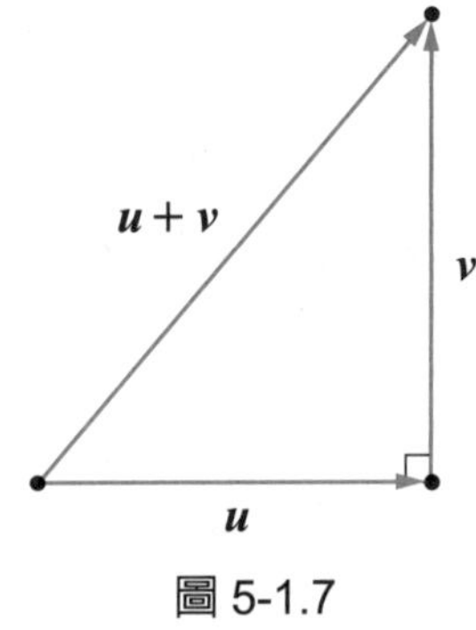

圖 5-1.7

## 範例 9

$\mathbb{R}^4$ 中 $\boldsymbol{u} = (-2, 3, 2, 4)$、$\boldsymbol{v} = (1, 2, 0, -1)$爲正交，請驗證 $\boldsymbol{u}$、$\boldsymbol{v}$ 滿足畢達哥拉斯定理。

**解** $\| \boldsymbol{u} \|^2 = (-2)^2 + 3^2 + 2^2 + 4^2 = 33$，

$\| \boldsymbol{v} \|^2 = 1^2 + 2^2 + 0^2 + (-1)^2 = 6$，

$\boldsymbol{u}+\boldsymbol{v} = (-1, 5, 2, 3)$，

$\| \boldsymbol{u}+\boldsymbol{v} \|^2 = (-1)^2 + 5^2 + 2^2 + (3)^2 = 39$，

$\therefore \| \boldsymbol{u}+\boldsymbol{v} \|^2 = \| \boldsymbol{u} \|^2 + \| \boldsymbol{v} \|^2$，

滿足了畢達哥拉斯定理。

## 習題演練

1. 求下列各向量的長度：

   (1) $\boldsymbol{v} = (5, -12)$ (2) $\boldsymbol{v} = (3, 4)$ (3) $\boldsymbol{v} = (1, 2, -2)$ (4) $\boldsymbol{v} = (5, -3, 4)$ (5) $\boldsymbol{v} = (3, 4, 1, -2)$

   (6) $\boldsymbol{v} = (1, -1, 0, 3)$。

2. 求與 $\boldsymbol{v}$ 同方向的單位向量：

   (1) $\boldsymbol{v} = (1, -2, -2)$ (2) $\boldsymbol{v} = (4, -3)$ (3) $\boldsymbol{v} = (1, 2)$

   (4) $\boldsymbol{v} = (5, 2, 4)$ (5) $\boldsymbol{v} = (1, -1, 2, 0)$ (6) $\boldsymbol{v} = (0, 2, 1, -2)$。

3. 求下列中兩向量的距離：

 (1) $\boldsymbol{u}=(-1,1)$、$\boldsymbol{v}=(1,2)$。

 (2) $\boldsymbol{u}=(3,-4)$、$\boldsymbol{v}=(-1,-1)$。

 (3) $\boldsymbol{u}=(1,-2,5)$、$\boldsymbol{v}=(3,0,3)$。

 (4) $\boldsymbol{u}=(1,0,4)$、$\boldsymbol{v}=(-1,-2,0)$。

 (5) $\boldsymbol{u}=(1,1,1,-2)$、$\boldsymbol{v}=(-1,0,-1,0)$。

 (6) $\boldsymbol{u}=(1,2,-3,4)$、$\boldsymbol{v}=(2,1,-2,5)$。

4. 求下列 $\mathbb{R}^n$ 空間中向量的內積與兩向量夾角：

 (1) $\boldsymbol{u}=(3,4)$、$\boldsymbol{v}=(-1,1)$。

 (2) $\boldsymbol{u}=(-1,2)$、$\boldsymbol{v}=(3,-1)$。

 (3) $\boldsymbol{u}=(-2,2,1)$、$\boldsymbol{v}=(-1,0,3)$。

 (4) $\boldsymbol{u}=(2,0,-1)$、$\boldsymbol{v}=(1,2,0)$。

 (5) $\boldsymbol{u}=(-2,0,-1,2)$、$\boldsymbol{v}=(1,1,1,0)$。

 (6) $\boldsymbol{u}=(4,0,-3,1)$、$\boldsymbol{v}=(1,1,2,2)$。

5. 若 $\|\boldsymbol{u}\|=2$、$\|\boldsymbol{v}\|=3$，且 $\boldsymbol{u}$、$\boldsymbol{v}$ 之夾角爲 $\dfrac{\pi}{3}$，計算下列各小題：

 (1) $(\boldsymbol{u}-2\boldsymbol{v})\cdot(\boldsymbol{u}+3\boldsymbol{v})$。

 (2) $(-2\boldsymbol{u}+\boldsymbol{v})\cdot(2\boldsymbol{u}-3\boldsymbol{v})$。

 (3) $(2\boldsymbol{u}+\boldsymbol{v})\cdot(-3\boldsymbol{u}-\boldsymbol{v})$。

6. 判斷下列各小題之兩向量的關係爲正交、平行或兩者皆非：

 (1) $\boldsymbol{u}=(3,4)$、$\boldsymbol{v}=(\frac{3}{5},\frac{4}{5})$。

 (2) $\boldsymbol{u}=(3,-4)$、$\boldsymbol{v}=(\frac{4}{5},\frac{3}{5})$。

 (3) $\boldsymbol{u}=(1,2,0)$、$\boldsymbol{v}=(0,3,0)$。

 (4) $\boldsymbol{u}=(1,-1,2)$、$\boldsymbol{v}=(-1,1,1)$。

 (5) $\boldsymbol{u}=(1,2,3,4)$、$\boldsymbol{v}=(-0.1,-0.2,-0.3,-0.4)$。

 (6) $\boldsymbol{u}=(-2,3,2,-3)$、$\boldsymbol{v}=(1,1,1,1)$。

7. 在 $\mathbb{R}^n$ 空間中，求 $\boldsymbol{u}$ 到 $\boldsymbol{v}$ 的正交投影：

 (1) $\boldsymbol{u}=(2,1)$、$\boldsymbol{v}=(-3,4)$。

 (2) $\boldsymbol{u}=(-1,-3)$、$\boldsymbol{v}=(2,2)$。

 (3) $\boldsymbol{u}=(2,-1,1)$、$\boldsymbol{v}=(1,1,0)$。

(4) $\boldsymbol{u} = (5, -3, -2)$、$\boldsymbol{v} = (-2, -2, 1)$。

(5) $\boldsymbol{u} = (-1, 1, 3, 3)$、$\boldsymbol{v} = (1, -1, -1, 1)$。

8. 在下列各題中，請驗證柯西-史瓦茲不等式：

(1) $\boldsymbol{u} = (3, 4)$、$\boldsymbol{v} = (-3, 2)$。

(2) $\boldsymbol{u} = (-1, 1)$、$\boldsymbol{v} = (1, 0)$。

(3) $\boldsymbol{u} = (1, -1, 2)$、$\boldsymbol{v} = (1, 3, 2)$。

(4) $\boldsymbol{u} = (-1, 1, 0)$、$\boldsymbol{v} = (0, -1, 1)$。

9. 在下列各題中，請驗證畢達哥拉斯定理，其中 $\boldsymbol{u}$、$\boldsymbol{v}$ 為正交：

(1) $\boldsymbol{u} = (1, 1)$、$\boldsymbol{v} = (1, -1)$。

(2) $\boldsymbol{u} = (3, -4)$、$\boldsymbol{v} = (8, 6)$。

(3) $\boldsymbol{u} = (3, -4, 2)$、$\boldsymbol{v} = (4, 3, 0)$。

(4) $\boldsymbol{u} = (4, -2, 5)$、$\boldsymbol{v} = (2, -1, -2)$。

# 5-2 一般內積空間

接下來將介紹一般向量空間中的內積：

## 一、定義

1. 設 $V$ 是佈於體 $\mathbb{F}$ 的向量空間，若 $\forall \boldsymbol{u}$、$\boldsymbol{v} \in V$ 都有一個唯一的純量 $<\boldsymbol{u}, \boldsymbol{v}>$ 與之對應。同時此種映射滿足下面公理時，則稱 $<\boldsymbol{u}, \boldsymbol{v}>$ 為 $V$ 中的內積。

   (1) $<\alpha \boldsymbol{u}_1 + \boldsymbol{u}_2, \boldsymbol{v}> = \alpha <\boldsymbol{u}_1, \boldsymbol{v}> + <\boldsymbol{u}_2, \boldsymbol{v}>$，$\forall \boldsymbol{u}_1$、$\boldsymbol{u}_2 \in V$，$\alpha \in \mathbb{F}$。

   (2) $<\boldsymbol{u}, \boldsymbol{v}> = \overline{<\boldsymbol{v}, \boldsymbol{u}>}$，$\forall \boldsymbol{u}$、$\boldsymbol{v} \in V$。

   (3) $<\boldsymbol{u}, \boldsymbol{u}> \geq 0$ 或 $<\boldsymbol{u}, \boldsymbol{u}> = 0$ 則 $\boldsymbol{u} = 0$，$\forall \boldsymbol{u} \in V$。

2. 含有內積的向量空間 $V$，稱為內積空間（Inner product space）。同時實數系的內積空間一般稱為歐幾里德空間（Euclidean space）簡稱歐氏空間，而複數系的內積空間一般稱為么正空間（Unitary space）。

3. 設 $V$ 是內積空間，若 $\boldsymbol{u}$、$\boldsymbol{v} \in V$ 且 $<\boldsymbol{u}, \boldsymbol{v}> = 0$，則稱 $\boldsymbol{u}$、$\boldsymbol{v}$ 為正交（orthogonal）。

4. $\| \boldsymbol{u} \| = \sqrt{<\boldsymbol{u}, \boldsymbol{v}>}$ 稱為向量空間中向量 $\boldsymbol{u}$ 的範數（Norm）或長度（Length）。

**Note**

常見的內積的定義：

(1) 若 $\boldsymbol{u}$、$\boldsymbol{v} \in \mathbb{C}^n$ 或 $\mathbb{R}^n$ 時，則有標準內積 $<\boldsymbol{u}, \boldsymbol{v}> = \overline{\boldsymbol{v}}^T \boldsymbol{u}$ 且 $\| \boldsymbol{u} \| = \sqrt{<\boldsymbol{u}, \boldsymbol{u}>} = \sqrt{\boldsymbol{u}^H \boldsymbol{u}}$。

(2) 若 $A$、$B \in M_{m \times n}(\mathbb{F})$ 時，一般內積定義成 $<A, B> = \mathrm{tr}(B^* A) = \mathrm{tr}(B^H A)$。

(3) 若 $f(x)$、$g(x)$ 為 $x \in [a, b]$ 上連續的函數，且 $w(x)$ 為區間 $[a, b]$ 上大於 **0** 的連續函數，一般函數內積定義成

$$<f(x), g(x)> = \int_a^b f(x)g(x)w(x)dx,$$

其中 $w(x)$ 稱為權函數。

【例】

$\boldsymbol{u}=\begin{bmatrix}3\\i\end{bmatrix}$、$\boldsymbol{v}=\begin{bmatrix}2\\-i\end{bmatrix}$，則$<\boldsymbol{u},\boldsymbol{v}>=\begin{bmatrix}2 & i\end{bmatrix}\begin{bmatrix}3\\i\end{bmatrix}=5$。

$\|\boldsymbol{u}\|=\sqrt{<\boldsymbol{u},\boldsymbol{u}>}=\sqrt{\boldsymbol{u}^H\boldsymbol{u}}=\sqrt{10}$。

$\|\boldsymbol{v}\|=\sqrt{<\boldsymbol{v},\boldsymbol{v}>}=\sqrt{\boldsymbol{v}^H\boldsymbol{v}}=\sqrt{5}$。

## 二、性質

1. 設 $V$ 是佈於體 $\mathbb{F}$ 的內積空間，則

   (1) $<\boldsymbol{u},\alpha\boldsymbol{v}+\boldsymbol{w}>=\overline{\alpha}<\boldsymbol{u},\boldsymbol{v}>+<\boldsymbol{u},\boldsymbol{w}>$，其中 $\boldsymbol{u}$、$\boldsymbol{v}$ 與 $\boldsymbol{w}\in V$、$\alpha\in\mathbb{F}$。

   (2) $\|\alpha\boldsymbol{u}\|^2=|\alpha|\|\boldsymbol{u}\|$。

【證明】

(1) 由定義可知

$<\alpha\boldsymbol{u}+\boldsymbol{w},\boldsymbol{v}>=\alpha<\boldsymbol{u},\boldsymbol{v}>+<\boldsymbol{w},\boldsymbol{v}>$，

及$<\boldsymbol{u},\boldsymbol{v}>=\overline{<\boldsymbol{v},\boldsymbol{u}>}$，

知$<\boldsymbol{u},\alpha\boldsymbol{v}+\boldsymbol{w}>=\overline{<\alpha\boldsymbol{v}+\boldsymbol{w},\boldsymbol{u}>}$

$$=\overline{\alpha}\,\overline{<\boldsymbol{v},\boldsymbol{u}>}+\overline{<\boldsymbol{w},\boldsymbol{u}>}$$

$$=\overline{\alpha}<\boldsymbol{u},\boldsymbol{v}>+<\boldsymbol{u},\boldsymbol{w}>$$。

(2) 因$\|\alpha\boldsymbol{u}\|^2=<\alpha\boldsymbol{u},\alpha\boldsymbol{u}>=\alpha\overline{\alpha}<\boldsymbol{u},\boldsymbol{u}>=|\alpha|^2\|\boldsymbol{u}\|^2$，

故$\|\alpha\boldsymbol{u}\|=|\alpha|\|\boldsymbol{u}\|$。

**Note**

(1)若$\forall \boldsymbol{u}\in V$都滿足$<\boldsymbol{u},\boldsymbol{v}>=<\boldsymbol{u},\boldsymbol{w}>$，則 $\boldsymbol{v}=\boldsymbol{w}$，其中 $\boldsymbol{v}$、$\boldsymbol{w}\in V$。

(2)$\|\boldsymbol{u}\|=0$ 若且唯若 $\boldsymbol{u}=\boldsymbol{0}$。

## 範例 1

設 $\boldsymbol{u}=(u_1,u_2,u_3)$、$\boldsymbol{v}=(v_1,v_2,v_3)\in\mathbb{R}^3$，定義內積運算：

$<\boldsymbol{u},\boldsymbol{v}>=u_1v_1+u_2v_2+3u_3v_3$，

若 $\boldsymbol{u}=(1,2,3)$、$\boldsymbol{v}=(1,-2,2)$，試求 $<\boldsymbol{u},\boldsymbol{v}>$、$\|\boldsymbol{u}\|$。

**解**

$<\boldsymbol{u},\boldsymbol{v}>=1-4+3\times6=15$，

$\|\boldsymbol{u}\|=\sqrt{<\boldsymbol{u},\boldsymbol{u}>}=\sqrt{1+4+3\times9}=\sqrt{32}$。

■

## 範例 2

定義 $P_2(\mathbb{R})$ 中的內積為 $<p,q>=p(0)q(0)+p(\frac{1}{2})q(\frac{1}{2})+p(1)q(1)$，則下列向量何者正交於 $f(x)=4x^2-1$，

(1) $x^2-x$ (2) $x^2-1$ (3) $4x^2-4x+1$ (4) $2x+3$ (5)以上皆非。

**解**

(1) $<4x^2-1,x^2-x>=(-1)\times0+0\times(-\frac{1}{4})+3\times0=0$，正交。

(2) $<4x^2-1,x^2-1>=(-1)\times(-1)+0\times(-\frac{3}{4})+3\times0=1$，沒正交。

(3) $<4x^2-1,4x^2-4x+1>=(-1)\times1+0\times0+3\times1=2$，沒正交。

(4) $<4x^2-1,2x+3>=(-1)\times3+0\times4+3\times5=12$，沒正交。

■

## 範例 3

設 $\boldsymbol{u}=(u_1, u_2, u_3)$、$\boldsymbol{v}=(v_1, v, v_3)$，為$\mathbb{R}^3$中向量下列何者為內積？

(1) $<\boldsymbol{u}, \boldsymbol{v}>=u_1^{\ 2}v_1^{\ 2}+u_2^{\ 2}v_2^{\ 2}+u_3^{\ 2}v_3^{\ 2}$。

(2) $<\boldsymbol{u}, \boldsymbol{v}>=2u_1v_1+u_2v_2+3u_3v_3$。

(3) $<\boldsymbol{u}, \boldsymbol{v}>=u_1v_1-u_2v_2+u_3v_3$。

---

解 設 $\boldsymbol{w}=(w_1, w_2, w_3)\in\mathbb{R}^3$，

(1) $<\boldsymbol{u}+\boldsymbol{v}, \boldsymbol{w}>=(u_1+v_1)^2w_1^{\ 2}+(u_2+v_2)^2w_2^{\ 2}+(u_3+v_3)^2w_3^{\ 2}$，

$<\boldsymbol{u}, \boldsymbol{w}>+<\boldsymbol{v}, \boldsymbol{w}>=u_1^{\ 2}w_1^{\ 2}+u_2^{\ 2}w_2^{\ 2}+u_3^{\ 2}w_3^{\ 2}+v_1^{\ 2}w_1^{\ 2}+v_2^{\ 2}w_2^{\ 2}+v_3^{\ 2}w_3^{\ 2}$，

因$<\boldsymbol{u}+\boldsymbol{v}, \boldsymbol{w}>\neq<\boldsymbol{u}, \boldsymbol{w}>+<\boldsymbol{v}, \boldsymbol{w}>$，故不為內積。

(2) ①$<\alpha\boldsymbol{u}+\boldsymbol{v}, \boldsymbol{w}>=\alpha<\boldsymbol{u}, \boldsymbol{w}>+<\boldsymbol{v}, \boldsymbol{w}>$（$\alpha\in\mathbb{R}$），

②$<\boldsymbol{u}, \boldsymbol{v}>=\overline{<\boldsymbol{v}, \boldsymbol{u}>}$，

③$<\boldsymbol{u}, \boldsymbol{u}>=2u_1^{\ 2}+u_2^{\ 2}+3u_3^{\ 2}\geq 0$，

故為內積。

(3) $<\boldsymbol{u}, \boldsymbol{u}>=u_1^{\ 2}-u_2^{\ 2}+u_3^{\ 2}$，有可能小於 0，故非內積。

■

## 範例 4

設 $M_{m\times n}(\mathbb{R})$ 為所有佈於實數之矩陣的向量空間，定義$<\boldsymbol{A}, \boldsymbol{B}>=\text{tr}(\boldsymbol{A}^T\boldsymbol{B})$，其中 $\boldsymbol{A}^T$ 為 $\boldsymbol{A}$ 的轉置矩陣，且 Trace (•) 表示矩陣的跡數。求證($M_{m\times n}(\mathbb{R})$, <·, ·>) 為一內積空間。

---

解 設 $\boldsymbol{A}, \boldsymbol{B}, \boldsymbol{C}\in M_{m\times n}(\mathbb{R})$ 且$\alpha\in\mathbb{R}$，

(1)
$$\begin{aligned}<\alpha\boldsymbol{A}+\boldsymbol{B}, \boldsymbol{C}> &= \text{tr}\{(\alpha\boldsymbol{A}+\boldsymbol{B})^T\boldsymbol{C}\}\\ &= \text{tr}(\alpha\boldsymbol{A}^T\boldsymbol{C}+\boldsymbol{B}^T\boldsymbol{C})\\ &= \text{tr}(\alpha\boldsymbol{A}^T\boldsymbol{C})+\text{tr}(\boldsymbol{B}^T\boldsymbol{C})\\ &= \alpha<\boldsymbol{A}, \boldsymbol{C}>+<\boldsymbol{B}, \boldsymbol{C}>\text{。}\end{aligned}$$

(2) $\overline{<A, B>} = \overline{\text{tr}(A^T B)} = \text{tr}(\overline{A}^T \overline{B})$

$= \text{tr}(A^T B) = \text{tr}(A^T B^T)$

$= \text{tr}(B^T A) = <B, A>$ 。

(3) $<A, A> = \text{tr}(A^T A) = \sum_{\substack{1 \le i \le m \\ 1 \le j \le n}} A_{ij}^2 \ge 0$，

故$(M_{m\times n}(\mathbb{R}), <\cdot, \cdot>)$爲內積空間。

**Note**

若 $A$、$B \in M_{m\times n}(\mathbb{R})$，則 $\text{Tr}(A^T B) = \sum_{j=1} (A^T B)_{jj} = \sum_{j=1}^{n}\sum_{i=1}^{m} A_{ji}^T B_{ij} = \sum_{j=1}^{m}\sum_{j=r}^{n} A_{ij} B_{ij}$ 。

## 範例 5

在 $M_{2\times 2}(\mathbb{R})$ 中定義爲 $<A, B> = \text{trace}(A^T B)$，若 $A = \begin{bmatrix} 2 & 1 \\ -1 & 3 \end{bmatrix}$，則下列矩陣何者與 $A$ 不正交？

(1)$\begin{bmatrix} -3 & 0 \\ 0 & 2 \end{bmatrix}$ (2)$\begin{bmatrix} 1 & 1 \\ 0 & -1 \end{bmatrix}$ (3)$\begin{bmatrix} 0 & 0 \\ 0 & 0 \end{bmatrix}$ (4)$\begin{bmatrix} 2 & 1 \\ 5 & 2 \end{bmatrix}$ (5)$\begin{bmatrix} 3 & 4 \\ 4 & -2 \end{bmatrix}$。

---

解

(1) $<\begin{bmatrix} 2 & 1 \\ -1 & 3 \end{bmatrix}, \begin{bmatrix} -3 & 0 \\ 0 & 2 \end{bmatrix}> = -6+6 = 0$，正交。

(2) $<\begin{bmatrix} 2 & 1 \\ -1 & 3 \end{bmatrix}, \begin{bmatrix} 1 & 1 \\ 0 & -1 \end{bmatrix}> = 2+1-3 = 0$，正交。

(3) $<\begin{bmatrix} 2 & 1 \\ -1 & 3 \end{bmatrix}, \begin{bmatrix} 0 & 0 \\ 0 & 0 \end{bmatrix}> = 0$，正交。

(4) $<\begin{bmatrix} 2 & 1 \\ -1 & 3 \end{bmatrix}, \begin{bmatrix} 2 & 1 \\ 5 & 2 \end{bmatrix}> = 4+1-5+6 = 6$，沒正交。

(5) $<\begin{bmatrix} 2 & 1 \\ -1 & 3 \end{bmatrix}, \begin{bmatrix} 3 & 4 \\ 4 & -2 \end{bmatrix}> = 6-4+4-6 = 0$，正交。

選(4)。

## 範例 6

在向量空間$\mathbb{R}^2$中$\boldsymbol{v}_1=[x_1\ y_1]^T$、$\boldsymbol{v}_2=[x_2\ y_2]^T$。定義內積為

$<\boldsymbol{v}_1,\boldsymbol{v}_2>=[x_1\ y_1]\begin{bmatrix}2&1\\1&2\end{bmatrix}\begin{bmatrix}x_2\\y_2\end{bmatrix}$，若考慮下列向量：$\boldsymbol{u}=[1\ 2]^T$、$\boldsymbol{w}=[-2\ 1]^T$，

(1) 求 $\boldsymbol{u}$ 與 $\boldsymbol{w}$ 的範數（norm）。

(2) 求 $\boldsymbol{u}$ 與 $\boldsymbol{w}$ 的內積。

(3) $\boldsymbol{u}$ 是否與 $\boldsymbol{w}$ 正交？

---

解 (1) $\|\boldsymbol{u}\|=\sqrt{<\boldsymbol{u},\boldsymbol{u}>}=\sqrt{[1\ 2]\begin{bmatrix}2&1\\1&2\end{bmatrix}\begin{bmatrix}1\\2\end{bmatrix}}=\sqrt{14}$，

$\|\boldsymbol{w}\|=\sqrt{[-2\ 1]\begin{bmatrix}2&1\\1&2\end{bmatrix}\begin{bmatrix}-2\\1\end{bmatrix}}=\sqrt{6}$。

(2) $<\boldsymbol{u},\boldsymbol{w}>=[1\ 2]\begin{bmatrix}2&1\\1&2\end{bmatrix}\begin{bmatrix}-2\\1\end{bmatrix}=-3$。

(3) 因$<\boldsymbol{u},\boldsymbol{w}>=-3$，故 $\boldsymbol{u}$、$\boldsymbol{w}$ 沒有正交。

【例】

$\boldsymbol{X}=\begin{bmatrix}1\\i\end{bmatrix}$、$\boldsymbol{Y}=\begin{bmatrix}1\\-i\end{bmatrix}$，則$<\boldsymbol{X},\boldsymbol{Y}>=\overline{\boldsymbol{X}}^H\boldsymbol{Y}=0$，即$\{\boldsymbol{X},\boldsymbol{Y}\}$為正交集合，又

$\|\boldsymbol{X}\|=\sqrt{<\boldsymbol{X},\boldsymbol{X}>}=\sqrt{\overline{\boldsymbol{X}}^H\boldsymbol{X}}=\sqrt{2}$，$\|\boldsymbol{Y}\|=\sqrt{<\boldsymbol{Y},\boldsymbol{Y}>}=\sqrt{\overline{\boldsymbol{Y}}^H\boldsymbol{Y}}=\sqrt{2}$，

$\therefore\left\{\dfrac{\boldsymbol{X}}{\|\boldsymbol{X}\|},\dfrac{\boldsymbol{Y}}{\|\boldsymbol{Y}\|}\right\}=\left\{\begin{bmatrix}\frac{1}{\sqrt{2}}\\\frac{i}{\sqrt{2}}\end{bmatrix},\begin{bmatrix}\frac{1}{\sqrt{2}}\\\frac{-i}{\sqrt{2}}\end{bmatrix}\right\}$為正規化正交集合。

在$\mathbb{R}^m$中，我們說明了柯西－史瓦茲不等式與三角不等式在$\mathbb{R}^n$中也成立。在此將其延伸到廣義向量空間中。

## 三、重要性質

1. Cauchy-Schwarz 不等式

設 $V$ 爲內積空間，且 $\forall \boldsymbol{u}, \boldsymbol{v} \in V$，則

$$|<\boldsymbol{u}, \boldsymbol{v}>| \le \|\boldsymbol{u}\|\|\boldsymbol{v}\|$$

【證明】

(1) 若 $\boldsymbol{v}=0$ 即 $<\boldsymbol{u}, \boldsymbol{v}>=0=\|\boldsymbol{u}\|\|\boldsymbol{v}\|$，不等式恆成立。

(2) 若 $\boldsymbol{v}\neq 0$，

$$\begin{aligned}
0 &\le \|\boldsymbol{u}-\alpha\boldsymbol{v}\|^2 \\
&=<\boldsymbol{u}-\alpha\boldsymbol{v}, \boldsymbol{u}-\alpha\boldsymbol{v}> \\
&=<\boldsymbol{u}, \boldsymbol{u}-\alpha\boldsymbol{v}>-\alpha<\boldsymbol{v}, \boldsymbol{u}-\alpha\boldsymbol{v}> \\
&=<\boldsymbol{u}, \boldsymbol{u}>-\overline{\alpha}<\boldsymbol{u}, \boldsymbol{v}>-\alpha<\boldsymbol{v}, \boldsymbol{u}>+\alpha\overline{\alpha}<\boldsymbol{v}, \boldsymbol{v}>,
\end{aligned}$$

令 $\alpha=\dfrac{<\boldsymbol{u}, \boldsymbol{v}>}{<\boldsymbol{v}, \boldsymbol{v}>}$，代入上式可得

$$\begin{aligned}
0 &\le <\boldsymbol{u}, \boldsymbol{u}>-\overline{\alpha}<\boldsymbol{u}, \boldsymbol{v}>-\alpha<\boldsymbol{v}, \boldsymbol{u}>+\alpha\overline{\alpha}<\boldsymbol{v}, \boldsymbol{v}> \\
&=<\boldsymbol{u}, \boldsymbol{u}>-\frac{\overline{<\boldsymbol{u}, \boldsymbol{v}>}}{<\boldsymbol{v}, \boldsymbol{v}>}<\boldsymbol{u}, \boldsymbol{v}>-\frac{<\boldsymbol{u}, \boldsymbol{v}>}{<\boldsymbol{v}, \boldsymbol{v}>}\overline{<\boldsymbol{u}, \boldsymbol{v}>}+\frac{<\boldsymbol{u}, \boldsymbol{v}>\overline{<\boldsymbol{u}, \boldsymbol{v}>}}{<\boldsymbol{v}, \boldsymbol{v}>^2}<\boldsymbol{v}, \boldsymbol{v}> \\
&=<\boldsymbol{u}, \boldsymbol{u}>-\frac{<\boldsymbol{u}, \boldsymbol{v}><\boldsymbol{v}, \boldsymbol{u}>}{<\boldsymbol{v}, \boldsymbol{v}>} \\
&=<\boldsymbol{u}, \boldsymbol{u}>-\frac{<\boldsymbol{u}, \boldsymbol{v}>\overline{<\boldsymbol{u}, \boldsymbol{v}>}}{<\boldsymbol{v}, \boldsymbol{v}>} \\
&=\|\boldsymbol{u}\|^2-\frac{|<\boldsymbol{u}, \boldsymbol{v}>|^2}{\|\boldsymbol{v}\|^2},
\end{aligned}$$

故 $|<\boldsymbol{u}, \boldsymbol{v}>|^2 \le \|\boldsymbol{u}\|^2\|\boldsymbol{v}\|^2$，即

$|<\boldsymbol{u}, \boldsymbol{v}>| \le \|\boldsymbol{u}\|\|\boldsymbol{v}\|$。

2. 三角不等式

設 $V$ 爲內積空間，則 $\forall \boldsymbol{u}, \boldsymbol{v} \in V$ 有

$$\|\boldsymbol{u}+\boldsymbol{v}\| \le \|\boldsymbol{u}\|+\|\boldsymbol{v}\|$$

【證明】

$\| \boldsymbol{u}+\boldsymbol{v} \|^2 = |< \boldsymbol{u}+\boldsymbol{v}, \boldsymbol{u}+\boldsymbol{v} >|$

$= |< \boldsymbol{u}, \boldsymbol{u} > + < \boldsymbol{u}, \boldsymbol{v} > + < \boldsymbol{v}, \boldsymbol{u} > + < \boldsymbol{v}, \boldsymbol{v} >|$

$\leq |< \boldsymbol{u}, \boldsymbol{u} >| + |< \boldsymbol{u}, \boldsymbol{v} >| + |< \boldsymbol{v}, \boldsymbol{u} >| + |< \boldsymbol{v}, \boldsymbol{v} >|$

$\leq \| \boldsymbol{u} \|^2 + 2 \| \boldsymbol{u} \| \| \boldsymbol{v} \| + \| \boldsymbol{v} \|^2$（由 Cauchy-Schwarz 不等式）

$= (\| \boldsymbol{u} \| + \| \boldsymbol{v} \|)^2$，

故 $\| \boldsymbol{u}+\boldsymbol{v} \| \leq \| \boldsymbol{u} \| + \| \boldsymbol{v} \|$。

## 習題演練

1. 下列函數爲定義在 $\mathbb{R}^2$ 上的運算，其中 $\boldsymbol{u} = \begin{bmatrix} u_1 \\ u_2 \end{bmatrix}$、$\boldsymbol{v} = \begin{bmatrix} v_1 \\ v_2 \end{bmatrix}$，請確認其是否爲 $\mathbb{R}^2$ 上的內積：

   (1) $< \boldsymbol{u}, \boldsymbol{v} > = 2u_1v_1 + u_2v_2$。

   (2) $< \boldsymbol{u}, \boldsymbol{v} > = u_1v_1 + 5u_2v_2$。

   (3) $< \boldsymbol{u}, \boldsymbol{v} > = u_1v_1$。

   (4) $< \boldsymbol{u}, \boldsymbol{v} > = u_1v_2 - u_2v_1$。

   (5) $< \boldsymbol{u}, \boldsymbol{v} > = u_1^2v_1^2 - u_2^2v_2^2$。

2. 下列函數爲定義在 $\mathbb{R}^3$ 中的運算，其中 $\boldsymbol{u} = (u_1, u_2, u_3)$、$\boldsymbol{v} = (v_1, v_2, v_3)$，請確認其是否爲 $\mathbb{R}^3$ 上的一個內積：

   (1) $< \boldsymbol{u}, \boldsymbol{v} > = u_1u_2u_3$。

   (2) $< \boldsymbol{u}, \boldsymbol{v} > = u_1^2v_1^2 + u_2^2v_2^2 - u_3^2v_3^2$。

   (3) $< \boldsymbol{u}, \boldsymbol{v} > = u_1v_1 + 2u_2v_2 + 3u_3v_3$。

   (4) $< \boldsymbol{u}, \boldsymbol{v} > = \frac{1}{2}u_1v_1 + u_2v_2 + \frac{1}{2}u_3v_3$。

3. 下列函數運算爲定義在 $M_{2\times2}(\mathbb{R})$ 上，其中 $\boldsymbol{A} = \begin{bmatrix} a_{11} & a_{12} \\ a_{21} & a_{22} \end{bmatrix}$、$\boldsymbol{B} = \begin{bmatrix} b_{11} & b_{12} \\ b_{21} & b_{22} \end{bmatrix}$，請確認其是否爲 $M_{2\times2}(\mathbb{R})$ 中的內積：

   (1) $< \boldsymbol{A}, \boldsymbol{B} > = a_{11}b_{11} + a_{12}b_{12} + a_{21}b_{21} + a_{22}b_{22}$。

   (2) $< \boldsymbol{A}, \boldsymbol{B} > = \operatorname{tr}(\boldsymbol{A} + \boldsymbol{B})$。

   (3) $< \boldsymbol{A}, \boldsymbol{B} > = \det(\boldsymbol{AB})$。

4. 下列函數爲定義在 $P_2(\mathbb{R})$ 的運算，其中 $f(x)=a_0+a_1x+a_2x^2$、$g(x)=b_0+b_1x+b_2x^2$，請確認其是否爲 $P_2(\mathbb{R})$ 上的一個內積，

 (1) $<f(x),g(x)>=a_0b_0+3a_1b_1+a_2b_2$。

 (2) $<f(x),g(x)>=a_0^2b_0^2+a_1^2b_1^2+a_2^2b_2^2$。

5. 若 $<\boldsymbol{A},\boldsymbol{B}>=a_{11}b_{11}+a_{12}b_{12}+a_{21}b_{21}+a_{22}b_{22}$ 爲 $M_{2\times2}(\mathbb{R})$ 上內積，其中

 $\boldsymbol{A}=\begin{bmatrix}a_{11}&a_{12}\\a_{21}&a_{22}\end{bmatrix}$、$\boldsymbol{B}=\begin{bmatrix}b_{11}&b_{12}\\b_{21}&b_{22}\end{bmatrix}$，請計算

 ① $\langle\boldsymbol{A},\boldsymbol{B}\rangle$ ② $\|\boldsymbol{A}\|$ ③ $\|\boldsymbol{B}\|$ ④ $\boldsymbol{A}$ 與 $\boldsymbol{B}$ 之夾角 ⑤ $\boldsymbol{A}$ 與 $\boldsymbol{B}$ 之距離，

 (1) $\boldsymbol{A}=\begin{bmatrix}1&2\\3&4\end{bmatrix}$、$\boldsymbol{B}=\begin{bmatrix}1&-2\\-2&1\end{bmatrix}$。

 (2) $\boldsymbol{A}=\begin{bmatrix}1&0\\0&-1\end{bmatrix}$、$\boldsymbol{B}=\begin{bmatrix}0&1\\-1&0\end{bmatrix}$。

 (3) $\boldsymbol{A}=\begin{bmatrix}1&-1\\3&6\end{bmatrix}$、$\boldsymbol{B}=\begin{bmatrix}0&1\\1&0\end{bmatrix}$。

6. 在連續函數內積空間 $C[-1,1]$之內積定義爲 $<f(x),g(x)>=\int_{-1}^{1}f(x)g(x)dx$，其中 $f(x)$、$g(x)$ 均爲 $C[-1,1]$上，請計算① $\langle f(x),g(x)\rangle$ ② $f$ 與 $g$ 之夾角 ③ $f$ 與 $g$ 之距離。

 (1) $f(x)=1$、$g(x)=x+1$。

 (2) $f(x)=x$、$g(x)=e^x$。

 (3) $f(x)=1$、$g(x)=x^2+2$。

 (4) $f(x)=x$、$g(x)=x^2$。

7. 下列何者爲 $\mathbb{R}^4$ 中的內積？其中 $\boldsymbol{u}=(u_1,u_2,u_3,u_4)$、$\boldsymbol{v}=(v_1,v_2,v_3,v_4)$爲 $\mathbb{R}^4$ 中的任意向量，

 (1) $<\boldsymbol{u},\boldsymbol{v}>=u_1v_1+u_2v_2+u_3v_3+u_4v_4$ (2) $<\boldsymbol{u},\boldsymbol{v}>=u_1v_1+2u_2v_2+3u_3v_3+4u_4v_4$

 (3) $<\boldsymbol{u},\boldsymbol{v}>=u_1v_1-u_2v_2+u_3v_3+u_4v_4$ (4) $<\boldsymbol{u},\boldsymbol{v}>=u_1v_1+u_2v_2+u_4v_4$

 (5) 以上皆非。

8. 請判別下列是否爲向量空間中的內積，若不是，請述明原由。

 (1) $<\boldsymbol{x},\boldsymbol{y}>=\boldsymbol{x}A\boldsymbol{y}^*$ 在 $\mathbb{C}^2$，其中 $\boldsymbol{A}=\begin{bmatrix}1&0\\0&-1\end{bmatrix}$。

 (2) $<\boldsymbol{x},\boldsymbol{y}>=\boldsymbol{x}A\boldsymbol{y}^*$ 在 $\mathbb{C}^2$，其中 $\boldsymbol{A}=\begin{bmatrix}2&i\\-i&1\end{bmatrix}$。

 (3) $<\boldsymbol{A},\boldsymbol{B}>=\mathrm{tr}(\boldsymbol{A}+\boldsymbol{B})$ 在 $M_{2\times2}(\mathbb{R})$。

# 5-3 範數與正交集合

根據基底的定義，向量空間中的任一向量都可唯一表示成基底的線性組合，但是其坐標不易求。但若是此基底為正交則其座標係數會非常容易求，例如：$\mathbb{R}^3 = span\left\{\vec{i}, \vec{i}+\vec{j}, \vec{i}+\vec{j}+\vec{k}\right\}$ 則 $\mathbb{R}^3$ 中任一向量 $\vec{v} = c_1\vec{i} + c_2(\vec{i}+\vec{j}) + c_3(\vec{i}+\vec{j}+\vec{k})$，但 $c_1$、$c_2$、$c_3$ 不易求，但若取 $\mathbb{R}^3 = span\left\{\vec{i}, \vec{j}, \vec{k}\right\}$ 其中 $\left\{\vec{i}, \vec{j}, \vec{k}\right\}$ 為正規化正交基底，則任一向量 $\vec{v}$ 可輕易寫成 $\vec{v} = (\vec{v}\cdot\vec{i})\vec{i} + (\vec{v}\cdot\vec{j})\vec{j} + (\vec{v}\cdot\vec{k})\vec{k}$。本節將介紹如何將線性獨立集合化成正交集合。

## 一、向量的範數

設 $\boldsymbol{x} \in \mathbb{R}^n$ 或 $\mathbb{C}^n$，且 $\boldsymbol{x} = [x_1 \quad x_2 \quad \cdots\cdots \quad x_n]^T$

(1) $\boldsymbol{x}$ 的 1-Norm 定義成

$\|\boldsymbol{x}\|_1 = |x_1| + |x_2| + \cdots\cdots + |x_n|$。

(2) $\boldsymbol{x}$ 的 2-Norm 定義成

$\|\boldsymbol{x}\|_2 = \sqrt{<\boldsymbol{x}, \boldsymbol{x}>} = \sqrt{\boldsymbol{x}^H \boldsymbol{x}} = \sqrt{|x_1|^2 + |x_2|^2 + \cdots\cdots + |x_n|^2}$。

(3) $\boldsymbol{x}$ 的 $k$-Norm 定義成

$\|\boldsymbol{x}\|_k = (|x_1|^k + |x_2|^k + \cdots\cdots + |x_n|^k)^{\frac{1}{k}}$。

(4) $\boldsymbol{x}$ 的 $\infty$-Norm 定義成

$\|\boldsymbol{x}\|_\infty = \lim\limits_{k\to\infty} \|\boldsymbol{x}\|_k = \max\{|x_1|, |x_2|, \cdots\cdots, |x_n|\}$。

**【例】**

$x = \begin{bmatrix} 1 \\ i \end{bmatrix}$，則

$\|x\|_1 = |1| + |i| = 2$，

$\|x\|_2 = \sqrt{|1|^2 + |i|^2} = \sqrt{2}$，

$\|x\|_\infty = \max\{|1|, |i|\} = 1$。

## 二、正交集合

1. 設集合

   $S=\{\boldsymbol{x}_1, \boldsymbol{x}_2, \cdots\cdots, \boldsymbol{x}_m\}$

   爲內積空間 $V$ 的子集合，若滿足

   $$<\boldsymbol{x}_i, \boldsymbol{x}_j>=\begin{cases}\|\boldsymbol{x}_i\|^2 & ; i=j \\ 0 & ; i\neq j\end{cases} \quad (i、j=1, 2, \cdots\cdots, m)$$

   則 $S$ 稱爲正交集合（orthogonal set）。

2. 設集合

   $S=\{\boldsymbol{x}_1, \boldsymbol{x}_2, \cdots\cdots, \boldsymbol{x}_m\}$

   爲內積空間 $V$ 的正交子集合，若

   $$\boldsymbol{u}_k=\frac{\boldsymbol{x}_k}{\|\boldsymbol{x}_k\|} \quad (k=1, 2, \cdots\cdots, m)$$

   則集合

   $S'=\{\boldsymbol{u}_1, \boldsymbol{u}_2, \cdots\cdots, \boldsymbol{u}_m\}$

   稱爲正規化的正交集合（orthonormal set），且滿足

   $$<\boldsymbol{u}_i, \boldsymbol{u}_j>=\begin{cases}1 & ; i=j \\ 0 & ; i\neq j\end{cases} \quad (i、j=1, 2, \cdots\cdots, m)$$

## 三、Gram-Schmidt 正交化

Gram-Schmidt 正交化是數學家佩爾．森格拉姆（Pedersen Gram，1850～1916，丹麥人）所提出的重要概念，其重點是將線性獨立集合化成正交集合，介紹如下：

1. 設集合

   $S=\{\boldsymbol{v}_1, \boldsymbol{v}_2, \cdots\cdots, \boldsymbol{v}_n\}$

   爲內積空間 $V$ 中的線性獨立子集合，令

   $S'=\{\boldsymbol{x}_1, \boldsymbol{x}_2, \cdots\cdots, \boldsymbol{x}_n\}$

其中 $\boldsymbol{x}_1 = \boldsymbol{v}_1$ 且

$$\boldsymbol{x}_k = \boldsymbol{v}_k - \sum_{i=1}^{k-1} \frac{<\boldsymbol{v}_k, \boldsymbol{x}_i>}{<\boldsymbol{x}_i, \boldsymbol{x}_i>} \boldsymbol{x}_i \quad (k = 2, 3, \cdots\cdots, n)$$

則 $S'$ 為一組正交集合且使得 $\text{span}(S') = \text{span}(S)$ 。

【證明】請參閱附錄三，延伸 45。

**Note**

若 $s = \{v_1, v_2, v_3\}, s' = \{x_1, x_2, x_3\}$，我們可以做以下觀察：

$x_1 = v_1$

令 $x_2 = v_2 - \lambda x_1$ 、如果 $x_1$ 與 $x_2$ 正交、則

$0 = <x_2, x_1> = <v_2, x_1> - \lambda_1 <x_1, x_1>$，

得 $\lambda = \dfrac{<v_2, x_1>}{<x_1, x_1>}$，如圖 **5-3.1** 所示，

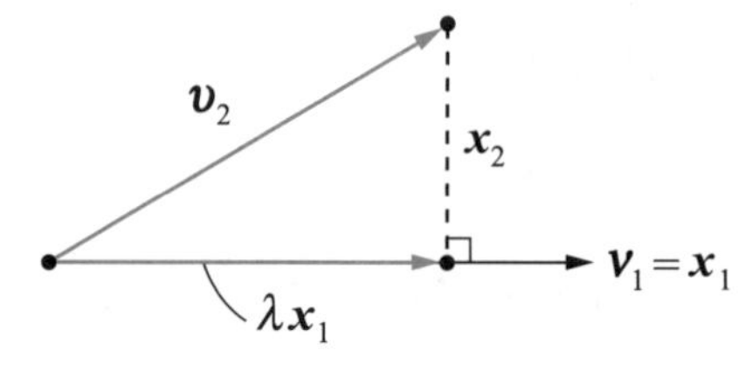

圖 5-3.1

同理 $x_3 = v_3 - \dfrac{<v_3, x_1>}{<x_1, x_1>} x_1 - \dfrac{<v_3, x_2>}{<x_2, x_2>} x_2$ ，

依此類推可得 **Gram-Schmidt** 的一般規則。

2. 設集合 $S$ 為內積空間 $V$ 中的非零向量的正交集合，則 $S$ 為線性獨立集合。

3. 設集合

   $S = \{\boldsymbol{x}_1, \boldsymbol{x}_2, \ldots, \boldsymbol{x}_n\}$

   為有限維度內積空間 $V$ 中的正交基底，且 $\boldsymbol{v} \in V$，則

   $$\boldsymbol{v} = \sum_{i=1}^{n} \frac{<\boldsymbol{v}, \boldsymbol{x}_i>}{<\boldsymbol{x}_i, \boldsymbol{x}_i>} \boldsymbol{x}_i \text{ 。}$$

4. 設集合

   $S = \{\boldsymbol{u}_1, \boldsymbol{u}_2, \ldots, \boldsymbol{u}_n\}$

   為有限維度內積空間 $V$ 的正規化正交基底，且 $\boldsymbol{v} \in V$，則

   $$\boldsymbol{v} = \sum_{i=1}^{n} <\boldsymbol{v}, \boldsymbol{u}_i> \boldsymbol{u}_i \text{ 。}$$

## 範例 1

設 $V$ $\mathbb{R}^4$ 中子空間$\{x+2y-z, y+2z, x+2y-3z, y+4z \mid x、y、z\in\mathbb{R}\}$，求 $V$ 的一組正規化正交集合。

解

$$\begin{bmatrix} x+2y-z \\ y+2z \\ x+2y-3z \\ y+4z \end{bmatrix} = x\begin{bmatrix} 1 \\ 0 \\ 1 \\ 0 \end{bmatrix} + y\begin{bmatrix} 2 \\ 1 \\ 2 \\ 1 \end{bmatrix} + z\begin{bmatrix} -1 \\ 2 \\ -3 \\ 4 \end{bmatrix},$$

則 $V$ 的基底可取成$\{\boldsymbol{v}_1, \boldsymbol{v}_2, \boldsymbol{v}_3\}$，其中

$$\boldsymbol{v}_1 = \begin{bmatrix} 1 \\ 0 \\ 1 \\ 0 \end{bmatrix}、\boldsymbol{v}_2 = \begin{bmatrix} 2 \\ 1 \\ 2 \\ 1 \end{bmatrix}、\boldsymbol{v}_3 = \begin{bmatrix} -1 \\ 2 \\ -3 \\ 4 \end{bmatrix},$$

再令$\{\boldsymbol{v}_1, \boldsymbol{v}_2, \boldsymbol{v}_3\}$對應的正交集合爲$\{\boldsymbol{u}_1, \boldsymbol{u}_2, \boldsymbol{u}_3\}$。由 Gram-Schnidt 正交化可得

$$\boldsymbol{u}_1 = \boldsymbol{v}_1 = \begin{bmatrix} 1 \\ 0 \\ 1 \\ 0 \end{bmatrix}、$$

$$\boldsymbol{u}_2 = \boldsymbol{v}_2 - \frac{<\boldsymbol{v}_2, \boldsymbol{u}_1>}{<\boldsymbol{u}_1, \boldsymbol{u}_1>}\boldsymbol{u}_1 = \begin{bmatrix} 0 \\ 1 \\ 0 \\ 1 \end{bmatrix}、$$

$$\boldsymbol{u}_3 = \boldsymbol{v}_3 - \frac{<\boldsymbol{v}_3, \boldsymbol{u}_1>}{<\boldsymbol{u}_1, \boldsymbol{u}_1>}\boldsymbol{u}_1 - \frac{<\boldsymbol{v}_3, \boldsymbol{u}_2>}{<\boldsymbol{u}_2, \boldsymbol{u}_2>}\boldsymbol{u}_2 = \begin{bmatrix} 1 \\ -1 \\ -1 \\ 1 \end{bmatrix},$$

故$\{\boldsymbol{u}_1, \boldsymbol{u}_2, \boldsymbol{u}_3\}$爲 $V$ 的正交基底，再將 $\boldsymbol{u}_1$、$\boldsymbol{u}_2$、$\boldsymbol{u}_3$ 正規化可得

$$\boldsymbol{w}_1=\frac{\boldsymbol{u}_1}{\|\boldsymbol{u}_1\|}=\begin{bmatrix}\frac{1}{\sqrt{2}}\\0\\\frac{1}{\sqrt{2}}\\0\end{bmatrix}、\boldsymbol{w}_2=\frac{\boldsymbol{u}_2}{\|\boldsymbol{u}_2\|}=\begin{bmatrix}0\\\frac{1}{\sqrt{2}}\\0\\\frac{1}{\sqrt{2}}\end{bmatrix}、\boldsymbol{w}_3=\frac{\boldsymbol{u}_3}{\|\boldsymbol{u}_3\|}=\begin{bmatrix}\frac{1}{2}\\-\frac{1}{2}\\-\frac{1}{2}\\\frac{1}{2}\end{bmatrix},$$

則爲 $V$ 的正規化交基底。

■

## 範例 2

請找出向量空間$\left[\begin{bmatrix}x\\y\\z\end{bmatrix}\middle|\,2x-y+3z=0\right]$的一組正規化正交基底（orthonormal basis）。

---

**解** 因 $2x-y+3z=0$，故令 $x=c_1$、$z=c_2$，則 $y=2c_1+3c_2$，故

$$\begin{bmatrix}x\\y\\z\end{bmatrix}=\begin{bmatrix}c_1\\2c_1+3c_2\\c_2\end{bmatrix}=c_1\begin{bmatrix}1\\2\\0\end{bmatrix}+c_2\begin{bmatrix}0\\3\\1\end{bmatrix},$$

則向量空間的基底可取成$\{\boldsymbol{v}_1, \boldsymbol{v}_2\}$，其中

$$\boldsymbol{v}_1=\begin{bmatrix}1\\2\\0\end{bmatrix}、\boldsymbol{v}_2=\begin{bmatrix}0\\3\\1\end{bmatrix},$$

再令$\{\boldsymbol{v}_1, \boldsymbol{v}_2\}$對應的正交集合爲$\{\boldsymbol{u}_1, \boldsymbol{u}_2\}$，由 Gram-Schmidt 正交化可得，

$$\boldsymbol{u}_1=\boldsymbol{v}_1=\begin{bmatrix}1\\2\\0\end{bmatrix}、$$

$$\boldsymbol{u}_2=\boldsymbol{v}_2-\lambda\boldsymbol{u}_1,$$

其中$\lambda=\dfrac{<\boldsymbol{v}_2,\boldsymbol{u}_1>}{<\boldsymbol{u}_1,\boldsymbol{u}_1>}=\dfrac{6}{5}$，

故$\boldsymbol{u}_2=\boldsymbol{v}_2-\dfrac{6}{5}\boldsymbol{u}_1=\begin{bmatrix}0\\3\\1\end{bmatrix}-\dfrac{6}{5}\begin{bmatrix}1\\2\\0\end{bmatrix}=\begin{bmatrix}-\dfrac{6}{5}\\\dfrac{3}{5}\\1\end{bmatrix}$，

則向量空間正規化正交基底為

$$\left\{\frac{\boldsymbol{u}_1}{\|\boldsymbol{u}_1\|},\frac{\boldsymbol{u}_2}{\|\boldsymbol{u}_2\|}\right\}=\left\{\begin{bmatrix}\dfrac{1}{\sqrt{5}}\\\dfrac{2}{\sqrt{5}}\\0\end{bmatrix},\begin{bmatrix}-\dfrac{6}{\sqrt{70}}\\\dfrac{3}{\sqrt{70}}\\\dfrac{5}{\sqrt{70}}\end{bmatrix}\right\}。$$

■

## 四、QR 分解

設 $\boldsymbol{A}$ 為 $m\times n$ 且行向量為線性獨立的矩陣，則 $\boldsymbol{A}$ 可分解成 $\boldsymbol{A}=\boldsymbol{QR}$，其中 $\boldsymbol{Q}$ 為 $m\times n$ 矩陣且行向量構成 CS ($\boldsymbol{A}$)的正規化正交基底，$\boldsymbol{R}$ 為 $n\times n$ 上三角可逆且對角線元素為正值的矩陣。詳細的 $\boldsymbol{QR}$ 分解的作法，可直接由下列範例來說明。

### 範例 3

令 $\boldsymbol{A}=\begin{bmatrix}1&3&5\\1&1&0\\1&1&2\\1&3&3\end{bmatrix}$，求 $\boldsymbol{A}$ 的 $\boldsymbol{QR}$ 分解？

解 令 $\boldsymbol{A}=[\boldsymbol{v}_1\ \ \boldsymbol{v}_2\ \ \boldsymbol{v}_3]$，其中

$$\boldsymbol{v}_1=\begin{bmatrix}1\\1\\1\\1\end{bmatrix}、\boldsymbol{v}_2=\begin{bmatrix}3\\1\\1\\3\end{bmatrix}、\boldsymbol{v}_3=\begin{bmatrix}5\\0\\2\\3\end{bmatrix},$$

設$\{\boldsymbol{v}_1, \boldsymbol{v}_2, \boldsymbol{v}_3\}$對應的正交集合為$\{\boldsymbol{u}_1, \boldsymbol{u}_2, \boldsymbol{u}_3\}$，利用 Gram-Schmidt 正交化可得，

$\boldsymbol{u}_1=\boldsymbol{v}_1 \Rightarrow \|\boldsymbol{u}_1\|=2$，

$\boldsymbol{u}_2=\boldsymbol{v}_2-\lambda_1\boldsymbol{u}_1$，

其中 $\lambda_1=\dfrac{<\boldsymbol{v}_2,\boldsymbol{u}_1>}{<\boldsymbol{u}_1,\boldsymbol{u}_1>}=2$，

故 $\boldsymbol{u}_2=\boldsymbol{v}_2-2\boldsymbol{u}_1=\begin{bmatrix}1\\-1\\-1\\1\end{bmatrix}\Rightarrow\|\boldsymbol{u}_2\|=2$。

再令 $\boldsymbol{u}_3=\boldsymbol{v}_3-\lambda_2\boldsymbol{u}_1-\lambda_3\boldsymbol{u}_2$，

其中 $\lambda_2=\dfrac{<\boldsymbol{v}_3,\boldsymbol{u}_1>}{<\boldsymbol{u}_1,\boldsymbol{u}_1>}=\dfrac{5}{2}$、$\lambda_3=\dfrac{<\boldsymbol{v}_3,\boldsymbol{u}_2>}{<\boldsymbol{u}_2,\boldsymbol{u}_2>}=\dfrac{3}{2}$，

故 $\boldsymbol{u}_3=\boldsymbol{v}_3-\dfrac{5}{2}\boldsymbol{u}_1-\dfrac{3}{2}\boldsymbol{u}_2=\begin{bmatrix}1\\-1\\1\\-1\end{bmatrix}\Rightarrow\|\boldsymbol{u}_3\|=2$，

故 $\begin{cases}\boldsymbol{u}_1=\boldsymbol{v}_1\\ \boldsymbol{u}_2=\boldsymbol{v}_2-2\boldsymbol{u}_1\\ \boldsymbol{u}_3=\boldsymbol{v}_3-\dfrac{5}{2}\boldsymbol{u}_1-\dfrac{3}{2}\boldsymbol{u}_2\end{cases}\Rightarrow\begin{cases}\boldsymbol{v}_1=\boldsymbol{u}_1\\ \boldsymbol{v}_2=\boldsymbol{u}_2+2\boldsymbol{u}_1\\ \boldsymbol{v}_3=\boldsymbol{u}_3+\dfrac{5}{2}\boldsymbol{u}_1+\dfrac{3}{2}\boldsymbol{u}_2\end{cases}$，

因此 $A=[\boldsymbol{v}_1\ \ \boldsymbol{v}_2\ \ \boldsymbol{v}_3]=[\boldsymbol{u}_1\ \ \boldsymbol{u}_2\ \ \boldsymbol{u}_3]\begin{bmatrix}1 & 2 & \frac{5}{2}\\ 0 & 1 & \frac{3}{2}\\ 0 & 0 & 1\end{bmatrix}$

$$=\begin{bmatrix}\frac{\boldsymbol{u}_1}{\|\boldsymbol{u}_1\|} & \frac{\boldsymbol{u}_2}{\|\boldsymbol{u}_2\|} & \frac{\boldsymbol{u}_3}{\|\boldsymbol{u}_3\|}\end{bmatrix}\begin{bmatrix}\|\boldsymbol{u}_1\| & 2\|\boldsymbol{u}_1\| & \frac{5}{2}\|\boldsymbol{u}_1\|\\ 0 & \|\boldsymbol{u}_2\| & \frac{3}{2}\|\boldsymbol{u}_2\|\\ 0 & 0 & \|\boldsymbol{u}_3\|\end{bmatrix}$$

$$=\begin{bmatrix}\frac{1}{2} & \frac{1}{2} & \frac{1}{2}\\ \frac{1}{2} & \frac{-1}{2} & \frac{-1}{2}\\ \frac{1}{2} & \frac{-1}{2} & \frac{1}{2}\\ \frac{1}{2} & \frac{1}{2} & \frac{-1}{2}\end{bmatrix}\begin{bmatrix}2 & 4 & 5\\ 0 & 2 & 3\\ 0 & 0 & 2\end{bmatrix}=\boldsymbol{QR}$$ 。

## 範例 4

(1) 利用史密特正交化求下列 $\mathbb{R}^4$ 空間的一組正規化正交集合

span $\{(1 \quad -1 \quad 0 \quad 0)^T, (1 \quad 0 \quad 1 \quad 0)^T, (0 \quad 1 \quad 1 \quad 1)^T\}$。

(2) $A = \begin{bmatrix} 1 & 1 & 0 \\ -1 & 0 & 1 \\ 0 & 1 & 1 \\ 0 & 0 & 1 \end{bmatrix}$，求 $A$ 的 $QR$ 分解？

---

解 (1) 令 $v_1 = \begin{bmatrix} 1 \\ -1 \\ 0 \\ 0 \end{bmatrix}$、$v_2 = \begin{bmatrix} 1 \\ 0 \\ 1 \\ 0 \end{bmatrix}$、$v_3 = \begin{bmatrix} 0 \\ 1 \\ 1 \\ 1 \end{bmatrix}$，則 $\{v_1, v_2, v_3\}$ 為線性獨立，

令 $\{v_1, v_2, v_3\}$ 對應的正交集合為 $\{u_1, u_2, u_3\}$，故

$u_1 = v_1$ 且 $\|u_1\| = \sqrt{2}$、

$$u_2 = v_2 - \frac{<v_2, u_1>}{<u_1, u_1>}u_1 = v_2 - \frac{1}{2}u_1 = \begin{bmatrix} 1 \\ 0 \\ 1 \\ 0 \end{bmatrix} - \frac{1}{2}\begin{bmatrix} 1 \\ -1 \\ 0 \\ 0 \end{bmatrix} = \begin{bmatrix} \frac{1}{2} \\ \frac{1}{2} \\ 1 \\ 0 \end{bmatrix},$$

且 $\|u_2\| = \dfrac{\sqrt{6}}{2}$，

$$u_3 = v_3 - \frac{<v_3, u_1>}{<u_1, u_1>}u_1 - \frac{<v_3, u_2>}{<u_2, u_2>}u_2$$

$$= v_3 - (-\frac{1}{2})u_1 - u_2$$

$$= \begin{bmatrix} 0 \\ 1 \\ 1 \\ 1 \end{bmatrix} + \frac{1}{2}\begin{bmatrix} 1 \\ -1 \\ 0 \\ 0 \end{bmatrix} - \begin{bmatrix} \frac{1}{2} \\ \frac{1}{2} \\ 1 \\ 0 \end{bmatrix} = \begin{bmatrix} 0 \\ 0 \\ 0 \\ 1 \end{bmatrix}$$

且$\| \boldsymbol{u}_3 \| = 1$，故向量空間的正規化正交基底爲$\left\{ \dfrac{\boldsymbol{u}_1}{\| \boldsymbol{u}_1 \|}, \dfrac{\boldsymbol{u}_2}{\| \boldsymbol{u}_2 \|}, \dfrac{\boldsymbol{u}_3}{\| \boldsymbol{u}_3 \|} \right\}$。

(2) 令$\boldsymbol{A} = [\boldsymbol{v}_1, \boldsymbol{v}_2, \boldsymbol{v}_3]$，由(1)小題可知

$$\begin{cases} \boldsymbol{u}_1 = \boldsymbol{v}_1 \\ \boldsymbol{u}_2 = \boldsymbol{v}_2 - \dfrac{1}{2}\boldsymbol{u}_1 \\ \boldsymbol{u}_3 = \boldsymbol{v}_3 + \dfrac{1}{2}\boldsymbol{u}_1 - \boldsymbol{u}_2 \end{cases} \Rightarrow \begin{cases} \boldsymbol{v}_1 = \boldsymbol{u}_1 \\ \boldsymbol{v}_2 = \dfrac{1}{2}\boldsymbol{u}_1 + \boldsymbol{u}_2 \\ \boldsymbol{v}_3 = -\dfrac{1}{2}\boldsymbol{u}_1 + \boldsymbol{u}_2 + \boldsymbol{u}_3 \end{cases},$$

故$\boldsymbol{A} = [\boldsymbol{v}_1 \ \ \boldsymbol{v}_2 \ \ \boldsymbol{v}_3] = [\boldsymbol{u}_1 \ \ \dfrac{1}{2}\boldsymbol{u}_1 + \boldsymbol{u}_2 \ \ -\dfrac{1}{2}\boldsymbol{u}_1 + \boldsymbol{u}_2 + \boldsymbol{u}_3]$

$$= [\boldsymbol{u}_1 \ \ \boldsymbol{u}_2 \ \ \boldsymbol{u}_3] \begin{bmatrix} 1 & \frac{1}{2} & -\frac{1}{2} \\ 0 & 1 & 1 \\ 0 & 0 & 1 \end{bmatrix}$$

$$= \left[ \frac{\boldsymbol{u}_1}{\| \boldsymbol{u}_1 \|} \ \ \frac{\boldsymbol{u}_2}{\| \boldsymbol{u}_2 \|} \ \ \frac{\boldsymbol{u}_3}{\| \boldsymbol{u}_3 \|} \right] \begin{bmatrix} \| \boldsymbol{u}_1 \| & \frac{1}{2}\| \boldsymbol{u}_1 \| & -\frac{1}{2}\| \boldsymbol{u}_1 \| \\ 0 & \| \boldsymbol{u}_2 \| & \| \boldsymbol{u}_2 \| \\ 0 & 0 & \| \boldsymbol{u}_3 \| \end{bmatrix}$$

$$= \begin{bmatrix} \frac{1}{\sqrt{2}} & \frac{1}{\sqrt{6}} & 0 \\ -\frac{1}{\sqrt{2}} & \frac{1}{\sqrt{6}} & 0 \\ 0 & \sqrt{\frac{3}{2}} & 0 \\ 0 & 0 & 1 \end{bmatrix} \begin{bmatrix} \sqrt{2} & \frac{\sqrt{2}}{2} & -\frac{\sqrt{2}}{2} \\ 0 & \sqrt{\frac{3}{2}} & \sqrt{\frac{3}{2}} \\ 0 & 0 & 1 \end{bmatrix}。$$

## 習題演練

1. 試判斷下列 $\mathbb{R}^n$ 中集合是否正交，若正交集合，請將其化為正規化正交：

   (1) $S_1 = \{(1, -2), (4, 2)\}$　　(2) $S_2 = \{(-2, 3), (2, 0)\}$

   (3) $S_3 = \{(\frac{4}{5}, \frac{3}{5}), (-\frac{3}{5}, \frac{4}{5})\}$　　(4) $S_4 = \{(2, -1, 1), (-1, 0, 2), (2, 5, 1)\}$

   (5) $S_5 = \{(2, -5, 3), (1, 1, 1), (0, 1, -1)\}$。

2. 令 $\vec{v}_1 = (1, 1, 0)$、$\vec{v}_2 = (2, 0, 1)$、$\vec{v}_3 = (2, 2, 1)$。

   (1) 求證此三個向量線性獨立。

   (2) 求此三個向量之一組正交集合。

3. 重建 $\vec{v}_1 = (2, -2, -1)$、$\vec{v}_2 = (1, 1, 0)$、$\vec{v}_3 = (1, -1, 4)$ 為一組么正基底。

4. 重建 $\vec{v}_1 = (1, 1, 1)$、$\vec{v}_2 = (1, 2, 3)$、$\vec{v}_3 = (2, 3, 1)$ 為一組正規化正交基底。

5. 重建 $\vec{a}_1 = (2, 1, 1)$、$\vec{a}_2 = (1, 0, 2)$、$\vec{a}_3 = (2, 0, 0)$ 為一組么正基底，並以此么正基底為座標表示向量 $\vec{v} = (-1, 2, 3)$。

6. 證明下列函數集合在指定區間內為正交函數集合

   (1) $\{x, x^2\}, [-1,1]$　　(2) $\{x^2, x^3 + x\}, [-1,1]$

   (3) $\{\cos x, \sin^2 x\}, [0, \pi]$　　(4) $\{x, \cos 2x\}, [-\frac{\pi}{2}, \frac{\pi}{2}]$

   (5) $\left\{\sin\frac{n\pi}{l}x\right\}\Big|_{n=1,2,3,\cdots}^{\infty}, [0, l]$　　(6) $\left\{1, \cos\frac{n\pi}{l}x\right\}\Big|_{n=1,2,3,\cdots}^{\infty}, [0, l]$

   (7) $\left\{1, \cos\frac{n\pi}{l}x, \sin\frac{m\pi}{l}x\right\}\Big|_{n,m=1,2,3,\cdots}^{\infty}, [-l, l]$。

7. 考慮一線性獨立集合 $\{1, x\}$，$-1 \le x \le 1$，利用史密特正交化將此集合轉成一個正規化正交函數集合 $\{P_1, P_2\}$，$-1 \le x \le 1$。

8. 若函數的內積定義為 $< f, g > = \int_0^1 f(x)g(x)dx$，且 $f(x) = 2x$、$g(x) = 3 + cx$，在 $[0,1]$ 內為正交函數，

   (1) 求 $c$ 值。

   (2) 求正規化正交函數集合。

9. 正交集合 $\{1, \cos x, \cos 2x, \cos 3x, \cdots\cdots\}$，$-\pi \le x \le \pi$ 的正規化正交集合為何？

10. 正交集合 $\left\{1,\ \cos\frac{n\pi}{l}x,\ \sin\frac{m\pi}{l}x\right\}\Big|_{n,m=1,2,3,\cdots}^{\infty}$，$[-l, l]$ 之正規化正交集合為何？

11. 求齊性聯立方程組 $\boldsymbol{AX}=\boldsymbol{0}$ 之解空間的正規化正交基底，

(1) $\begin{cases} x_1-2x_2=0 \\ 2x_1-4x_2=0 \end{cases}$　(2) $\begin{cases} 2x_1-4x_2+2x_3=0 \\ -x_1+2x_2-x_3=0 \end{cases}$

(3) $\begin{cases} x_1-x_2+x_3-x_4=0 \\ x_1-2x_2+x_3-2x_4=0 \end{cases}$　(4) $\begin{cases} x_1-2x_2+x_3=0 \\ 2x_1+x_2+x_3+2x_4=0 \\ x_1-7x_2+2x_3-2x_4=0 \end{cases}$ 。

12. 令 $\boldsymbol{A}=\begin{bmatrix} 1 & -2 & -1 \\ 2 & 0 & 1 \\ 2 & -4 & 2 \\ 4 & 0 & 0 \end{bmatrix}$，求 $\boldsymbol{A}$ 的 QR 分解？

13. $\boldsymbol{A}=\begin{bmatrix} 1 & 2 \\ 0 & 1 \\ 1 & 4 \end{bmatrix}$，求 $\boldsymbol{A}$ 的 QR 分解？

14. $\boldsymbol{A}=\begin{bmatrix} 1 & 2 & 0 & 1 \\ 1 & -1 & 3 & 2 \\ 1 & -1 & 3 & 2 \\ -1 & 1 & -3 & 1 \end{bmatrix}$，求 $\boldsymbol{A}$ 的 QR 分解？

# 5-4 正交投影

在日常生活中，陽光照射物體在地面上的影子就是一種投影。我們在前面也談到任一向量$(x, y, z)$，經由$\boldsymbol{P}=\begin{bmatrix}1&0&0\\0&1&0\\0&0&0\end{bmatrix}$投影到 $x$-$y$ 平面，即$\boldsymbol{P}\begin{bmatrix}x\\y\\z\end{bmatrix}=\begin{bmatrix}x\\y\\0\end{bmatrix}$。若一向量原本就在 $xy$ 平面上，則經過 $\boldsymbol{P}$ 變換後不會有改變，即$\boldsymbol{P}\begin{bmatrix}x\\y\\0\end{bmatrix}=\begin{bmatrix}x\\y\\0\end{bmatrix}$。

所以$\boldsymbol{P}^2\begin{bmatrix}x\\y\\0\end{bmatrix}=\boldsymbol{P}\left(\boldsymbol{P}\begin{bmatrix}x\\y\\0\end{bmatrix}\right)=\boldsymbol{P}\begin{bmatrix}x\\y\\0\end{bmatrix}$，即投影變換會有 $\boldsymbol{P}^2=\boldsymbol{P}$ 的特性。本章將介紹此種線性變換並討論具有像$R(T)$與零核空間$N(T)$相互正交的正交投影變換。

## 一、定義

1. 設 $W$ 爲有限維內積空間 $V$ 的子空間，若一線性變換 $T: V \rightarrow V$ 的像爲 $W$，若 $\forall \boldsymbol{x} \in R(T)=W$ 滿足 $T(\boldsymbol{x})=\boldsymbol{x}$ 且 $V=R(T)\oplus N(T)$，稱 $T$ 爲投影到 $W$ 的變換，簡稱投影變換。且 $T$ 具有 $T^2=T$ 的性質。

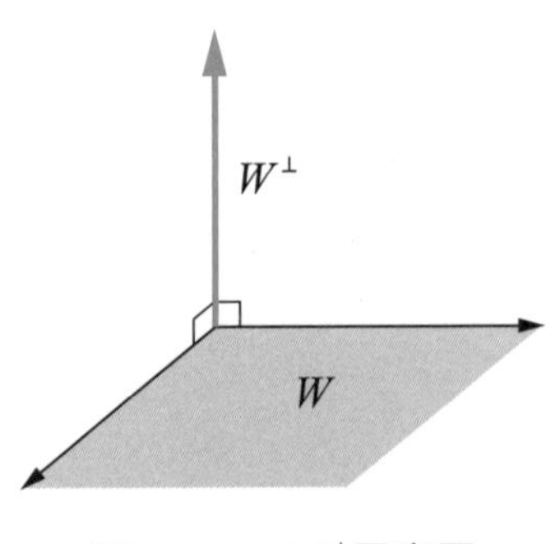

圖 5-4.1　$W^{\perp}$示意圖

2. 正交互餘（orthogonal complement）：
   如圖 5-4.1 所示，若 $W$ 爲有限維內積空間 $V$ 的子空間，則 $W$ 的正交互餘定義爲：

$$W^{\perp}=\{\boldsymbol{v}\in V \mid <\boldsymbol{v}, \boldsymbol{w}>=0, \forall \boldsymbol{w}\in W\}$$

3. 設 $W$ 爲有限維內積空間 $V$ 的子空間，有一投影變換爲 $T: V \rightarrow V$，其中 $T$ 的像爲 $W$ 而其核爲 $W^{\perp}$ 時，即 $R(T)^{\perp}=N(T)$、$N(T)^{\perp}=R(T)$，則稱該投影變換 $T$ 爲 $V$ 映成 $W$ 的正交投影（orthogonal projection），且 $T$ 具有 $T^2=T$ 的性質，如圖 5-4.2 所示。

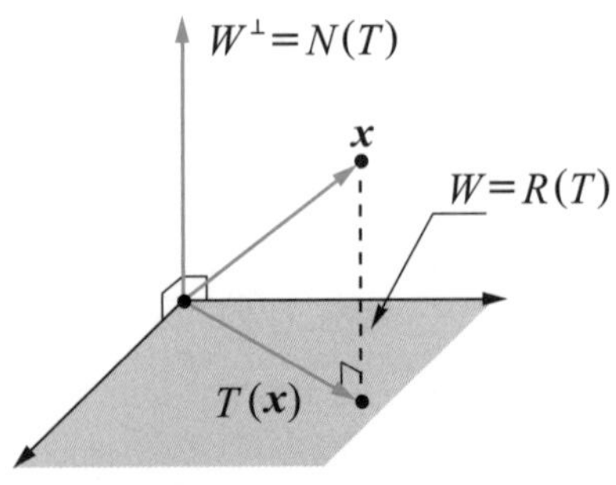

圖 5-4.2　正交投影示意圖

## 二、性質

1. 設 $W$ 為有限維內積空間 $V$ 的子空間，則 $W^{\perp}$亦為 $V$ 的子空間。

   **【證明】**

   (1) $\mathbf{0} \in W^{\perp}$。

   (2) 令 $\boldsymbol{w} \in W$，$\boldsymbol{w}_1$、$\boldsymbol{w}_2 \in W^{\perp}$，且 $\alpha \in \mathbb{F}$，則

   $<\boldsymbol{w}_1, \boldsymbol{w}> = 0$、$<\boldsymbol{w}_2, \boldsymbol{w}> = 0$，

   因 $<\alpha\boldsymbol{w}_1 + \boldsymbol{w}_2, \boldsymbol{w}> = \alpha <\boldsymbol{w}_1, \boldsymbol{w}> + <\boldsymbol{w}_2, \boldsymbol{w}> = 0$，

   故 $\alpha\boldsymbol{w}_1 + \boldsymbol{w}_2 \in W^{\perp}$。

   (3) 由(1)、(2)可知，$W^{\perp}$為 $V$ 的子空間。

2. 設 $W$ 為有限維內積空間 $V$ 的子空間，則 $V = W \oplus W^{\perp}$，即 $W \cap W^{\perp} = \{\mathbf{0}\}$。

   **【證明】**請參閱附錄三，延伸 39。

3. 設 $W$ 為有限維內積空間 $V$ 的子空間，則 $(W^{\perp})^{\perp} = W$。

   **【證明】**請參閱附錄三，延伸 40。

4. 投影定理（Projection theorem）

   設 $W$ 為有限維內積空間 $V$ 的子空間，則 $V$ 上的每一向量 $\boldsymbol{u}$ 均可被唯一的表示成

   $\boldsymbol{u} = \boldsymbol{w}_1 + \boldsymbol{w}_2$，

   其中 $\boldsymbol{w}_1 \in W$ 且 $\boldsymbol{w}_2 \in W^{\perp}$，如圖 5-4.3 所示。

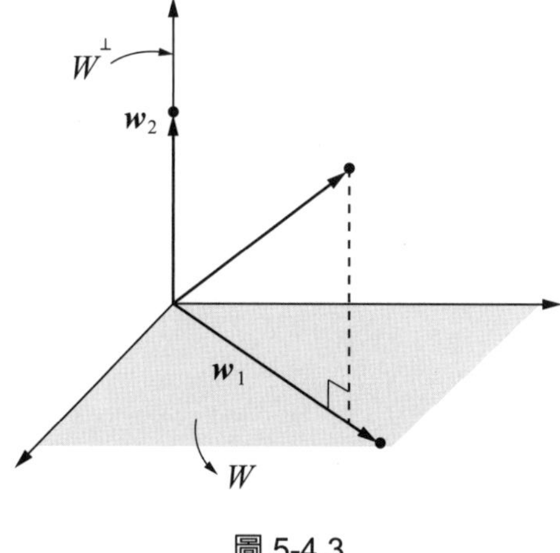


圖 5-4.3

## 範例 1

設 $W$ 是由 $\boldsymbol{u} = (1, 1, 3, -1, 2)$及 $\boldsymbol{v} = (2, 3, 7, 2, 1)$所生成的$\mathbb{R}^5$的子空間，試求 $W$ 的正交互餘 $W^{\perp}$的基底。

---

**解** 令 $\boldsymbol{A} = [\boldsymbol{u}^T \quad \boldsymbol{v}^T] = \begin{bmatrix} 1 & 2 \\ 1 & 3 \\ 3 & 7 \\ -1 & 2 \\ 2 & 1 \end{bmatrix}$，

故 $W = CS(\boldsymbol{A})$，則 $W^{\perp} = N(\boldsymbol{A}^T)$，令 $\boldsymbol{x} = [x_1 \quad x_2 \quad x_3 \quad x_4 \quad x_5]^T \in W^{\perp}$，故 $\boldsymbol{A}^T\boldsymbol{x} = 0$，即

$$\begin{bmatrix} 1 & 1 & 3 & -1 & 2 \\ 2 & 3 & 7 & 3 & 1 \end{bmatrix} \begin{bmatrix} x_1 \\ x_2 \\ x_3 \\ x_4 \\ x_5 \end{bmatrix} = \begin{bmatrix} 0 \\ 0 \end{bmatrix},$$

可解得 $\begin{bmatrix} x_1 \\ x_2 \\ x_3 \\ x_4 \\ x_5 \end{bmatrix} = c_1 \begin{bmatrix} -2 \\ -1 \\ 1 \\ 0 \\ 0 \end{bmatrix} + c_2 \begin{bmatrix} 6 \\ -5 \\ 0 \\ 1 \\ 0 \end{bmatrix} + c_3 \begin{bmatrix} -5 \\ 3 \\ 0 \\ 0 \\ 1 \end{bmatrix}$，

即 $W^{\perp}$的一組基底爲

$\{(-2, -1, 1, 0, 0), (6, -5, 0, 1, 0), (-5, 3, 0, 0, 1)\}$。

■

## 三、矩陣四大子空間正交性

將矩陣 $\boldsymbol{A}$ 視為左乘變換 $L_A$，則我們有如下的矩陣四大空間：

(1) 行空間 $R(\boldsymbol{A})=R(L_A)=CS(\boldsymbol{A})$。

(2) 列空間 $RS(\boldsymbol{A})=CS(\boldsymbol{A}^T)$。

(3) 零核空間 $N(\boldsymbol{A})=N(L_A)$。

(4) 左核空間 $N(\boldsymbol{A}^T)$。

這四個空間彼此具有正交關係，請看底下說明：

設 $\boldsymbol{A}\in M_{m\times n}(\mathbb{R})$，則

(1) $N(\boldsymbol{A})^{\perp}=R(\boldsymbol{A}^T)$ 或 $N(\boldsymbol{A})^{\perp}=CS(\boldsymbol{A}^T)$。

(2) $R(\boldsymbol{A}^T)^{\perp}=N(\boldsymbol{A})$ 或 $CS(\boldsymbol{A}^T)^{\perp}=N(\boldsymbol{A})$。

(3) $R(\boldsymbol{A})^{\perp}=N(\boldsymbol{A}^T)$ 或 $CS(\boldsymbol{A})^{\perp}=N(\boldsymbol{A}^T)$。

(4) $N(\boldsymbol{A}^T)^{\perp}=R(\boldsymbol{A})$ 或 $N(\boldsymbol{A}^T)^{\perp}=CS(\boldsymbol{A})$。

如圖 5-4.4 所示。

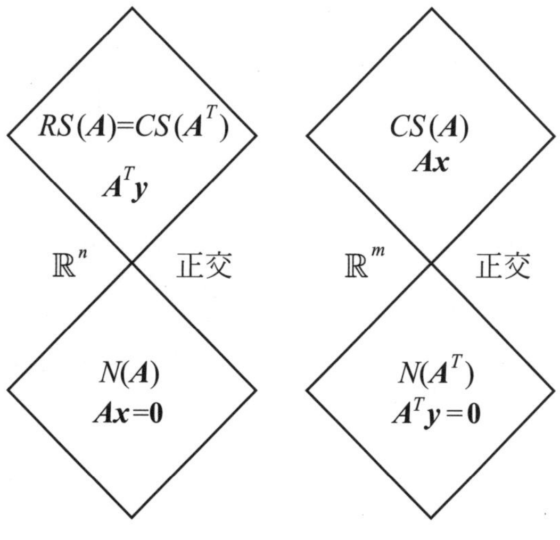


圖 5-4.4

【證明】

(1) $\forall \boldsymbol{x} \in N(\boldsymbol{A})$，以及 $R(\boldsymbol{A}^T)$ 中的任意一個向量 $\boldsymbol{y} = \boldsymbol{A}^T\boldsymbol{v}$，我們都有 $<\boldsymbol{y}, \boldsymbol{x}> = <\boldsymbol{A}^T\boldsymbol{v}, \boldsymbol{x}> = <\boldsymbol{v}, \boldsymbol{A}\boldsymbol{x}> = 0$，所以我們有 $R(\boldsymbol{A}^T) \subseteq N(\boldsymbol{A})^\perp$。而由子空間的分解(參考本節附錄，延伸 1) $\mathbb{R}^n = N(\boldsymbol{A})^\perp \oplus N(\boldsymbol{A})$ 得知 $n = \dim N(\boldsymbol{A})^\perp + \dim N(\boldsymbol{A})$。另一方面，維度定理告訴我們

$$n = \dim R(\boldsymbol{A}) + \dim N(\boldsymbol{A})$$
$$= \dim R(\boldsymbol{A}^T) + \dim(N(\boldsymbol{A}))，$$

比較 $n$ 的兩個等式後發現 $\dim R(\boldsymbol{A}^T) = \dim N(\boldsymbol{A})^\perp$，

故 $R(\boldsymbol{A}^T) = N(\boldsymbol{A})^\perp$。

(2) 由(1)及本節性質 3.可知 $\{R(\boldsymbol{A}^T)^\perp\}^\perp = N(\boldsymbol{A})^\perp$，即 $R(\boldsymbol{A}^T) = N(\boldsymbol{A})^\perp$。

(3) 由(1)可知 $R\{(\boldsymbol{A}^T)^T\}^\perp = N(\boldsymbol{A}^T)$。

(4) 由(3)可知 $N(\boldsymbol{A}^T)^\perp = R\{(\boldsymbol{A}^T)^T\} = R(\boldsymbol{A})$。

**Note**

若 $A \in M_{m\times n}(\mathbb{C})$ 時，轉置運算「$T$」改成共軛轉置「*」，即 $CS(A)^\perp = N(A^*)$，$N(A)^\perp = CS(A^*)$。

如圖 5-4.5 及圖 5-4.6 所示。

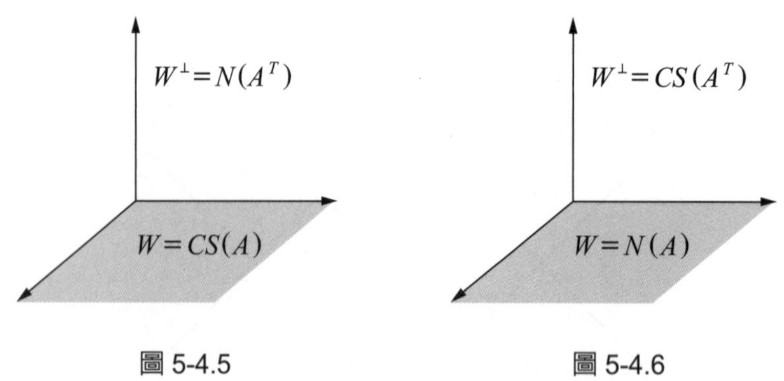


圖 5-4.5　　圖 5-4.6

**Note**

設 $r = \text{rank}(A)$ 且 $A \in M_{m\times m}(\mathbb{F})$，則

$\dim(CS(\boldsymbol{A})) = \dim(RS(\boldsymbol{A})) = \dim(CS(\boldsymbol{A}^T)) = r$，

$\dim(N(\boldsymbol{A})) = n - r$、$\dim(N(\boldsymbol{A}^T)) = m - r$。

## 範例 2

令 $\boldsymbol{A}=\begin{bmatrix}1&0&3\\0&1&1\\1&5&8\end{bmatrix}$，求下列各空間的基底，

(1) $N(\boldsymbol{A})$ (2) $R(\boldsymbol{A})$ (3) $N(\boldsymbol{A}^T)$ (4) $R(\boldsymbol{A}^T)$ (5) $N(\boldsymbol{A}^T)^{\perp}$ (6) $R(\boldsymbol{A}^T)^{\perp}$。

並指出哪些空間是相等。

**【提示】**

四大子空間的關係：若 $\boldsymbol{A}\in M_{m\times n}(\mathbb{R})$，則

(1) $N(\boldsymbol{A}^T)^{\perp}=R(\boldsymbol{A})$ (2) $N(\boldsymbol{A}^T)=R(\boldsymbol{A})^{\perp}$

(3) $N(\boldsymbol{A})^{\perp}=R(\boldsymbol{A}^T)$ (4) $N(\boldsymbol{A})=R(\boldsymbol{A}^T)^{\perp}$。

---

**解** $\begin{bmatrix}1&0&3\\0&1&1\\1&5&8\end{bmatrix}\xrightarrow{R_{13}^{(-1)}}\begin{bmatrix}1&0&3\\0&1&1\\0&5&5\end{bmatrix}\xrightarrow{R_{23}^{(-5)}}\begin{bmatrix}1&0&3\\0&1&1\\0&0&0\end{bmatrix}$，

(1) 設 $\boldsymbol{x}=\begin{bmatrix}x_1\\x_2\\x_3\end{bmatrix}\in N(\boldsymbol{A})$，則 $\boldsymbol{Ax}=\boldsymbol{0}$，故

$\begin{cases}x_1+3x_3=0\\x_2+x_3=0\end{cases}$，

令 $x_3=c$，則 $x_2=-c$ 、 $x_1=-3c$，因此

$N(\boldsymbol{A})=\text{span}\left\{\begin{bmatrix}-3\\-1\\1\end{bmatrix}\right\}$。

(2) 因 rank $(\boldsymbol{A})=2$ 故

$R(\boldsymbol{A})=CS(\boldsymbol{A})=\text{span}\left\{\begin{bmatrix}1\\0\\1\end{bmatrix},\begin{bmatrix}0\\1\\5\end{bmatrix}\right\}$。

(3) 令 $\boldsymbol{A}=\begin{bmatrix}\boldsymbol{A}_1\\\boldsymbol{A}_2\\\boldsymbol{A}_3\end{bmatrix}$，其中 $\boldsymbol{A}_1$、$\boldsymbol{A}_2$、$\boldsymbol{A}_3$ 爲 $\boldsymbol{A}$ 的列向量，由列基本運算知

$-\boldsymbol{A}_1+\boldsymbol{A}_3-5\boldsymbol{A}_2=0$，

故 $[-1\ \ -5\ \ 1]\begin{bmatrix}\boldsymbol{A}_1\\\boldsymbol{A}_2\\\boldsymbol{A}_3\end{bmatrix}=[-1\ \ -5\ \ 1]\boldsymbol{A}=0$，

即 $\boldsymbol{A}^T\begin{bmatrix}-1\\-5\\1\end{bmatrix}=0$，

再由維度定理知 $\text{nullity}(\boldsymbol{A}^T)=1$，

因此 $N(\boldsymbol{A}^T)=\text{span}\left\{\begin{bmatrix}-1\\-5\\1\end{bmatrix}\right\}$。

(4) 因 $\text{rank}\ (\boldsymbol{A})=2$，

故 $R(\boldsymbol{A}^T)=\text{span}\left\{\begin{bmatrix}1\\0\\3\end{bmatrix},\begin{bmatrix}0\\1\\1\end{bmatrix}\right\}$。

(5) 因 $N(\boldsymbol{A}^T)^\perp=R(\boldsymbol{A})$，

故 $N(\boldsymbol{A}^T)^\perp=R(\boldsymbol{A})=\text{span}\left\{\begin{bmatrix}1\\0\\1\end{bmatrix},\begin{bmatrix}0\\1\\5\end{bmatrix}\right\}$。

(6) 因 $R(\boldsymbol{A}^T)^\perp=N(\boldsymbol{A})$，

故 $R(\boldsymbol{A}^T)^\perp=N(\boldsymbol{A})=\text{span}\left\{\begin{bmatrix}-3\\-1\\1\end{bmatrix}\right\}$。

■

## 範例 3

設 $\boldsymbol{A}=\begin{bmatrix}3 & 2 & 5 & 9\\ -1 & 3 & 2 & -3\\ 2 & 1 & 4 & 7\\ -4 & -2 & -8 & -14\end{bmatrix}$。

(1) 求 $\boldsymbol{A}$ 的行空間維度？

(2) 若 $W=CS(\boldsymbol{A})$，則 $W^{\perp}$？

(3) 求 $N(\boldsymbol{A})$的基底？

---

解

$$\boldsymbol{A}=\begin{bmatrix}3 & 2 & 5 & 9\\ -1 & 3 & 2 & -3\\ 2 & 1 & 4 & 7\\ -4 & -2 & -8 & -14\end{bmatrix}\xrightarrow{R_{12}}\begin{bmatrix}-1 & 3 & 2 & -3\\ 3 & 2 & 5 & 9\\ 2 & 1 & 4 & 7\\ -4 & -2 & -8 & -14\end{bmatrix}$$

$$\xrightarrow{R_{12}^{(3)}R_{13}^{(2)}R_{14}^{(-4)}}\begin{bmatrix}-1 & 3 & 2 & -3\\ 0 & 11 & 11 & 0\\ 0 & 7 & 8 & 1\\ 0 & -14 & -16 & -2\end{bmatrix}\xrightarrow{R_{34}^{(2)}}\begin{bmatrix}-1 & 3 & 2 & -3\\ 0 & 11 & 11 & 0\\ 0 & 7 & 8 & 1\\ 0 & 0 & 0 & 0\end{bmatrix},$$

(1) $\text{rank}(\boldsymbol{A})=\dim(W)=3$。

(2) 已知$W^{\perp}=R(\boldsymbol{A})^{\perp}=N(\boldsymbol{A}^{T})$。設 $\boldsymbol{A}_1$、$\boldsymbol{A}_2$、$\boldsymbol{A}_3$、$\boldsymbol{A}_4$ 為 $\boldsymbol{A}$ 的列向量，故

$2(2\boldsymbol{A}_2+\boldsymbol{A}_3)+(-4\boldsymbol{A}_2+\boldsymbol{A}_4)=2\boldsymbol{A}_3+\boldsymbol{A}_4=0$，

即 $[0\ \ 0\ \ 2\ \ 1]\begin{bmatrix}\boldsymbol{A}_1\\ \boldsymbol{A}_2\\ \boldsymbol{A}_3\\ \boldsymbol{A}_4\end{bmatrix}=\boldsymbol{yA}=0$，

其中 $\boldsymbol{y}=[0\quad 0\quad 2\quad 1]$，故 $\boldsymbol{A}^{T}\boldsymbol{y}^{T}=0$，即 $\boldsymbol{y}^{T}\in N(\boldsymbol{A}^{T})$，
同時由維度定理知 $\text{nullity}(\boldsymbol{A}^{T})=1$，

因此

$W^{\perp}=\text{span}\,\{\boldsymbol{y}^T\}$，所以 $W^{\perp}$的基底爲

$$\{\boldsymbol{y}^T\}=\left\{\begin{bmatrix}0\\0\\2\\1\end{bmatrix}\right\}。$$

(3) 設 $\boldsymbol{x}=[x_1\quad x_2\quad x_3\quad x_4]^T\in N(\boldsymbol{A})$，故 $\boldsymbol{Ax}=\boldsymbol{O}$，即

$$\begin{cases}-x_1+3x_2+2x_3-3x_4=0\\11x_2+11x_3=0\\7x_2+8x_3+x_4=0\end{cases},$$

令 $x_3=c$，可解得 $x_1=2c$、$x_2=-c$、$x_4=-c$，故

$$\boldsymbol{x}=c\begin{bmatrix}2\\-1\\1\\-1\end{bmatrix},$$

則 $N(\boldsymbol{A})=\text{span}\begin{bmatrix}2\\-1\\1\\-1\end{bmatrix}$，因此基底爲

$$\left\{\begin{bmatrix}2\\-1\\1\\-1\end{bmatrix}\right\}。$$

■

## 四、正交投影

### 1. 正交投影

設 $W$ 爲有限維內積空間 $V$ 的子空間，若$\{\boldsymbol{e}_1, \boldsymbol{e}_2, \cdots\cdots, \boldsymbol{e}_m\}$爲 $W$ 的正交基底，同時 $\boldsymbol{u}$ 爲 $V$ 中之任意向量，則 $\boldsymbol{u}$ 在 $W$ 中的正交投影表示成 $\text{Proj}_W\,\boldsymbol{u}$，且

$$\text{Proj}_W\,\boldsymbol{u}=\frac{<\boldsymbol{u},\boldsymbol{e}_1>}{<\boldsymbol{e}_1,\boldsymbol{e}_1>}\boldsymbol{e}_1+\frac{<\boldsymbol{u},\boldsymbol{e}_2>}{<\boldsymbol{e}_2,\boldsymbol{e}_2>}\boldsymbol{e}_2+\cdots\cdots+\frac{<\boldsymbol{u},\boldsymbol{e}_m>}{<\boldsymbol{e}_m,\boldsymbol{e}_m>}\boldsymbol{e}_m \tag{1}$$

【證明】

由投影定理可知 $\boldsymbol{u}=\boldsymbol{w}_1+\boldsymbol{w}_2$，$\boldsymbol{w}_1\in \boldsymbol{W}$ 且 $\boldsymbol{w}_2\in W^{\perp}$。

令 $\text{Proj}_W \boldsymbol{u}=\boldsymbol{w}_1=\sum_{i=1}^{m}\alpha_i\boldsymbol{e}_i$，

即 $\boldsymbol{u}=\boldsymbol{w}_1+\boldsymbol{w}_2=\sum_{i=1}^{m}\alpha_i\boldsymbol{e}_i+\boldsymbol{w}_2$，

對上式取 $\boldsymbol{e}_j$ 的內積可得

$$<\boldsymbol{u},\boldsymbol{e}_j>=\sum_{i=1}^{m}\alpha_i<\boldsymbol{e}_i,\boldsymbol{e}_j>+<\boldsymbol{w}_2,\boldsymbol{e}_j>=\alpha_j<\boldsymbol{e}_j,\boldsymbol{e}_j>，$$

故 $\alpha_j=\dfrac{<\boldsymbol{u},\boldsymbol{e}_j>}{<\boldsymbol{e}_j,\boldsymbol{e}_j>}$，則

$$\text{Proj}_W \boldsymbol{u}=\sum_{i=1}^{m}\alpha_i\boldsymbol{e}_i=\sum_{i=1}^{m}\frac{<\boldsymbol{u},\boldsymbol{e}_i>}{<\boldsymbol{e}_i,\boldsymbol{e}_i>}\boldsymbol{e}_i。$$

**Note**

(1) 若$\{e_1, e_2, \cdots\cdots, e_m\}$為 $W$ 的正規化正交基底時，

$\text{Proj}_W u=<u,e_1>e_1+<u,e_2>e_2+\cdots\cdots+<u,e_m>e_m$。

(2) $\text{Proj}_{W^{\perp}} u=u-\text{Proj}_W u$。

## 2. 最佳近似向量

設 $W$ 為內積空間 $V$ 的一個有限維子空間，若 $\boldsymbol{u}\in V$ 則 $\text{Proj}_W \boldsymbol{u}$ 為 $\boldsymbol{u}$ 在 $W$ 空間中最佳近似的向量，即

$\|\boldsymbol{u}-\text{Proj}_W\boldsymbol{u}\|<\|\boldsymbol{u}-\boldsymbol{w}\|$，

$\forall \boldsymbol{w}\in W$，$w\neq \text{Proj}_W\boldsymbol{u}$，

如圖 5-4.7 所示。

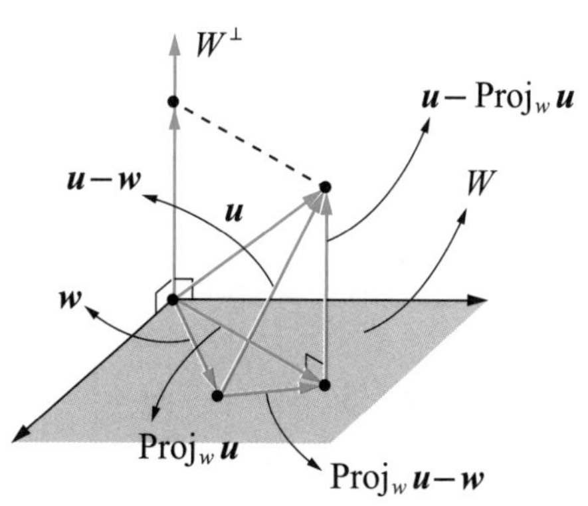


圖 5-4.7

【證明】

由畢氏定理可知

$\|\boldsymbol{u}-\text{Proj}_W\boldsymbol{u}\|^2+\|\text{Proj}_W\boldsymbol{u}-\boldsymbol{w}\|^2=\|\boldsymbol{u}-\boldsymbol{w}\|^2$，

故 $\|\boldsymbol{u}-\text{Proj}_W\boldsymbol{u}\|^2<\|\boldsymbol{u}-\boldsymbol{w}\|^2$，（$\boldsymbol{w}\neq\text{Proj}_W\boldsymbol{u}$）

即 $\|\boldsymbol{u}-\text{Proj}_W\boldsymbol{u}\|<\|\boldsymbol{u}-\boldsymbol{w}\|$。

## 範例 4

$S = \text{span}\ \{\boldsymbol{x}_1 = (0, 1, 0, 1)^T, \boldsymbol{x}_2 = (1, 0, -1, 0)^T\}$爲$\mathbb{R}^4$中的子空間。

(1) 求 $S$ 的正交補集基底$\{\boldsymbol{x}_3, \boldsymbol{x}_4\}$，使得$\{\boldsymbol{x}_1, \boldsymbol{x}_2, \boldsymbol{x}_3, \boldsymbol{x}_4\}$爲$\mathbb{R}^4$的正交基底。

(2) 將 $\boldsymbol{y} = (1, 2, 3, 4)^T$ 表示成 $\boldsymbol{x}_1$、$\boldsymbol{x}_2$、$\boldsymbol{x}_3$、$\boldsymbol{x}_4$的線性組合。

---

解 (1) 因 $S = \text{span}\{\boldsymbol{x}_1, \boldsymbol{x}_2\}$，則 $S^\perp = \text{span}\{\boldsymbol{x}_3, \boldsymbol{x}_4\}$，令

$$\boldsymbol{A} = [\boldsymbol{x}_1, \boldsymbol{x}_2] = \begin{bmatrix} 0 & 1 \\ 1 & 0 \\ 0 & -1 \\ 1 & 0 \end{bmatrix},$$

故 $S = R(\boldsymbol{A})$。令 $w = \begin{bmatrix} w_1 \\ w_2 \\ w_3 \\ w_4 \end{bmatrix} \in S^\perp = N(\boldsymbol{A}^T)$，即 $\boldsymbol{A}^T \boldsymbol{w} = \boldsymbol{0}$，即

$$\begin{bmatrix} 0 & 1 & 0 & 1 \\ 1 & 0 & -1 & 0 \end{bmatrix} \begin{bmatrix} w_1 \\ w_2 \\ w_3 \\ w_4 \end{bmatrix} = \begin{bmatrix} 0 \\ 0 \end{bmatrix},$$

可解得 $\boldsymbol{w} = c_1 \begin{bmatrix} 1 \\ 0 \\ 1 \\ 0 \end{bmatrix} + c_2 \begin{bmatrix} 0 \\ 1 \\ 0 \\ -1 \end{bmatrix}$，

令 $\boldsymbol{x}_3 = \begin{bmatrix} 1 \\ 0 \\ 1 \\ 0 \end{bmatrix}$、$\boldsymbol{x}_4 = \begin{bmatrix} 0 \\ 1 \\ 0 \\ -1 \end{bmatrix}$。

則$\{\boldsymbol{x}_1, \boldsymbol{x}_2, \boldsymbol{x}_3, \boldsymbol{x}_4\}$爲$\mathbb{R}^4$中的一組正交基底。

(2) 由正交投影觀念可知

$$\boldsymbol{y} = \frac{<\boldsymbol{y}, \boldsymbol{x}_1>}{<\boldsymbol{x}_1, \boldsymbol{x}_1>}\boldsymbol{x}_1 + \frac{<\boldsymbol{y}, \boldsymbol{x}_2>}{<\boldsymbol{x}_2, \boldsymbol{x}_2>}\boldsymbol{x}_2 + \frac{<\boldsymbol{y}, \boldsymbol{x}_3>}{<\boldsymbol{x}_3, \boldsymbol{x}_3>}\boldsymbol{x}_3 + \frac{<\boldsymbol{y}, \boldsymbol{x}_4>}{<\boldsymbol{x}_4, \boldsymbol{x}_4>}\boldsymbol{x}_4$$
$$= 3\boldsymbol{x}_1 - \boldsymbol{x}_2 + 2\boldsymbol{x}_3 - \boldsymbol{x}_4$$
。

■

## 範例 5

C[0, 1]為[0, 1]上連續函數所形成的向量空間，定義 C[0,1]中兩個函數 $h$、$r$ 之內積為$<h,r>=\int_0^1 h(x)r(x)dx$，令 $f(x)=1$ 、 $g(x)=x$，

(1) 求$g(x)$的長度？

(2) 求$f(x)$與$g(x)$的距離？

(3) 求$f(x)$在$g(x)$上的正交投影？

---

解 (1) $g(x)$的長度為

$$\|g(x)\|=\sqrt{<g,g>}=\sqrt{\int_0^1 x^2dx}=\frac{1}{\sqrt{3}}\text{。}$$

(2) $f(x)$與$g(x)$的距離為

$$\|f(x)-g(x)\|=\sqrt{<f-g,f-g>}=\sqrt{\int_0^1 (1-x)^2dx}=\frac{1}{\sqrt{3}}\text{。}$$

(3) $f(x)$在$g(x)$上的正交投影

$$\frac{<f,g>}{<g,g>}g=\frac{\int_0^1 1\times xdx}{\int_0^1 x\times xdx}\times x=\frac{\frac{1}{2}}{\frac{1}{3}}x=\frac{3}{2}x\text{。}$$

■

## 範例 6

呈上題，令$S_1=\text{span}\{1\}$ 、 $S=\text{span}\{1,(2x-1)\}$，

(1) 由$S_1$上找一函數$y$，使得$\|y-x^{\frac{1}{2}}\|$為最小。

(2) 求$S$上之$x^{\frac{1}{2}}$的最小二乘方近似函數$z$。

(3) 求$x^{\frac{1}{2}}$在$S_1^{\perp}$上的正交投影。

**解** (1) 因 $S_1$ 內僅有$\{1\}$故該集合可視爲正交集合，故要$\| y - x^{\frac{1}{2}} \|$爲最小，

即 $y$ 爲 $x^{\frac{1}{2}}$ 在$S_1$ 上正交投影，故

$$y = \frac{<1, \sqrt{x}>}{<1,1>} \times 1 = \frac{\int_0^1 \sqrt{x} dx}{1} \times 1 = \frac{2}{3} \times 1$$ 。

(2) 因$<1, 2x-1> = \int_0^1 (2x-1)dx = x^2 - x \Big|_0^1 = 0$，

且$\|1\| = \sqrt{<1,1>} = \sqrt{\int_0^1 1dx} = 1$，

$$\|2x-1\| = \sqrt{\int_0^1 (2x-1)^2 dx} = \sqrt{\frac{1}{6}(2x-1)^3 \Big|_0^1} = \frac{1}{\sqrt{3}}$$，

故$\{1, 2x-1\}$在 $x \in [0, 1]$爲正交集合。故

$$z = \frac{<1, \sqrt{x}>}{<1,1>} 1 + \frac{<2x-1, \sqrt{x}>}{<2x-1, 2x-1>}(2x-1) = \frac{2}{3} + \frac{2}{5}(2x-1)$$ 。

(3) $\sqrt{x}$ 在 $S_1^{\perp}$ 上的正交投影爲

$$S_1^{\perp} = \sqrt{x} - y = \sqrt{x} - \frac{2}{3}$$ 。

## 範例 7

令$V = \text{span}\{\boldsymbol{A}_1, \boldsymbol{A}_2, \boldsymbol{A}_3, \boldsymbol{A}_4\}$，其中

$$\boldsymbol{A}_1 = \begin{bmatrix} 1 & 0 \\ 0 & 1 \\ 1 & 1 \end{bmatrix}、\boldsymbol{A}_2 = \begin{bmatrix} 1 & 0 \\ 0 & 1 \\ -1 & 1 \end{bmatrix}、\boldsymbol{A}_3 = \begin{bmatrix} 1 & 0 \\ 0 & 1 \\ 0 & 1 \end{bmatrix}、\boldsymbol{A}_4 = \begin{bmatrix} 1 & 0 \\ 0 & -1 \\ 1 & 0 \end{bmatrix}，$$

(1) 求 $V$ 的基底。

(2) 若內積定義爲$<\boldsymbol{A}, \boldsymbol{B}> = \text{trace}(\boldsymbol{B}^T \boldsymbol{A})$，求 $V$ 中的正規化正交基底。

(3) 求 $V$ 中最接近 $\boldsymbol{B}$ 的矩陣，其中$\boldsymbol{B} = \begin{bmatrix} 1 & 1 \\ 1 & 1 \\ 1 & 1 \end{bmatrix}$。

**解** 將 $V$ 視為 $\mathbb{R}^6$ 的子空間

(1) $$\boldsymbol{M}=\begin{bmatrix}1&0&1&0&1&1\\1&0&-1&0&1&1\\1&0&0&0&1&1\\1&0&1&0&-1&0\end{bmatrix}\xrightarrow{R_{12}^{(-1)}R_{13}^{(-1)}R_{14}^{(-1)}}\begin{bmatrix}1&0&1&0&1&1\\0&0&-2&0&0&0\\0&0&-1&0&0&0\\0&0&0&0&-2&-1\end{bmatrix},$$

rank $(\boldsymbol{M})=3$，故只有三列為線性獨立，

因此 $\{\boldsymbol{A}_1,\boldsymbol{A}_2,\boldsymbol{A}_4\}$ 為 $V$ 的一組基底。

(2) 令 $\{\boldsymbol{A}_1,\boldsymbol{A}_2,\boldsymbol{A}_4\}$ 對應的正交集合為 $\{\boldsymbol{B}_1,\boldsymbol{B}_2,\boldsymbol{B}_3\}$，

由 Gram-Schmidt 正交化可知：

$$\boldsymbol{B}_1=\boldsymbol{A}_1=\begin{bmatrix}1&0\\0&1\\1&1\end{bmatrix},$$

且 $$\boldsymbol{B}_2=\boldsymbol{A}_2-\frac{<\boldsymbol{A}_2,\boldsymbol{B}_1>}{<\boldsymbol{B}_1,\boldsymbol{B}_1>}\boldsymbol{B}_1=\boldsymbol{A}_2-\frac{2}{4}\boldsymbol{B}_1$$

$$=\begin{bmatrix}1&0\\0&1\\-1&1\end{bmatrix}-\frac{1}{2}\begin{bmatrix}1&0\\0&1\\1&1\end{bmatrix}=\frac{1}{2}\begin{bmatrix}1&0\\0&1\\-3&1\end{bmatrix},$$

且 $$\boldsymbol{B}_3=\boldsymbol{A}_4-\frac{<\boldsymbol{A}_4,\boldsymbol{B}_1>}{<\boldsymbol{B}_1,\boldsymbol{B}_1>}\boldsymbol{B}_1-\frac{<\boldsymbol{A}_4,\boldsymbol{B}_2>}{<\boldsymbol{B}_2,\boldsymbol{B}_2>}\boldsymbol{B}_2$$

$$=\boldsymbol{A}_4-\frac{1}{4}\boldsymbol{B}_1-(-\frac{1}{2})\boldsymbol{B}_2$$

$$=\begin{bmatrix}1&0\\0&-1\\1&0\end{bmatrix}-\frac{1}{4}\begin{bmatrix}1&0\\0&1\\1&1\end{bmatrix}+\frac{1}{2}\times\frac{1}{2}\begin{bmatrix}1&0\\0&1\\-3&1\end{bmatrix}=\begin{bmatrix}1&0\\0&-1\\0&0\end{bmatrix},$$

則 $V$ 的一組正規化的正交基底為 $\{\boldsymbol{C}_1,\boldsymbol{C}_2,\boldsymbol{C}_3\}$，其中

$$\boldsymbol{C}_1=\frac{\boldsymbol{B}_1}{\|\boldsymbol{B}_1\|}=\frac{1}{2}\begin{bmatrix}1&0\\0&1\\1&1\end{bmatrix}、\boldsymbol{C}_2=\frac{\boldsymbol{B}_2}{\|\boldsymbol{B}_2\|}=\frac{1}{2\sqrt{3}}\begin{bmatrix}1&0\\0&1\\-3&1\end{bmatrix}、$$

$$\boldsymbol{C}_3=\frac{\boldsymbol{B}_3}{\|\boldsymbol{B}_3\|}=\frac{1}{\sqrt{2}}\begin{bmatrix}1&0\\0&-1\\0&0\end{bmatrix}。$$

(3) $\boldsymbol{B}$ 在 $V$ 中的正交投影 $\text{Proj}_V(\boldsymbol{B})$ 爲與 $\boldsymbol{B}$ 最佳近似向量

$$\text{Proj}_V(\boldsymbol{B}) = <\boldsymbol{B}, \boldsymbol{C}_1>\boldsymbol{C}_1 + <\boldsymbol{B}, \boldsymbol{C}_2>\boldsymbol{C}_2 + <\boldsymbol{B}, \boldsymbol{C}_3>\boldsymbol{C}_3$$

$$= 2\boldsymbol{C}_1 = \begin{bmatrix} 1 & 0 \\ 0 & 1 \\ 1 & 1 \end{bmatrix}。$$

## 習題演練

1. 求下列集合空間的正交互餘，並驗證 $\mathbb{R}^n = S \oplus S^{\perp}$。

(1) $S_1 = \text{span}\{\begin{bmatrix} 0 \\ 1 \\ 0 \end{bmatrix}, \begin{bmatrix} 1 \\ 0 \\ 1 \end{bmatrix}\}$，$n = 4$。

(2) $S_2 = \text{span}\{\begin{bmatrix} 0 \\ -1 \\ 2 \end{bmatrix}\}$，$n = 3$。

(3) $S_3 = \text{span}\{\begin{bmatrix} 0 \\ -1 \\ 1 \\ -1 \end{bmatrix}\}$，$n = 4$。

(4) $S_4 = \text{span}\{\begin{bmatrix} 0 \\ -1 \\ 1 \\ -1 \end{bmatrix}, \begin{bmatrix} 0 \\ 1 \\ 0 \\ 2 \end{bmatrix}\}$，$n = 4$。

2. 設 $W = \text{span}\ \{[1 \quad 1 \quad 3 \quad -1 \quad 2]^T, [2 \quad 3 \quad 6 \quad 3 \quad 1]^T\}$爲$\mathbb{R}^5$的子空間，求 $W$ 的正交互餘 $W^{\perp}$。

3. 下列各小題中，求其 $\boldsymbol{A}$ 的四大基本子空間的基底，並檢查其正交性：

(1)$\boldsymbol{A} = \begin{bmatrix} 1 & 3 & 2 \\ 1 & 0 & 0 \end{bmatrix}$ (2)$\boldsymbol{A} = \begin{bmatrix} 1 & 2 & 3 \\ -2 & 5 & -6 \\ 2 & -3 & 6 \end{bmatrix}$ (3)$\boldsymbol{A} = \begin{bmatrix} 1 & 0 & 0 \\ 0 & 1 & 1 \\ 2 & 2 & 2 \\ 2 & 3 & 3 \end{bmatrix}$ (4)$\boldsymbol{A} = \begin{bmatrix} 4 & -1 & 2 & 6 \\ -1 & 5 & -1 & -3 \\ 3 & 4 & 1 & 3 \end{bmatrix}$。

4. 在下列小題中，求向量 $\boldsymbol{u}$ 在子空間 $S$ 中的正交投影：

(1) $\boldsymbol{u}=\begin{bmatrix}1\\-1\end{bmatrix}$，$S_1=\text{span}\{\begin{bmatrix}1\\2\end{bmatrix}\}$。

(2) $\boldsymbol{u}=\begin{bmatrix}1\\2\\3\end{bmatrix}$，$S_2=\text{span}\{\begin{bmatrix}1\\1\\0\end{bmatrix},\begin{bmatrix}0\\0\\1\end{bmatrix}\}$。

(3) $\boldsymbol{u}=\begin{bmatrix}1\\-1\end{bmatrix}$，$S_3=\text{span}\{\begin{bmatrix}1\\2\end{bmatrix},\begin{bmatrix}3\\4\end{bmatrix}\}$。

(4) $\boldsymbol{u}=\begin{bmatrix}1\\2\\3\end{bmatrix}$，$S_4=\text{span}\{\begin{bmatrix}1\\1\\0\end{bmatrix},\begin{bmatrix}0\\1\\1\end{bmatrix}\}$。

(5) $\boldsymbol{u}=\begin{bmatrix}1\\2\\3\\4\end{bmatrix}$，$S_5=\text{span}\{\begin{bmatrix}1\\1\\1\\1\end{bmatrix},\begin{bmatrix}0\\1\\-1\\0\end{bmatrix},\begin{bmatrix}0\\0\\1\\-1\end{bmatrix}\}$。

5. 令 $V=\mathbb{C}^3$，且 $S=\text{span}\{\begin{bmatrix}1\\i\\0\end{bmatrix},\begin{bmatrix}2\\1\\i\end{bmatrix}\}$，求 $S$ 的正交補集 $S^{\perp}$，

其中 $S^{\perp}=\{\boldsymbol{v}\in V\,|<\boldsymbol{v},\boldsymbol{u}>=0,\forall\boldsymbol{u}\in S\}$。

6. 設 $C[-1,1]$ 爲定義在 $[-1,1]$ 之連續函數所形成的向量空間，且內積定義爲 $\int_{-1}^{1}f(x)g(x)dx$，設 $S=\text{span}\{b_1(x)=1,b_2(x)=x\}$，

(1) 求 $S$ 的正規化正交基底？

(2) 利用 $\{b_1(x),b_2(x)\}$ 之線性組合求$(x^3+x^2)$的最小二乘方近似。

7. $C[0,\ 1]$爲一連續函數的向量空間且內積定義爲 $<f,g>=\int_0^1 f(x)g(x)dx$，請利用 $\{1,x\}$ 之線性組合求 $e^x$ 在$[0,1]$上的最小二乘方近似。

8. 求 $f(x)=x^3$ 在區間$[0,\ 2]$以 $g(x)=a+bx$ 形式之最小二次方線性近似解，並請由形成正規化正交基底著手。

9. 設 $y=a+bx$ 是與 $x^4$ 的距離最近（$\forall x\in[0,1]$），試求 $a$、$b$（此處函數間的內積爲 $<f,g>=\int_0^1 f(x)g(x)dx$）。

10. 設 C[0, 1]爲在區間[−1, 1]之連續函數形成的內積空間，

   且內積定義爲 $< f(x), g(x) > = \int_{-1}^{1} f(x)g(x)dx$ ，令 $S = \text{span}\{1, x, x^2\}$

   (1) 利用史密特正交化，求 $S$ 中的一組正交基底。

   (2) 求 $|x|$ 在 $S$ 中的最小二乘方近似。

11. 設由 $\{1, x, x^2\}$ 之集合所生成之多項函數集合爲 $\{f(x) = a_0 + a_1x + a_2x^2 \,|\, a_0, a_1, a_2 \in \mathbb{R}\}$ ，

   若內積定義爲 $< f(x), g(x) > = \int_{0}^{1} f(x)g(x)dx$ ，

   (1) 利用史密特正交化，求一組正規化正交集合。

   (2) 利用上面的正規化正交基底函數來表示 $f(x) = 1 + x$ 。

12. 令 $S = \{(1, 0, 1), (2, 2, 2)\}$ 在 $\mathbb{R}^3$ 中集合，且 $W = \text{span}(S)$ ，

   (1) 求 $W$ 與 $W^{\perp}$ 上的正規化正交基底。

   (2) 若 $\boldsymbol{x} = (2, 0, 0)$ 求 $W$ 中 $\boldsymbol{x}$ 的最接近（近似）向量 $\boldsymbol{u}$。

   (3) 求 $W$ 與 $W$ 之最短距離，並求此時 $W$ 上的對應向量 $\boldsymbol{z}$。

   (4) 畫圖表示 $\boldsymbol{x}$、$\boldsymbol{u}$、$\boldsymbol{z}$、$W$ 與 $W^{\perp}$ 之關係。

13. 設 $\boldsymbol{A} = \begin{bmatrix} 1 & -1 & 1 & 4 & 1 \\ 2 & 1 & -1 & 5 & 5 \\ -1 & 2 & 1 & 1 & 3 \\ 1 & 1 & -2 & 0 & 2 \end{bmatrix}$ ，

   (1) rank $(\boldsymbol{A})$ = ?

   (2) 求 $\boldsymbol{A}$ 的零核空間。

   (3) 求 $CS(\boldsymbol{A})$ 之正規化正交基底。

   (4) 求 $\boldsymbol{y} = [1 \quad 2 \quad 4 \quad 8]^T$ 在 $CS(\boldsymbol{A})$ 上的投影。

# 5-5 最小二乘方解

我們在處理實驗的數據時，常常需要以曲線擬合的方式做最佳化近似分析，最小二乘法是最常用的擬合方法之一。這套方法簡單的說，是藉由求出數據誤差平方和的極小值來找到最佳擬合函數，非常好用。介紹如下：

## 一、定理

1. 設 $\boldsymbol{A}\in M_{m\times n}(\mathbb{F})$，$\boldsymbol{x}\in\mathbb{F}^n$ 且 $\boldsymbol{y}\in\mathbb{F}^m$，則 $<\boldsymbol{Ax},\boldsymbol{y}>_m=<\boldsymbol{x},\boldsymbol{A}^*\boldsymbol{y}>_n$。

   **【證明】**

   $<\boldsymbol{Ax},\boldsymbol{y}>_m=\boldsymbol{y}^*(\boldsymbol{Ax})=(\boldsymbol{A}^*\boldsymbol{y})^*\boldsymbol{x}=<\boldsymbol{x},\boldsymbol{A}^*\boldsymbol{y}>_n$。

2. 設 $\boldsymbol{A}\in M_{m\times n}(\mathbb{F})$，則 $\text{nullity}(\boldsymbol{A}^*\boldsymbol{A})=\text{nullity}(\boldsymbol{A})$，故 $\text{rank}(\boldsymbol{A}^*\boldsymbol{A})=\text{rank}(\boldsymbol{A})$。

   若 $\text{rank}(\boldsymbol{A})=n$，則 $\boldsymbol{A}^*\boldsymbol{A}$ 為可逆。

   **【證明】**請參閱附錄三，延伸 41。

## 二、最小二乘方解

如圖 5-5.1 所示，設 $\boldsymbol{A}\in M_{m\times n}(\mathbb{F})$、$\boldsymbol{b}\in\mathbb{F}^m$、$\boldsymbol{x}\in\mathbb{F}^n$，若聯立方程式 $\boldsymbol{Ax}=\boldsymbol{b}$ 無解時，則存在 $\boldsymbol{x}_0\in\mathbb{F}^n$，使得

$\boldsymbol{A}^*\boldsymbol{Ax}_0=\boldsymbol{A}^*\boldsymbol{b}$，

且 $\|\boldsymbol{Ax}_0-\boldsymbol{b}\|\le\|\boldsymbol{Ax}-\boldsymbol{b}\|$，$\forall\boldsymbol{x}\in\mathbb{F}^n$。上式稱為方程式 $\boldsymbol{Ax}=\boldsymbol{b}$ 的正規（normal）方程式。在正規方程式中，若 $\text{rank}(\boldsymbol{A})=n$，則存在唯一的

$\boldsymbol{x}_0=(\boldsymbol{A}^*\boldsymbol{A})^{-1}\boldsymbol{A}^*\boldsymbol{b}$，

稱為方程式 $\boldsymbol{Ax}=\boldsymbol{b}$ 的最小二乘方解或最佳近似解，其中 $\boldsymbol{A}^\dagger=(\boldsymbol{A}^*\boldsymbol{A})^{-1}\boldsymbol{A}^*$ 稱為 $\boldsymbol{A}$ 的虛反矩陣。

**【證明】**請參閱附錄三，延伸 42。

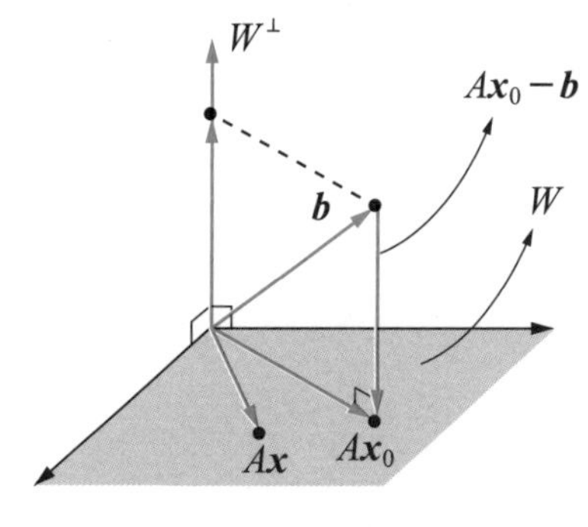


圖 5-5.1

**Note**

對實係數聯立方程組 $A_{m\times n}X_{n\times 1}=B$。若 $A$ 爲行獨立（即 $\text{rank}(A)=n$）且 $A\in M_{m\times n}(\mathbb{R})$ 則最小二乘方解 $x_0=A^{\dagger}B=(A^TA)^{-1}A^TB$ 且投影矩陣 $P=A(A^TA)^{-1}A^T$，即 $Ax_0=PB$，其中 $P^2=P$ 爲投影變換。

## 範例 1

設 $A$ 爲 $m\times n$ 矩陣且 $\text{rank}(A)=n$，令 $\boldsymbol{P}=\boldsymbol{A}(\boldsymbol{A}^T\boldsymbol{A})^{-1}\boldsymbol{A}^T$，

(1) 求證對所有 $\boldsymbol{b}\in R(A)$，其 $\boldsymbol{Pb}=\boldsymbol{b}$（$R(A)$爲 $A$ 的值域）。

(2) 若 $\boldsymbol{b}\in R(A)^{\perp}$，求證 $\boldsymbol{Pb}=\boldsymbol{0}$。

(3) 畫出上述兩小題在$\mathbb{R}^3$中的示意圖，其中 $R(A)$爲通過原點的平面。

---

**解**

(1) 因 $\boldsymbol{b}\in \boldsymbol{R}(A)$，則$\exists \boldsymbol{x}\in\mathbb{R}^n$ 使得 $\boldsymbol{Ax}=\boldsymbol{b}$，故

$\boldsymbol{Pb}=\boldsymbol{A}(\boldsymbol{A}^T\boldsymbol{A})^{-1}\boldsymbol{A}^T\boldsymbol{b}=\boldsymbol{A}(\boldsymbol{A}^T\boldsymbol{A})^{-1}\boldsymbol{A}^T\boldsymbol{Ax}=\boldsymbol{Ax}=\boldsymbol{b}$。

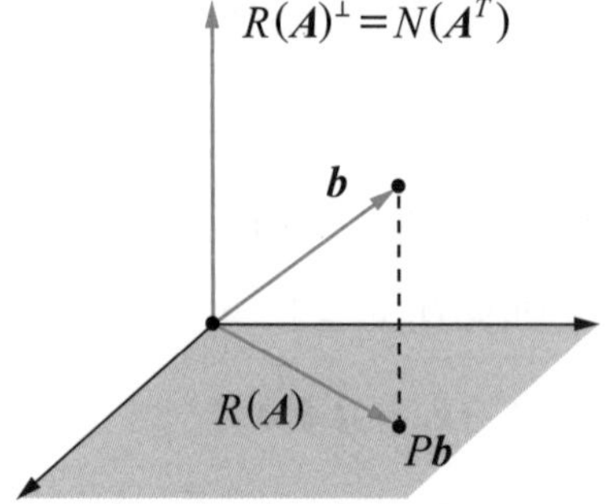


(2) 因 $\boldsymbol{b}\in \boldsymbol{R}(A)^{\perp}$，則$\forall \boldsymbol{y}\in\mathbb{R}^n$有

$(\boldsymbol{b},\boldsymbol{Ay})=(\boldsymbol{Ay})^T\boldsymbol{b}=\boldsymbol{y}^T\boldsymbol{A}^T\boldsymbol{b}=\boldsymbol{0}$。

故 $\boldsymbol{A}^T\boldsymbol{b}=0$，

$\boldsymbol{Pb}=\boldsymbol{A}(\boldsymbol{A}^T\boldsymbol{A})^{-1}\boldsymbol{A}^T\boldsymbol{b}=\boldsymbol{A}(\boldsymbol{A}^T\boldsymbol{A})^{-1}\boldsymbol{0}=\boldsymbol{0}$。

(3) $\boldsymbol{P}$ 爲 $R(A)$的正交投影矩陣（運算子），
即 $\text{Proj}_{R(A)}\boldsymbol{b}=\boldsymbol{Pb}$，且 $\boldsymbol{P}$ 滿足

$\boldsymbol{P}^T=\{\boldsymbol{A}(\boldsymbol{A}^T\boldsymbol{A})^{-1}\boldsymbol{A}^T\}^T=\boldsymbol{A}(\boldsymbol{A}^T\boldsymbol{A})^{-1}\boldsymbol{A}^T=\boldsymbol{P}$，

$\boldsymbol{P}^2=\boldsymbol{PP}=\{\boldsymbol{A}(\boldsymbol{A}^T\boldsymbol{A})^{-1}\boldsymbol{A}^T\}\{\boldsymbol{A}(\boldsymbol{A}^T\boldsymbol{A})^{-1}\boldsymbol{A}^T\}=\boldsymbol{A}(\boldsymbol{A}^T\boldsymbol{A})^{-1}\boldsymbol{A}^T=\boldsymbol{P}$。

## 範例 2

令 $W$ 為$\mathbb{R}^n$中的子空間，且基底為$\{\boldsymbol{a}_1, \boldsymbol{a}_2, \cdots\cdots, \boldsymbol{a}_k\}$，

若 $\boldsymbol{A}$ 為 $n \times k$ 階矩陣且具有行向量為 $\boldsymbol{a}_1, \boldsymbol{a}_2, \cdots\cdots, \boldsymbol{a}_k$，

(1) 請給一個投影到 $R(A)$ 的投影矩陣 $\boldsymbol{P}$。

(2) 證明 $\boldsymbol{P}$ 為冪等（Idempotent）與對稱。

(3) 求證對所有 $n \times n$ 的矩陣 $\boldsymbol{P}$ 若冪等且對稱則可以為一個投影矩陣。

---

解

(1) $\boldsymbol{P} = \boldsymbol{A}(\boldsymbol{A}^T\boldsymbol{A})^{-1}\boldsymbol{A}^T$ ，且 $\boldsymbol{P}$ 唯一。

(2) 因 $\boldsymbol{P}^2 = \boldsymbol{A}(\boldsymbol{A}^T\boldsymbol{A})^{-1}\boldsymbol{A}^T\boldsymbol{A}(\boldsymbol{A}^T\boldsymbol{A})^{-1}\boldsymbol{A}^T = \boldsymbol{A}(\boldsymbol{A}^T\boldsymbol{A})^{-1}\boldsymbol{A}^T = \boldsymbol{P}$ ，

故 $\boldsymbol{P}$ 為 idempotent，又

$$\boldsymbol{P}^T = [\boldsymbol{A}(\boldsymbol{A}^T\boldsymbol{A})^{-1}\boldsymbol{A}^T]^T = \boldsymbol{A}(\boldsymbol{A}^T\boldsymbol{A})^{-1}\boldsymbol{A}^T = \boldsymbol{P}$$ ，

故 $\boldsymbol{P}$ 為對稱。

(3) 令 $W = CS(\boldsymbol{P})$ 為 $\mathbb{R}^n$ 的子空間，且 $\boldsymbol{P}^2 = \boldsymbol{P}$ ， $\boldsymbol{P}^T = \boldsymbol{P}$ ，且 $\boldsymbol{P} \neq \boldsymbol{I}$ 及 $\boldsymbol{P} \neq \boldsymbol{0}$ ，

設 $\forall \boldsymbol{y} \in W$ ，

則 $\exists \boldsymbol{x} \in \mathbb{R}^n$ 使得 $\boldsymbol{y} = \boldsymbol{P}\boldsymbol{x}$ ，令 $\boldsymbol{b} \in \mathbb{R}^n$ ，因

$$\begin{aligned} <\boldsymbol{b}-\boldsymbol{P}\boldsymbol{b}, \boldsymbol{y}> &= <\boldsymbol{b}-\boldsymbol{P}\boldsymbol{b}, \boldsymbol{P}\boldsymbol{x}> = (\boldsymbol{P}\boldsymbol{x})^T(\boldsymbol{b}-\boldsymbol{P}\boldsymbol{b}) \\ &= \boldsymbol{x}^T\boldsymbol{P}^T(\boldsymbol{b}-\boldsymbol{P}\boldsymbol{b}) \\ &= \boldsymbol{x}^T\boldsymbol{P}(I-\boldsymbol{P})\boldsymbol{b} \\ &= \boldsymbol{x}^T(\boldsymbol{P}-\boldsymbol{P}^2)\boldsymbol{b} \\ &= \boldsymbol{0} \text{，} \end{aligned}$$

故 $\boldsymbol{P}$ 為投影在 $W$ 上的正交投影矩陣。

■

## 範例 3

令 $\boldsymbol{A}=\begin{bmatrix}-2&1&-1\\0&2&1\\-4&2&2\\0&4&0\end{bmatrix}$ 且 $\boldsymbol{b}=\begin{bmatrix}-1\\1\\1\\-2\end{bmatrix}$，

求一向量 $\boldsymbol{p}$ 使得 $\boldsymbol{p}$ 在 $\boldsymbol{A}$ 的行空間中，$\boldsymbol{b}-\boldsymbol{p}$ 會正交 $\boldsymbol{A}$ 行空間中所有向量。

---

**解** 由題意知所求為 $\boldsymbol{p}$ 在 $R(\boldsymbol{A})$上的正交投影向量，故

$$\boldsymbol{p}=\boldsymbol{A}(\boldsymbol{A}^T\boldsymbol{A})^{-1}\boldsymbol{A}^T\boldsymbol{b}=\frac{1}{5}\begin{bmatrix}-7\\1\\6\\-8\end{bmatrix}。$$

【另解】

令 $\boldsymbol{v}_1=\begin{bmatrix}-2\\0\\-4\\0\end{bmatrix}$、$\boldsymbol{v}_2=\begin{bmatrix}1\\2\\2\\4\end{bmatrix}$、$\boldsymbol{v}_3=\begin{bmatrix}-1\\1\\2\\0\end{bmatrix}$，

在 Gram-Schmidt 正交化中，令

$\boldsymbol{u}_1=\boldsymbol{v}_1$，

$\boldsymbol{u}_2=\boldsymbol{v}_2-\lambda\boldsymbol{u}_1$，

其中 $\lambda=\dfrac{<\boldsymbol{v}_2,\boldsymbol{u}_1>}{<\boldsymbol{u}_1,\boldsymbol{u}_1>}=\dfrac{-10}{20}=-\dfrac{1}{2}$，

故 $\boldsymbol{u}_2=\boldsymbol{v}_2+\dfrac{1}{2}\boldsymbol{u}_1=\begin{bmatrix}1\\2\\2\\4\end{bmatrix}+\dfrac{1}{2}\begin{bmatrix}-2\\0\\-4\\0\end{bmatrix}=\begin{bmatrix}0\\2\\0\\4\end{bmatrix}$，

$\boldsymbol{u}_3=\boldsymbol{v}_3-\lambda_1\boldsymbol{u}_1-\lambda_2\boldsymbol{u}_2$，

其中 $\lambda_1=\dfrac{<\boldsymbol{v}_3,\boldsymbol{u}_1>}{<\boldsymbol{u}_1,\boldsymbol{u}_1>}=\dfrac{-6}{20}=-\dfrac{3}{10}$、$\lambda_2=\dfrac{<\boldsymbol{v}_3,\boldsymbol{u}_2>}{<\boldsymbol{u}_2,\boldsymbol{u}_2>}=\dfrac{2}{20}=\dfrac{1}{10}$，

故 $\boldsymbol{u}_3=\boldsymbol{v}_3+\frac{3}{10}\boldsymbol{u}_1-\frac{1}{10}\boldsymbol{u}_2=\begin{bmatrix}-1\\1\\2\\0\end{bmatrix}+\frac{3}{10}\begin{bmatrix}-2\\0\\-4\\0\end{bmatrix}-\frac{1}{10}\begin{bmatrix}0\\2\\0\\4\end{bmatrix}=\frac{1}{5}\begin{bmatrix}-8\\4\\4\\-2\end{bmatrix}$，

$$\boldsymbol{p}=\frac{<\boldsymbol{b},\boldsymbol{u}_1>}{<\boldsymbol{u}_1,\boldsymbol{u}_1>}\boldsymbol{u}_1+\frac{<\boldsymbol{b},\boldsymbol{u}_2>}{<\boldsymbol{u}_2,\boldsymbol{u}_2>}\boldsymbol{u}_2+\frac{<\boldsymbol{b},\boldsymbol{u}_3>}{<\boldsymbol{u}_3,\boldsymbol{u}_3>}\boldsymbol{u}_3$$

$$=(-\frac{2}{20})\boldsymbol{u}_1+(-\frac{6}{20})\boldsymbol{u}_2+(\frac{4}{4})\boldsymbol{u}_3=\frac{1}{5}\begin{bmatrix}-7\\1\\6\\-8\end{bmatrix}。$$

■

## 範例 4

對一個線性系統 $\boldsymbol{Ax}=\boldsymbol{b}$，$\boldsymbol{A}=\begin{bmatrix}1&1\\1&0\\1&1\\1&1\end{bmatrix}$ 且 $\boldsymbol{b}=\begin{bmatrix}0\\0\\0\\3\end{bmatrix}$，求

(1) $\boldsymbol{b}$ 在 $\boldsymbol{A}$ 之行向量生成空間上的投影。

(2) 求 $\boldsymbol{A}$ 之行所生成空間上的正交投影矩陣。

---

解 (1) 因 $\text{rank}(\boldsymbol{A})=2$，行向量線性獨立，故

$$\text{Proj}_{CS(\boldsymbol{A})}(\boldsymbol{b})=\boldsymbol{A}(\boldsymbol{A}^T\boldsymbol{A})^{-1}\boldsymbol{A}^T\boldsymbol{b}=\begin{bmatrix}1\\0\\1\\1\end{bmatrix}。$$

(2) $\boldsymbol{P}=\boldsymbol{A}(\boldsymbol{A}^T\boldsymbol{A})^{-1}\boldsymbol{A}^T=\frac{1}{3}\begin{bmatrix}1&0&1&1\\0&3&0&0\\1&0&1&1\\1&0&1&1\end{bmatrix}$。

■

## 範例 5

令 $W = \text{span}\left\{\begin{bmatrix}1\\1\\-1\\1\end{bmatrix}, \begin{bmatrix}3\\2\\-1\\0\end{bmatrix}\right\}$，$\boldsymbol{v} = \begin{bmatrix}0\\7\\4\\7\end{bmatrix}$，

(1) 求 $\boldsymbol{v}$ 到 $W$ 的正交投影。

(2) 求 $\boldsymbol{v}$ 到 $W$ 的距離。

---

**解** (1) 令 $\boldsymbol{A} = \begin{bmatrix}1 & 3\\1 & 2\\-1 & -1\\1 & 0\end{bmatrix}$，

則 rank $(\boldsymbol{A}) = 2$，故 $\boldsymbol{A}$ 行獨立，且 $W = CS(\boldsymbol{A})$，因此

$$\text{Proj}_W(\boldsymbol{v}) = \boldsymbol{A}(\boldsymbol{A}^T\boldsymbol{A})^{-1}\boldsymbol{A}^T\boldsymbol{v} = \begin{bmatrix}1\\2\\-3\\4\end{bmatrix}。$$

(2) $\|\boldsymbol{v} - \text{Proj}_W(\boldsymbol{v})\| = \sqrt{(-1)^2 + 5^2 + 7^2 + 3^2} = \sqrt{84}$ 。

■

## 範例 6

利用 $y = mx + b$ ，來近似下列資料集合，求其最佳近似解中 $m = ?\ b = ?$

| $x$ | −2 | −1 | 0 | 1 | 2 | 3 |
|---|---|---|---|---|---|---|
| $y$ | −3.6 | −0.2 | 1.8 | 5.3 | 8.8 | 11.6 |

解 由題意知

$$\begin{bmatrix} -2 & 1 \\ -1 & 1 \\ 0 & 1 \\ 1 & 1 \\ 2 & 1 \\ 3 & 1 \end{bmatrix}\begin{bmatrix} m \\ b \end{bmatrix}=\begin{bmatrix} -3.6 \\ -0.2 \\ 1.8 \\ 5.3 \\ 8.8 \\ 11.6 \end{bmatrix},$$

令 $\boldsymbol{A}=\begin{bmatrix} -2 & 1 \\ -1 & 1 \\ 0 & 1 \\ 1 & 1 \\ 2 & 1 \\ 3 & 1 \end{bmatrix}$，$\boldsymbol{x}=\begin{bmatrix} m \\ b \end{bmatrix}$，$\boldsymbol{b}=\begin{bmatrix} -3.6 \\ -0.2 \\ 1.8 \\ 5.3 \\ 8.8 \\ 11.6 \end{bmatrix}$。

最佳近似解爲

$$\boldsymbol{x}=(\boldsymbol{A}^*\boldsymbol{A})^{-1}\boldsymbol{A}^*\boldsymbol{b}=\begin{bmatrix} 3.042 \\ 2.4286 \end{bmatrix},$$

即 $m=3.042$，$b=2.4286$。

■

## 三、最小解

對於聯立方程組 $\boldsymbol{A}_{m\times n}\boldsymbol{X}_{n\times 1}=\boldsymbol{B}_{m\times 1}$，若 $\operatorname{rank}([\boldsymbol{A}\mid\boldsymbol{B}])\neq\operatorname{rank}(\boldsymbol{A})$，則聯立方程組無解，此時可以利用正交投影的觀念來求其最小二乘方解，即最佳近似解，而當 $\operatorname{rank}([\boldsymbol{A}\mid\boldsymbol{B}])=\operatorname{rank}(\boldsymbol{A})<n$ 時，可聯立方程組有無窮多個解，我們希望可以找到他的最小解。

1. 設 $\boldsymbol{A}\in M_{m\times n}(\mathbb{F})$，令 $W=N(\boldsymbol{A})$，則 $W^{\perp}=R(\boldsymbol{A}^*)$，即

   $N(\boldsymbol{A})^{\perp}=R(\boldsymbol{A}^*)$，

   或 $N(\boldsymbol{A}^*)^{\perp}=R(\boldsymbol{A})$。

   **【證明】** 請參閱附錄三，延伸 40。

2. 設 $\boldsymbol{A} \in M_{m\times n}(\mathbb{F})$ 且 $\boldsymbol{b} \in \mathbb{F}^m$，若方程式 $\boldsymbol{Ax}=\boldsymbol{b}$ 至少具有一解時，則方程式 $\boldsymbol{Ax}=\boldsymbol{b}$ 只有一個範數（Norm）最小的解 $\boldsymbol{x}_{\min}$（即 $\boldsymbol{Ax}=\boldsymbol{b}$ 所有的解中 $\|\boldsymbol{x}_{\min}\|$ 爲最小），而且 $\boldsymbol{x}_{\min} \in R(\boldsymbol{A}^*)$，如圖 5-5.2 所示。同時 $\boldsymbol{x}_{\min}$ 是 $R(\boldsymbol{A}^*)$ 中唯一滿足 $\boldsymbol{Ax}=\boldsymbol{b}$ 的解。故若 $\boldsymbol{v}$ 是 $(\boldsymbol{A}^*\boldsymbol{A})\boldsymbol{v}=\boldsymbol{b}$ 的解時，則 $\boldsymbol{x}_{\min}=\boldsymbol{A}^*\boldsymbol{v}$。

【證明】請參閱附錄三，延伸 41。

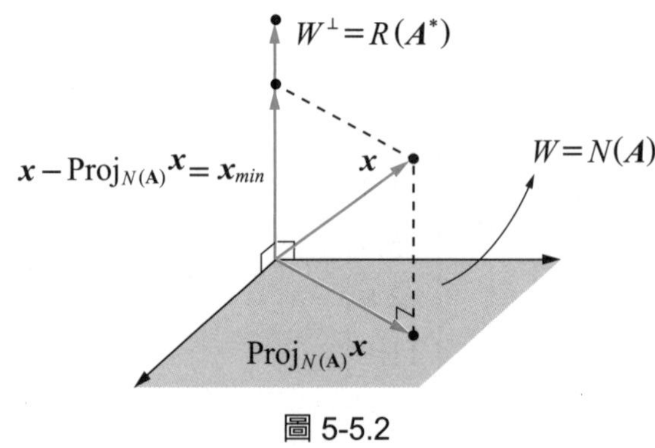


圖 5-5.2

## 範例 7

令 $\boldsymbol{A}=\begin{bmatrix}1 & 2 & -1\\ 2 & 3 & 1\\ 1 & 1 & 2\end{bmatrix}$、$\boldsymbol{b}=\begin{bmatrix}7\\ 14\\ 7\end{bmatrix}$，

(1) 求 $\boldsymbol{Ax}=\boldsymbol{b}$ 之所有解。

(2) 求 $\boldsymbol{Ax}=\boldsymbol{b}$ 之最小解。

---

**解** (1) $[\boldsymbol{A}\,|\,\boldsymbol{b}]=\left[\begin{array}{ccc|c}1 & 2 & -1 & 7\\ 2 & 3 & 1 & 14\\ 1 & 1 & 2 & 7\end{array}\right]\xrightarrow{R_{12}^{(-2)}R_{13}^{(-1)}}\left[\begin{array}{ccc|c}1 & 2 & -1 & 7\\ 0 & -1 & 3 & 0\\ 0 & -1 & 3 & 0\end{array}\right]$，

令 $\boldsymbol{x}=[x_1\quad x_2\quad x_4]^T$，故可得

$$\begin{cases}x_1+2x_2-x_3=7\\ x_2-3x_3=0\end{cases},$$

令 $x_3=c$、$x_2=3c$、$x_1=7-5c$，因此 $\boldsymbol{Ax}=\boldsymbol{b}$ 的通解爲

$$\boldsymbol{x}=\begin{bmatrix}x_1\\ x_2\\ x_3\end{bmatrix}=\begin{bmatrix}7-5c\\ 3c\\ c\end{bmatrix}=\begin{bmatrix}7\\ 0\\ 0\end{bmatrix}+c\begin{bmatrix}-5\\ 3\\ 1\end{bmatrix}。$$

(2) 由 $\boldsymbol{AA}^*\boldsymbol{v}=\boldsymbol{b}$ 可得

$$\begin{bmatrix}6&7&1\\7&14&7\\1&7&6\end{bmatrix}\begin{bmatrix}v_1\\v_2\\v_3\end{bmatrix}=\begin{bmatrix}7\\14\\7\end{bmatrix},$$

上式可解得

$$\boldsymbol{v}=\begin{bmatrix}0\\1\\0\end{bmatrix},$$

故 $\boldsymbol{Ax}=\boldsymbol{b}$ 的 minimal solution 爲

$$\boldsymbol{x}_{\min}=\boldsymbol{A}^*\boldsymbol{v}=\begin{bmatrix}1&2&1\\2&3&1\\-1&1&2\end{bmatrix}\begin{bmatrix}0\\1\\0\end{bmatrix}=\begin{bmatrix}2\\3\\1\end{bmatrix}。$$

**【另解】**

令 $\boldsymbol{u}=\begin{bmatrix}7\\0\\0\end{bmatrix}$、$\boldsymbol{w}=\begin{bmatrix}-5\\3\\1\end{bmatrix}$，

由(1)可知 $\boldsymbol{u}$ 爲 $\boldsymbol{Ax}=\boldsymbol{b}$ 的一解，又 $\boldsymbol{w}\in N(\boldsymbol{A})$，且 nullity $(\boldsymbol{A})=1$，

因此 $\boldsymbol{x}_{\min}$ 爲 $\boldsymbol{u}$ 在 $R(\boldsymbol{A}^*)$上的正交投影，故

$$\boldsymbol{x}_{\min}=\text{Proj}_{R(\boldsymbol{A}^*)}\boldsymbol{u}=\boldsymbol{u}-\text{Proj}_{N(\boldsymbol{A})}\boldsymbol{u}=\boldsymbol{u}-\boldsymbol{w}(\boldsymbol{w}^*\boldsymbol{w})^{-1}\boldsymbol{w}^*\boldsymbol{u}$$

$$=\begin{bmatrix}7\\0\\0\end{bmatrix}-\begin{bmatrix}-5\\3\\1\end{bmatrix}\frac{1}{35}[-5\ \ 3\ \ 1]\begin{bmatrix}7\\0\\0\end{bmatrix}=\begin{bmatrix}2\\3\\1\end{bmatrix}。$$

## 範例 8

考慮 $\begin{cases}x+2y-z+w=1\\2x+3y+z-2w=2\end{cases}$，

(1) 求上述方程式的所有解。

(2) 求上述方程式的最小解。

**解** (1) 令 $z=c_1$、$w=c_2$，代回方程式

$$\begin{cases} x+2y-z+w=1 \\ 2x+3y+z-2w=2 \end{cases},$$

可得 $\begin{cases} x+2y=1+c_1-c_2 \\ 2x+3y=2-c_1+2c_2 \end{cases}$，

故可解得 $x=1-5c_1+7c_2$，$y=3c_1-4c_2$，則方程式的解爲

$$\begin{bmatrix} x \\ y \\ z \\ w \end{bmatrix}=\begin{bmatrix} 1-5c_1+7c_2 \\ 3c_1-4c_2 \\ c_1 \\ c_2 \end{bmatrix}=c_1\begin{bmatrix} -5 \\ 3 \\ 1 \\ 0 \end{bmatrix}+c_2\begin{bmatrix} 7 \\ -4 \\ 0 \\ 1 \end{bmatrix}+\begin{bmatrix} 1 \\ 0 \\ 0 \\ 0 \end{bmatrix}。$$

(2) 方程式可改寫成 $\boldsymbol{A}\boldsymbol{v}=\boldsymbol{b}$，即

$$\begin{bmatrix} 1 & 2 & -1 & 1 \\ 2 & 3 & 1 & -2 \end{bmatrix}\begin{bmatrix} x \\ y \\ z \\ w \end{bmatrix}=\begin{bmatrix} 1 \\ 2 \end{bmatrix},$$

故 $\boldsymbol{A}=\begin{bmatrix} 1 & 2 & -1 & 1 \\ 2 & 3 & 1 & -2 \end{bmatrix}$、$\boldsymbol{v}=\begin{bmatrix} x \\ y \\ z \\ w \end{bmatrix}$、$\boldsymbol{b}=\begin{bmatrix} 1 \\ 2 \end{bmatrix}$，

由(1)可知

$$\boldsymbol{u}=\begin{bmatrix} 1 \\ 0 \\ 0 \\ 0 \end{bmatrix}$$

爲 $\boldsymbol{A}\boldsymbol{v}=\boldsymbol{b}$ 的一解，故方程式的最小解爲 $\boldsymbol{u}$ 在 $R(\boldsymbol{A}^*)$上的正交投影，即

$$\boldsymbol{v}_{\min}=\boldsymbol{A}^*(\boldsymbol{A}\boldsymbol{A}^*)^{-1}\boldsymbol{A}\boldsymbol{u}=\frac{1}{101}\begin{bmatrix} 26 \\ 43 \\ 1 \\ -10 \end{bmatrix}。$$

■

## 四、利用 $QR$ 分解求解最小二乘方解

對聯立方程組 $\boldsymbol{Ax}=\boldsymbol{b}$，若 $\boldsymbol{A}$ 行獨立，則 $\boldsymbol{A}^T\boldsymbol{Ax}=\boldsymbol{A}^T\boldsymbol{b}$ 且 $\boldsymbol{A}=\boldsymbol{QR}$ 爲 $A$ 的 $QR$ 分解代入，則 $(\boldsymbol{QR})^T(\boldsymbol{QR})\boldsymbol{x}=(\boldsymbol{QR})^T\boldsymbol{b}\Rightarrow \boldsymbol{R}^T\boldsymbol{Q}^T\boldsymbol{QRx}=\boldsymbol{R}^T\boldsymbol{Q}^T\boldsymbol{b}$ 。又 $\boldsymbol{Q}^T\boldsymbol{Q}=\boldsymbol{I}$ ，且 $\boldsymbol{R}^T$ 可逆，則 $\boldsymbol{Rx}=\boldsymbol{Q}^T\boldsymbol{b}$ ，最小二乘方解 $\boldsymbol{x}_0=\boldsymbol{R}^{-T}\boldsymbol{Q}^T\boldsymbol{b}$ 。

### 範例 9

利用 $QR$ 分解求下列資料點的最小二乘方近似解

$(-3, 8)$、$(-1, 5)$、$(1, 3)$、$(3, 0)$。

---

解 (1) 設最佳近似値直線是 $y=ax+b$，故

$$\begin{cases}-3a+b=8\\-a+b=5\\a+b=3\\3a+b=0\end{cases}\text{，即}\begin{bmatrix}-3&1\\-1&1\\1&1\\3&1\end{bmatrix}\begin{bmatrix}a\\b\end{bmatrix}=\begin{bmatrix}8\\5\\3\\0\end{bmatrix},$$

令上式爲 $\boldsymbol{Ax}=\boldsymbol{b}$ ，其中

$$\boldsymbol{A}=\begin{bmatrix}-3&1\\-1&1\\1&1\\3&1\end{bmatrix}、\boldsymbol{b}=\begin{bmatrix}8\\5\\3\\0\end{bmatrix}。$$

(2) 因 $\boldsymbol{A}$ 的行向量已經正交了，故 $QR$ 分解可得

$$\boldsymbol{Q}=\begin{bmatrix}-\frac{3}{\sqrt{20}}&\frac{1}{2}\\-\frac{1}{\sqrt{20}}&\frac{1}{2}\\\frac{1}{\sqrt{20}}&\frac{1}{2}\\\frac{3}{\sqrt{20}}&\frac{1}{2}\end{bmatrix}、\boldsymbol{R}=\begin{bmatrix}\sqrt{20}&0\\0&2\end{bmatrix},$$

即 $\boldsymbol{A}=\boldsymbol{QR}$ ，代入 $\boldsymbol{Ax}=\boldsymbol{b}$ 的 normal 方程式 $\boldsymbol{A}^*\boldsymbol{Ax}=\boldsymbol{A}^*\boldsymbol{b}$ 中，可得

$(\boldsymbol{QR})^T(\boldsymbol{QR})\boldsymbol{x}=(\boldsymbol{QR})^T\boldsymbol{b}$ 。

可得 $R^TQ^TQRx = R^TQ^Tb$ ……①

因 $Q^TQ = I$，且 $R^T$ 爲可逆的矩陣，代回①式可得

$Rx = Q^Tb$，

故方程式 $Ax = b$ 最小乘方解爲

$$x = \begin{bmatrix} a \\ b \end{bmatrix} = R^{-1}Q^Tb = \begin{bmatrix} -1.3 \\ 4 \end{bmatrix},$$

即 $y = -1.3x + 4$。

■

## 習題演練

1. 對下列聯立方程組 $AX = b$：

   ① 求系統的最小二乘方解（或系統的解）$x_0$，

   ② 求 $b$ 在 CS($A$)上的正交投影 $P$，

   (1) $A = \begin{bmatrix} 1 & 1 \\ 1 & 2 \\ 2 & 1 \end{bmatrix}$、$b = \begin{bmatrix} 3 \\ 0 \\ -2 \end{bmatrix}$。

   (2) $A = \begin{bmatrix} 1 & 1 \\ 1 & -1 \\ 1 & 1 \\ 1 & 1 \end{bmatrix}$、$b = \begin{bmatrix} 0 \\ 3 \\ 0 \\ 6 \end{bmatrix}$。

   (3) $A = \begin{bmatrix} 2 & 1 \\ 1 & 0 \\ 2 & 1 \end{bmatrix}$、$b = \begin{bmatrix} 26 \\ -13 \\ 0 \end{bmatrix}$。

   (4) $A = \begin{bmatrix} 1 & -1 & 1 \\ 0 & 1 & 1 \\ 1 & -1 & 1 \\ 0 & 1 & -1 \end{bmatrix}$、$b = \begin{bmatrix} 1 \\ 2 \\ 0 \\ -2 \end{bmatrix}$。

2. 求下列資料點之最小平方回歸線 $y = ax + b$：

   (1) (1, −1)、(2, 0)、(3, −4)。

   (2) (1, 1)、(2, 4)、(5, 6)。

   (3) (−2, 1)、(1, −2)、(0, 1)、(1, 2)。

   (4) (−3, 0)、(1, 2)、(0, 2)、(1, 6)、(2, 7)。

3. 求 $u = (-1, 0, 1, 3)$在 $W = \text{span}\{u_1, u_2, u_3\}$上的正交投影，
   其中 $u_1 = (3, 1, 0, 2)$、$u_2 = (3, 6, 3, 3)$、$u_3 = (-2, 0, 4, -2)$爲$\mathbb{R}^4$上的向量。

4. 求 $\boldsymbol{b}=\begin{bmatrix}1\\2\\1\end{bmatrix}$ 在 $\boldsymbol{A}=\begin{bmatrix}1&2&0\\0&3&-1\\-1&-2&0\end{bmatrix}$ 之行空間上的正交投影？

5. 令 $B=\left\{\begin{bmatrix}1\\0\\1\\0\end{bmatrix},\begin{bmatrix}1\\-1\\1\\0\end{bmatrix}\right\}$、$\boldsymbol{v}=\begin{bmatrix}3\\-2\\-1\\4\end{bmatrix}$，

(1) 令 $W=\text{span}(B)$，求 $W$ 上與 $\boldsymbol{v}$ 最接近的向量；

(2) 求 $W^{\perp}$ 上的正交基底。

6. 求向量 $\boldsymbol{u}=(5,6,7,2)^T$ 在下列齊性線性系統解空間上的正交投影，其中齊性線性系統爲 $\begin{cases}x_1+x_3=0\\x_2-x_4=0\end{cases}$。

7. 求 $\boldsymbol{u}=(5,6,7,2)^T$ 在下列系統之解空間中的正交投影

$$\begin{bmatrix}1&1&1&0\\0&2&1&1\end{bmatrix}\begin{bmatrix}x_1\\x_2\\x_3\\x_4\end{bmatrix}=\begin{bmatrix}0\\0\end{bmatrix}。$$

8. 對線性系統 $\boldsymbol{Ax}=\boldsymbol{b}$，其中 $\boldsymbol{A}=\begin{bmatrix}1&1\\1&0\\1&1\\1&1\end{bmatrix}$、$\boldsymbol{b}=\begin{bmatrix}0\\0\\0\\3\end{bmatrix}$，

(1) 求其正規方程式。

(2) 求其最小二乘方解。

(3) 求 $\boldsymbol{b}$ 到 $CS(\boldsymbol{A})$上的投影 $\boldsymbol{P}$。

(4) 求 $CS(\boldsymbol{A})$的正交投影矩陣。

9. (1) 求 $\boldsymbol{Ax}=\boldsymbol{b}$ 之最小二乘方解，其中 $\boldsymbol{A}=\begin{bmatrix}3&1\\0&2\\2&0\end{bmatrix}$、$\boldsymbol{b}=\begin{bmatrix}4\\1\\3\end{bmatrix}$。

(2) 求最小二乘方誤差？

10. 令 $\boldsymbol{A}=\begin{bmatrix}1&3&5\\1&1&0\\1&1&2\\1&3&3\end{bmatrix}$、$\boldsymbol{b}=\begin{bmatrix}3\\5\\7\\-3\end{bmatrix}$，

利用 $QR$ 分解，求 $\boldsymbol{Ax}=\boldsymbol{b}$ 之最小二乘方近似解。

# 5-6 Matlab 與內積空間

## 一、基本指令

**1. 兩向量內積 [dot ]**

計算兩向量 $A$ 與 $B$ 的內積，指令為

**dot(A,B)**

如圖 5-6.1 所示。

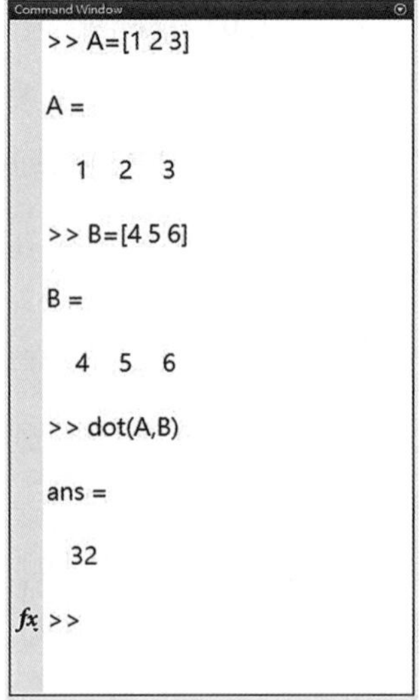


圖 5-6.1

**2. 向量範數(長度) [norm]**

(1) 求向量 $v$ 的範數，指令為

**norm(A)**

(2) 求矩陣 $A$ 的向量 2-範數，指令為

**norm(B)**

如圖 5-6.2 所示。

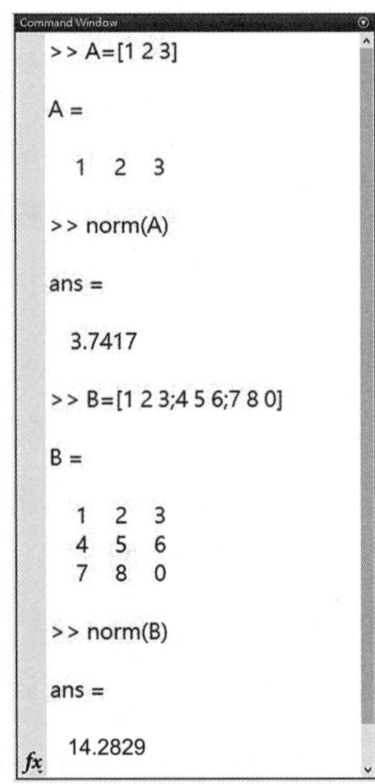


圖 5-6.2

### 3. 子空間夾角

計算兩向量 $A$ 與 $B$ 夾角 $\theta$，指令爲

**subspace(A,B)**

如圖 5-6.3 所示。

```
>> A=[1 1 1;1 -1 1;1 1 -1;1 -1 -1]

A =

   1   1   1
   1  -1   1
   1   1  -1
   1  -1  -1

>> B=[1;-1;-1;1]

B =

   1
  -1
  -1
   1

>> theta=subspace(A,B)

theta =

   1.5708

>>
```

圖 5-6.3

### 4. 正交基底

若已知一個向量子空間 $W$ 的生成集 $S$，想求得該空間的正交基底，可考慮以 $S$ 中的向量爲行向量的矩陣 $A$，再使用指令

**orth(A)**

可求得 $R(A) = \text{span}(S) = W$ 的正交基底，如圖 5-6.4 所示。

```
>> A = [1 0 1; -1 -2 0; 0 1 -1]

A =

   1   0   1
  -1  -2   0
   0   1  -1

>> B=orth(A)

B =

   0.7071  -0.5774  -0.4082
  -0.7071  -0.5774  -0.4082
        0   0.5774   0.8165

>>
```

圖 5-6.4

## 二、內積的應用

### 1. 格拉姆施密特正交法 [gs]

想在一線性獨立集合上使用此正交化方法，可考慮以此集合的向量爲行向量的矩陣 $A$，再使用事先建立好的指令

**gs(A)**

建立方法如下：

(1) 建立函數

步驟一：建立一個腳本

步驟二：新增函數

```
function Q = gs(A)
[m,n] = size(A);
for k=1:n
    Q(:,k) = A(:,k);
    for j=1:k-1
        R(j,k) = Q(:,j)'*A(:,k);
        Q(:,k) = Q(:,k) - R(j,k)*Q(:,j);
    end
    R(k,k) = norm(Q(:,k));
    Q(:,k) = Q(:,k)/R(k,k);
end
```

步驟三：執行

步驟四：存成 [.m] 檔

步驟五：新增從 Matlab 呼叫此函數的路徑（有兩種方式）

① 其他資料夾

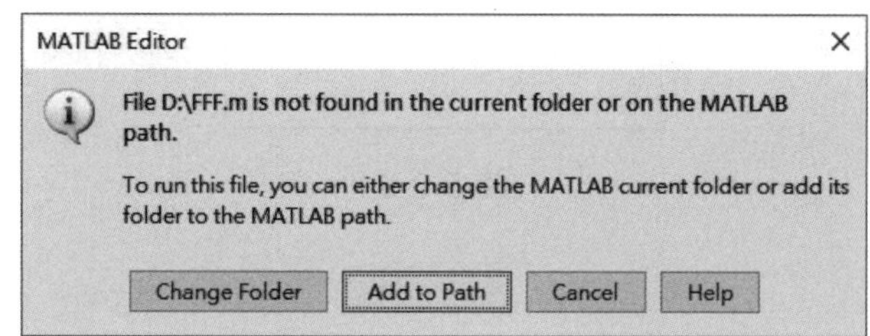


② 將已存好的函數，例如 gs.m 放回路徑

C:\Program Files\MATLAB\儲存程式的資料夾名稱

建立腳本畫面如下：

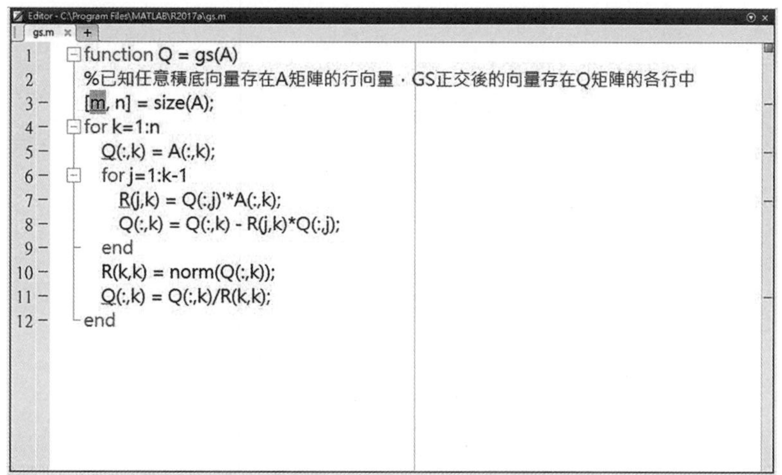

Editor - C:\Program Files\MATLAB\R2017a\gs.m
gs.m
function Q = gs(A)
%已知任意積底向量存在A矩陣的行向量，GS正交後的向量存在Q矩陣的各行中
[m, n] = size(A);
for k=1:n
Q(:,k) = A(:,k);
for j=1:k-1
R(j,k) = Q(:,j)'*A(:,k);
Q(:,k) = Q(:,k) - R(j,k)*Q(:,j);
end
R(k,k) = norm(Q(:,k));
Q(:,k) = Q(:,k)/R(k,k);
end

(2) 執行 **gs(A)**，如圖 5-6.5 所示。

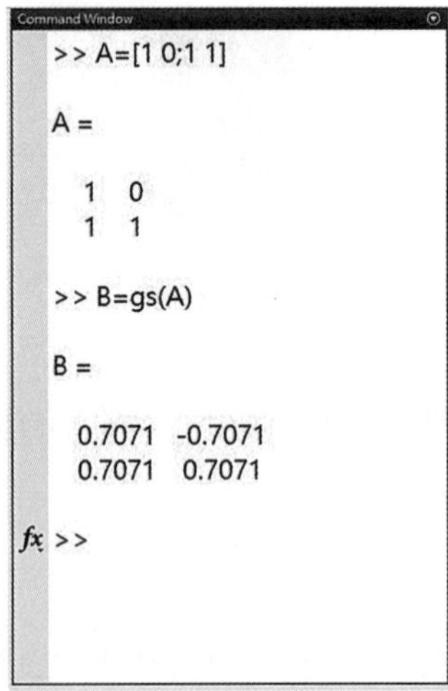


圖 5-6.5

**2. QR 分解 [qr]**

想計算一矩陣 $A$ 的 QR 分解，指令爲

**gr(A)**

如圖 5-6.6 所示。

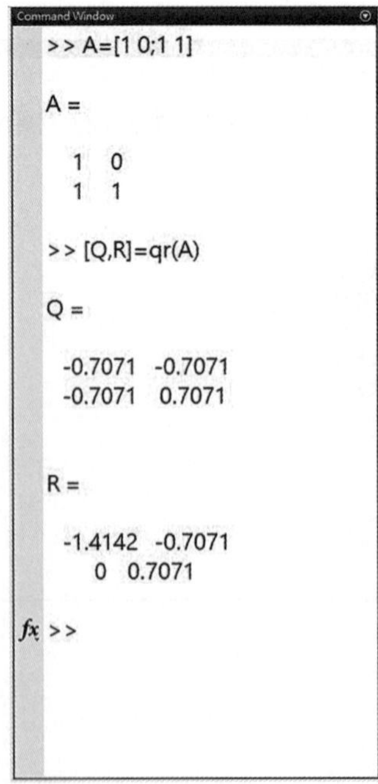


圖 5-6.6

**3. 資料擬合 [fit]**

(1) 建立函數

步驟一：建立一個腳本

步驟二：新增函數

```
function c = fit(n,t,y)
%為多項式的階數
%已知資料知座標存在 t 與 y 向量，求得知多項式的係數存在向量 c 中
if(n >= length(t))
  error('Degree is too big')
end
v = fliplr(vander(t));
v = v(:,1:(n+1));
c = v\y;
c = fliplr(c');
x = linspace(min(t),max(t));
w = polyval(c,x);
plot(t,y,'ro',x,w);
title(sprintf('The least-squares polynomial of degree n = %2.0f',n))
legend('data points','fitting polynomial')
```

步驟三：執行

步驟四：存成 [.m] 檔

步驟五：新增從 Matlab 呼叫此函數的路徑（有兩種方式）

① 其他資料夾

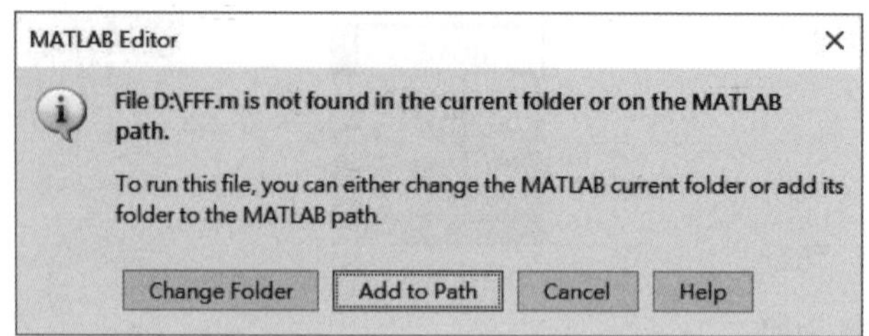
MATLAB Editor
File D:\FFF.m is not found in the current folder or on the MATLAB path.
To run this file, you can either change the MATLAB current folder or add its folder to the MATLAB path.
Change Folder
Add to Path
Cancel
Help

② 將已存好的函數，例如 fit.m 放回路徑

C:\Program Files\MATLAB\儲存程式的資料夾名稱

建立腳本畫面如下：

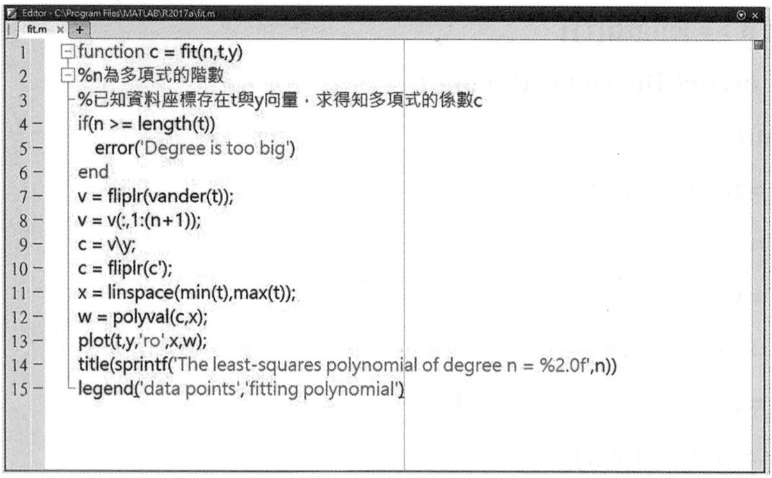
fit.m
function c = fit(n,t,y)
%n為多項式的階數
%已知資料座標存在t與y向量，求得知多項式的係數c
if(n >= length(t))
error('Degree is too big')
end
v = fliplr(vander(t));
v = v(:,1:(n+1));
c = v\y;
c = fliplr(c');
x = linspace(min(t),max(t));
w = polyval(c,x);
plot(t,y,'ro',x,w);
title(sprintf('The least-squares polynomial of degree n = %2.0f',n))
legend('data points','fitting polynomial')

(2) 想要用一多項式擬合一組給定的資料 $(x_1, y_1)$、……、$(x_k, y_k)$，使用指令

**fit(多項式階數,資料的 *x* 坐標陣列,資料的 *y* 坐標陣列)**

如圖 5-6.7 及圖 5-6.8 所示，是以指令 **linspace($x_1$, $x_2$, $n$)**隨機生成一組十個點的資料，點跟點之間的距離爲 $\frac{x_1 - x_2}{n}$，再使用 fit 指求得最佳擬合曲線。

① 以二階多項式擬合

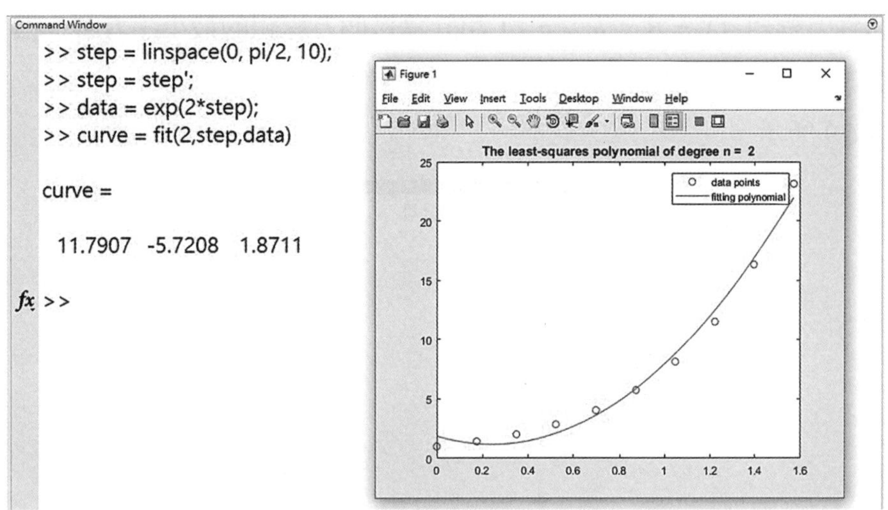


圖 5-6.7

② 以三階多項式擬合

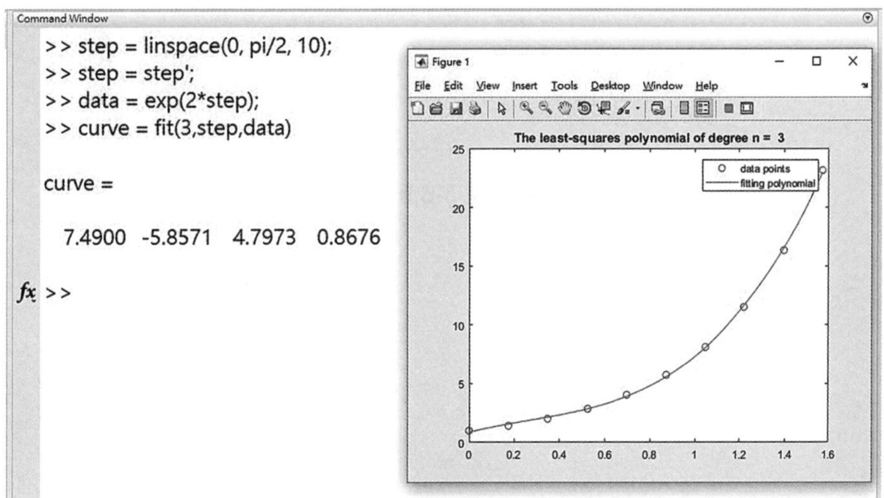


圖 5-6.8

### 4. 最小二乘方解

考慮線性方程組 $AX = B$（$m > n$），想計算這個方程組的最小平方解，指令爲

**A\B**

如圖 5-6.9 所示。

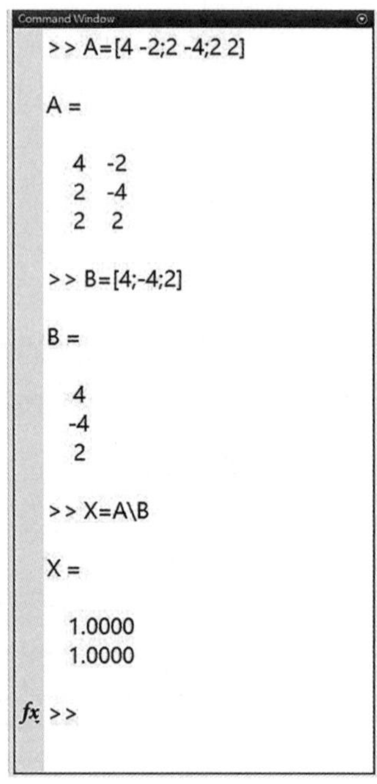


圖 5-6.9

# 6

# 特徵值系統的應用

- 6-1 方陣函數
- 6-2 特殊矩陣及其應用
- 6-3 二次式及其應用
- 6-4 奇異值分解（Singular Value Decomposition）
- 6-5 Matlab 與特徵值系統的應用

## 6-1 方陣函數

我們利用矩陣求解工程上問題時，除了常常求解特徵值系統外，我們也需要計算方陣的函數，例如求 $A^{100}$。在沒有電腦的幫助之下，我們根本作不到將該矩陣乘 100 次，所以數學家凱利-漢米爾頓便提出了一個簡單的方法來計算方陣函數（Square matrices function），接下來便介紹其相關理論與方法。

### 一、凱利－漢米爾頓（Cayley-Hamilton）定理

**1. 定理：**

設 $\boldsymbol{A}=[a_{ij}]_{n\times n}$ 爲一 $n$ 階方陣，若 $\boldsymbol{A}$ 的特徵方程式爲

$$|\boldsymbol{A}-\lambda\boldsymbol{I}|=(-1)^n[\lambda^n-\beta_1\lambda^{n-1}+\cdots\cdots+(-1)^n\beta_n]=0$$

則 $\boldsymbol{A}$ 必滿足 $\Rightarrow \boldsymbol{A}^n-\beta_1\boldsymbol{A}^{n-1}+\cdots\cdots+(-1)^n\beta_n\boldsymbol{I}=\boldsymbol{0}$

**【例證】**

(1) 若 $\boldsymbol{A}=\begin{bmatrix}2 & 1\\ 1 & 2\end{bmatrix}$，

則 $\boldsymbol{A}$ 的特徵方程式爲 $|\boldsymbol{A}-\lambda\boldsymbol{I}|=(-1)^2(\lambda^2-4\lambda+3)=0$，

即爲 $\lambda^2-4\lambda+3=0$，

又 $\boldsymbol{A}^2=\begin{bmatrix}2 & 1\\ 1 & 2\end{bmatrix}\begin{bmatrix}2 & 1\\ 1 & 2\end{bmatrix}=\begin{bmatrix}5 & 4\\ 4 & 5\end{bmatrix}$，

所以 $\boldsymbol{A}^2-4\boldsymbol{A}+3\boldsymbol{I}=\begin{bmatrix}5 & 4\\ 4 & 5\end{bmatrix}-4\begin{bmatrix}2 & 1\\ 1 & 2\end{bmatrix}+3\begin{bmatrix}1 & 0\\ 0 & 1\end{bmatrix}=\begin{bmatrix}0 & 0\\ 0 & 0\end{bmatrix}=\boldsymbol{O}$。

故 $\boldsymbol{A}$ 矩陣滿足其特徵方程式 $(\lambda^2-4\lambda+3)=0$，即 $\boldsymbol{A}^2-4\boldsymbol{A}+3\boldsymbol{I}=\boldsymbol{O}$。

(2) 若 $\boldsymbol{A}=\begin{bmatrix}0 & 4 & -1\\ 1 & 2 & 1\\ 1 & -1 & 3\end{bmatrix}$，

則 $A$ 的特徵方程式爲 $|\boldsymbol{A}-\lambda\boldsymbol{I}|=(-1)^3(\lambda^3-5\lambda^2+4\lambda+5)=0$，

即爲 $\lambda^3-5\lambda^2+4\lambda+5=0$，

又 $\boldsymbol{A}^3=\begin{bmatrix}0&4&-1\\1&2&1\\1&-1&3\end{bmatrix}\begin{bmatrix}0&4&-1\\1&2&1\\1&-1&3\end{bmatrix}\begin{bmatrix}0&4&-1\\1&2&1\\1&-1&3\end{bmatrix}=\begin{bmatrix}10&29&9\\11&22&16\\6&-1&18\end{bmatrix}$，

$\boldsymbol{A}^2=\begin{bmatrix}0&4&-1\\1&2&1\\1&-1&3\end{bmatrix}\begin{bmatrix}0&4&-1\\1&2&1\\1&-1&3\end{bmatrix}=\begin{bmatrix}3&9&1\\3&7&4\\2&-1&7\end{bmatrix}$，

所以

$$\boldsymbol{A}^3-5\boldsymbol{A}^2+4\boldsymbol{A}+5\boldsymbol{I}=\begin{bmatrix}10&29&9\\11&22&16\\6&-1&18\end{bmatrix}-5\begin{bmatrix}3&9&1\\3&7&4\\2&-1&7\end{bmatrix}+4\begin{bmatrix}0&4&-1\\1&2&1\\1&-1&3\end{bmatrix}+5\begin{bmatrix}1&0&0\\0&1&0\\0&0&1\end{bmatrix}=0$$

故 $\boldsymbol{A}$ 矩陣滿足其特徵方程式 $\lambda^3-5\lambda^2+4\lambda+5=0$，即 $\boldsymbol{A}^3-5\boldsymbol{A}^2+4\boldsymbol{A}+5\boldsymbol{I}=\boldsymbol{0}$。

**Note**

凱利-漢米爾頓定理的精神就是任一方陣必滿足本身的特徵方程式。亦即若 $\boldsymbol{A}$ 矩陣的特徵多項式爲 $f(\lambda)=|\boldsymbol{A}-\lambda\boldsymbol{I}|$，則 $f(\boldsymbol{A})=\boldsymbol{0}$。

**2. 定理：**

設 $\boldsymbol{A}=[a_{ij}]_{n\times n}$ 爲一 $n$ 階方陣，則 $\{\boldsymbol{A}^{n-1}, \boldsymbol{A}^{n-2},\cdots\cdots, \boldsymbol{A}, \boldsymbol{I}\}$ 可形成 $\boldsymbol{A}$ 矩陣之次冪函數空間的一組生成集。即 $\boldsymbol{A}^m=c_{n-1}\boldsymbol{A}^{n-1}+c_{n-2}\boldsymbol{A}^{n-2}+\cdots\cdots+c_1\boldsymbol{A}+c_0\boldsymbol{I}$，其中 $m$ 爲正整數或 0。

**例如：**

$\boldsymbol{A}=\begin{bmatrix}2&1\\1&2\end{bmatrix}$，根據凱利-漢米爾頓定理，則其滿足 $\boldsymbol{A}^2-4\boldsymbol{A}+3\boldsymbol{I}=\boldsymbol{O}$，即 $\boldsymbol{A}^2=4\boldsymbol{A}-3\boldsymbol{I}$，

則 $\boldsymbol{A}^3=4\boldsymbol{A}^2-3\boldsymbol{A}=4(4\boldsymbol{A}-3\boldsymbol{I})-3\boldsymbol{A}=13\boldsymbol{A}-12\boldsymbol{I}$，

$\boldsymbol{A}^4=4\boldsymbol{A}^3-3\boldsymbol{A}^2=4(13\boldsymbol{A}-12\boldsymbol{I})-3(4\boldsymbol{A}-3\boldsymbol{I})=40\boldsymbol{A}-39\boldsymbol{I}$，

依此類推可得

$\boldsymbol{A}^m=c_1\boldsymbol{A}+c_0\boldsymbol{I}$，$m=0, 1, 2, 3, 4, \cdots\cdots$，

即 $\{\boldsymbol{A}, \boldsymbol{I}\}$ 爲 $\boldsymbol{A}$ 之次冪函數的生成集，可以用來表示 $\boldsymbol{A}^m$，$\{\boldsymbol{A}, \boldsymbol{I}\}$ 實際上是基底，因 $\boldsymbol{A}$ 不是 $\boldsymbol{I}$ 的倍數。

**3. 推理：**

設$f(x)$爲解析函數(即$f(x)$的馬克勞林級數存在)，同時 $\boldsymbol{A}$ 的特徵值$\lambda_1, \lambda_2, \cdots\cdots, \lambda_n$在$f(x)$的收斂區間內，則必存在 $n$ 個常數$c_1, c_2, \cdots\cdots, c_n$滿足

$f(\boldsymbol{A}) = c_1\boldsymbol{A}^{n-1} + c_2\boldsymbol{A}^{n-2} + \cdots\cdots + c_n\boldsymbol{I}$ 。

**例如：**

$\boldsymbol{A} = \begin{bmatrix} 2 & 1 \\ 1 & 2 \end{bmatrix}$，由前例論述知$\{\boldsymbol{A}, \boldsymbol{I}\}$爲 $\boldsymbol{A}$ 之次冪函數的基底，故對解析函數

$f(x) = e^x$，存在實數 $c_1$、$c_0$ 使得 $f(\boldsymbol{A}) = e^{\boldsymbol{A}} = c_1\boldsymbol{A} + c_0\boldsymbol{I}$ 。

## 二、方陣函數$f(A)$的求法

設 $\boldsymbol{A} = [a_{ij}]_{n\times n}$ 爲一 $n$ 階方陣，$f(x) = a_nx^n + a_{n-1}x^{n-1} + \cdots\cdots + a_1x + a_0$，欲求 $f(\boldsymbol{A})$ 。

**法一：**

利用長除法，

令特徵多項式$\Phi(x) = x^n - b_1x^{n-1} + b_2x^{n-2} + \cdots\cdots + (-1)^n b_n$，則$\Phi(\boldsymbol{A}) = \boldsymbol{O}$，

若 $f(x)$除以$\Phi(x)$後之商爲 $Q(x)$，餘式爲 $R(x)$，

即 $f(x) = \Phi(x)Q(x) + R(x)$，

則 $f(\boldsymbol{A}) = \Phi(\boldsymbol{A})Q(\boldsymbol{A}) + R(\boldsymbol{A})$，又$\Phi(\boldsymbol{A}) = \boldsymbol{O} \Rightarrow f(\boldsymbol{A}) = R(\boldsymbol{A})$ 。

### 範例 1

$\boldsymbol{A} = \begin{bmatrix} 2 & 1 & 1 \\ 1 & 4 & 3 \\ -1 & -1 & 0 \end{bmatrix}$，求 $f(\boldsymbol{A}) = \boldsymbol{A}^4 - 3\boldsymbol{A}^3 - 3\boldsymbol{A}^2 + 4\boldsymbol{A} + 2\boldsymbol{I}$ ？

---

**解** $\Phi(x) = \det(\boldsymbol{A} - \lambda\boldsymbol{I}) = (-1)^3(\lambda^3 - 6\lambda^2 + 11\lambda - 6) = 0$，

根據凱利-漢米爾頓定理可知$\Phi(x) = (\boldsymbol{A}^3 - 6\boldsymbol{A}^2 + 11\boldsymbol{A} - 6\boldsymbol{I}) = \boldsymbol{O}$，

令 $f(x) = x^4 - 3x^3 - 3x^2 + 4x + 2$，

利用長除法，$f(x)$除以$\Phi(x)$之商爲 $Q(x) = (x + 3)$，餘式爲 $R(x) = 4x^2 - 23x + 20$，

所以 $f(x) = \Phi(x)Q(x) + R(x)$，則 $f(\boldsymbol{A}) = \Phi(\boldsymbol{A})Q(\boldsymbol{A}) + R(\boldsymbol{A})$，

又 $\Phi(\boldsymbol{A})=\boldsymbol{0}$，所以 $f(\boldsymbol{A})=R(\boldsymbol{A})=4\boldsymbol{A}^2-23\boldsymbol{A}+20\boldsymbol{I}=\begin{bmatrix}-10 & -3 & -3\\ -11 & -16 & -17\\ 11 & 3 & 4\end{bmatrix}$。

**Note**

利用長除法求解比較適用於次冪低的多項式函數。

法二：

根據凱利-漢米爾頓定理，我們可假設 $\deg f(x)=n-1$，

即 $f(\boldsymbol{A})=c_{n-1}\boldsymbol{A}^{n-1}+c_{n-2}\boldsymbol{A}^{n-2}+\cdots\cdots+c_0\boldsymbol{I}$。

case1：設 $\boldsymbol{A}$ 具有 $n$ 個相異的特徵值 $\lambda_1$、$\lambda_2$、……、$\lambda_n$，將其特徵值代入

$f(x)=c_{n-1}x^{n-1}+c_{n-2}x^{n-2}+\cdots\cdots+c_0$ 中得一線性方程組

$$\begin{cases}f(\lambda_1)=c_{n-1}\lambda_1^{n-1}+c_{n-2}\lambda_1^{n-2}+\cdots\cdots+c_0\\ f(\lambda_2)=c_{n-1}\lambda_2^{n-1}+c_{n-2}\lambda_2^{n-2}+\cdots\cdots+c_0\\ \qquad\vdots\\ f(\lambda_n)=c_{n-1}\lambda_n^{n-1}+c_{n-2}\lambda_n^{n-2}+\cdots\cdots+c_0\end{cases}$$

解之得唯一的 $c_{n-1}$、$c_{n-2}$、……、$c_0$，

代回可求出 $f(\boldsymbol{A})=c_{n-1}\boldsymbol{A}^{n-1}+c_{n-2}\boldsymbol{A}^{n-2}+\cdots\cdots+c_0\boldsymbol{I}$。

case2：設 $\boldsymbol{A}$ 具有 $k$ 重根 $\lambda_1=\lambda_2=\cdots\cdots=\lambda_k$、$\lambda_{k+1}$、……、$\lambda_n$，

$$\text{則}\begin{cases}f(\lambda_1)=c_{n-1}\lambda_1^{n-1}+\cdots\cdots+c_0\\ f'(\lambda_1)=c_{n-1}(n-1)\lambda_1^{n-2}+\cdots\cdots+c_1\times 1!\\ f''(\lambda_1)=c_{n-1}(n-1)(n-2)\lambda_1^{n-3}+\cdots\cdots+c_2\times 2!\\ \quad\vdots\\ f^{(k-1)}(\lambda_1)=(n-1)(n-2)\cdots\cdots(n-k+1)c_{n-1}\lambda_1^{n-k}+\cdots\cdots+c_{k-1}\times(k-1)!\\ f(\lambda_{k+1})=c_{n-1}\lambda_{k+1}^{n-1}+\cdots\cdots+c_0\\ \quad\vdots\\ f(\lambda_n)=c_{n-1}\lambda_n^{n-1}+\cdots\cdots+c_0\end{cases}$$

用高斯消去法求出 $c_0$、$c_1$、……、$c_{n-1}$，

代回可求出 $f(\boldsymbol{A})=c_{n-1}\boldsymbol{A}^{n-1}+c_{n-2}\boldsymbol{A}^{n-2}+\cdots\cdots+c_0\boldsymbol{I}$。

**例如**：設 $\boldsymbol{A}$ 爲三階方陣，具有特徵值爲 $\lambda_1$、$\lambda_1$、$\lambda_3$，則

根據凱利－漢米爾頓定理可假設 $\deg f(x)=2$，即 $f(\boldsymbol{A})=c_2\boldsymbol{A}^2+c_1\boldsymbol{A}+c_0\boldsymbol{I}$，

將其特徵值代入 $f(x)=c_2x^2+c_1x+c_0$ 中必滿足

$$\begin{cases} f(\lambda_1)=c_2\lambda_1^2+c_1\lambda_1+c_0 \\ f'(\lambda_1)=2c_2\lambda_1+c_1\times 1 \\ f(\lambda_3)=c_2\lambda_3^2+c_1\lambda_3+c_0 \end{cases}$$

解聯立方程式可得 $c_2$、$c_1$、$c_0$。

**Note**

$f(\lambda)=|\boldsymbol{A}-\lambda\boldsymbol{I}|=(\lambda-\lambda_1)^k(\lambda-\lambda_{k+1})\cdots\cdots(\lambda-\lambda_n)\Rightarrow f(\lambda_1)=\boldsymbol{0}$、$f'(\lambda_1)=\boldsymbol{0}$、$f^{(k-1)}(\lambda_1)=\boldsymbol{0}$

## 三、對角化求解

若 $\boldsymbol{A}$ 矩陣可對角化，則可利用下列方法求解方陣函數 $f(\boldsymbol{A})$：

1. 設 $\boldsymbol{A}_{n\times n}$ 之特徵值爲 $\lambda_1$、$\lambda_2$、……、$\lambda_n$ 所對應的特徵向量 $\boldsymbol{V}_1$、$\boldsymbol{V}_2$、……、$\boldsymbol{V}_n$，
2. 取 $\boldsymbol{P}=[\boldsymbol{V}_1\quad \boldsymbol{V}_2\ \cdots\cdots\ \boldsymbol{V}_n]$，

   則 $\boldsymbol{P}^{-1}\boldsymbol{AP}=\boldsymbol{D}$，$\boldsymbol{A}=\boldsymbol{PDP}^{-1}=\boldsymbol{P}\begin{bmatrix}\lambda_1 & & 0\\ & \ddots & \\ 0 & & \lambda_n\end{bmatrix}\boldsymbol{P}^{-1}$，
3. 則 $f(\boldsymbol{A})=\boldsymbol{P}\begin{bmatrix}f(\lambda_1) & & & 0\\ & f(\lambda_2) & & \\ & & \ddots & \\ 0 & & & f(\lambda_n)\end{bmatrix}\boldsymbol{P}^{-1}$。

## 範例 2

$\boldsymbol{A}=\begin{bmatrix}5 & 4\\ 1 & 2\end{bmatrix}$，求 $\boldsymbol{A}^{100}(7\boldsymbol{A}-6\boldsymbol{I})=$？

**解** $|A-\lambda I|=(-1)^2(\lambda^2-7\lambda+6)=0 \Rightarrow \lambda=1$、$6$，

但 $A$ 滿足 $A^2-7A+6I=0$，

$$\begin{aligned} f(A) &= A^{100}(7A-6I) \\ &= 7A^{101}-6A^{100} \\ &= \alpha A+\beta I \end{aligned}$$

$$\Rightarrow \begin{cases} f(1)=7-6=\alpha+\beta=1 \\ f(6)=7\times 6^{101}-6\times 6^{100}=6\alpha+\beta \end{cases}$$

$\Rightarrow \alpha=\frac{1}{5}(6^{102}-1)$、$\beta=\frac{1}{5}(6-6^{102})$，

$\therefore f(A)=\frac{1}{5}(6^{102}-1)\begin{bmatrix}5 & 4\\1 & 2\end{bmatrix}+\frac{1}{5}(6-6^{102})\begin{bmatrix}1 & 0\\0 & 1\end{bmatrix}$。

法二：

$\lambda_1=1$ 對應的特徵向量為 $V_1=\begin{bmatrix}1\\-1\end{bmatrix}$，

$\lambda_2=6$ 對應的特徵向量為 $V_2=\begin{bmatrix}4\\1\end{bmatrix}$，

則 $P^{-1}AP=D=\begin{bmatrix}1 & 0\\0 & 6\end{bmatrix} \to A=PDP^{-1}$，$P=\begin{bmatrix}1 & 4\\-1 & 1\end{bmatrix}$，

取 $f(x)=7x^{101}-6x^{100}$，則

$$\begin{aligned} f(A) &= P\begin{bmatrix}f(1) & 0\\0 & f(6)\end{bmatrix}P^{-1} \\ &= \begin{bmatrix}1 & 4\\-1 & 1\end{bmatrix}\begin{bmatrix}1 & 0\\0 & 6^{102}\end{bmatrix}\frac{1}{5}\begin{bmatrix}1 & -4\\1 & 1\end{bmatrix} \\ &= \frac{1}{5}\begin{bmatrix}1+4\times 6^{102} & -4+4\times 6^{102}\\-1+6^{102} & 4+6^{102}\end{bmatrix} \end{aligned}$$

。

## 範例 3

$A=\begin{bmatrix}0&1&0\\0&0&1\\0&0&0\end{bmatrix}$，求 $e^{A}=?$

---

**解** $|A-\lambda I|=0\Rightarrow\lambda^3=0$，$\therefore A^3=O$，

$\lambda_1=\lambda_2=\lambda_3=0$，

$e^A=\alpha A^2+\beta A+rI$，$f(\lambda)=e^\lambda=\alpha\lambda^2+\beta\lambda+r$

$\Rightarrow f(0)=1=r$，

$f'(0)=1=\beta$，

$f''(0)=1=2\alpha\Rightarrow\alpha=\dfrac{1}{2}$，

$$\therefore e^A=\frac{1}{2}A^2+A+I=\frac{1}{2}\begin{bmatrix}0&0&1\\0&0&0\\0&0&0\end{bmatrix}+\begin{bmatrix}1&1&0\\0&1&1\\0&0&1\end{bmatrix}=\begin{bmatrix}1&1&\frac{1}{2}\\0&1&1\\0&0&1\end{bmatrix}$$ 。

■

## 範例 4

令 $A=\begin{bmatrix}0&1&0\\2&-1&3\\0&2&1\end{bmatrix}$，利用凱利－漢米爾頓（Cayley-Hamilton）定理，求 $A^{-1}$。

---

**解** $|A-\lambda I|=0\Rightarrow\lambda^3-9\lambda+2=0$，

∴由凱利-漢米爾頓定理可知

$\Rightarrow A^3-9A+2I=0$，又$|A|\neq 0$

$\Rightarrow A^2-9I+2A^{-1}=0$

$$\Rightarrow A^{-1}=\frac{1}{2}(9I-A^2)=\frac{1}{2}\begin{bmatrix}7&1&-3\\2&0&0\\-4&0&2\end{bmatrix}$$ 。

■

## 習題演練

1. $\boldsymbol{A}=\begin{bmatrix}-3 & 6 & -11\\ 3 & -4 & 6\\ 4 & -8 & 13\end{bmatrix}$，利用凱利-漢米爾頓定理求 $\boldsymbol{A}^{-1}=$？

2. $\boldsymbol{A}=\begin{bmatrix}1 & -3\\ 1 & 1\end{bmatrix}$，求 $\boldsymbol{A}^{20}=$？

3. $\boldsymbol{A}=\begin{bmatrix}1 & -1\\ 1 & 3\end{bmatrix}$，求 $e^{\boldsymbol{A}}=$？

4. $\boldsymbol{A}=\begin{bmatrix}-3 & 0 & 1\\ -8 & 1 & 2\\ -16 & 0 & 5\end{bmatrix}$，求 $\boldsymbol{A}^{100}=$？

5. $\boldsymbol{A}=\begin{bmatrix}1 & 0 & 2\\ 0 & -1 & 1\\ 0 & 1 & 0\end{bmatrix}$，求 $f(\boldsymbol{A})=\boldsymbol{A}^6-5\boldsymbol{A}^5-4\boldsymbol{A}^4+3\boldsymbol{A}^2-2\boldsymbol{A}+I=$ ？

6. $\boldsymbol{A}=\begin{bmatrix}1 & 1 & 1\\ 1 & 1 & 1\\ 1 & 1 & 1\end{bmatrix}$，求 $\boldsymbol{A}^8=$？

7. $\boldsymbol{A}=\begin{bmatrix}1 & 1 & 1\\ -1 & -1 & -1\\ 1 & 1 & 1\end{bmatrix}$，求 $e^{\boldsymbol{A}}=$？

8. $\boldsymbol{A}=\begin{bmatrix}0 & 0 & 1\\ 0 & 0 & 1\\ 1 & 1 & 1\end{bmatrix}$，求 $\boldsymbol{A}^{100}=$？

9. $\boldsymbol{A}=\begin{bmatrix}5 & -4 & 2\\ 3 & -2 & 2\\ 2 & -2 & 3\end{bmatrix}$，求 $e^{\boldsymbol{A}t}=$？

# 6-2 特殊矩陣及其應用

本節將介紹一些工程上經常使用的特殊矩陣，由於這些矩陣具有相當多一般矩陣不一定存在的特殊性質，使得以下介紹之特殊矩陣變得相當好用。

## 一、矩陣的範數

**矩陣 Norm 的定義**

設 $\boldsymbol{A}=[a_{ij}]_{m\times n}$ 爲 $m\times n$ 的矩陣，

(1) $\boldsymbol{A}$ 的 1-Norm 定義成

$\|\boldsymbol{A}\|_1=$ 最大絕對值行和。

(2) $\boldsymbol{A}$ 的 2-Norm 定義成

$\|\boldsymbol{A}\|_2=\boldsymbol{A}^*\boldsymbol{A}$ 的最大特徵值的平方根。

(3) $A$ 的∞-Norm 定義成

$\|\boldsymbol{A}\|_\infty=$ 最大絕對值列和。

**Note**

一般在沒有特別標示時，所指的是向量 $\boldsymbol{x}$ 或矩陣 $A$ 的 2-Norm。

### 範例 1

(1) 令 $\boldsymbol{A}=\begin{bmatrix} a & 0 \\ 0 & a \end{bmatrix}$，其中 $a$ 爲常數，求 $\|\boldsymbol{A}\|_2$。

(2) 令 $\boldsymbol{B}=\begin{bmatrix} 2 & 0 & 0 \\ 0 & 2 & 1 \\ 0 & 1 & 2 \\ 0 & 0 & 0 \end{bmatrix}$，決定 rank $(\boldsymbol{B})$ 及 $\|\boldsymbol{B}\|_2$。

**解** (1) 因

$$A^*A=\begin{bmatrix}\bar{a} & 0\\ 0 & \bar{a}\end{bmatrix}\begin{bmatrix}a & 0\\ 0 & a\end{bmatrix}=\begin{bmatrix}|a|^2 & 0\\ 0 & |a|^2\end{bmatrix},$$

故 $A^*A$ 的最大特徵值爲 $|a|^2$，則 $\|A\|_2=|a|$。

(2) rank $(B)=3$，因

$$B^*B=\begin{bmatrix}2&0&0&0\\0&2&1&0\\0&1&2&0\end{bmatrix}\begin{bmatrix}2&0&0\\0&2&1\\0&1&2\\0&0&0\end{bmatrix}=\begin{bmatrix}4&0&0\\0&5&4\\0&4&5\end{bmatrix},$$

故 $B^*B$ 的特徵值爲 4、1、9，則 $\|B\|_2=3$。

## 範例 2

設方陣爲 $A=\begin{bmatrix}-5&10&-2\\3&-2&4\\3&1&3\end{bmatrix}$，試求 $\|A\|_1$ 及 $\|A\|_\infty$。

**解** $\|A\|_1$ =最大絕對值行和 $=10+|-2|+1=13$。

$\|A\|_\infty$ =最大絕對值列和 $=|-5|+10+|-2|=17$。

## 二、常見特殊矩陣

**1. 實對稱矩陣（Real symmetric matrix）**：$A^T=A$。

**2. 反實對稱矩陣（Skew-real symmetric matrix）**：$A^T=-A$。

**3. 厄米特矩陣（Hermitian matrix），又稱自伴矩陣（Self-adjoint matrix）**：
$\overline{A}^T=A^*=A^H=A$。

**4. 反厄米特矩陣（Skew-hermitian matrix）**：$\overline{A}^T=A^*=A^H=-A$。

**5.** 正交矩陣（Orthogonal matrix）：$\boldsymbol{A}^T=\boldsymbol{A}^{-1}$

設 $\boldsymbol{A}=\left[\boldsymbol{V}_1 \quad \boldsymbol{V}_2 \quad \cdots\cdots \quad \boldsymbol{V}_n\right]$ 爲 $n$ 階實數方陣。

若 $\boldsymbol{A}$ 的行向量集合 $\left\{\boldsymbol{V}_1,\boldsymbol{V}_2,\cdots\cdots,\boldsymbol{V}_n\right\}$ 爲正規化正交集合（orthonormal set），

即 $<\boldsymbol{V}_i,\boldsymbol{V}_j>=\boldsymbol{V}_j^T\boldsymbol{V}_i=\begin{cases}0 \text{ , } i\neq j\\ 1 \text{ , } i=j\end{cases}$，則稱 $\boldsymbol{A}$ 爲正交矩陣；

**6.** 么正矩陣（**Unitary matrix**）

滿足 $\overline{\boldsymbol{A}}^T=\boldsymbol{A}^H=\boldsymbol{A}^{-1}$，即 $\boldsymbol{A}\boldsymbol{A}^H=\boldsymbol{A}^H\boldsymbol{A}=\boldsymbol{I}$，

設 $\boldsymbol{A}=[\boldsymbol{V}_1 \quad \boldsymbol{V}_2 \quad \cdots\cdots \quad \boldsymbol{V}_n]$爲 $n$ 階複數方陣，

若 $\boldsymbol{A}$ 之行向量集合 $\boldsymbol{V}_1$、$\boldsymbol{V}_2$、……、$\boldsymbol{V}_n$ 爲正規化正交集合，

即 $<\boldsymbol{V}_i,\boldsymbol{V}_j>=\overline{\boldsymbol{V}}_j^T\boldsymbol{V}_i=\begin{cases}0 \text{ , } i\neq j\\ 1 \text{ , } i=j\end{cases}$，則稱 $\boldsymbol{A}$ 爲么正矩陣。

**7.** **正規矩陣（normal matrix）**

若 $\boldsymbol{A}\in M_{n\times n}(\mathbb{C})\Rightarrow \boldsymbol{A}\boldsymbol{A}^H=\boldsymbol{A}^H\boldsymbol{A}$，稱 $\boldsymbol{A}$ 爲一個正規矩陣。

**例如：**

$$\boldsymbol{A}=\begin{bmatrix}\cos\theta & 0 & -\sin\theta\\ 0 & 1 & 0\\ \sin\theta & 0 & \cos\theta\end{bmatrix}\text{，其中}\boldsymbol{V}_1=\begin{bmatrix}\cos\theta\\ 0\\ \sin\theta\end{bmatrix}\text{、}\boldsymbol{V}_2=\begin{bmatrix}0\\ 1\\ 0\end{bmatrix}\text{、}\boldsymbol{V}_3=\begin{bmatrix}-\sin\theta\\ 0\\ \cos\theta\end{bmatrix}\text{，}$$

則 $<\boldsymbol{V}_i,\boldsymbol{V}_j>=\boldsymbol{V}_j^T\boldsymbol{V}_i=\begin{cases}0 & ;\ i\neq j\\ \|\boldsymbol{V}_1\|^2=1 & ;\ i=j\end{cases}$，所以 $\boldsymbol{A}$ 爲正交矩陣，

由反矩陣之求法可知 $\boldsymbol{A}^{-1}=\dfrac{adj(\boldsymbol{A})}{\det(\boldsymbol{A})}=\begin{bmatrix}\cos\theta & 0 & \sin\theta\\ 0 & 1 & 0\\ -\sin\theta & 0 & \cos\theta\end{bmatrix}=\boldsymbol{A}^T$，

所以 $\boldsymbol{A}^T=\boldsymbol{A}^{-1}$。

**例如：**

$$A=\begin{bmatrix}\frac{-i}{\sqrt{2}} & \frac{1}{\sqrt{2}}\\ \frac{i}{\sqrt{2}} & \frac{1}{\sqrt{2}}\end{bmatrix}$$，其中 $V_1=\begin{bmatrix}\frac{-i}{\sqrt{2}}\\ \frac{i}{\sqrt{2}}\end{bmatrix}$、$V_2=\begin{bmatrix}\frac{1}{\sqrt{2}}\\ \frac{1}{\sqrt{2}}\end{bmatrix}$，

則 $<V_1, V_2>=V_2^H V_1=\overline{V_2}^T V_1=\begin{bmatrix}\frac{1}{\sqrt{2}} & \frac{1}{\sqrt{2}}\end{bmatrix}\begin{bmatrix}\frac{-i}{\sqrt{2}}\\ \frac{i}{\sqrt{2}}\end{bmatrix}=0$，所以 $V_1$、$V_2$ 爲正交。

又 $<V_1, V_1>=V_1^H V_1=\|V_1\|^2=\begin{bmatrix}\frac{i}{\sqrt{2}} & \frac{-i}{\sqrt{2}}\end{bmatrix}\begin{bmatrix}\frac{-i}{\sqrt{2}}\\ \frac{i}{\sqrt{2}}\end{bmatrix}=1$，

$<V_2, V_2>=V_2^H V_2=\|V_2\|^2=\begin{bmatrix}\frac{1}{\sqrt{2}} & \frac{1}{\sqrt{2}}\end{bmatrix}\begin{bmatrix}\frac{1}{\sqrt{2}}\\ \frac{1}{\sqrt{2}}\end{bmatrix}=1$，

所以 $V_1, V_2$ 爲么正集合，則 $A=\begin{bmatrix}\frac{-i}{\sqrt{2}} & \frac{1}{\sqrt{2}}\\ \frac{i}{\sqrt{2}} & \frac{1}{\sqrt{2}}\end{bmatrix}$ 爲么正矩陣，

我們可以檢查一下 $A^H A=\begin{bmatrix}\frac{i}{\sqrt{2}} & \frac{-i}{\sqrt{2}}\\ \frac{1}{\sqrt{2}} & \frac{1}{\sqrt{2}}\end{bmatrix}\begin{bmatrix}\frac{-i}{\sqrt{2}} & \frac{1}{\sqrt{2}}\\ \frac{i}{\sqrt{2}} & \frac{1}{\sqrt{2}}\end{bmatrix}=\begin{bmatrix}1 & 0\\ 0 & 1\end{bmatrix}=I$，

所以 $A^H=A^{-1}$，

故 $A^{-1}=\begin{bmatrix}\frac{i}{\sqrt{2}} & \frac{-i}{\sqrt{2}}\\ \frac{1}{\sqrt{2}} & \frac{1}{\sqrt{2}}\end{bmatrix}$。

## 範例 3

令 $\boldsymbol{Q}$ 爲 $n\times n$ 正交矩陣，則求證

(1) $\|\boldsymbol{QX}\|_2=\|\boldsymbol{X}\|_2$，其中 $\boldsymbol{X}\in\mathbb{R}^{n\times 1}$。

(2) $\|\boldsymbol{Q}\|_2=1$。

(3) 若 $\boldsymbol{A}\in\mathbb{R}^{n\times n}$，則 $\|\boldsymbol{QA}\|_2=\|\boldsymbol{A}\|_2$。

(4) $\|\boldsymbol{Q}^T\boldsymbol{Q}\|_2=\|\boldsymbol{Q}^T\|_2\,\|\boldsymbol{Q}\|_2$。

(5) 若 $\boldsymbol{A}\in\mathbb{R}^{n\times n}$ 且 $\boldsymbol{B}=\boldsymbol{Q}^T\boldsymbol{AQ}$，則 $\|\boldsymbol{B}\|_2=\|\boldsymbol{A}\|_2$。

(6) $\det(\boldsymbol{Q})=\pm 1$。

【提示】實數矩陣共軛轉置與轉置運算相同。

---

解 因 $\boldsymbol{Q}$ 爲正交矩陣，故 $\boldsymbol{Q}^T\boldsymbol{Q}=\boldsymbol{I}$，或 $\boldsymbol{Q}^T=\boldsymbol{Q}^{-1}$。

(1) $\|\boldsymbol{QX}\|_2=\sqrt{(\boldsymbol{QX})^T(\boldsymbol{QX})}=\sqrt{\boldsymbol{X}^T\boldsymbol{Q}^T\boldsymbol{QX}}=\sqrt{\boldsymbol{X}^T\boldsymbol{X}}=\|\boldsymbol{X}\|_2$。

(2) 由 2-Norm 定義可知，$\|\boldsymbol{Q}\|_2=\sqrt{\lambda}$，其中 $\lambda$ 爲 $\boldsymbol{Q}^T\boldsymbol{Q}$ 的最大特徵值。因 $\boldsymbol{Q}^T\boldsymbol{Q}=\boldsymbol{Q}^{-1}\boldsymbol{Q}=\boldsymbol{I}$，可知 $|\boldsymbol{Q}^T\boldsymbol{Q}-\lambda\boldsymbol{I}|=|\boldsymbol{I}-\lambda\boldsymbol{I}|=(1-\lambda)^n$，
故 $\boldsymbol{Q}^T\boldsymbol{Q}$ 的最大特徵值爲 1，故 $\|\boldsymbol{Q}\|_2=\sqrt{1}=1$。

(3) 因 $(\boldsymbol{QA})^T(\boldsymbol{QA})=\boldsymbol{A}^T\boldsymbol{Q}^T\boldsymbol{QA}=\boldsymbol{A}^T\boldsymbol{A}$，故由 2-Norm 的定義可知 $\|\boldsymbol{QA}\|_2=\|\boldsymbol{A}\|_2$。

(4) $(\boldsymbol{Q}^T\boldsymbol{Q})^T(\boldsymbol{Q}^T\boldsymbol{Q})=\boldsymbol{Q}^T\boldsymbol{QQ}^T\boldsymbol{Q}=\boldsymbol{Q}^T\boldsymbol{Q}=\boldsymbol{I}$，故 $\|\boldsymbol{Q}^T\boldsymbol{Q}\|_2=1$，
$(\boldsymbol{Q}^T)^T(\boldsymbol{Q}^T)=\boldsymbol{QQ}^T=\boldsymbol{I}$，故 $\|\boldsymbol{Q}^T\|_2=1$。且 $\boldsymbol{Q}^T\boldsymbol{Q}=\boldsymbol{I}$，故 $\|\boldsymbol{Q}\|_2=1$，
因此 $\|\boldsymbol{Q}^T\boldsymbol{Q}\|_2=\|\boldsymbol{Q}^T\|_2\,\|\boldsymbol{Q}\|_2=1$。

(5) 因
$$\begin{aligned}\boldsymbol{B}^T\boldsymbol{B}&=(\boldsymbol{Q}^T\boldsymbol{AQ})^T(\boldsymbol{Q}^T\boldsymbol{AQ})=\boldsymbol{Q}^T\boldsymbol{A}^T\boldsymbol{QQ}^T\boldsymbol{AQ}\\&=\boldsymbol{Q}^T\boldsymbol{A}^T\boldsymbol{AQ}=\boldsymbol{Q}^{-1}(\boldsymbol{A}^T\boldsymbol{A})\boldsymbol{Q}\end{aligned}$$，

由上式可知 $\boldsymbol{B}^T\boldsymbol{B}$ 與 $\boldsymbol{A}^T\boldsymbol{A}$ 爲相似矩陣，故具有相同的特徵值，因此 $\|\boldsymbol{B}\|_2=\|\boldsymbol{A}\|_2$。

(6) 因 $\boldsymbol{Q}^T\boldsymbol{Q}=\boldsymbol{I}$，故
$$1=\det(\boldsymbol{I})=\det(\boldsymbol{Q}^T\boldsymbol{Q})=\det(\boldsymbol{Q}^T)\det(\boldsymbol{Q})=[\det(\boldsymbol{Q})]^2$$，
因此 $\det(\boldsymbol{Q})=\pm 1$。■

## 三、重要性質

**定理 1：**

設 $A$ 為一厄米特矩陣，則其特徵值均為實數。

【證明】

1. 設$\lambda$為 $A$ 之任一特徵值，$X$ 為其相應之特徵向量，則

$$AX = \lambda X \qquad ①$$

2. 將①式取共軛轉置

$\Rightarrow (\overline{AX})^T = (\bar{\lambda}\,\overline{X})^T$，$\overline{X}^T\overline{A}^T = \bar{\lambda}\,\overline{X}^T$，

又$\overline{A}^T = A \Rightarrow \overline{X}^T A = \bar{\lambda}\,\overline{X}^T$，$\overline{X}^T AX = \bar{\lambda}\,\overline{X}^T X$

$\Rightarrow \lambda\overline{X}^T X = \bar{\lambda}\,\overline{X}^T X \Rightarrow (\lambda - \bar{\lambda})\overline{X}^T X = 0$。

因$\overline{X}^T X = \langle X, X \rangle = \| X \|^2 \neq 0 \Rightarrow \lambda = \bar{\lambda}$，

故得$\lambda \in \mathbb{R}$。

**Note**

對一複數 $z = a + ib$，其中 $a$、$b$ 為實數，若 $z = a + ib = \bar{z} = a - ib$，則 $2ib = 0$，即 $b = 0$，所以 $z = a \in \mathbb{R}$，其中 $a$ 為實數。

**推理 1：**設 $A$ 為一 $n$ 階實對稱矩陣，則 $A$ 之特徵值均為實數。

【證明】

(1) 設 $\lambda$ 為 $A$ 之任一特徵值，且其相應之特徵向量為 $X$，則

$$AX = \lambda X \qquad ①$$

(2) 對①取轉置共軛，得

$\overline{X}^T A^* = \bar{\lambda}\,\overline{X}^T$。

因 $A^* = A^T = A$，故得

$\overline{X}^T A = \bar{\lambda}\,\overline{X}^T$。

兩端同乘 $\boldsymbol{X}$ 得

$\overline{\boldsymbol{X}}^T\boldsymbol{A}\boldsymbol{X}=\boldsymbol{X}\|\boldsymbol{X}\|_2=\bar{\lambda}\|\boldsymbol{X}\|_2$，$\|\boldsymbol{X}\|_2\neq 0$，

即 $\lambda=\bar{\lambda}$，$\lambda\in\mathbb{R}$。

**推理 2：** 設 $\boldsymbol{A}$ 爲反厄米特（或反實對稱）矩陣，則 $\boldsymbol{A}$ 之特徵值爲 0 或純虛數。

**推理 3：** 設 $\boldsymbol{A}$ 爲一 $n$ 階么正矩陣，則 $\boldsymbol{A}$ 之所有特徵值絕對值均爲 1。

**推理 4：** 設 $\boldsymbol{A}$ 爲冪零矩陣（即 $\boldsymbol{A}^k=\boldsymbol{0}$，$k$ 爲正整數），則其特徵值均爲 0。

**定理 2：**

設 $\lambda_i, \lambda_j$ 爲厄米特矩陣 $\boldsymbol{A}$ 之兩相異特徵值，且其相應之特徵向量爲 $\boldsymbol{X}_i, \boldsymbol{X}_j$，

則滿足 $\begin{cases}<\boldsymbol{X}_i, \boldsymbol{X}_j>=\overline{\boldsymbol{X}}_i^T\boldsymbol{X}_j=\overline{\boldsymbol{X}}_j^T\boldsymbol{X}_i=0\\ <\boldsymbol{A}\boldsymbol{X}_i, \boldsymbol{X}_j>=<\boldsymbol{A}\boldsymbol{X}_j, \boldsymbol{X}_i>=\overline{\boldsymbol{X}}_i^T\boldsymbol{A}\boldsymbol{X}_j=0\end{cases}$，

即厄米特矩陣 $\boldsymbol{A}$ 之兩相異特徵值所對應之特徵向量必正交。

**【證明】**

(1) $\boldsymbol{A}\boldsymbol{X}_i=\lambda_i\boldsymbol{X}_i$ ①

$\boldsymbol{A}\boldsymbol{X}_j=\lambda_j\boldsymbol{X}_j$ ②

(2) 對①取共軛轉置 $\Rightarrow\overline{\boldsymbol{X}}_i^T\overline{\boldsymbol{A}}^T=\bar{\lambda}_i\overline{\boldsymbol{X}}_i^T$ ③

又 $\overline{\boldsymbol{A}}^T=\boldsymbol{A}$ 且 $\lambda_i\in\mathbb{R}$，

所以 $\overline{\boldsymbol{X}}_i^T\boldsymbol{A}=\lambda_i\overline{\boldsymbol{X}}_i^T\Rightarrow\overline{\boldsymbol{X}}_i^T\boldsymbol{A}\boldsymbol{X}_j=\lambda_i\overline{\boldsymbol{X}}_i^T\boldsymbol{X}_j$ ④

$\Rightarrow\lambda_j\overline{\boldsymbol{X}}_i^T\boldsymbol{X}_j=\lambda_i\overline{\boldsymbol{X}}_i^T\boldsymbol{X}_j\Rightarrow(\lambda_i-\lambda_j)\overline{\boldsymbol{X}}_i^T\boldsymbol{X}_j=0$。

因爲 $\lambda_i\neq\lambda_j\Rightarrow\overline{\boldsymbol{X}}_i^T\boldsymbol{X}_j=0$ ⑤

$\therefore\boldsymbol{X}_i$ 與 $\boldsymbol{X}_j$ 正交。

將⑤式代入④ $\Rightarrow\overline{\boldsymbol{X}}_i^T\boldsymbol{A}\boldsymbol{X}_j=0$。

**推理 5：** 設 $\lambda_i$、$\lambda_j$ 爲實對稱矩陣 $\boldsymbol{A}$ 的兩相異特徵值，則相應 $\lambda_i$、$\lambda_j$ 的特徵向量 $\boldsymbol{X}_i$、$\boldsymbol{X}_j$ 互爲正交 $\Rightarrow<\boldsymbol{X}_i, \boldsymbol{X}_j>=0$。

**推理 6：** 設 $\boldsymbol{A}$ 爲 $n$ 階厄米特（或實對稱）方陣，且具 $n$ 個相異特徵值，則 $\boldsymbol{A}$ 必具有 $n$ 個互爲正交的特徵向量。

**例如：**

$A=\begin{bmatrix}9&1&1\\1&9&1\\1&1&9\end{bmatrix}$，則 $A$ 之特徵值爲 $\lambda_1=\lambda_2=8$、$\lambda_3=11$，

所對應之特徵向量爲

$X_1=\begin{bmatrix}-1\\1\\0\end{bmatrix}$、$X_2=\begin{bmatrix}-1\\0\\1\end{bmatrix}$、$X_3=\begin{bmatrix}1\\1\\1\end{bmatrix}$，

其中 $E_8=\text{span}\{X_1, X_3\}$ 、 $E_{11}=\text{span}\{X_3\}$ ，我們可以驗證得 $<X_1, X_3>=0$ ，$<X_2, X_3>=0$，當然我們已經知道實對稱矩陣中，相異特徵值所對應之特徵向量必正交。但是 $<X_1, X_2>=1\neq 0$，所以相同特徵值所對應之特徵向量線性獨立，但不正交，此時我們可以透過史密特正交化將 $X_1$、$X_2$ 化成正交集合。

令 $V_1=X_1=\begin{bmatrix}-1\\1\\0\end{bmatrix}$，取 $V_2=X_2-\dfrac{<X_2, V_1>}{\|V_1\|^2}V_1=\begin{bmatrix}-1\\0\\1\end{bmatrix}-\dfrac{1}{2}\begin{bmatrix}-1\\1\\0\end{bmatrix}=\begin{bmatrix}-\frac{1}{2}\\-\frac{1}{2}\\1\end{bmatrix}$，

所以 $\{V_1, V_2, X_3\}=\left\{\begin{bmatrix}-1\\1\\0\end{bmatrix},\begin{bmatrix}-\frac{1}{2}\\-\frac{1}{2}\\1\end{bmatrix},\begin{bmatrix}1\\1\\1\end{bmatrix}\right\}$ 爲正交集合，

此集合仍爲 $A$ 對應特徵值 8、8、11 之特徵向量，

若取 $\left\{\dfrac{V_1}{\|V_1\|}, \dfrac{V_2}{\|V_2\|}, \dfrac{X_3}{\|X_3\|}\right\}=\left\{\begin{bmatrix}\frac{-1}{\sqrt{2}}\\\frac{1}{\sqrt{2}}\\0\end{bmatrix},\begin{bmatrix}\frac{-1}{\sqrt{6}}\\\frac{-1}{\sqrt{6}}\\\frac{2}{\sqrt{6}}\end{bmatrix},\begin{bmatrix}\frac{1}{\sqrt{3}}\\\frac{1}{\sqrt{3}}\\\frac{1}{\sqrt{3}}\end{bmatrix}\right\}$，則爲么正集合，

此集合仍爲 $A$ 對應特徵值 8、8、11 之特徵向量。

## 四、厄米特矩陣與實對稱矩陣之對角化

**定理 1**：設 $\boldsymbol{A}$ 為 $n \times n$ 厄米特（或實對稱）矩陣，則 $\boldsymbol{A}$ 必具 $n$ 個線性獨立特徵向量（無論其特徵值是否重根）$\Leftrightarrow$ $\boldsymbol{A}$ 必可對角化。

**定理 2**：設 $\boldsymbol{A}$ 為 $n \times n$ 厄米特（或實對稱）矩陣，則必存在一個么正矩陣 $\boldsymbol{Q}$，使得 $\boldsymbol{A}$ 與一對角矩陣 $\boldsymbol{D}$ 相似 $\Rightarrow \boldsymbol{Q}^{-1}\boldsymbol{A}\boldsymbol{Q} = \boldsymbol{Q}^{H}\boldsymbol{A}\boldsymbol{Q} = \overline{\boldsymbol{Q}}^{T}\boldsymbol{A}\boldsymbol{Q} = \boldsymbol{D}$。

【證明】

(1) 設相應 $\boldsymbol{A}$ 之 $n$ 個特徵值 $\lambda_1$、$\lambda_2$、……、$\lambda_n$ 之 $n$ 個么正的特徵向量為

$\boldsymbol{V}_1$、$\boldsymbol{V}_2$、……、$\boldsymbol{V}_n$，其中 $\boldsymbol{A}\boldsymbol{V}_k = \lambda_k \boldsymbol{V}_k$，$k = 1, \cdots\cdots, n$

$$\Rightarrow <\boldsymbol{V}_l, \boldsymbol{V}_k> = \overline{\boldsymbol{V}}_k^{\,T}\,\boldsymbol{V}_l = \begin{cases} 0\ ,\ k \neq l \\ 1\ ,\ k = l \end{cases}$$ 。

(2) 令 $\boldsymbol{Q}$ 為么正之特徵向量所形成之么正矩陣，即 $\boldsymbol{Q} = \begin{bmatrix} \boldsymbol{V}_1 & \boldsymbol{V}_2 & \cdots\cdots & \boldsymbol{V}_n \end{bmatrix}$

$$\begin{aligned}
\Rightarrow \boldsymbol{A}\boldsymbol{Q} &= \boldsymbol{A}\begin{bmatrix} \boldsymbol{V}_1 & \boldsymbol{V}_2 & \cdots\cdots & \boldsymbol{V}_n \end{bmatrix} \\
&= \begin{bmatrix} \boldsymbol{A}\boldsymbol{V}_1 & \boldsymbol{A}\boldsymbol{V}_2 & \cdots\cdots & \boldsymbol{A}\boldsymbol{V}_n \end{bmatrix} \\
&= \begin{bmatrix} \lambda_1\boldsymbol{V}_1 & \lambda_2\boldsymbol{V}_2 & \cdots\cdots & \lambda_n\boldsymbol{V}_n \end{bmatrix} \\
&= \begin{bmatrix} \boldsymbol{V}_1 & \boldsymbol{V}_2 & \cdots\cdots & \boldsymbol{V}_n \end{bmatrix} \begin{bmatrix} \lambda_1 & & & 0 \\ & \lambda_2 & & \\ & & \ddots & \\ 0 & & & \lambda_n \end{bmatrix} = \boldsymbol{Q}\boldsymbol{D}
\end{aligned}$$

$$\Rightarrow \boldsymbol{A}\boldsymbol{Q} = \boldsymbol{Q}\boldsymbol{D} \Rightarrow \overline{\boldsymbol{Q}}^{T}\boldsymbol{A}\boldsymbol{Q} = \overline{\boldsymbol{Q}}^{T}\boldsymbol{Q}\boldsymbol{D} = \boldsymbol{Q}^{-1}\boldsymbol{Q}\boldsymbol{D} = \boldsymbol{D}$$ 。

**推理**：設 $\boldsymbol{A}$ 為 $n \times n$ 實對稱矩陣，則必存在一個非奇異正交矩陣 $\boldsymbol{P}$，使得 $\boldsymbol{A}$ 與一對角矩陣 $\boldsymbol{D}$ 相似 $\Rightarrow \boldsymbol{P}^{-1}\boldsymbol{A}\boldsymbol{P} = \boldsymbol{P}^{T}\boldsymbol{A}\boldsymbol{P} = \boldsymbol{D}$，

其中 $\boldsymbol{P} \equiv \begin{bmatrix} \boldsymbol{V}_1 & \boldsymbol{V}_2 & \cdots\cdots & \boldsymbol{V}_n \end{bmatrix}$ 為正交矩陣，$\boldsymbol{D} = \begin{bmatrix} \lambda_1 & & & 0 \\ & \lambda_2 & & \\ & & \ddots & \\ 0 & & & \lambda_n \end{bmatrix}$ 為對角矩陣

且 $\boldsymbol{A}\boldsymbol{V}_k = \lambda_k \boldsymbol{V}_k$，$k = 1, \cdots\cdots, n$，滿足 $\boldsymbol{V}_j^{T}\boldsymbol{V}_i = <\boldsymbol{V}_i, \boldsymbol{V}_j> = \begin{cases} 0\ ,\ i \neq j \\ 1\ ,\ i = j \end{cases}$，

即 $\boldsymbol{P}$ 矩陣由 $\boldsymbol{A}$ 矩陣中之正規化正交特徵向量所形成，而對角矩陣 $\boldsymbol{D}$ 則是由矩陣 $\boldsymbol{A}$ 所對應之特徵值於對角線所形成。

## 範例 4

令 $\boldsymbol{A}=\begin{bmatrix}5&4&2\\4&5&2\\2&2&2\end{bmatrix}$，求 $\boldsymbol{Q}$ 使得 $\boldsymbol{Q}^T\boldsymbol{A}\boldsymbol{Q}$ 爲一對角矩陣。

---

**解** (1) 求特徵值：

由 $|\boldsymbol{A}-\lambda\boldsymbol{I}|=(-1)^3\left[\lambda^3-12\lambda^2+(9+6+6)\lambda-10\right]=0$

$\Rightarrow \lambda^3-12\lambda^2+21\lambda-10=0$，

$\lambda=1$、$1$、$10$。

(2) 求特徵向量：

① $\lambda=1$ 時，$(\boldsymbol{A}-\lambda\boldsymbol{I})x=\begin{bmatrix}4&4&2\\4&4&2\\2&2&1\end{bmatrix}\begin{bmatrix}x_1\\x_2\\x_3\end{bmatrix}=0\Rightarrow 2x_1+2x_2+x_3=0$，

$\boldsymbol{X}_1=\begin{bmatrix}1\\0\\-2\end{bmatrix}$、$\boldsymbol{X}_2=\begin{bmatrix}0\\1\\-2\end{bmatrix}$。

② $\lambda=10$ 時，$(\boldsymbol{A}-\lambda\boldsymbol{I})x=\begin{bmatrix}-5&4&2\\4&-5&2\\2&2&-8\end{bmatrix}\begin{bmatrix}x_1\\x_2\\x_3\end{bmatrix}=0\Rightarrow \boldsymbol{X}_3=\begin{bmatrix}2\\2\\1\end{bmatrix}$。

(3) 將 $\boldsymbol{X}_1$、$\boldsymbol{X}_2$、$\boldsymbol{X}_3$ 作正交化，

令 $\boldsymbol{V}_1=\boldsymbol{X}_1=\begin{bmatrix}1\\0\\-2\end{bmatrix}$，

$\boldsymbol{V}_2=\boldsymbol{X}_2-\dfrac{<\boldsymbol{X}_2,\boldsymbol{V}_1>}{\|\boldsymbol{V}_1\|^2}\boldsymbol{V}_1=\begin{bmatrix}-\frac{4}{5}\\1\\-\frac{2}{5}\end{bmatrix}$，取 $\boldsymbol{V}_2=\begin{bmatrix}+4\\-5\\+2\end{bmatrix}$，

$$V_3 = X_3 - \frac{<X_3, V_1>}{\|V_1\|^2}V_1 - \frac{<X_3, V_2>}{\|V_2\|^2}V_2 = \begin{bmatrix} 2 \\ 2 \\ 1 \end{bmatrix} - \frac{0}{5}V_1 - \frac{0}{45}V_2 = \begin{bmatrix} 2 \\ 2 \\ 1 \end{bmatrix},$$

令 $Q = \begin{bmatrix} \frac{V_1}{\|V_1\|} & \frac{V_2}{\|V_2\|} & \frac{V_3}{\|V_3\|} \end{bmatrix} = \begin{bmatrix} \frac{1}{\sqrt{5}} & \frac{4}{3\sqrt{5}} & \frac{2}{3} \\ 0 & -\frac{5}{3\sqrt{5}} & \frac{2}{3} \\ -\frac{2}{\sqrt{5}} & \frac{2}{3\sqrt{5}} & \frac{1}{3} \end{bmatrix}$，

則 $Q^T = Q^{-1}$，

$\therefore Q^T AQ = Q^{-1}AQ = \begin{bmatrix} 1 & 0 & 0 \\ 0 & 1 & 0 \\ 0 & 0 & 10 \end{bmatrix} = D$。

## 習題演練

1. $A = \begin{bmatrix} 5 & -1 \\ -1 & 5 \end{bmatrix}$，求一矩陣 $Q$ 與一對角矩陣 $D$，使得 $Q^TAQ$ 爲對角矩陣 $D$。

2. $A = \begin{bmatrix} 7 & 2 & 2 \\ 2 & 7 & 2 \\ 2 & 2 & 7 \end{bmatrix}$，求一矩陣 $Q$ 與一對角矩陣 $D$，使得 $Q^TAQ$ 爲對角矩陣 $D$。

3. $A = \begin{bmatrix} 2 & 1 & -1 \\ 1 & 4 & 3 \\ -1 & 3 & 4 \end{bmatrix}$，求一矩陣 $Q$ 與一對角矩陣 $D$，使得 $Q^TAQ$ 爲對角矩陣 $D$。

4. $A = \begin{bmatrix} 1 & 0 & 0 \\ 0 & 0 & 1 \\ 0 & 1 & 0 \end{bmatrix}$，求一矩陣 $Q$ 與一對角矩陣 $D$，使得 $Q^TAQ$ 爲對角矩陣 $D$。

5. $A = \begin{bmatrix} 7 & 4 & -4 \\ 4 & -8 & -1 \\ -4 & -1 & -8 \end{bmatrix}$，求一矩陣 $Q$ 與一對角矩陣 $D$，使得 $Q^TAQ$ 爲對角矩陣 $D$。

# 6-3 二次式及其應用

二次式系統的研究是起源於 18 世紀，主要是要討論二次曲線和二次曲面的分類問題，通過矩陣的變換，可以化成主軸方向的形式。而後在 1801 年，高斯（Gauss，1777-1855，德國）引進入了二次式之正負定的判別。開始了二次式的重大發展，本節將介紹二次式的由來及其應用。

## 一、二次式(Quadratic Form)之定義

$$\boldsymbol{Q} \equiv \boldsymbol{X}^T\boldsymbol{A}\boldsymbol{X} \equiv \sum_{i=1}^{n}\sum_{j=1}^{n} a_{ij}x_ix_j = \begin{bmatrix} x_1 & x_2 & \dots & x_n \end{bmatrix}\begin{bmatrix} a_{11} & a_{12} & \dots & \dots & a_{1n} \\ a_{21} & a_{22} & \dots & \dots & a_{2n} \\ \vdots & \vdots & \ddots & & \vdots \\ \vdots & \vdots & & \ddots & \vdots \\ a_{n1} & a_{n2} & \dots & \dots & a_{nn} \end{bmatrix}\begin{bmatrix} x_1 \\ x_2 \\ \vdots \\ x_n \end{bmatrix};$$

$$\begin{aligned} \boldsymbol{Q} &\equiv a_{11}x_1^2 + (a_{12}+a_{21})x_1x_2 + \dots + (a_{1n}+a_{n1})x_1x_n + a_{22}x_2^2 + \dots + (a_{2n}+a_{n2})x_2x_n + \dots + a_{nn}x_n^2 \\ &= a_{11}x_1^2 + 2\times\frac{1}{2}(a_{12}+a_{21})x_1x_2 + \dots + 2\times\frac{1}{2}(a_{1n}+a_{n1})x_1x_n \\ &\quad +2\times\frac{1}{2}(a_{21}+a_{12})x_2x_1 + a_{22}x_2^2 + \dots + 2\times\frac{1}{2}(a_{2n}+a_{n2})x_2x_n \\ &\quad + \qquad \vdots \\ &\quad +2\times\frac{1}{2}(a_{n1}+a_{1n})x_nx_1 + \dots + a_{nn}x_n^2 \\ &= \sum_{i=1}^{n}\sum_{j=1}^{n} 2c_{ij}x_ix_j \equiv \boldsymbol{X}^T\boldsymbol{C}\boldsymbol{X} \end{aligned}$$

，其中 $c_{ij} = \frac{1}{2}(a_{ij}+a_{ji}) = c_{ji}$，即

$\boldsymbol{C} = \boldsymbol{C}^T$ 爲實對稱矩陣，稱此時二次式 $\boldsymbol{Q} = \boldsymbol{X}^T\boldsymbol{C}\boldsymbol{X}$ 爲實數二次式。

**例如：**

$$\boldsymbol{Q} = \begin{bmatrix} x_1 & x_2 & x_3 \end{bmatrix}\begin{bmatrix} 1 & -8 & 7 \\ 2 & 2 & 1 \\ 3 & 3 & 1 \end{bmatrix}\begin{bmatrix} x_1 \\ x_2 \\ x_3 \end{bmatrix} = x_1^2 + 2x_2^2 + x_3^2 - 6x_1x_2 + 10x_1x_3 + 4x_2x_3$$

$$= \begin{bmatrix} x_1 & x_2 & x_3 \end{bmatrix}\begin{bmatrix} 1 & -3 & 5 \\ -3 & 2 & 2 \\ 5 & 2 & 1 \end{bmatrix}\begin{bmatrix} x_1 \\ x_2 \\ x_3 \end{bmatrix} = \boldsymbol{X}^T\boldsymbol{C}\boldsymbol{X},$$

其中$\boldsymbol{C}=\begin{bmatrix}1 & -3 & 5\\ -3 & 2 & 2\\ 5 & 2 & 1\end{bmatrix}$爲實對稱矩陣。

**Note**

任意的實數二次式均可化成對應一實對稱矩陣之二次式。

## 範例 1

若有一個二次式爲$\boldsymbol{Q}=x_1{}^2+5x_2{}^2+x_3{}^2+2x_1x_2+6x_1x_3+5x_2x_3$，請將$\boldsymbol{Q}$化成$\boldsymbol{Q}=\boldsymbol{X}^T\boldsymbol{A}\boldsymbol{X}$，其中$\boldsymbol{A}$爲實對稱矩陣。

---

解 $\boldsymbol{Q}=x_1{}^2+5x_2{}^2+x_3{}^2+2x_1x_2+6x_1x_3+5x_2x_3=\begin{bmatrix}x_1 & x_2 & x_3\end{bmatrix}\begin{bmatrix}1 & \frac{2}{2} & \frac{6}{2}\\ \frac{2}{2} & 5 & \frac{5}{2}\\ \frac{6}{2} & \frac{5}{2} & 1\end{bmatrix}\begin{bmatrix}x_1\\ x_2\\ x_3\end{bmatrix}$

$=\begin{bmatrix}x_1 & x_2 & x_3\end{bmatrix}\begin{bmatrix}1 & 1 & 3\\ 1 & 5 & \frac{5}{2}\\ 3 & \frac{5}{2} & 1\end{bmatrix}\begin{bmatrix}x_1\\ x_2\\ x_3\end{bmatrix}$,

其中$\boldsymbol{A}=\begin{bmatrix}1 & 1 & 3\\ 1 & 5 & \frac{5}{2}\\ 3 & \frac{5}{2} & 1\end{bmatrix}$爲實對稱矩陣。

■

## 二、正負定之定義

1. 設 $x_1$ 、 $x_2$ 、…… 、 $x_n \in \mathbb{R}$ ， $\boldsymbol{X}=\begin{bmatrix}x_1 & x_2 & \cdots\cdots & x_n\end{bmatrix}^T$ ，$\boldsymbol{A}$ 為 $n$ 階實對稱矩陣，若 $\boldsymbol{Q}=\boldsymbol{X}^T\boldsymbol{A}\boldsymbol{X}\geq 0$ 恆成立，則 $\boldsymbol{Q}$ 稱為正定二次式 。
   (1) 當 $\boldsymbol{Q}=0$，只有 $x_1=x_2=\cdots\cdots=x_n=0$ 才成立，其他情形 $\boldsymbol{Q}$ 均大於 0，則稱 $\boldsymbol{Q}$ 為正定（positive-definite）二次式，$\boldsymbol{A}$ 為正定矩陣。
   (2) 當 $\boldsymbol{Q}=0$， $x_1$ 、 $x_2$ 、…… 、 $x_n$ 可以不全為 0，其他情形 $\boldsymbol{Q}$ 均大於 0，則稱 $\boldsymbol{Q}$ 為半正定（semi-positive definite）二次式，$\boldsymbol{A}$ 為半正定矩陣。
2. 設 $x_1$ 、 $x_2$ 、…… 、 $x_n \in \mathbb{R}$ ， $\boldsymbol{X}=\begin{bmatrix}x_1 & x_2 & \cdots\cdots & x_n\end{bmatrix}^T$ ，$\boldsymbol{A}$ 為 $n$ 階實對稱矩陣，若 $\boldsymbol{Q}=\boldsymbol{X}^T\boldsymbol{A}\boldsymbol{X}\leq 0$ 恆成立，則 $\boldsymbol{Q}$ 稱為負定二次式
   (1) 當 $\boldsymbol{Q}=0$，只有 $x_1=x_2=\cdots\cdots=x_n=0$ 才成立，其他情形 $\boldsymbol{Q}$ 均小於 0，則稱 $\boldsymbol{Q}$ 為負定（negative-definite）二次式，$\boldsymbol{A}$ 為負定矩陣。
   (2) 當 $\boldsymbol{Q}=0$， $x_1$ 、 $x_2$ 、…… 、 $x_n$ 可以不全為 0，其他情形 $\boldsymbol{Q}$ 均小於 0，則稱 $\boldsymbol{Q}$ 為半負定（semi-negative definite），$\boldsymbol{A}$ 為半負定矩陣。
3. 若設 $\forall\, x_1$ 、 $x_2$ 、…… 、 $x_n \in \mathbb{R}$ ， $\boldsymbol{X}=\begin{bmatrix}x_1 & x_2 & \cdots & x_n\end{bmatrix}^T$ ，$\boldsymbol{Q}\geq 0$ 或 $\boldsymbol{Q}\leq 0$，則稱 $\boldsymbol{Q}$ 為未定二次式。

**Note**

設 $Q$ 為（半）正定二次式，則 $(-1)Q$ 為（半）負定二次式。

表 6-3.1 為一些二次式的例子：

表 6-3.1

| | 二次式 | 型式 | 說明 |
|---|---|---|---|
| (1) | ${x_1}^2+{x_2}^2$ | 正定 | ${x_1}^2+{x_2}^2$ 恆大於 0 |
| (2) | $(x_1-x_2)^2$ | 半正定 | 取 $x_1=x_2$ |
| (3) | $-({x_1}^2+x_2)^2$ | 負定 | $-({x_1}^2+{x_2}^2)$ 恆小於 0 |
| (4) | $-(x_1-x_2)^2$ | 半負定 | 取 $x_1=x_2$ |
| (5) | ${x_1}^2-{x_2}^2$ | 未定 | 取 $(x_1,x_2)=(1,0)$ 或 $(0,1)$ |

4. **主軸原理（正交轉換）（Principal axis theorem）**

設 $\boldsymbol{Q} \equiv \boldsymbol{X}^T \boldsymbol{A} \boldsymbol{X}$，其中 $\boldsymbol{X} = [x_1 \quad x_2 \quad \cdots\cdots \quad x_n]^T \in \mathbb{R}^n$，

$\boldsymbol{A} \equiv [a_{ij}]_{n \times n}$ 爲一實對稱矩陣。

若相應 $\boldsymbol{A}$ 之 $n$ 個特徵值 $\lambda_1$、$\lambda_2$、……、$\lambda_n$ 之 $n$ 個正規化正交特徵向量

爲 $\boldsymbol{V}_1$、$\boldsymbol{V}_2$、……、$\boldsymbol{V}_n$，則令 $\boldsymbol{X} = \boldsymbol{P}\boldsymbol{Y}$，

其中 $\boldsymbol{P} = [\boldsymbol{V}_1 \quad \boldsymbol{V}_2 \quad \cdots\cdots \quad \boldsymbol{V}_n]$ 爲正交矩陣（Unitary matrix），

$\boldsymbol{Y} = [y_1 \quad y_2 \quad \cdots\cdots \quad y_n]^T \in \mathbb{R}^n$，

則可得二次式 $\boldsymbol{Q}$ 可以化爲

$\boldsymbol{Q} = \lambda_1 y_1^2 + \lambda_2 y_2^2 + \cdots\cdots + \lambda_n y_n^2$ 之主軸形式（標準式，Standard form、Canonical form）。

【證明】

1. ∵ $\boldsymbol{P}$ 爲正交矩陣 $\Rightarrow \boldsymbol{P}^T\boldsymbol{P} = \boldsymbol{P}^{-1}\boldsymbol{P} = \boldsymbol{I}$，$\boldsymbol{P}^T\boldsymbol{A}\boldsymbol{P} = \boldsymbol{P}^{-1}\boldsymbol{A}\boldsymbol{P} = \boldsymbol{D}$，

   其中 $\boldsymbol{D} \equiv \begin{bmatrix} \lambda_1 & & & 0 \\ & \lambda_2 & & \\ & & \ddots & \\ 0 & & & \lambda_n \end{bmatrix}$。

2. 因 $\boldsymbol{X} = \boldsymbol{P}\boldsymbol{Y}$，∴ $\boldsymbol{X}^T = \boldsymbol{Y}^T\boldsymbol{P}^T = \boldsymbol{Y}^T\boldsymbol{P}^{-1} \Rightarrow \boldsymbol{Q} = \boldsymbol{X}^T\boldsymbol{A}\boldsymbol{X} = \boldsymbol{Y}^T\boldsymbol{P}^{-1}\boldsymbol{A}\boldsymbol{P}\boldsymbol{Y} = \boldsymbol{Y}^T\boldsymbol{D}\boldsymbol{Y}$

$$= [y_1 \quad y_2 \quad \cdots \quad y_n] \begin{bmatrix} \lambda_1 & & & 0 \\ & \lambda_2 & & \\ & & \ddots & \\ 0 & & & \lambda_n \end{bmatrix} \begin{bmatrix} y_1 \\ y_2 \\ \vdots \\ y_n \end{bmatrix} = \lambda_1 y_1^2 + \lambda_2 y_2^2 + \cdots + \lambda_n y_n^2 \text{。}$$

## 範例 2

利用正交轉換將下列二次式轉成標準形式（Standard form、Canonical form）：

$\boldsymbol{Q} = x_1^2 + x_2^2 + x_3^2 + 2x_1x_2 + 2x_1x_3 + 2x_2x_3$。

---

**解** $\boldsymbol{Q} = x_1^2 + x_2^2 + x_3^2 + 2x_1x_2 + 2x_1x_3 + 2x_2x_3 = [x_1 \quad x_2 \quad x_3] \begin{bmatrix} 1 & 1 & 1 \\ 1 & 1 & 1 \\ 1 & 1 & 1 \end{bmatrix} \begin{bmatrix} x_1 \\ x_2 \\ x_3 \end{bmatrix}$，

其中 $\boldsymbol{A}=\begin{bmatrix}1&1&1\\1&1&1\\1&1&1\end{bmatrix}$ 爲實對稱矩陣。

(1) 特徵值：

由 $|\boldsymbol{A}-\lambda\boldsymbol{I}|=(-1)^3\left[\lambda^3-3\lambda^2+0\times\lambda-0\right]=0$

$\Rightarrow \lambda^3-3\lambda^2=0$，

$\lambda=0$、$0$、$3$。

(2) 特徵向量：

$$\lambda=0\Rightarrow(\boldsymbol{A}-\lambda\boldsymbol{I})\boldsymbol{X}=\begin{bmatrix}1&1&1\\1&1&1\\1&1&1\end{bmatrix}\begin{bmatrix}x_1\\x_2\\x_3\end{bmatrix}=\boldsymbol{0}\Rightarrow x_1+x_2+x_3=0\text{，}$$

$$\boldsymbol{X}_1=\begin{bmatrix}-1\\1\\0\end{bmatrix}\text{、}\boldsymbol{X}_2=\begin{bmatrix}-1\\0\\1\end{bmatrix}\text{。}$$

$$\lambda=3\Rightarrow(\boldsymbol{A}-\lambda\boldsymbol{I})\boldsymbol{X}=\begin{bmatrix}-2&1&1\\1&-2&1\\1&1&-2\end{bmatrix}\begin{bmatrix}x_1\\x_2\\x_3\end{bmatrix}=\boldsymbol{0}$$

$$\Rightarrow\boldsymbol{X}_3=\begin{bmatrix}1\\1\\1\end{bmatrix}\text{。}$$

(3) 將 $\boldsymbol{X}_1$、$\boldsymbol{X}_2$、$\boldsymbol{X}_3$ 作正交化，

$$\text{令}\boldsymbol{V}_1=\boldsymbol{X}_1=\begin{bmatrix}-1\\1\\0\end{bmatrix}\text{，取}\boldsymbol{V}_2=\boldsymbol{X}_2-\frac{<\boldsymbol{X}_2,\boldsymbol{V}_1>}{\|\boldsymbol{V}_1\|^2}\boldsymbol{V}_1=\begin{bmatrix}-1\\0\\1\end{bmatrix}-\frac{1}{2}\begin{bmatrix}-1\\1\\0\end{bmatrix}=\begin{bmatrix}-\frac{1}{2}\\-\frac{1}{2}\\1\end{bmatrix}\text{，}\boldsymbol{V}_3=\boldsymbol{X}_3=\begin{bmatrix}1\\1\\1\end{bmatrix}$$

$$\text{所以}\{\boldsymbol{V}_1,\boldsymbol{V}_2,\boldsymbol{V}_3\}=\left\{\begin{bmatrix}-1\\1\\0\end{bmatrix},\begin{bmatrix}-\frac{1}{2}\\-\frac{1}{2}\\1\end{bmatrix},\begin{bmatrix}1\\1\\1\end{bmatrix}\right\}\text{爲正交集合。}$$

此集合仍爲 $\boldsymbol{A}$ 對應特徵值 0、0、3 之特徵向量，

若取 $\left\{\dfrac{\boldsymbol{V}_1}{\|\boldsymbol{V}_1\|}, \dfrac{\boldsymbol{V}_2}{\|\boldsymbol{V}_2\|}, \dfrac{\boldsymbol{V}_3}{\|\boldsymbol{V}_3\|}\right\} = \left\{\begin{bmatrix} \frac{-1}{\sqrt{2}} \\ \frac{1}{\sqrt{2}} \\ 0 \end{bmatrix}, \begin{bmatrix} \frac{-1}{\sqrt{6}} \\ \frac{-1}{\sqrt{6}} \\ \frac{2}{\sqrt{6}} \end{bmatrix}, \begin{bmatrix} \frac{1}{\sqrt{3}} \\ \frac{1}{\sqrt{3}} \\ \frac{1}{\sqrt{3}} \end{bmatrix}\right\}$，則爲么正集合，

此集合仍爲 $\boldsymbol{A}$ 對應特徵值 0、0、3 之特徵向量。

取 $\boldsymbol{P} = \begin{bmatrix} \frac{\boldsymbol{V}_1}{\|\boldsymbol{V}_1\|} & \frac{\boldsymbol{V}_2}{\|\boldsymbol{V}_2\|} & \frac{\boldsymbol{V}_3}{\|\boldsymbol{V}_3\|} \end{bmatrix} = \begin{bmatrix} \frac{-1}{\sqrt{2}} & \frac{-1}{\sqrt{6}} & \frac{1}{\sqrt{3}} \\ \frac{1}{\sqrt{2}} & -\frac{1}{\sqrt{6}} & \frac{1}{\sqrt{3}} \\ 0 & \frac{2}{\sqrt{6}} & \frac{1}{\sqrt{3}} \end{bmatrix}$，則 $\boldsymbol{P}$ 爲正交矩陣 $\boldsymbol{P}^T = \boldsymbol{P}^{-1}$

且 $\boldsymbol{P}^T\boldsymbol{A}\boldsymbol{P} = \boldsymbol{P}^{-1}\boldsymbol{A}\boldsymbol{P} = \boldsymbol{D} = \begin{bmatrix} 0 & 0 & 0 \\ 0 & 0 & 0 \\ 0 & 0 & 3 \end{bmatrix}$。

再令 $\boldsymbol{X} = \boldsymbol{P}\boldsymbol{Y}$，$\boldsymbol{Y} = \begin{bmatrix} y_1 & y_2 & y_3 \end{bmatrix}^T$，

$$\boldsymbol{Q} = \boldsymbol{X}^T\boldsymbol{A}\boldsymbol{X} = \boldsymbol{Y}^T\boldsymbol{P}^T\boldsymbol{A}\boldsymbol{P}\boldsymbol{Y} = \boldsymbol{Y}^T\boldsymbol{P}^{-1}\boldsymbol{A}\boldsymbol{P}\boldsymbol{Y} = \boldsymbol{Y}^T\boldsymbol{D}\boldsymbol{Y}$$

$$= \begin{bmatrix} y_1 & y_2 & y_3 \end{bmatrix} \begin{bmatrix} 0 & 0 & 0 \\ 0 & 0 & 0 \\ 0 & 0 & 3 \end{bmatrix} \begin{bmatrix} y_1 \\ y_2 \\ y_3 \end{bmatrix} = 3{y_3}^2$$

爲此二次式 $\boldsymbol{Q}$ 之標準形式（Standard form、Canonical form）。

■

**定理 1**：設 $\boldsymbol{A}$ 爲 $n$ 階實對稱矩陣，$\lambda_i$（$i = 1, 2, \cdots\cdots, n$）爲其特徵值，則二次式 $\boldsymbol{Q} = \boldsymbol{X}^T\boldsymbol{A}\boldsymbol{X}$ 之正、負定可由 $\boldsymbol{A}$ 之特徵值來判定 。

(1) $\forall \lambda_i > 0 \Leftrightarrow \boldsymbol{Q}$ 爲正定，則 $\boldsymbol{A}$ 爲正定矩陣。

(2) $\forall \lambda_i \geq 0 \Leftrightarrow \boldsymbol{Q}$ 爲半正定，則 $\boldsymbol{A}$ 爲半正定矩陣。

(3) $\forall \lambda_i < 0 \Leftrightarrow \boldsymbol{Q}$ 爲負定，則 $\boldsymbol{A}$ 爲負定矩陣。

(4) $\forall \lambda_i \leq 0 \Leftrightarrow \boldsymbol{Q}$ 爲半負定，則 $\boldsymbol{A}$ 爲半負定矩陣。

(5) $\forall \lambda_i$ 存在負或存在正 $\Leftrightarrow \boldsymbol{Q}$ 爲未定，則 $\boldsymbol{A}$ 爲未定矩陣。

## 範例 3

利用特徵值判斷下列二次式之正負定，

$\boldsymbol{Q}=2x_1^{\ 2}+2x_2^{\ 2}+2x_3^{\ 2}+2x_1x_2+2x_1x_3+2x_2x_3$ 。

---

**解** $\boldsymbol{Q}=2x_1^{\ 2}+2x_2^{\ 2}+2x_3^{\ 2}+2x_1x_2+2x_1x_3+2x_2x_3=\begin{bmatrix}x_1 & x_2 & x_3\end{bmatrix}\begin{bmatrix}2&1&1\\1&2&1\\1&1&2\end{bmatrix}\begin{bmatrix}x_1\\x_2\\x_3\end{bmatrix}$ ，

其中$\boldsymbol{A}=\begin{bmatrix}2&1&1\\1&2&1\\1&1&2\end{bmatrix}$爲實對稱矩陣。

由$|\boldsymbol{A}-\lambda\boldsymbol{I}|=0$，得$\lambda=1$、1、4，

因爲特徵值均爲正數，所以二次式爲正定。

**定理 2：** 實數二次式 $\boldsymbol{X}^T\boldsymbol{A}\boldsymbol{X}$ 爲恒正（$\boldsymbol{A}$ 爲正定）的必要且充分條件爲 $\boldsymbol{A}$ 的每一個主子行列式必須爲正值。

**定理 3：** 實數二次式 $\boldsymbol{X}^T\boldsymbol{A}\boldsymbol{X}$ 爲恒負（$\boldsymbol{A}$ 爲負定）的必要且充份條件爲 $\boldsymbol{A}$ 的每一個奇階主子行列式必須爲負值，每一個偶階主子行列式必須爲正值。

上列所指之主子行列式爲

$$a_{11}\text{、}\begin{vmatrix}a_{11}&a_{12}\\a_{21}&a_{22}\end{vmatrix}\text{、}\begin{vmatrix}a_{11}&a_{12}&a_{13}\\a_{21}&a_{22}&a_{23}\\a_{31}&a_{32}&a_{33}\end{vmatrix}\text{、……、}\begin{vmatrix}a_{11}&a_{12}&\cdots&\cdots&a_{1n}\\a_{21}&a_{22}&\cdots&\cdots&a_{2n}\\\vdots&\vdots&\ddots&&\vdots\\\vdots&\vdots&&\ddots&\vdots\\a_{n1}&a_{n2}&\cdots&\cdots&a_{nn}\end{vmatrix}\text{。}$$

**Note**

利用上面的主子行列式值判斷實數二次式 $\boldsymbol{X}^T\boldsymbol{A}\boldsymbol{X}$ 之正負定時，$\boldsymbol{A}$ 矩陣必須爲實對稱才成立。

**Note**

以三階方陣爲例

$$A=\begin{bmatrix} a_{11} & a_{12} & a_{13} \\ a_{21} & a_{22} & a_{23} \\ a_{31} & a_{32} & a_{33} \end{bmatrix}$$

(1) 若 $a_{11}>0$、$\begin{vmatrix} a_{11} & a_{12} \\ a_{21} & a_{22} \end{vmatrix}>0$、$\begin{vmatrix} a_{11} & a_{12} & a_{13} \\ a_{21} & a_{22} & a_{23} \\ a_{31} & a_{32} & a_{33} \end{vmatrix}>0$，則 $\boldsymbol{A}$ 爲正定。

**例如：**

$$\boldsymbol{A}=\begin{bmatrix} 2 & 1 & 1 \\ 1 & 2 & 1 \\ 1 & 1 & 2 \end{bmatrix}。$$

$\boldsymbol{A}$ 的主子行列式分別爲 $2>0$、$\begin{vmatrix} 2 & 1 \\ 1 & 2 \end{vmatrix}>0$、$\begin{vmatrix} 2 & 1 & 1 \\ 1 & 2 & 1 \\ 1 & 1 & 2 \end{vmatrix}>0$，則 $\boldsymbol{A}$ 爲正定。

(2) 若 $a_{11}<0$、$\begin{vmatrix} a_{11} & a_{12} \\ a_{21} & a_{22} \end{vmatrix}>0$、$\begin{vmatrix} a_{11} & a_{12} & a_{13} \\ a_{21} & a_{22} & a_{23} \\ a_{31} & a_{32} & a_{33} \end{vmatrix}<0$，則 $\boldsymbol{A}$ 爲負定。

**例如：**

$$\boldsymbol{A}=\begin{bmatrix} -2 & 1 & 0 \\ 1 & -2 & 0 \\ 0 & 0 & -4 \end{bmatrix}。$$

$\boldsymbol{A}$ 的主子行列式分別爲 $-2<0$、$\begin{vmatrix} -2 & 1 \\ 1 & -2 \end{vmatrix}>0$、$\begin{vmatrix} -2 & 1 & 0 \\ 1 & -2 & 0 \\ 0 & 0 & -4 \end{vmatrix}<0$，

則 $\boldsymbol{A}$ 爲負定。

## 範例 4

試判斷下列矩陣之正負定。

(1)$\begin{bmatrix} 4 & \sqrt{7} \\ \sqrt{7} & 5 \end{bmatrix}$ (2)$\begin{bmatrix} -2 & 0 & 1 \\ 0 & -1 & 0 \\ 1 & 0 & -2 \end{bmatrix}$ (3)$\begin{bmatrix} 6 & 4 & -2 \\ 4 & 5 & 3 \\ -2 & 3 & 6 \end{bmatrix}$。

---

解 (1) $4>0$、$\begin{vmatrix} 4 & \sqrt{7} \\ \sqrt{7} & 5 \end{vmatrix}>0$，所以該矩陣爲正定。

(2) $-2<0$、$\begin{vmatrix} -2 & 0 \\ 0 & -1 \end{vmatrix}>0$、$\begin{vmatrix} -2 & 0 & 1 \\ 0 & -1 & 0 \\ 1 & 0 & -2 \end{vmatrix}<0$，所以該矩陣爲負定。

**Note**

該矩陣之特徵值爲$-1$、$-1$、$-3$，均爲負值，所以該矩陣爲負定。

(3) $6>0$、$\begin{vmatrix} 6 & 4 \\ 4 & 5 \end{vmatrix}>0$、$\begin{vmatrix} 6 & 4 & -2 \\ 4 & 5 & 3 \\ -2 & 3 & 6 \end{vmatrix}<0$，所以該矩陣爲未定。

■

## 範例 5

將此二次式$17x_1^2-30x_1x_2+17x_2^2=128$旋轉到主軸，並判斷其幾何圖形。

---

解 $\boldsymbol{Q}=17x_1^2-30x_1x_2+17x_2^2=\begin{bmatrix} x_1 \\ x_2 \end{bmatrix}^T\begin{bmatrix} 17 & -15 \\ -15 & 17 \end{bmatrix}\begin{bmatrix} x_1 \\ x_2 \end{bmatrix}=\boldsymbol{X}^T\boldsymbol{A}\boldsymbol{X}$，

(1) ① $\boldsymbol{A}=\begin{bmatrix} 17 & -15 \\ -15 & 17 \end{bmatrix}$，由$|\boldsymbol{A}-\lambda\boldsymbol{I}|=0\Rightarrow\lambda^2-34\lambda+64=0$，$\lambda=2$、$32$。

② $\lambda=2\Rightarrow\begin{bmatrix} 15 & -15 \\ -15 & 15 \end{bmatrix}\begin{bmatrix} x_1 \\ x_2 \end{bmatrix}=\boldsymbol{0}$，取特徵向量$\Rightarrow\boldsymbol{V}_1=\begin{bmatrix} \frac{1}{\sqrt{2}} \\ \frac{1}{\sqrt{2}} \end{bmatrix}$，

$$\lambda = 32 \Rightarrow \begin{bmatrix} -15 & -15 \\ -15 & -15 \end{bmatrix} \begin{bmatrix} x_1 \\ x_2 \end{bmatrix} = \boldsymbol{0}$$，取特徵向量$\Rightarrow \boldsymbol{V}_2 = \begin{bmatrix} \frac{1}{\sqrt{2}} \\ -\frac{1}{\sqrt{2}} \end{bmatrix}$。

③ 令$\boldsymbol{S} = \begin{bmatrix} \frac{1}{\sqrt{2}} & \frac{1}{\sqrt{2}} \\ \frac{1}{\sqrt{2}} & -\frac{1}{\sqrt{2}} \end{bmatrix}$，則 $\boldsymbol{S}$ 爲正交矩陣，

$\boldsymbol{S}^{-1} = \boldsymbol{S}^T = \begin{bmatrix} \frac{1}{\sqrt{2}} & \frac{1}{\sqrt{2}} \\ \frac{1}{\sqrt{2}} & -\frac{1}{\sqrt{2}} \end{bmatrix}$，$\boldsymbol{D} = \begin{bmatrix} 2 & 0 \\ 0 & 32 \end{bmatrix}$，

$\boldsymbol{X} = \boldsymbol{SY} \Rightarrow \begin{bmatrix} x_1 \\ x_2 \end{bmatrix} = \begin{bmatrix} \frac{1}{\sqrt{2}} & \frac{1}{\sqrt{2}} \\ \frac{1}{\sqrt{2}} & -\frac{1}{\sqrt{2}} \end{bmatrix} \begin{bmatrix} y_1 \\ y_2 \end{bmatrix}$代入 $\boldsymbol{Q} = \boldsymbol{X}^T \boldsymbol{A} \boldsymbol{X}$ 中，

則$\boldsymbol{Q} = (\boldsymbol{SY})^T \boldsymbol{A} (\boldsymbol{SY}) = \boldsymbol{Y}^T \boldsymbol{D} \boldsymbol{Y} = \begin{bmatrix} y_1 & y_2 \end{bmatrix} \begin{bmatrix} 2 & 0 \\ 0 & 32 \end{bmatrix} \begin{bmatrix} y_1 \\ y_2 \end{bmatrix} = 2{y_1}^2 + 32{y_2}^2$，

則原式可化爲$2{y_1}^2 + 32{y_2}^2 = 128 \Rightarrow \frac{{y_1}^2}{64} + \frac{{y_2}^2}{4} = 1$。

(2) 該圖形爲橢圓，且其新舊座標之轉換關係式爲

$\boldsymbol{S} = \begin{bmatrix} \frac{1}{\sqrt{2}} & \frac{1}{\sqrt{2}} \\ \frac{1}{\sqrt{2}} & -\frac{1}{\sqrt{2}} \end{bmatrix}$，$\boldsymbol{X} = \boldsymbol{SY} \Rightarrow \begin{cases} x_1 = \frac{1}{\sqrt{2}}(y_1 + y_2) \\ x_2 = \frac{1}{\sqrt{2}}(y_1 - y_2) \end{cases}$。

■

**Note**

圖形在原座標系$(x_1 - x_2)$為斜的橢圓，旋轉到新的座標系$(y_1 - y_2)$成為正的橢圓。

**Note**

二次函數 $ax^2 + bxy + cy^2 + dx + ey + f = 0$，

令判別式$\Delta = b^2 - 4ac$，則

**(1)** $\Delta > 0 \Rightarrow$ 雙曲線。

**(2)** $\Delta = 0 \Rightarrow$ 拋物線。

**(3)** $\Delta < 0 \Rightarrow$ 橢圓。

如圖 **6-3.1** 所示。

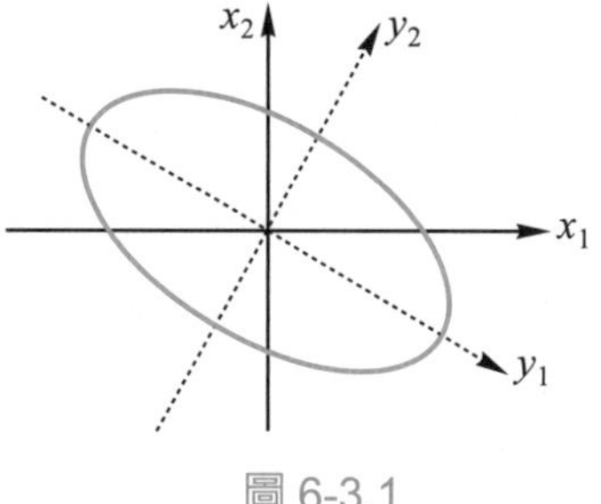


圖 6-3.1

## 習題演練

1. 利用特徵值判斷下列二次式之正負定。

   (1) $\boldsymbol{Q} = 5x_1^2 + 5x_2^2 - 2x_1x_2$ 。

   (2) $\boldsymbol{Q} = -2x_1^2 - x_2^2 - 2x_3^2 + 2x_1x_3$ 。

   (3) $\boldsymbol{Q} = 3x_1^2 + 5x_2^2 + 3x_3^2 - 4x_1x_2 - 6x_2x_3$ 。

   (4) $\boldsymbol{Q} = 4x_1x_2 + 4x_2x_3 + 4x_1x_3$ 。

   (5) $\boldsymbol{Q} = x_1^2 + x_2^2 + x_3^2 + 2x_1x_2 + 2x_2x_3 + 2x_1x_3$ 。

2. 將此二次式 $5x_1^2 - 2x_1x_2 + 5x_2^2 = 12$ 旋轉到主軸，並判斷其幾何圖形。

3. 將此二次式 $32x_1^2 - 60x_1x_2 + 7x_2^2 = -52$ 旋轉到主軸，並判斷其幾何圖形。

4. 將此二次式 $\boldsymbol{Q} = 2x_1^2 + 2x_2^2 + 2x_3^2 + 2x_1x_2 + 2x_2x_3 + 2x_1x_3$ 化成主軸形式。

5. 將此二次式 $\boldsymbol{Q} = 2x_1^2 + 4x_2^2 + 2x_3^2 - 4x_1x_2 - 4x_2x_3$ 化成主軸形式。

6. 將此二次式 $\boldsymbol{Q} = 4x_1x_2 + 4x_2x_3 + 4x_1x_3$ 化成主軸形式。

# 6-4 奇異值分解(Singular Value Decomposition)

奇異值分解爲美國史丹佛大學教授格魯布（Gene Golub，1932～2007，美國人）所提出，被譽爲矩陣分解的「瑞士刀」、「勞斯萊斯」，充分說明了此方法的廣泛性與精緻性。此方法大量使用在影像處理上，它可以利用較少的儲存元素來表示原矩陣所對應的圖片，是非常重要的一種矩陣分解。

## 一、矩陣的奇異值定理（Singular value theorem for matrices）

**1. 定義**

設 $\boldsymbol{A}$ 爲 $m\times n$ 且 rank 爲 $k$ 的矩陣，則存在若干個實數 $\sigma_1 \geq \sigma_2 \geq \cdots\cdots \geq \sigma_k$，且 $\boldsymbol{\Sigma}=[\Sigma_{ij}]$ 爲 $m\times n$ 的矩陣，定義成

$$\Sigma_{ij}=\begin{cases}\sigma_i & ,\ i=j\leq k \\ 0 & ,\ \text{其他}\end{cases},$$

使得 $\boldsymbol{A}$ 可分解成

$\boldsymbol{A}_{m\times n}=\boldsymbol{U}_{m\times m}\boldsymbol{\Sigma}_{m\times n}\boldsymbol{V}^*_{n\times n}$，若 $\boldsymbol{A}\in M_{m\times n}(\mathbb{R})$，則 $\boldsymbol{A}=\boldsymbol{U}\boldsymbol{\Sigma}\boldsymbol{V}^T$。

其中 $\boldsymbol{U}$ 爲 $m\times m$ 的么正矩陣，$\boldsymbol{V}$ 爲 $n\times n$ 的么正矩陣，$\sigma_i$ 稱爲 $\boldsymbol{A}$ 的奇異值。此種分解稱爲 Singular value decomposition，奇異值分解可擁下圖示意，其中 $\Sigma$ 的多數元素爲 0，如圖 6-4.1 所示。

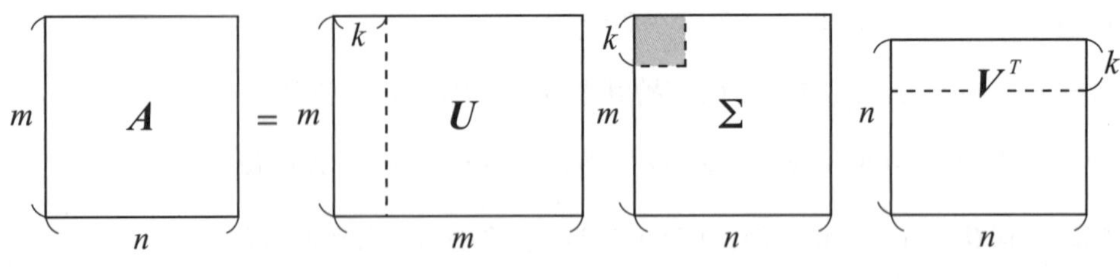


圖 6-4.1

**2. 求解步驟**

(1) 由

$$\boldsymbol{A}^*\boldsymbol{A}=(\boldsymbol{U}\boldsymbol{\Sigma}\boldsymbol{V}^*)^*(\boldsymbol{U}\boldsymbol{\Sigma}\boldsymbol{V}^*)=\boldsymbol{V}\boldsymbol{\Sigma}^*\boldsymbol{U}^*\boldsymbol{U}\boldsymbol{\Sigma}\boldsymbol{V}^*=\boldsymbol{V}\boldsymbol{\Sigma}^*\boldsymbol{\Sigma}\boldsymbol{V}^*$$

可得

$\boldsymbol{\Sigma}^*\boldsymbol{\Sigma} = \boldsymbol{V}^*(\boldsymbol{A}^*\boldsymbol{A})\boldsymbol{V} = \boldsymbol{D}$，

另由

$\boldsymbol{A}\boldsymbol{A}^* = (\boldsymbol{U}\Sigma\boldsymbol{V}^*)(\boldsymbol{U}\Sigma\boldsymbol{V}^*)^* = \boldsymbol{U}\Sigma^*\boldsymbol{V}^*\boldsymbol{V}\Sigma^*\boldsymbol{U}^* = \boldsymbol{U}\Sigma^*\Sigma\boldsymbol{U}^*$

得

$\boldsymbol{\Sigma}\boldsymbol{\Sigma}^* = \boldsymbol{U}^*(\boldsymbol{A}\boldsymbol{A}^*)\boldsymbol{U} = \boldsymbol{D}'$。

故由此觀察得知，若要求得奇異值分解，則應先將對稱矩陣 $\boldsymbol{A}^*\boldsymbol{A}$ 或 $\boldsymbol{A}\boldsymbol{A}^*$ 作對角化並利用相應的特徵值及特徵向量作計算，詳述如下：

令 $\boldsymbol{D}$ 爲 $n\times n$ 方陣 $\boldsymbol{A}^*\boldsymbol{A}$ 的對角矩陣，即 $\boldsymbol{D} = [d_{ij}]$，且

$$d_{ij} = \begin{cases} \sigma_i^2 v_j \text{ , } 1\le j\le k \\ 0 \quad\text{ , 其他} \end{cases} \text{，}$$

$\boldsymbol{V}$ 爲方陣 $(\boldsymbol{A}^*\boldsymbol{A})$ 的正規化正交特徵向量所構成的矩陣，即

$\boldsymbol{V} = [\boldsymbol{v}_1\ \boldsymbol{v}_2\ \cdots\cdots\ \boldsymbol{v}_n]$，

其中 $\boldsymbol{v}_j$（$1\le j\le n$）爲 $(\boldsymbol{A}^*\boldsymbol{A})$ 的正規化正交特徵向量，而當 $1\le j\le k$ 時，$\boldsymbol{v}_j$ 所對應的特徵值爲 $\sigma_j{}^2$，當 $k+1\le j\le n$ 時，$v_j$ 所對應的特徵值爲 0，即

$$(\boldsymbol{A}^*\boldsymbol{A})\boldsymbol{v}_j = \begin{cases} \sigma_j{}^2\boldsymbol{v}_j \text{ , } 1\le j\le k \\ 0 \quad\text{ , } k+1\le j\le m \end{cases} \text{。}$$

(2) 令 $\boldsymbol{D}'$ 爲 $m\times m$ 方陣 $\boldsymbol{A}\boldsymbol{A}^*$ 的對角矩陣，$\boldsymbol{U}$ 爲方陣 $(\boldsymbol{A}\boldsymbol{A}^*)$ 的正規化正交特徵向量所構成的矩陣，若 $\boldsymbol{U} = [\boldsymbol{u}_1\ \boldsymbol{u}_2\ \cdots\cdots\boldsymbol{u}_n]$，則

$$(\boldsymbol{A}\boldsymbol{A}^*)\boldsymbol{u}_j = \begin{cases} \sigma_j{}^2\boldsymbol{u}_j \text{ , } 1\le j\le k \\ 0 \quad\text{ , } k+1\le j\le n \end{cases} \text{，}$$

若 $\boldsymbol{V} = [\boldsymbol{v}_1\ \boldsymbol{v}_2\ \cdots\cdots\boldsymbol{v}_n]$，且 $\boldsymbol{A} = \boldsymbol{U}\boldsymbol{\Sigma}\boldsymbol{V}^*$，可得 $\boldsymbol{A}\boldsymbol{V} = \boldsymbol{U}\boldsymbol{\Sigma}$，即

$\boldsymbol{A}[\boldsymbol{v}_1\ \boldsymbol{v}_2\ \cdots\cdots\ \boldsymbol{v}_n] = [\sigma_1\boldsymbol{u}_1\ \ \sigma_2\boldsymbol{u}_2\ \ \cdots\cdots\ \sigma_k\boldsymbol{u}_k\ \ 0\ \cdots\cdots\ 0]$，

故亦可得 $\boldsymbol{v}_i$ 與 $\boldsymbol{u}_j$ 的關係。

$$A\boldsymbol{v}_j = \sigma_j\boldsymbol{u}_j \Rightarrow \boldsymbol{u}_j = \frac{1}{\sigma_j}A\boldsymbol{v}_j \text{（} 1\le j\le k \text{）。}$$

或由 $A^*=V\Sigma^*U^*$，可得 $A^*U=V\Sigma^*$，即

$A^*[u_1\ u_2\ \cdots\cdots u_n]=[\sigma_1 v_1\ \sigma_2 v_2\ \cdots\cdots \sigma_k v_k\ 0\ \cdots\cdots\ 0]$，

故可得 $v_i$ 與 $u_j$ 的關係

$$A^*u_j=\begin{cases}\sigma_j v_j & ,\ 1\le j\le k\\ 0 & ,\ k+1\le j\le n\end{cases}\Rightarrow v_j=\frac{1}{\sigma_j}A^*u_j\ \ (1\le j\le k)。$$

**Note**

1. 奇異值分解亦可以用來求 $A$ 的虛反矩陣（Pseudoinverse）$A^\dagger$，則 $A^\dagger=V\Sigma^\dagger U^*$，

   其中 $\Sigma^\dagger=\left[\Sigma_{ij}\right]$ 為 $n\times m$ 的矩陣，且 $\Sigma_{ij}=\begin{cases}\dfrac{1}{\sigma_i} & ,\ i=j\le k\\ 0 & ,\text{其他}\end{cases}$。

   例如：$\Sigma=\begin{bmatrix}2&0\\0&3\\0&0\end{bmatrix}$，則 $\Sigma^\dagger=\begin{bmatrix}\frac{1}{2}&0&0\\0&\frac{1}{3}&0\end{bmatrix}$。

2. 利用虛反矩陣求最小解或最小二乘方解。設聯立方程組 $AX=b$，其中 $A$ 為 $m\times n$ 的矩陣，且 $b\in\mathbb{F}^m$。若 $Z=A^\dagger b$，則

   (1) 若 $AX=b$ 有解，則 $Z=A^\dagger b$ 為聯立方程組的最小解。

   (2) 若 $AX=b$ 無解，則 $Z=A^\dagger b$ 為聯立方程組的最小二乘方解。

## 二、性質

設 $A$ 為 $m\times n$ 矩陣，且 $\text{rank}(A)=k$，若 $A$ 的奇異值分解為 $A=U\Sigma V^*$，且

$V=[v_1\ v_2\ \cdots\cdots v_n]$、$U=[u_1\ u_2\ \cdots\cdots u_n]$，

則

1. $A$ 具有 $k$ 個大於 0 的奇異值 $\sigma_1\ge\sigma_2\ge\cdots\cdots\ge\sigma_k>0$。
2. $\{u_1,u_2,\cdots\cdots,u_k\}$ 為 CS($A$)的正規正交化基底。
3. $\{v_{k+1},v_{k+2},\cdots\cdots,v_n\}$ 為 N($A$)的正規正交化基底。

## 範例 1

求矩陣 $\boldsymbol{A}=\begin{bmatrix}1 & -1\\ -1 & 1\\ 1 & -1\end{bmatrix}$ 的奇異值分解。

---

**解** 因 $\boldsymbol{A}^*\boldsymbol{A}=\begin{bmatrix}3 & -3\\ -3 & 3\end{bmatrix}$，

由 $\det(\boldsymbol{A}^*\boldsymbol{A}-\lambda\boldsymbol{I})=0$，可得其特徵值為 6、0，

且 $\lambda=6$ 所對應的特徵向量為 $\boldsymbol{v}_1=\frac{1}{\sqrt{2}}\begin{bmatrix}1\\ -1\end{bmatrix}$，

$\lambda=0$ 所對應的特徵向量為 $\boldsymbol{v}_2=\frac{1}{\sqrt{2}}\begin{bmatrix}1\\ 1\end{bmatrix}$，

故令 $\boldsymbol{V}=[\boldsymbol{v}_1\quad \boldsymbol{v}_2]=\begin{bmatrix}\frac{1}{\sqrt{2}} & \frac{1}{\sqrt{2}}\\ \frac{-1}{\sqrt{2}} & \frac{1}{\sqrt{2}}\end{bmatrix}$，

$\boldsymbol{A}$ 的奇異值為 $\sigma_1=\sqrt{6}$，同時

$$\boldsymbol{u}_1=\frac{1}{\sigma_1}\boldsymbol{A}\boldsymbol{v}_1=\frac{1}{\sqrt{6}}\begin{bmatrix}1 & -1\\ -1 & 1\\ 1 & -1\end{bmatrix}\frac{1}{\sqrt{2}}\begin{bmatrix}1\\ -1\end{bmatrix}=\frac{1}{\sqrt{3}}\begin{bmatrix}1\\ -1\\ 1\end{bmatrix},$$

再由 $\boldsymbol{A}^*\boldsymbol{u}=\begin{bmatrix}1 & -1 & 1\\ -1 & 1 & -1\end{bmatrix}\boldsymbol{u}=\begin{bmatrix}0\\ 0\end{bmatrix}$，

可求得 $\boldsymbol{u}_2=\frac{1}{\sqrt{2}}\begin{bmatrix}1\\ 1\\ 0\end{bmatrix}$、$\boldsymbol{u}_3=\frac{1}{\sqrt{6}}\begin{bmatrix}-1\\ 1\\ 2\end{bmatrix}$，

故令 $[\boldsymbol{u}_1\quad \boldsymbol{u}_2\quad \boldsymbol{u}_3]=\begin{bmatrix}\frac{1}{\sqrt{3}} & \frac{1}{\sqrt{2}} & \frac{-1}{\sqrt{6}}\\ \frac{-1}{\sqrt{3}} & \frac{1}{\sqrt{2}} & \frac{1}{\sqrt{6}}\\ \frac{1}{\sqrt{3}} & 0 & \frac{2}{\sqrt{6}}\end{bmatrix}$ 且 $\boldsymbol{\Sigma}=\begin{bmatrix}\sqrt{6} & 0\\ 0 & 0\\ 0 & 0\end{bmatrix}$。

因此 $A = U\Sigma V^*$。若要求 $A$ 的虛反矩陣（Pseudoinverse），可令 $\Sigma^+ = \begin{bmatrix} \frac{1}{\sqrt{6}} & 0 & 0 \\ 0 & 0 & 0 \end{bmatrix}$，

則 $A$ 的虛反矩陣（Pseudoinverse）為 $A^+ = V\Sigma^+U^* = \begin{bmatrix} \frac{1}{6} & -\frac{1}{6} & \frac{1}{6} \\ -\frac{1}{6} & \frac{1}{6} & -\frac{1}{6} \end{bmatrix}$。

■

## 習題演練

1. 求矩陣 $A = \begin{bmatrix} 3 & 2 & 2 \\ 2 & 3 & -2 \end{bmatrix}$ 的奇異值分解。

2. 求矩陣 $A = \begin{bmatrix} 4 & -2 \\ 2 & -1 \\ 0 & 0 \end{bmatrix}$ 的奇異值分解。

3. 考慮 A 矩陣為 $\begin{bmatrix} -1 & 1 & 0 \\ 0 & -1 & 1 \end{bmatrix}$，

   (1) 求 $AA^T$ 的特徵值與特徵向量。

   (2) 求 $A$ 的奇異值分解。

# 6-5 Matlab 與特徵值系統的應用

## 對角化的應用

**1. 矩陣指數 [expm]**

計算矩陣 $A$ 的指數，指令爲

**expm(A)**

如圖 6-5.1 所示。

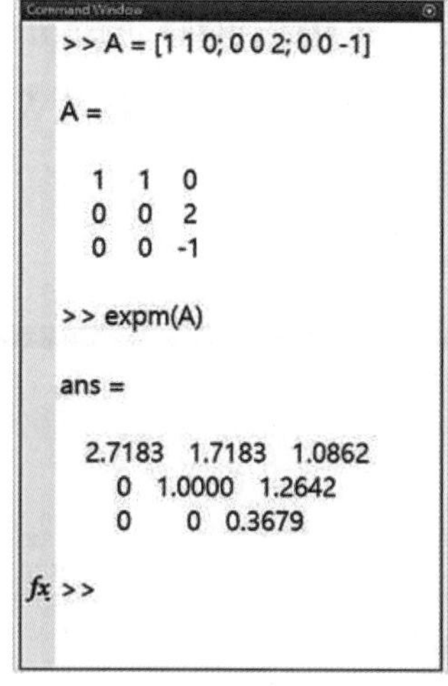


圖 6-5.1

**2. 矩陣對數 [logm]**

計算矩陣 $A$ 的指數，需先定義變數 $x$，再使用指令

**logm(A)**

如圖 6-5.2 所示。

```
>> syms x %定義一個叫做x的變數
>> A=[x 1; 0 5]

A =

[ x, 1]
[ 0, 5]

>> logm(A)

ans =

[ log(x), log(x)/(x - 5) - log(5)/(x - 5)]
[      0,                    log(5)]

>>
```

圖 6-5.2

### 3. 奇異值分解 [svd]

(1) 計算矩陣 $A$ 的奇異值分解 $USV$（$S$ 為 5-7 內文中的 $\Sigma$），指令為

**[U,S,V]=svd(A)**

如圖 6-5.3 所示。

(2) 若 $A$ 為 $m \times n$ 的矩陣且 $m >> n$，則我們可在原先的 **svd** 指令加入另一個輸入引數 0，使其產生的矩陣 $U$ 及 $S$ 有較小的階數。指令為

**[U,S,V]=svd(A,0)**

如圖 6-5.4 所示。

```
>> A=[4 3;0 2;2 1]

A =

   4   3
   0   2
   2   1

>> [U,S,V]=svd(A)

U =

  -0.8929   0.1110  -0.4364
  -0.2247  -0.9497   0.2182
  -0.3903   0.2929   0.8729


S =

   5.5962        0
        0   1.6377
        0        0


V =

  -0.7777   0.6287
  -0.6287  -0.7777

fx >>
```

圖 6-5.3

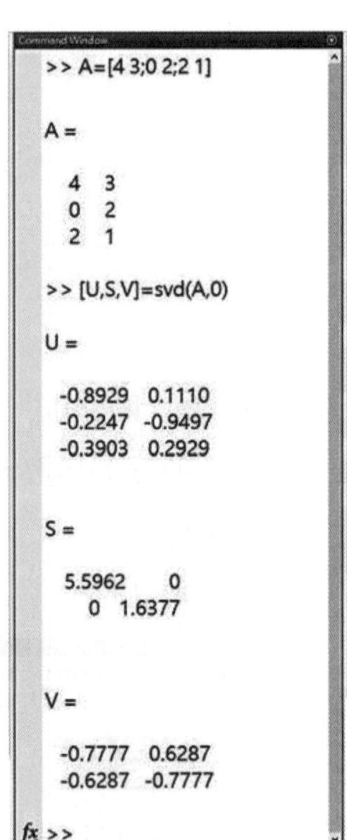

```
>> A=[4 3;0 2;2 1]

A =

   4   3
   0   2
   2   1

>> [U,S,V]=svd(A,0)

U =

  -0.8929   0.1110
  -0.2247  -0.9497
  -0.3903   0.2929


S =

   5.5962        0
        0   1.6377


V =

  -0.7777   0.6287
  -0.6287  -0.7777

fx >>
```

圖 6-5.4

# 附錄一

## 參考文獻

1. Ron Larson, "*Elementary Linear Algebra*" 7/e.

2. Stephen H. Friedberg, Arnold J. Insel, Lawrence E. Spence, "*Linear Algebra*".

3. Steven J. Leon, "*Linear Algebra with Applications*".

4. Hoffman Kunze, "*Linear Algebra*".

5. Howard Anton Chris Rorres, "*Elementary Linear Algebra Applications Ver-sion*".

6. Ben Noble James W. Daniel, "*Applied Linbar Algebra*".

7. Serge Lang, "*Linear Algebra*".

8. Larry Smith, "*Linear Algebra*".

9. Tom M. Apostol, "*Linear Algebra*".

10. Gillbery Strang, "*Linear Algebra and its Applications*".

11. Seymour Lipschutz, "*3000 Solved Problems in Linear Algebra*".

12. David M. Burton, "*Abstract and Linear Algebra*".

# 附錄二

## 習題簡答

# 第 1 章　矩陣運算與線性方程組

## 1-1　矩陣定義與基本運算

### 習題演練 P1-16

1. (1) $\alpha=-6$、$\beta=4$

   (2) $\alpha=\pm3$、$\beta=2$

2. (1) $\begin{bmatrix}14&16\\-3&-7\end{bmatrix}$　(2) $\begin{bmatrix}-16&-4\\-17&-27\end{bmatrix}$

   (3) $\begin{bmatrix}-36&-16\\7&-7\end{bmatrix}$　(4) $-43$

3. (1) $\begin{bmatrix}-4&-6\\6&8\\14&4\end{bmatrix}$　(2) $\begin{bmatrix}3&3&-3\\9&0&0\\14&-1&1\end{bmatrix}$

   (3) $\begin{bmatrix}3&-5\\3&1\end{bmatrix}$　(4) 4

   (5) 4

4. $\begin{bmatrix}2&10\\2&-10\end{bmatrix}$

5. (1) $A$ 為 $2\times4$、$B$ 為 $3\times3$

   (2) $A$ 為 $4\times5$、$B$ 為 $2\times1$

6. $B=\begin{bmatrix}2&2&-\frac{1}{2}\\2&-1&\frac{1}{2}\\-\frac{1}{2}&\frac{1}{2}&2\end{bmatrix}$、

   $C=\begin{bmatrix}0&1&-\frac{1}{2}\\-1&0&-\frac{1}{2}\\\frac{1}{2}&\frac{1}{2}&0\end{bmatrix}$

7. 略

8. $B=\begin{bmatrix}3&1&-2\\1&0&6\\-2&6&-4\end{bmatrix}$、$C=\begin{bmatrix}0&-5&1\\5&0&-7\\-1&7&0\end{bmatrix}$

9. $A$ 與 $D$ 為厄米特矩陣，

   $C$ 為反厄米特矩陣。

10. (1) $\begin{bmatrix}-1&-2&3\\2&1&6\\5&4&9\end{bmatrix}$　(2) $\begin{bmatrix}3&6&5\\8&11&10\\13&16&15\end{bmatrix}$

    (3) $\begin{bmatrix}9&12&15\\19&26&33\\29&40&51\end{bmatrix}$　(4) $\begin{bmatrix}22&28\\49&64\end{bmatrix}$

    (5) $\begin{bmatrix}14&20&14\\32&47&32\\50&74&50\end{bmatrix}$、$tr(AB)=111$

    (6) $\begin{bmatrix}16&20&24\\28&35&42\\40&50&60\end{bmatrix}$、$tr(AB)=111$

    (7) 86　(8) 86

## 1-2 矩陣的列（行）運算與行列式

### 習題演練 P1-39

1. (1)$\begin{bmatrix}1 & 2 & -1\\ 0 & 2 & 3\\ 0 & 0 & 11\end{bmatrix}$ (2)$\begin{bmatrix}2 & -1 & 1\\ 0 & 3 & 3\\ 0 & 0 & 0\end{bmatrix}$

   (3)$\begin{bmatrix}1 & 2 & 3\\ 0 & 1 & 2\\ 0 & 0 & 0\end{bmatrix}$

2. (1)$\begin{bmatrix}1 & 0 & 0\\ 0 & 1 & 0\\ 0 & 0 & 1\end{bmatrix}$

   (2)$\begin{bmatrix}1 & 0 & 0 & 10\\ 0 & 1 & 0 & -3\\ 0 & 0 & 1 & 5\end{bmatrix}$

3. (1) − 2、$\begin{bmatrix}-2 & \frac{3}{2}\\ 1 & -\frac{1}{2}\end{bmatrix}$

   (2) − 7、$\begin{bmatrix}\frac{3}{7} & -\frac{8}{7}\\ \frac{1}{7} & -\frac{5}{7}\end{bmatrix}$

   (3) 80、$\begin{bmatrix}\frac{9}{80} & -\frac{1}{80}\\ -\frac{1}{80} & \frac{9}{80}\end{bmatrix}$

4. (1) 2、$\begin{bmatrix}0 & 1 & -1\\ -\frac{1}{2} & -\frac{1}{2} & \frac{3}{2}\\ \frac{1}{2} & -\frac{1}{2} & \frac{1}{2}\end{bmatrix}$

   (2) 250、$\begin{bmatrix}\frac{3}{25} & -\frac{1}{25} & 0\\ -\frac{1}{25} & \frac{9}{50} & 0\\ 0 & 0 & \frac{27}{125}\end{bmatrix}$

   (3) −18、$\begin{bmatrix}\frac{2}{9} & -\frac{2}{9} & -\frac{1}{9}\\ -\frac{1}{18} & \frac{1}{18} & \frac{5}{18}\\ -\frac{7}{9} & \frac{16}{9} & \frac{8}{9}\end{bmatrix}$

5. 略

6. 略

7. (1) 16 (2)$\frac{1}{16}$

   (3) 16 (4) 16

   (5) 256

8. $\det(A)=1$、$A^{-1}=\begin{bmatrix}\cos\theta & 0 & \sin\theta\\ 0 & 1 & 0\\ -\sin\theta & 0 & \cos\theta\end{bmatrix}$

9. (1)$(y-x)(z-x)(z-y)$

   (2)3072

10. −89

## 1-3 線性聯立方程組的解

### 習題演練 P1-59

1. (1) rank = 1、$X=\left\{c\begin{bmatrix}3\\5\end{bmatrix}\middle| c\in\mathbb{R}\right\}$

(2) rank = 1、$X=\left\{c\begin{bmatrix}1\\1\end{bmatrix}\middle| c\in\mathbb{R}\right\}$

(3) rank = 2、$X=\begin{bmatrix}0\\0\end{bmatrix}$

(4) rank = 2、$X=\begin{bmatrix}0\\0\end{bmatrix}$

(5) rank = 2、$X=\begin{bmatrix}0\\0\end{bmatrix}$

(6) rank = 1、

$$X=\left\{c_1\begin{bmatrix}1\\0\\2\end{bmatrix}+c_2\begin{bmatrix}0\\1\\2\end{bmatrix}\middle| c_1,c_2\in\mathbb{R}\right\}$$

(7) rank = 2、$X=\left\{c\begin{bmatrix}-4\\-4\\1\end{bmatrix}\middle| c\in\mathbb{R}\right\}$

(8) rank = 3、$X=\begin{bmatrix}0\\0\\0\end{bmatrix}$

(9) rank = 2、

$$X=\left\{c_1\begin{bmatrix}-5\\8\\14\\0\end{bmatrix}+c_2\begin{bmatrix}-1\\10\\0\\14\end{bmatrix}\middle| c_1,c_2\in\mathbb{R}\right\}$$

(10) rank = 2、

$$X=\left\{c_1\begin{bmatrix}3\\-2\\1\\0\\0\end{bmatrix}+c_2\begin{bmatrix}-1\\1\\0\\1\\0\end{bmatrix}+c_3\begin{bmatrix}4\\-3\\0\\0\\1\end{bmatrix}\middle| c_1,c_2,c_3\in\mathbb{R}\right\}$$

2. (1) $x_1=1$、$x_2=0$、$x_3=1$

(2) $x_1=1$、$x_2=2$、$x_3=3$

(3) $x_1=3$、$x_2=1$、$x_3=2$

3. (1) rank($A$) = 2、

$$X=\left\{c\begin{bmatrix}1\\1\\-1\end{bmatrix}\middle| c\in\mathbb{R}\right\}$$

(2) rank($A$) = 3、

$$X=\begin{bmatrix}0\\0\\0\end{bmatrix}$$

(3) rank($A$) = 2、

$$X=\left\{c_1\begin{bmatrix}-1\\1\\1\\0\end{bmatrix}+c_2\begin{bmatrix}1\\-1\\0\\1\end{bmatrix}\middle| c_1,c_2\in\mathbb{R}\right\}$$

4. (1) 相等、

$$X=\left\{c\begin{bmatrix}-1\\0\\1\end{bmatrix}+\begin{bmatrix}\frac{3}{2}\\-\frac{1}{2}\\0\end{bmatrix}\middle| c\in\mathbb{R}\right\}$$

(2) 相等、

$$X=\left\{c\begin{bmatrix}-1\\1\\1\\0\end{bmatrix}+\begin{bmatrix}2\\-3\\0\\1\end{bmatrix}\middle| c\in\mathbb{R}\right\}$$

5. $$X=\left\{c\begin{bmatrix}2\\-1\\1\\4\end{bmatrix}+\begin{bmatrix}-7\\8\\9\\11\end{bmatrix}\middle| c\in\mathbb{R}\right\}$$

6. $$X=\left\{c_1\begin{bmatrix}-1\\-2\\1\\0\end{bmatrix}+c_2\begin{bmatrix}1\\-1\\0\\1\end{bmatrix}+\begin{bmatrix}7\\8\\9\\13\end{bmatrix}\middle| c_1,c_2\in\mathbb{R}\right\}$$

7. (1) $a\neq 1$ 且 $a\neq 3$
   (2) $a=1$
   (3) $a=3$

8. (1) 當 $a\neq 0$ 、 $b\neq 1$
   (2) 當 $a\neq 0$ 、$b=1$
   (3) 當 $a=0$、$b=1$
   (4) 當 $a=0$、$b\neq 1$

# 第 2 章　向量空間

## 2-1　*n* 維實數向量

### 習題演練 P2-7

1. (1) $\vec{a}+\vec{b}=(1,7)$、繪圖：略
   (2) $\vec{a}-\vec{b}=(-3,-1)$、繪圖：略
   (3) $\frac{1}{2}\vec{b}=(1,2)$、繪圖：略
   (4) $-3\vec{a}=(3,-9)$、繪圖：略
2. (1) $(3,1,0)$　(2) $(2,-2,0)$
   (3) $(5,-1,0)$
3. $x=5$、$y=2$、$z=4$
4. (1) $(2,5)$　(2) $(-5,-3)$
   (3) $(-7,-8)$　(4) 略
5. (1)(2)(3)(4)
6. (1) $(-3,-6,-1)$　(2) $(8,2,8)$
   (3) $(-2,1,1)$
7. (1) $(3,4,2)$　(2) $(4,13,4)$
   (3) $(-1,-3,-15)$　(4) $(3,17,5)$

## 2-2　一般向量空間

### 習題演練 P2-12

1. (4)(5)(6)(8)(9)
2. 略
3. 否
4. (3)(4)
5. 否
6. 否
7. (1)否　(2)否　(3)是
8. 是
9. 錯
10. (1) 不是　(2) 是
11. (1) 不是　(2) 是
    (3) 是　(4) 不是
    (5) 是
12. 是

## 2-3 子空間

### 習題演練 P2-31

1. (1) 是　(2) 不是
   (3) 是　(4) 不是
   (5) 是　(6) 是
   (7) 不是　(8) 是
2. 略
3. (2)(3)
4. 否
5. 是
6. $\vec{v}=-3\times(1,1)+2\times(0,2)$、
   $\vec{u}=1\times(1,1)+2\times(0,2)$
7. $\vec{v}=-\frac{11}{13}\times(2,-1,3)+\frac{7}{13}\times(5,1,0)$
   $+\frac{5}{13}\times(0,-1,4)$
   $\vec{u}=1\times(2,-1,3)+1\times(5,1,0)$
   $+1\times(0,-1,4)$
8. 略
9. $\vec{f}=(a-\frac{b}{2})\times(1,0,0,0)$
   $+\frac{b}{2}\times(1,2,0,0)$
10. $V=\text{span}\{(1,1,0),(0,2,1),(0,0,-1)\}$
11. 可
12. (1) $\text{RS}(A)=\text{span}\{[5\ 1\ 0],[0\ 1\ 1]\}$
    (2) $\text{CS}(A)=\text{span}\{\begin{bmatrix}5\\0\\0\end{bmatrix},\begin{bmatrix}1\\1\\3\end{bmatrix}\}$
    (3) $\text{N}(A)=\text{Ker}(A)=\text{span}\{\begin{bmatrix}1\\-5\\5\end{bmatrix}\}$
    (4) $\text{LKer}(A)=\text{span}\{[0\quad -3\quad 1]\}$
13. (1) $\text{RS}(A)=\text{span}\{[0\ 1\ 0],[1\ 1\ 0]\}$
    (2) $\text{CS}(A)=\text{span}\{\begin{bmatrix}0\\1\\0\end{bmatrix},\begin{bmatrix}1\\1\\0\end{bmatrix}\}$
    (3) $\text{Ker}(A)=\text{span}\{\begin{bmatrix}0\\0\\1\end{bmatrix}\}$
    (4) $\text{LKer}(A)=\text{span}\{[0\quad 0\quad 1]\}$
14. (1) $\text{RS}(A)$
    $=\text{span}\{[3\ 2\ 1\ 10],[-2\ -3\ -9\ 5]\}$
    (2) $\text{CS}(A)=\text{span}\{\begin{bmatrix}3\\-2\\3\end{bmatrix},\begin{bmatrix}2\\-3\\4\end{bmatrix}\}$
    (3) $\text{N}(A)=\text{Ker}(A)$
    $=\text{span}\{\begin{bmatrix}3\\-5\\1\\0\end{bmatrix},\begin{bmatrix}-8\\7\\0\\1\end{bmatrix}\}$
    (4) $\text{LKer}(A)=\text{span}\{[-1\quad 6\quad 5]\}$

15. (1) RS($A$) = span{[1 2 5 0 3], [0 1 3 0 0]. [0 0 0 1 0]}

(2) $CS(A) = span\{\begin{bmatrix}1\\0\\0\\0\end{bmatrix},\begin{bmatrix}2\\1\\0\\0\end{bmatrix},\begin{bmatrix}0\\0\\1\\0\end{bmatrix}\}$

(3) $N(A) = span\{\begin{bmatrix}1\\-3\\1\\0\\0\end{bmatrix},\begin{bmatrix}-3\\0\\0\\0\\1\end{bmatrix}\}$

16. (1) RS($A$) = span{[1 2 3], [−2 5 −6]}

(2) $CS(A) = span\{\begin{bmatrix}1\\-2\\2\end{bmatrix},\begin{bmatrix}2\\5\\-3\end{bmatrix}\}$

(3) $N(A) = Ker(A) = span\{\begin{bmatrix}-3\\0\\1\end{bmatrix}\}$

(4) $LKer(A) = span\{\begin{bmatrix}-4 & 7 & 9\end{bmatrix}\}$

17. (1) 否 (2) 否

18. (3)

19. (1) 略 (2) 略

20. (1) 不是 (2) 是 (3) 是

21. 略

## 2-4 向量空間的基底與維度

### 習題演練 P2-49

1. (1) 線性獨立 (2) 線性相依 (3) 線性相依 (4) 線性獨立 (5) 線性相依 (6) 線性相依 (7) 線性獨立 (8) 線性獨立

2. (1) $S_1$ 爲線性相依
(2) $S_2$ 爲線性獨立
(3) $S_3$ 爲線性獨立
(4) $S_4$ 爲線性相依
(5) $S_5$ 爲線性相依

3. (1) $S_1$ 線性相依 (2) $S_2$ 線性相依 (3) $S_3$ 線性獨立 (4) $S_4$ 線性獨立 (5) $S_5$ 線性相依 (6) $S_6$ 線性相依

4. (1)(2)(4)(6)

5. (1) $S_1$ 基底{(3, −2}、$\dim(S_1) = 1$
(2) $S_2$ 基底{(2, 1, 1)}、$\dim(S_2) = 1$
(3) $S_3$ 基底{(−3, 0, 1), (0, 1, 1)}、$\dim(S_3) = 2$
(4) $S_4$ 基底{(1, 0, 1, 0), (0, 1, 0, 1), (0, −1, 1, 0)}、$\dim(S_4) = 3$
(5) $S_5$ 基底{(2, 1, 0, 0), (1, −2, 5, 0)}、$\dim(S_5) = 2$

6. (1) $S_1$ 基底{(1, −2, 4), (1, 3, 4)}、$\dim(S_1) = 2$
(2) $S_2$ 基底{(1, 1, 1), (−1, 0, 1), (0, 1, 1}，$\dim(S_2) = 3$
(3) $S_3$ 基底{(4, 2, 20), (1, 2, 8)}，$\dim(S_3) = 2$

7. (1) $\text{rank}(A) = 2$、

列空間基底爲$\{[1 \quad 0], [0 \quad 3]\}$、

行空間基底爲$\{\begin{bmatrix}1\\0\end{bmatrix},\begin{bmatrix}0\\3\end{bmatrix}\}$、

$\dim(\text{RS}(A)) = 2$、

$\dim(\text{CS}(A)) = 2$

(2) $\text{rank}(B) = 1$、

列空間基底爲$\{[1]\}$、

行空間基底爲$\{\begin{bmatrix}0\\1\\-2\end{bmatrix}\}$、

$\dim(\text{RS}(B)) = 1$、

$\dim(\text{CS}(B)) = 1$

(3) $\text{rank}(C) = 1$、

列空間基底爲$\{[1 \quad -3 \quad 2]\}$、

行空間基底爲$\{\begin{bmatrix}1\\-2\end{bmatrix}\}$、

$\dim(\text{RS}(C)) = 1$、

$\dim(\text{CS}(C)) = 1$

(4) $\text{rank}(D) = 2$、

列空間基底爲

$\{[1 \quad -1 \quad 2], [2 \quad 4 \quad 1]\}$、

行空間基底爲$\{\begin{bmatrix}1\\2\end{bmatrix},\begin{bmatrix}-1\\4\end{bmatrix}\}$、

$\dim(\text{RS}(D)) = 2$、

$\dim(\text{CS}(D)) = 2$

(5) $\text{rank}(E) = 2$、

列空間基底爲

$\{[4 \quad 20 \quad 31], [6 \quad -5 \quad -6]\}$、

行空間基底爲$\{\begin{bmatrix}4\\6\\10\end{bmatrix},\begin{bmatrix}20\\-5\\15\end{bmatrix}\}$、

$\dim(\text{RS}(E)) = 2$、

$\dim(\text{CS}(E)) = 2$

(6) $\text{rank}(F) = 2$、

列空間基底爲

$\{[-2 \; -4 \; 4 \; 5], [3 \; 6 \; -6 \; -4]\}$、

行空間基底爲$\{\begin{bmatrix}-2\\3\\-2\end{bmatrix},\begin{bmatrix}5\\-4\\8\end{bmatrix}\}$、

$\dim(\text{RS}(F)) = 2$、

$\dim(\text{CS}(F)) = 2$

(7) $\text{rank}(G) = 1$、

列空間基底爲$\{[1 \quad -1 \quad 2 \quad 1]\}$、

行空間基底爲$\{\begin{bmatrix}1\\3\\4\end{bmatrix}\}$、

$\dim(\text{RS}(G)) = 1$、

$\dim(\text{CS}(G)) = 1$

8. (1) 基底爲$\{\begin{bmatrix}2\\1\end{bmatrix}\}$、$\dim(\text{N}(A)) = 1$

(2) 基底爲$\{\begin{bmatrix}-1\\1\\0\end{bmatrix},\begin{bmatrix}2\\0\\1\end{bmatrix}\}$、

$\dim(\text{N}(A)) = 2$

(3) 基底爲$\{\begin{bmatrix}-1\\-3\\2\end{bmatrix}\}$、$\dim(\text{N}(A)) = 1$

(4) 基底爲$\{\begin{bmatrix}1\\0\\-1\\1\end{bmatrix}\}$、$\dim(\text{N}(A)) = 1$

(5) 基底爲$\left\{\begin{bmatrix}3\\-2\\1\\0\\0\end{bmatrix},\begin{bmatrix}-1\\1\\0\\1\\0\end{bmatrix},\begin{bmatrix}4\\-3\\0\\0\\1\end{bmatrix}\right\}$、

$\dim(N(A))=3$

9. (2)

10. 略

11. (1)略 (2)略

12. 略

## 第 3 章 線性變換與矩陣表示式

### 3-1 矩陣轉換

**習題演練 P3-14**

1.

(1) ① $A=\begin{bmatrix}2&1\\1&1\end{bmatrix}$、② $W=\begin{bmatrix}-1\\0\end{bmatrix}$

(2) ① $A=\begin{bmatrix}1&-1&1\\1&1&2\end{bmatrix}$、② $W=\begin{bmatrix}0\\4\end{bmatrix}$

(3) ① $A=\begin{bmatrix}1&2&3\\2&5&3\\1&0&3\end{bmatrix}$、② $W=\begin{bmatrix}8\\11\\6\end{bmatrix}$

(4) ① $A=\begin{bmatrix}-1&1&1&1\\2&3&11&8\end{bmatrix}$、② $W=\begin{bmatrix}-1\\7\end{bmatrix}$

(5) ① $A=\begin{bmatrix}-2&-4&4&5\\3&6&-6&-4\\-2&-4&4&9\end{bmatrix}$、

② $W=\begin{bmatrix}3\\-1\\7\end{bmatrix}$

(6) ① $A=\begin{bmatrix}1&3&-2&4\\0&1&-1&2\\-2&-6&4&-8\end{bmatrix}$、

② $W=\begin{bmatrix}11\\5\\-22\end{bmatrix}$

2. (1)$\begin{bmatrix}-2\\4\end{bmatrix}$ (2)$\begin{bmatrix}-1\\-2\end{bmatrix}$ (3)$\begin{bmatrix}-\alpha\\0\end{bmatrix}$

(4)$\begin{bmatrix}0\\\beta\end{bmatrix}$ (5)$\begin{bmatrix}-\gamma\\-\delta\end{bmatrix}$ (6)$\begin{bmatrix}-\ell\\k\end{bmatrix}$

3. (1)$\begin{bmatrix}7\\-3\end{bmatrix}$ (2)$\begin{bmatrix}4\\2\end{bmatrix}$ (3)$\begin{bmatrix}\alpha\\0\end{bmatrix}$

(4)$\begin{bmatrix}0\\-\beta\end{bmatrix}$ (5)$\begin{bmatrix}-\gamma\\-\delta\end{bmatrix}$ (6)$\begin{bmatrix}\ell\\k\end{bmatrix}$

4. (1)$\begin{bmatrix}2\\0\end{bmatrix}$ (2)$\begin{bmatrix}-3\\1\end{bmatrix}$ (3)$\begin{bmatrix}0\\\alpha\end{bmatrix}$ (4)$\begin{bmatrix}\beta\\0\end{bmatrix}$

(5)$\begin{bmatrix}-\delta\\\gamma\end{bmatrix}$ (6)$\begin{bmatrix}k\\-\ell\end{bmatrix}$

5. (1) $A=\begin{bmatrix}\frac{1}{2}&-\frac{\sqrt{3}}{2}\\\frac{\sqrt{3}}{2}&\frac{1}{2}\end{bmatrix}$、$W=\begin{bmatrix}\frac{1}{2}+\sqrt{3}\\\frac{\sqrt{3}}{2}-1\end{bmatrix}$

(2) $A=\begin{bmatrix}\frac{\sqrt{2}}{2}&\frac{\sqrt{2}}{2}\\-\frac{\sqrt{2}}{2}&\frac{\sqrt{2}}{2}\end{bmatrix}$、$W=\begin{bmatrix}\frac{3\sqrt{2}}{2}\\-\frac{\sqrt{2}}{2}\end{bmatrix}$

6. (1) $A=\begin{bmatrix}1 & 0 & 0\\ 0 & \frac{\sqrt{3}}{2} & -\frac{1}{2}\\ 0 & \frac{1}{2} & \frac{\sqrt{3}}{2}\end{bmatrix}$、

$W=\begin{bmatrix}1\\ -\frac{\sqrt{3}}{2}-\frac{1}{2}\\ -\frac{1}{2}+\frac{\sqrt{3}}{2}\end{bmatrix}$

(2) $A=\begin{bmatrix}\frac{1}{2} & 0 & -\frac{\sqrt{3}}{2}\\ 0 & 1 & 0\\ \frac{\sqrt{3}}{2} & 0 & \frac{1}{2}\end{bmatrix}$、

$W=\begin{bmatrix}\frac{1}{2}-\frac{\sqrt{3}}{2}\\ -1\\ \frac{\sqrt{3}}{2}+\frac{1}{2}\end{bmatrix}$

(3) $A=\begin{bmatrix}\frac{\sqrt{2}}{2} & -\frac{\sqrt{2}}{2} & 0\\ \frac{\sqrt{2}}{2} & \frac{\sqrt{2}}{2} & 0\\ 0 & 0 & 1\end{bmatrix}$、$W=\begin{bmatrix}\sqrt{2}\\ 0\\ 1\end{bmatrix}$。

7. (1) $A_1$表示 $x$ 方向膨脹 3 倍、
作圖：略
(2) $A_2$表示 $y$ 方向膨脹 3 倍、
作圖：略
(3) $A_3$表示放大 3 倍、
作圖：略
(4) $A_4$表示 $y$ 方向壓縮 3 倍、
作圖：略
(5) $A_5$表示 $x$ 方向壓縮 3 倍、
作圖：略
(6) $A_6$表示 $y$ 方向以因子 2 作修剪、
作圖：略
(7) $A_7$表示 $x$ 方向以因子 3 作修剪、
作圖：略
(8) $A_8$表示 $y$ 方向以因子(−2)作修剪、
作圖：略
(9) $A_9$表示 $x$ 方向以因子(−3)作修剪、
作圖：略

8. (1) $A_1$表示對 $y$ 方向以因子 2 作修剪後，再往 $x$ 方向膨脹 3 倍
(2) $A_2$表示對 $y$ 方向膨脹 2 倍後，再往 $x$ 方向以因子 3 作修剪
(3) $A_3$表示對 $x$ 方向膨脹 2 倍後，再對 $y=x$ 軸做鏡射
(4) $A_4$表示對 $y$ 方向膨脹 3 倍後，再對 $y$ 軸做鏡射
(5) $A_5$表示對 $x$ 方向以因子 3 作修剪後，再對 $x$ 軸做鏡射

## 3-2 一般線性變換

### 習題演練 P3-30

1. (1) 否 (2) 否 (3) 否 (4) 是
   (5) 否 (6) 否 (7) 否 (8) 是
   (9) 是 (10) 是 (11) 是 (12) 是
   (13) 否 (14) 是
2. (1)(4, −1) (2)(5, −1)
3. (1) $T(2, 1, 0) = (1, 5, 1)$、
   $T(1, 2, 3) = (2, 7, 8)$
   (2) $T(0, 2, -1) = (36, -4, 6)$、
   $T(2, -1, 1) = (-8, 2, -2)$
4. (1) $\begin{bmatrix} 16 & 13 \\ 0 & 4 \end{bmatrix}$ (2) $\begin{bmatrix} 8 & 4 \\ -4 & -1 \end{bmatrix}$
5. (1) $-1 + 6x^2$ (2) $2 - 2x$
6. (1) $N(T_1) = \{0\}$
   (2) $N(T_2) = \text{span}\{(2, 1)\}$
   (3) $N(T_3) = \{0\}$
   (4) $N(T_4) = \text{span}\{(1, -1, 1)\}$
   (5) $N(T_5) = \text{span}\{(x, x^2)\}$
   (6) $N(T_6) = \text{span}\{1\}$
   (7) $N(T_7) = \text{span}\{1, x - x^2\}$
7. (1) $\text{Ker}(T) = \text{span}\{\begin{bmatrix} -2 \\ 1 \end{bmatrix}\}$、
   $\text{nullity}(T) = 1$、
   $R(T) = \text{span}\{\begin{bmatrix} 1 \\ 2 \end{bmatrix}\}$、$\text{rank}(T) = 1$
   (2) $\text{Ker}(T) = \{0\}$、$\text{nullity}(T) = 0$、
   $R(T) = \text{span}\{\begin{bmatrix} 1 \\ 3 \end{bmatrix}, \begin{bmatrix} 2 \\ 4 \end{bmatrix}\}$、
   $\text{rank}(T) = 2$
   (3) $\text{Ker}(T) = \{0\}$、$\text{nullity}(T) = 0$、
   $R(T) = \text{span}\{\begin{bmatrix} 1 \\ -1 \\ 0 \end{bmatrix}, \begin{bmatrix} 1 \\ 1 \\ 1 \end{bmatrix}\}$、
   $\text{rank}(T) = 2$
   (4) $\text{Ker}(T) = \text{span}\{\begin{bmatrix} -3 \\ -1 \\ 1 \end{bmatrix}\}$、
   $\text{nullity}(T) = 1$、
   $R(T) = \text{span}\{\begin{bmatrix} 1 \\ 0 \end{bmatrix}, \begin{bmatrix} -1 \\ 1 \end{bmatrix}\}$、
   $\text{rank}(T) = 2$
   (5) $\text{Ker}(T) = \text{span}\{\begin{bmatrix} 1 \\ 1 \\ 0 \end{bmatrix}, \begin{bmatrix} -2 \\ 0 \\ 1 \end{bmatrix}\}$、
   $\text{nullity}(T) = 2$、
   $R(T) = \text{span}\{\begin{bmatrix} 1 \\ -2 \end{bmatrix}\}$、$\text{rank}(T) = 1$
   (6) $\text{Ker}(T) = \text{span}\{\begin{bmatrix} -2 \\ 1 \\ 0 \end{bmatrix}\}$、
   $\text{nullity}(T) = 1$、
   $R(T) = \text{span}\{\begin{bmatrix} 1 \\ 2 \\ 0 \end{bmatrix}, \begin{bmatrix} 3 \\ 6 \\ 1 \end{bmatrix}\}$、
   $\text{rank}(T) = 2$

(7) $\text{Ker}(T)=\text{span}\{\begin{bmatrix}-2\\1\\1\\0\end{bmatrix}\}$、

$\text{nullity}(T)=1$、

$R(T)=\text{span}\{\begin{bmatrix}1\\2\\-1\\0\end{bmatrix},\begin{bmatrix}2\\1\\0\\0\end{bmatrix},\begin{bmatrix}1\\1\\0\\1\end{bmatrix}\}$、

$\text{rank}(T)=3$

8. (1)一對一且映成 (2)映成
   (3)一對一 (4)兩者皆非
9. (1)2 (2)0 (3)3 (4)2 (5)2 (6)0
10. (1)(2)(4)(5)
11. (1) (5, −3, 16) (2) 是
12. (1) 3 (2) 0
    (3) 一對一，非映成
13. (1) $\{x^2-\frac{2}{3}x, -2x+1\}$
    (2) {1}
14. $\{\begin{bmatrix}0&0\\0&1\end{bmatrix},\begin{bmatrix}-1&0\\0&0\end{bmatrix}\}$

## 3-3 線性變換的矩陣表示式

### 習題演練 P3-54

1. (1) $\begin{bmatrix}4\\-2\\1\\1\end{bmatrix}$ (2) $\begin{bmatrix}-2\\3\\-2\\0\end{bmatrix}$ (3) $\begin{bmatrix}5\\0\\-4\\3\end{bmatrix}$

   (4) $\begin{bmatrix}-13\\0\\3\\0\end{bmatrix}$

2. (1) $\begin{bmatrix}5\\-7\end{bmatrix}$ (2) $\begin{bmatrix}2\\-4\\3\end{bmatrix}$ (3) $\begin{bmatrix}1\\3\\4\\-7\end{bmatrix}$

   (4) $\begin{bmatrix}-2\\1\\0\\3\\8\end{bmatrix}$

3. (1) $[T]_{B_1}^{B_1'}=\begin{bmatrix}1&0\\1&1\\0&1\end{bmatrix}$

   (2) $[T]_{B_2}^{B_2'}=\begin{bmatrix}1&0\\-1&1\\0&0\end{bmatrix}$

   (3) $[v]_{B_1}=\begin{bmatrix}4\\5\end{bmatrix}$、$[v]_{B_2}=\begin{bmatrix}4\\9\end{bmatrix}$、

   $[T(v)]_{B_1'}=\begin{bmatrix}4\\9\\5\end{bmatrix}$、$[T(v)]_{B_2'}=\begin{bmatrix}4\\5\\0\end{bmatrix}$

4. (1) $[T]_{B_1}^{B_1'}=\begin{bmatrix}1&-1&0\\0&1&-1\end{bmatrix}$

   (2) $[T]_{B_2}^{B_2'}=\begin{bmatrix}-1&0&1\\1&0&0\end{bmatrix}$

   (3) $[v]_{B_1}=\begin{bmatrix}1\\2\\3\end{bmatrix}$、$[v]_{B_2}=\begin{bmatrix}-2\\4\\-1\end{bmatrix}$、

   $[T(v)]_{B_1'}=\begin{bmatrix}-1\\-1\end{bmatrix}$、$[T(v)]_{B_2'}=\begin{bmatrix}1\\-2\end{bmatrix}$。

5. (1) $[T]_{B_1}=\begin{bmatrix}1 & -\frac{5}{2} & -2\\ 1 & 9 & 7\\ -1 & -\frac{19}{2} & -8\end{bmatrix}$、

$[T]_{B_2}=\begin{bmatrix}1 & 1 & 1\\ 1 & 0 & -2\\ 0 & -2 & 1\end{bmatrix}$、

$[T]_{B_1}^{B_2}=\begin{bmatrix}3 & 4 & 3\\ 0 & -1 & -2\\ 1 & -3 & -3\end{bmatrix}$、

$[T]_{B_2}^{B_1}=\begin{bmatrix}-\frac{1}{2} & -2 & 2\\ 2 & 5 & 2\\ -\frac{3}{2} & -5 & -3\end{bmatrix}$

(2) $[v]_{B_1}=\begin{bmatrix}\frac{13}{2}\\ -9\\ \frac{15}{2}\end{bmatrix}$、$[v]_{B_2}=\begin{bmatrix}4\\ -3\\ 5\end{bmatrix}$、

$[T(v)]_{B_1'}=\begin{bmatrix}14\\ -22\\ 19\end{bmatrix}$、

$[T(v)]_{B_2'}=\begin{bmatrix}6\\ -6\\ 11\end{bmatrix}$

6. (1) $T_1T_2$ 爲 $\begin{bmatrix}1 & 1\\ -3 & 2\end{bmatrix}$、

$T_2T_1$ 爲 $\begin{bmatrix}2 & -3\\ 1 & 1\end{bmatrix}$

(2) $T_1T_2$ 爲 $\begin{bmatrix}2 & 1 & -6\\ 1 & 3 & 2\\ -2 & -3 & 2\end{bmatrix}$、

$T_2T_1$ 爲 $\begin{bmatrix}4 & -1\\ -3 & 3\end{bmatrix}$

(3) $T_1T_2$ 爲 $\begin{bmatrix}0 & 0 & 0\\ 0 & 1 & 0\\ 0 & 0 & 1\end{bmatrix}$、

$T_2T_1$ 爲 $\begin{bmatrix}0 & 0 & 0\\ 0 & 1 & 0\\ 0 & 0 & 1\end{bmatrix}$

7. (1) $T^{-1}(x_1, x_2)$

$=(\frac{3}{2}x_1-2x_2,\ -\frac{1}{2}x_1+x_2)$

(2) $T^{-1}(x_1, x_2, x_3)$

$=(-11x_1+2x_2+2x_3,\ -4x_1+x_3,$

$6x_1-x_2-x_3)$

(3) $T^{-1}(x_1, x_2, x_3)$

$=(-x_2+x_3,\ -x_1+6x_2-4x_3,$

$x_1-3x_2+2x_3)$

8. (1) $\begin{bmatrix}0 & 1 & 0\\ 0 & 0 & 2\end{bmatrix}$

(2) $\begin{bmatrix}0 & 1 & -1\\ 0 & 0 & 2\end{bmatrix}$

9. (1) $A=\begin{bmatrix}0&0&0\\1&0&0\\0&2&0\\0&0&3\end{bmatrix}$、$[v]_{B_1}=\begin{bmatrix}1\\-\frac{1}{2}\\\frac{1}{3}\end{bmatrix}$、

$[T(v)]_{B'}=\begin{bmatrix}0\\1\\-1\\1\end{bmatrix}$

(2) $A=\begin{bmatrix}0&0&0\\1&1&1\\0&1&1\\0&0&1\end{bmatrix}$、$[v]_{B_1}=\begin{bmatrix}2\\-2\\1\end{bmatrix}$、

$[T(v)]_{B'}=\begin{bmatrix}0\\1\\-1\\1\end{bmatrix}$

10. (1) $\begin{bmatrix}0&1&0&0\\0&0&0&0\\0&0&1&1\\0&0&0&1\end{bmatrix}$

(2) $\begin{bmatrix}1&0&0\\0&-1&0\\0&0&2\end{bmatrix}$

(3) $\begin{bmatrix}1&1&0\\0&1&2\\0&0&1\end{bmatrix}$

11. $\begin{bmatrix}1&-1&0\\0&1&-1\\0&0&1\end{bmatrix}$

12. (1) $\begin{bmatrix}1&0&\frac{1}{2}\\0&\frac{1}{2}&0\\0&0&\frac{1}{4}\end{bmatrix}$ (2) $\begin{bmatrix}0&2&0\\0&0&4\\0&0&0\end{bmatrix}$

13. $\begin{bmatrix}0&-1&1\\1&0&-1\\0&1&1\end{bmatrix}$

14. (1) $\{\begin{bmatrix}1&1&3&3&1\end{bmatrix},$
$\begin{bmatrix}2&3&7&8&2\end{bmatrix},$
$\begin{bmatrix}2&3&7&8&3\end{bmatrix}\}$

(2) $\{\begin{bmatrix}1\\2\\2\\3\end{bmatrix},\begin{bmatrix}1\\3\\3\\1\end{bmatrix},\begin{bmatrix}1\\2\\3\\4\end{bmatrix}\}$

(3) $\{\begin{bmatrix}-2\\-1\\1\\0\\0\end{bmatrix},\begin{bmatrix}1\\-2\\0\\1\\0\end{bmatrix}\}$

15. $T^{-2}(x, y, z)$
$=(13x+20y-23z\ ,\ x+3y-3z\ ,$
$-5x-9y+10z)$

## 3-4 基底轉換

### 習題演練 P3-68

1.

(1) ① $P=\begin{bmatrix}6 & 4\\ 9 & 4\end{bmatrix}$ ② $Q=\begin{bmatrix}-\frac{1}{3} & \frac{1}{3}\\ \frac{3}{4} & -\frac{1}{2}\end{bmatrix}$

③ $[v]_B=\begin{bmatrix}\frac{1}{12}\\ -\frac{1}{2}\end{bmatrix}$、$[v]_{B'}=\begin{bmatrix}-\frac{3}{2}\\ -\frac{5}{4}\end{bmatrix}$

(2) ① $P=\begin{bmatrix}0 & \frac{1}{3}\\ -1 & -\frac{5}{3}\end{bmatrix}$ ② $Q=\begin{bmatrix}-5 & -1\\ 3 & 0\end{bmatrix}$

③ $[v]_B=\begin{bmatrix}3\\ -1\end{bmatrix}$、$[v]_{B'}=\begin{bmatrix}-\frac{1}{3}\\ -\frac{4}{3}\end{bmatrix}$

(3) ① $P=\begin{bmatrix}-\frac{1}{2} & 0\\ -\frac{5}{4} & \frac{1}{2}\end{bmatrix}$ ② $Q=\begin{bmatrix}-2 & 0\\ -5 & 2\end{bmatrix}$

③ $[V]_B=\begin{bmatrix}3\\ 5\end{bmatrix}$、$[V]_{B'}=\begin{bmatrix}-\frac{3}{2}\\ -\frac{5}{4}\end{bmatrix}$

2. (1) ① $P=\begin{bmatrix}-3 & 5 & -3\\ -8 & 15 & -10\\ 2 & -4 & 3\end{bmatrix}$

② $Q=\begin{bmatrix}-5 & 3 & 5\\ -4 & 3 & 6\\ -2 & 2 & 5\end{bmatrix}$

③ $[v]_B=\begin{bmatrix}9\\ 4\\ 2\end{bmatrix}$、$[v]_{B'}=\begin{bmatrix}-13\\ -32\\ 8\end{bmatrix}$

(2) ① $P=\begin{bmatrix}2 & 2 & 5\\ -5 & -10 & -16\\ 3 & 5 & 9\end{bmatrix}$

② $Q=\begin{bmatrix}10 & -7 & -18\\ 3 & -3 & -7\\ -5 & 4 & 10\end{bmatrix}$

③ $[v]_B=\begin{bmatrix}-1\\ -1\\ 1\end{bmatrix}$、$[v]_{B'}=\begin{bmatrix}1\\ -1\\ 1\end{bmatrix}$

3. (1) $\begin{bmatrix}0 & -3\\ -1 & 1\end{bmatrix}$ (2) $\begin{bmatrix}3 & -2\\ 5 & -4\end{bmatrix}$

(3) $\begin{bmatrix}0 & -1\\ -5 & 0\end{bmatrix}$

4. (1) $\begin{bmatrix}9 & -25 & 20\\ 6 & -16 & 12\\ 4 & -10 & 7\end{bmatrix}$

(2) $\begin{bmatrix}12 & -3 & 7\\ 29 & -7 & 18\\ -10 & 3 & -4\end{bmatrix}$

(3)$\begin{bmatrix} 9 & -2 & 14 \\ 3 & 0 & 5 \\ -4 & 1 & -6 \end{bmatrix}$

(4)$\begin{bmatrix} 4 & 0 & -1 \\ -16 & 0 & 3 \\ 7 & 0 & -1 \end{bmatrix}$

5. $\begin{bmatrix} -1 & 0 & 1 \\ 1 & 1 & 0 \end{bmatrix}$

6. $\begin{bmatrix} 3 & 1 \\ 3 & 4 \\ -5 & -3 \end{bmatrix}$

7. (1)$\begin{bmatrix} 1 & 1 \\ -1 & -2 \\ -2 & -1 \end{bmatrix}$ (2)$\begin{bmatrix} -1 & 1 \\ 1 & 0 \\ 0 & 1 \end{bmatrix}$

8. $\begin{bmatrix} -1 & -3 & 2 \\ 1 & 1 & -2 \end{bmatrix}$

9. $\begin{bmatrix} \dfrac{1-m^2}{1+m^2} & \dfrac{2m}{1+m^2} \\ \dfrac{2m}{1+m^2} & -\dfrac{1-m^2}{1+m^2} \end{bmatrix}$

## 第 4 章　特徵值系統

### 4-1　矩陣的特徵值系統

**習題演練 P4-12**

1. (1)①特徵值爲 1 時，

特徵向量爲 $c\begin{bmatrix} 1 \\ -1 \end{bmatrix}$，$c \neq 0$

②特徵值爲 6 時，

特徵向量爲 $c\begin{bmatrix} 4 \\ 1 \end{bmatrix}$，$c \neq 0$

(2)①特徵值爲 −2 時，

特徵向量爲 $c\begin{bmatrix} 1 \\ -1 \end{bmatrix}$，$c \neq 0$

②特徵值爲 8 時，

特徵向量爲 $c\begin{bmatrix} 2 \\ 3 \end{bmatrix}$，$c \neq 0$

(3)①特徵值爲 3 時，

特徵向量爲 $c\begin{bmatrix} 1 \\ 3 \end{bmatrix}$，$c \neq 0$

②特徵值爲 −5 時，

特徵向量爲 $c\begin{bmatrix} 1 \\ -1 \end{bmatrix}$，$c \neq 0$

(4) 特徵值爲 0 時，

特徵向量爲 $c_1\begin{bmatrix} 1 \\ 0 \end{bmatrix}$，$c_1 \neq 0$ 或

$c_2\begin{bmatrix} 0 \\ 1 \end{bmatrix}$，$c_2 \neq 0$

2. (1) ①特徵值爲 4 時，

特徵向量爲 $c\begin{bmatrix} 1 \\ 0 \\ 0 \end{bmatrix}$，$c \neq 0$

②特徵值爲 8 時，

特徵向量爲 $c\begin{bmatrix} 0 \\ 1 \\ 0 \end{bmatrix}$，$c \neq 0$

③特徵值爲 6 時，

特徵向量爲 $c\begin{bmatrix} 0 \\ 0 \\ 1 \end{bmatrix}$，$c \neq 0$

(2)①特徵值爲 0 時，

特徵向量爲 $c\begin{bmatrix} 1 \\ 1 \\ 1 \end{bmatrix}$，$c \neq 0$

②特徵值爲 1 時，

特徵向量爲 $c\begin{bmatrix}1\\0\\-1\end{bmatrix}$，$c\neq 0$

③特徵值爲 3 時，

特徵向量爲 $c\begin{bmatrix}1\\-2\\1\end{bmatrix}$，$c\neq 0$

(3)①特徵值爲 3 時，

特徵向量爲 $c\begin{bmatrix}-30\\2\\-5\end{bmatrix}$，$c\neq 0$

②特徵值爲 6 時，

特徵向量爲 $c\begin{bmatrix}0\\1\\-1\end{bmatrix}$，$c\neq 0$

③特徵值爲− 7 時，

特徵向量爲 $c\begin{bmatrix}0\\8\\5\end{bmatrix}$，$c\neq 0$

3. (1) ①特徵值爲 2 時，

特徵向量爲 $c_1\begin{bmatrix}1\\0\\-2\end{bmatrix}$，$c_1\neq 0$ 或

$c_2\begin{bmatrix}0\\1\\0\end{bmatrix}$，$c_2\neq 0$

②特徵值爲 9 時，

特徵向量爲 $c\begin{bmatrix}3\\1\\1\end{bmatrix}$，$c\neq 0$

(2) ①特徵值爲 5 時，

特徵向量爲 $c\begin{bmatrix}1\\2\\-1\end{bmatrix}$，$c\neq 0$

②特徵值爲− 3 時，

特徵向量 $c_1\begin{bmatrix}-2\\1\\0\end{bmatrix}$，$c_1\neq 0$ 或

$c_2\begin{bmatrix}3\\0\\1\end{bmatrix}$，$c_2\neq 0$

(3) 特徵值爲 4 時，

特徵向量爲 $c\begin{bmatrix}0\\1\\0\end{bmatrix}$，$c\neq 0$

4. (1) ①特徵值爲 4 時，

特徵向量爲 $c\begin{bmatrix}1\\1\\1\end{bmatrix}$，$c\neq 0$

②特徵值爲 1 時，

特徵向量爲 $c_1\begin{bmatrix}-1\\1\\0\end{bmatrix}$，$c_1\neq 0$ 或

$c_2\begin{bmatrix}-1\\0\\1\end{bmatrix}$，$c_2\neq 0$

(2)①特徵值爲− 1 時，

特徵向量爲 $c_1\begin{bmatrix}-1\\1\\0\end{bmatrix}$，$c_1 \neq 0$ 或

$c_2\begin{bmatrix}-1\\0\\1\end{bmatrix}$，$c_2 \neq 0$

②特徵值爲 2 時，

特徵向量爲 $c\begin{bmatrix}1\\1\\1\end{bmatrix}$，$c \neq 0$

## 4-2 矩陣對角化

### 習題演練 P4-17

1. (1) $P=\begin{bmatrix}1 & 4\\-2 & 1\end{bmatrix}$、$D=\begin{bmatrix}-5 & 0\\0 & 4\end{bmatrix}$

   (2) $P=\begin{bmatrix}0 & 1\\1 & 1\end{bmatrix}$、$D=\begin{bmatrix}-1 & 0\\0 & 1\end{bmatrix}$

   (3) $P=\begin{bmatrix}5 & -2\\-3 & 1\end{bmatrix}$、$D=\begin{bmatrix}1 & 0\\0 & 5\end{bmatrix}$

2. (1) $P=\begin{bmatrix}-1 & 1 & 2\\-6 & -2 & 3\\13 & -1 & -2\end{bmatrix}$、$D=\begin{bmatrix}0 & 0 & 0\\0 & -4 & 0\\0 & 0 & 3\end{bmatrix}$

   (2) $P=\begin{bmatrix}1 & 2 & 0\\-1 & 1 & 1\\1 & -1 & 1\end{bmatrix}$、$D=\begin{bmatrix}0 & 0 & 0\\0 & 3 & 0\\0 & 0 & 7\end{bmatrix}$

   (3) $P=\begin{bmatrix}1 & 1 & 1\\1 & 2 & 1\\1 & 1 & 0\end{bmatrix}$、$D=\begin{bmatrix}-2 & 0 & 0\\0 & -1 & 0\\0 & 0 & 2\end{bmatrix}$

3. (1) $P=\begin{bmatrix}-2 & 1 & 1\\1 & 1 & 0\\-1 & 0 & 1\end{bmatrix}$、$D=\begin{bmatrix}1 & 0 & 0\\0 & 3 & 0\\0 & 0 & 3\end{bmatrix}$

   (2) $P=\begin{bmatrix}1 & 1 & 2\\-1 & 0 & 3\\0 & -1 & 6\end{bmatrix}$、$D=\begin{bmatrix}3 & 0 & 0\\0 & 3 & 0\\0 & 0 & 14\end{bmatrix}$

   (3) $P=\begin{bmatrix}-1 & -1 & 1\\1 & 0 & 1\\0 & 1 & 1\end{bmatrix}$、$D=\begin{bmatrix}4 & 0 & 0\\0 & 4 & 0\\0 & 0 & 7\end{bmatrix}$

## 4-3 線性變換之特徵值與特徵向量

### 習題演練 P4-27

1. 3、3、5

2. (1) $T(1, i) = (1, i)$

   (2) $\pm 1$

3. (1) 特徵值爲 1 時，

   特徵向量爲 $c\begin{bmatrix}1\\0\\0\end{bmatrix}$，$c \neq 0$

   (2) 特徵值爲 6 時，

   特徵向量爲 $c\begin{bmatrix}0\\7\\2\end{bmatrix}$，$c \neq 0$

   (3) 特徵值−3，

   特徵向量爲 $c\begin{bmatrix}0\\-1\\1\end{bmatrix}$，$c \neq 0$

4. (1) $\begin{bmatrix}1 & 1 & 0\\0 & 1 & 2\\0 & 0 & 1\end{bmatrix}$

   (2) 是，$(c_1-c_2+2c_3)e^t+(c_2-2c_3)te^t$
   $+c_3t^2e^t$

(3) 特徵值為 1，
特徵空間的基底為$\{e^t\}$

5. 特徵值為 1 時，
特徵向量為$c\begin{bmatrix}1\\-1\end{bmatrix}$，$c\neq 0$
特徵值為 3 時，
特徵向量為$c\begin{bmatrix}1\\1\end{bmatrix}$，$c\neq 0$

6. $\{(1, 0, 0), (0, 1, 0), (1, 0, -1)\}$

7. $\beta=\{\begin{bmatrix}1\\-2\end{bmatrix},\begin{bmatrix}1\\-1\end{bmatrix}\}$、$D=\begin{bmatrix}3&0\\0&5\end{bmatrix}$

## 第 5 章　內積空間

### 5-1　$\mathbb{R}^n$空間的內積

#### 習題演練 P5-10

1. (1)13　(2)5　(3)3　(4)$5\sqrt{2}$
(5)$\sqrt{30}$　(6)$\sqrt{11}$

2. (1) $(\frac{1}{3},-\frac{2}{3},-\frac{2}{3})$
(2) $(\frac{4}{5},-\frac{3}{5})$
(3) $(\frac{1}{\sqrt{5}},\frac{2}{\sqrt{5}})$
(4) $(\frac{5}{3\sqrt{5}},\frac{2}{3\sqrt{5}},\frac{4}{3\sqrt{5}})$
(5) $(\frac{1}{\sqrt{6}},-\frac{1}{\sqrt{6}},\frac{2}{\sqrt{6}},0)$
(6) $(0,\frac{2}{3},\frac{1}{3},-\frac{2}{3})$

3. (1)$\sqrt{5}$　(2) 5　(3)$2\sqrt{3}$　(4)$2\sqrt{6}$
(5)$\sqrt{13}$　(6) 2

4. (1) 1、$\cos^{-1}(\frac{1}{5\sqrt{2}})$
(2) −5、$\cos^{-1}(-\frac{1}{\sqrt{2}})$
(3) 5、$\cos^{-1}(\frac{5}{3\sqrt{10}})$
(4) 2、$\cos^{-1}(\frac{2}{5})$
(5) −3、$\cos^{-1}(\frac{-1}{\sqrt{3}})$
(6) 0、$\frac{\pi}{2}$

5. (1) −47　(2) −19　(3) −48

6. (1) 平行　(2) 正交　(3) 兩者皆非
(4) 正交　(5) 平行　(6) 正交

7. (1) $(\frac{6}{25},-\frac{8}{25})$　(2) $(-2, -2)$
(3) $(\frac{1}{2},\frac{1}{2},0)$　(4) $(\frac{4}{3},\frac{4}{3},-\frac{2}{3})$
(5) $(-\frac{1}{2},\frac{1}{2},\frac{1}{2},-\frac{1}{2})$

8. (1) 略　(2) 略　(3) 略　(4) 略

9. (1) 略　(2) 略　(3) 略　(4) 略

### 5-2　一般內積空間

#### 習題演練 P5-20

1. (1) 是　(2) 是　(3) 否　(4) 否
(5) 否

2. (1) 否　(2) 否　(3) 是　(4) 是

3. (1) 是　(2) 否　(3) 否

4. (1) 是　(2) 否

5. (1) ① $-5$ ② $\sqrt{30}$ ③ $\sqrt{10}$

④ $\cos^{-1}(-\frac{1}{2\sqrt{3}})$ ⑤ $5\sqrt{2}$

(2) ① 0 ② $\sqrt{2}$ ③ $\sqrt{2}$ ④ $\frac{\pi}{2}$

⑤ 2

(3) ① 2 ② $\sqrt{47}$ ③ $\sqrt{2}$

④ $\cos^{-1}(\frac{2}{\sqrt{94}})$ ⑤ $3\sqrt{5}$

6. (1) ① 2 ② $\frac{\pi}{6}$ ③ $\frac{\sqrt{2}}{\sqrt{3}}$

(2) ① $\frac{1}{2e}$ ② $\cos^{-1}(\sqrt{\frac{6}{e^2\sinh(2)}})$

③ $\sqrt{\frac{2}{3}+\sinh(2)-\frac{4}{e}}$

(3) ① $\sqrt{\frac{14}{3}}$ ② $\cos^{-1}(\sqrt{\frac{35}{166}})$

③ $\sqrt{\frac{56}{15}}$

(4) ① 0 ② $\frac{\pi}{2}$ ③ $\sqrt{\frac{16}{15}}$

7. (1)(2)

8. (1) 不是，理由：略

(2) 是

(3) 不是，理由：略

## 5-3 範數與正交集合

### 習題演練 P5-32

1. (1) 是，$\{(\frac{1}{\sqrt{5}},-\frac{2}{\sqrt{5}}),(\frac{2}{\sqrt{5}},\frac{1}{\sqrt{5}})\}$

(2) 否

(3) 是，$\{(\frac{4}{5},\frac{3}{5}),(-\frac{3}{5},\frac{4}{5})\}$

(4) 是，$\{(\frac{2}{\sqrt{6}},\frac{-1}{\sqrt{6}},\frac{1}{\sqrt{6}}),(\frac{-1}{\sqrt{5}},0,\frac{2}{\sqrt{5}}),$

$(\frac{2}{\sqrt{30}},\frac{5}{\sqrt{30}},\frac{1}{\sqrt{30}})\}$

(5) 否

2. (1) 略

(2) $\left\{(1,1,0)(1,-1,1),(-\frac{1}{3},\frac{1}{3},\frac{2}{3})\right\}$

3. $\left\{(\frac{2}{3},-\frac{2}{3},-\frac{1}{3}),(\frac{1}{\sqrt{2}},\frac{1}{\sqrt{2}},0),\right.$

$\left.(\frac{1}{\sqrt{18}},-\frac{1}{\sqrt{18}},\frac{4}{\sqrt{18}})\right\}$

4. $\left\{(\frac{1}{\sqrt{3}},\frac{1}{\sqrt{3}},\frac{1}{\sqrt{3}}),(-\frac{1}{\sqrt{2}},0,\frac{1}{\sqrt{2}}),\right.$

$\left.(-\frac{1}{\sqrt{6}},\frac{2}{\sqrt{6}},-\frac{1}{\sqrt{6}})\right\}$

5. 么正基底：$\left\{(\frac{2}{\sqrt{6}}, \frac{1}{\sqrt{6}}, \frac{1}{\sqrt{6}}),\right.$

$\left.(-\frac{1}{\sqrt{21}}, \frac{-2}{\sqrt{21}}, \frac{4}{\sqrt{21}}),(\frac{2}{\sqrt{14}}, \frac{-3}{\sqrt{14}}, \frac{-1}{\sqrt{14}})\right\}$

$\vec{v} = \frac{3}{\sqrt{6}}(\frac{2}{\sqrt{6}}, \frac{1}{\sqrt{6}}, \frac{1}{\sqrt{6}})$

$+\frac{9}{\sqrt{21}}(-\frac{1}{\sqrt{21}}, -\frac{2}{\sqrt{21}}, \frac{4}{\sqrt{21}})$

$-\frac{11}{\sqrt{14}}(\frac{2}{\sqrt{14}}, -\frac{3}{\sqrt{14}}, -\frac{1}{\sqrt{14}})$ 。

6. (1) 略 (2) 略 (3) 略 (4) 略
(5) 略 (6) 略 (7) 略

7. $\left\{\frac{1}{\sqrt{2}}, \sqrt{\frac{3}{2}}x\right\}$，$-1 \le x \le 1$

8. (1) $c = -\frac{9}{2}$

(2) $\{\frac{3}{4}f(x), \frac{4}{9}g(x)\}$，$0 \le x \le 1$

9. $\left\{\frac{1}{\sqrt{2\pi}}, \frac{\cos x}{\sqrt{\pi}}, \frac{\cos 2x}{\sqrt{\pi}}, \frac{\cos 3x}{\sqrt{\pi}}, \cdots\cdots\right\}$

10. $\left.\left\{\frac{1}{\sqrt{2\ell}}, \frac{\cos\frac{n\pi}{\ell}x}{\sqrt{\ell}}, \frac{\sin\frac{m\pi}{\ell}x}{\sqrt{\ell}}\right\}\right|_{n,\, m = 1,\, 2,\, \cdots}^{\infty}$

11. (1) $\left\{\begin{bmatrix} \frac{2}{\sqrt{5}} \\ \frac{1}{\sqrt{5}} \end{bmatrix}\right\}$

(2) $\left\{\begin{bmatrix} \frac{2}{\sqrt{5}} \\ \frac{1}{\sqrt{5}} \\ 0 \end{bmatrix}, \begin{bmatrix} -\frac{1}{\sqrt{30}} \\ \frac{2}{\sqrt{30}} \\ \frac{5}{\sqrt{30}} \end{bmatrix}\right\}$

(3) $\left\{\begin{bmatrix} \frac{1}{\sqrt{2}} \\ 0 \\ \frac{-1}{\sqrt{2}} \\ 0 \end{bmatrix}, \begin{bmatrix} 0 \\ \frac{1}{\sqrt{2}} \\ 0 \\ \frac{-1}{\sqrt{2}} \end{bmatrix}\right\}$

(4) $\left\{\begin{bmatrix} \frac{-3}{\sqrt{35}} \\ \frac{1}{\sqrt{35}} \\ \frac{5}{\sqrt{35}} \\ 0 \end{bmatrix}, \begin{bmatrix} -\frac{22}{\sqrt{59}} \\ -\frac{16}{\sqrt{59}} \\ -\frac{10}{\sqrt{59}} \\ \frac{35}{\sqrt{59}} \end{bmatrix}\right\}$

12. $\begin{bmatrix} \frac{1}{5} & -\frac{2}{5} & -\frac{4}{5} \\ \frac{2}{5} & \frac{1}{5} & \frac{2}{5} \\ \frac{2}{5} & -\frac{4}{5} & \frac{2}{5} \\ \frac{4}{5} & \frac{2}{5} & -\frac{1}{5} \end{bmatrix}\begin{bmatrix} 5 & -2 & 1 \\ 0 & 4 & -1 \\ 0 & 0 & 2 \end{bmatrix}$

13. $\begin{bmatrix} \frac{1}{\sqrt{2}} & \frac{-1}{\sqrt{3}} \\ 0 & \frac{1}{\sqrt{3}} \\ \frac{1}{\sqrt{2}} & \frac{1}{\sqrt{3}} \end{bmatrix}\begin{bmatrix} \sqrt{2} & 3\sqrt{2} \\ 0 & \sqrt{3} \end{bmatrix}$

14. $\begin{bmatrix} \frac{1}{2} & \frac{\sqrt{3}}{2} & 0 \\ \frac{1}{2} & -\frac{1}{2\sqrt{3}} & \frac{1}{\sqrt{6}} \\ \frac{1}{2} & -\frac{1}{2\sqrt{3}} & \frac{1}{\sqrt{6}} \\ -\frac{1}{2} & \frac{1}{2\sqrt{3}} & \frac{2}{\sqrt{6}} \end{bmatrix} \begin{bmatrix} 2 & -\frac{1}{2} & \frac{9}{2} & 2 \\ 0 & \frac{3\sqrt{3}}{2} & -\frac{3\sqrt{3}}{2} & 0 \\ 0 & 0 & 0 & \sqrt{6} \end{bmatrix}$

## 5-4 正交投影

### 習題演練 P5-48

1. (1) $S_1^{\perp} = \text{span}\{\begin{bmatrix} 1 \\ 0 \\ -1 \end{bmatrix}\}$

且 $S_1 \oplus S_1^{\perp} = \mathbb{R}^3$

(2) $S_2^{\perp} = \text{span}\{\begin{bmatrix} 1 \\ 0 \\ 0 \end{bmatrix}, \begin{bmatrix} 0 \\ 2 \\ 1 \end{bmatrix}\}$

且 $S_2 \oplus S_2^{\perp} = \mathbb{R}^3$

(3) $S_3^{\perp} = \text{span}\{\begin{bmatrix} 1 \\ 0 \\ 0 \\ 0 \end{bmatrix}, \begin{bmatrix} 0 \\ 1 \\ 1 \\ 0 \end{bmatrix}, \begin{bmatrix} 0 \\ 0 \\ 1 \\ 1 \end{bmatrix}\}$

且 $S_3 \oplus S_3^{\perp} = \mathbb{R}^4$

(4) $S_4^{\perp} = \text{span}\{\begin{bmatrix} 1 \\ 0 \\ 0 \\ 0 \end{bmatrix}, \begin{bmatrix} 0 \\ -2 \\ -1 \\ 1 \end{bmatrix}\}$

且 $S_4 \oplus S_4^{\perp} = \mathbb{R}^4$

2.

$$\left\{ c_1 \begin{bmatrix} -3 \\ 0 \\ 1 \\ 0 \\ 0 \end{bmatrix} + c_2 \begin{bmatrix} 6 \\ -5 \\ 0 \\ 1 \\ 0 \end{bmatrix} + c_3 \begin{bmatrix} 5 \\ 3 \\ 0 \\ 0 \\ 1 \end{bmatrix} \middle| c_1, c_2, c_3 \in \mathbb{R} \right\}$$

3.

(1) ① R($A$)的基底$\{\begin{bmatrix} 1 \\ 1 \end{bmatrix}, \begin{bmatrix} 3 \\ 0 \end{bmatrix}\}$

② R($A^T$)的基底$\{\begin{bmatrix} 1 \\ 3 \\ 2 \end{bmatrix}, \begin{bmatrix} 1 \\ 0 \\ 0 \end{bmatrix}\}$

③ N($A$)的基底$\{\begin{bmatrix} 0 \\ 2 \\ -3 \end{bmatrix}\}$

④ N($A^T$)是零空間

(2) ① R($A$)的基底$\{\begin{bmatrix} 1 \\ -2 \\ 2 \end{bmatrix}, \begin{bmatrix} 2 \\ 5 \\ -3 \end{bmatrix}\}$

② R($A^T$)的基底$\{\begin{bmatrix} 1 \\ 2 \\ 3 \end{bmatrix}, \begin{bmatrix} -2 \\ 5 \\ -6 \end{bmatrix}\}$

③ N($A$)的基底$\{\begin{bmatrix} -3 \\ 0 \\ 1 \end{bmatrix}\}$

④ N($A^T$)的基底$\{\begin{bmatrix} -4 \\ 7 \\ 9 \end{bmatrix}\}$

(3) ① R($A$)的基底$\left\{\begin{bmatrix}1\\0\\2\\2\end{bmatrix},\begin{bmatrix}0\\1\\2\\3\end{bmatrix}\right\}$

② R($A^T$)的基底$\left\{\begin{bmatrix}1\\0\\0\end{bmatrix},\begin{bmatrix}0\\1\\1\end{bmatrix}\right\}$

③ N($A$)的基底$\left\{\begin{bmatrix}0\\1\\-1\end{bmatrix}\right\}$

④ N($A^T$)的基底$\left\{\begin{bmatrix}-2\\-2\\1\\0\end{bmatrix},\begin{bmatrix}-2\\-3\\0\\1\end{bmatrix}\right\}$

(4) ① R($A$)的基底$\left\{\begin{bmatrix}4\\-1\\2\\6\end{bmatrix},\begin{bmatrix}-1\\5\\-1\\-3\end{bmatrix}\right\}$

② R($A^T$)的基底$\left\{\begin{bmatrix}4\\-1\\3\end{bmatrix},\begin{bmatrix}-1\\5\\4\end{bmatrix}\right\}$

③ N($A$)的基底$\left\{\begin{bmatrix}-9\\2\\19\\0\end{bmatrix},\begin{bmatrix}27\\6\\0\\9\end{bmatrix}\right\}$

④ N($A^T$)的基底$\left\{\begin{bmatrix}-1\\-1\\1\end{bmatrix}\right\}$

4. (1)$\begin{bmatrix}-\frac{1}{5}\\-\frac{2}{5}\end{bmatrix}$ (2)$\begin{bmatrix}\frac{3}{2}\\\frac{3}{2}\\3\end{bmatrix}$ (3)$\begin{bmatrix}1\\-1\end{bmatrix}$

(4)$\begin{bmatrix}\frac{1}{3}\\\frac{8}{3}\\\frac{7}{3}\end{bmatrix}$ (5)$\begin{bmatrix}\frac{5}{2}\\\frac{3}{2}\\\frac{5}{2}\\\frac{7}{2}\end{bmatrix}$

5. $S^{\perp}=\text{span}\left\{\begin{bmatrix}-i\\1\\-2+i\end{bmatrix}\right\}$

6. (1)$\left\{\frac{1}{\sqrt{2}},\sqrt{\frac{3}{2}}x\right\}$

(2) $y=\frac{1}{3}b_1(x)+\frac{3}{5}b_2(x)$

7. $y=(4e-10)+(18-6e)x$

8. $-\frac{8}{5}+\frac{18}{5}x$

9. $a=-\frac{1}{5}$、$b=\frac{4}{5}$

10. (1)$\left\{1,x,x^2-\frac{1}{3}\right\}$

(2) $y(x)=\frac{1}{2}+\frac{15}{16}(x^2-\frac{1}{3})$

11. (1) $\left\{1, \sqrt{12}(x-\frac{1}{2}), 6\sqrt{5}(x^2-x+\frac{1}{6})\right\}$

(2) $1+x=\frac{3}{2}\times 1+\frac{1}{\sqrt{12}}\times\sqrt{12}(x-\frac{1}{2})$

12. (1) $W$ : $\{\frac{1}{\sqrt{2}}(1,0,1),(0,1,0)\}$ 、

$W^{\perp}$ : $\{\frac{1}{\sqrt{2}}(-1,0,1)\}$

(2) $(1,0,1)$

(3) 最短距離爲 $\sqrt{2}$ ， $z=(1,0,-1)$

(4) 略

13. (1) 3

(2) $\text{span}\left\{\begin{bmatrix}-3\\-1\\-2\\1\\0\end{bmatrix},\begin{bmatrix}-2\\-2\\-1\\0\\1\end{bmatrix}\right\}$

(3) $\left\{\frac{1}{\sqrt{7}}\begin{bmatrix}1\\2\\-1\\1\end{bmatrix},\frac{1}{\sqrt{7}}\begin{bmatrix}-1\\1\\2\\1\end{bmatrix},\frac{1}{\sqrt{203}}\begin{bmatrix}9\\3\\7\\-8\end{bmatrix}\right\}$

(4) $\begin{bmatrix}-\frac{421}{203}\\\frac{136}{29}\\\frac{578}{203}\\\frac{922}{203}\end{bmatrix}$

## 5-5 最小二乘方解

### 習題演練 P5-62

1.

(1) ① $\begin{bmatrix}-1\\1\end{bmatrix}$ ② $\begin{bmatrix}0\\1\\-1\end{bmatrix}$

(2) ① $\begin{bmatrix}\frac{5}{2}\\-\frac{1}{2}\end{bmatrix}$ ② $\begin{bmatrix}2\\3\\2\\2\end{bmatrix}$

(3) ① $\begin{bmatrix}-13\\39\end{bmatrix}$ ② $\begin{bmatrix}13\\-13\\13\end{bmatrix}$

(4) ① $\begin{bmatrix}-\frac{3}{2}\\0\\2\\\end{bmatrix}$ ② $\begin{bmatrix}\frac{1}{2}\\2\\\frac{1}{2}\\-2\end{bmatrix}$

2. (1) $y=\frac{5}{2}x-4$

(2) $y=\frac{29}{26}x+\frac{9}{13}$

(3) $y=-\frac{1}{3}x+\frac{1}{2}$

(4) $y=\frac{93}{74}x+\frac{233}{74}$

3. $\frac{1}{7}(3,6,3,3)$

4. $\begin{bmatrix}0\\2\\0\end{bmatrix}$

5. (1) $\begin{bmatrix} 1 \\ -2 \\ 1 \\ 0 \end{bmatrix}$ (2) $\left\{ \begin{bmatrix} 1 \\ 0 \\ -1 \\ 0 \end{bmatrix}, \begin{bmatrix} 0 \\ 0 \\ 0 \\ 1 \end{bmatrix} \right\}$

6. $\begin{bmatrix} -1 \\ 4 \\ 1 \\ 4 \end{bmatrix}$

7. $\begin{bmatrix} 0 \\ -1 \\ 1 \\ 1 \end{bmatrix}$

8. (1) $\begin{bmatrix} 4 & 3 \\ 3 & 3 \end{bmatrix}\begin{bmatrix} x_1 \\ x_2 \end{bmatrix} = \begin{bmatrix} 3 \\ 3 \end{bmatrix}$ (2) $\begin{bmatrix} 0 \\ 1 \end{bmatrix}$

(3) $\begin{bmatrix} 1 \\ 0 \\ 1 \\ 1 \end{bmatrix}$ (4) $\frac{1}{3}\begin{bmatrix} 1 & 0 & 1 & 1 \\ 0 & 3 & 0 & 0 \\ 1 & 0 & 1 & 1 \\ 1 & 0 & 1 & 1 \end{bmatrix}$

9. (1) $\begin{bmatrix} \frac{9}{7} \\ \frac{3}{7} \end{bmatrix}$ (2) $\frac{\sqrt{14}}{7}$

10. $\begin{bmatrix} 10 \\ -6 \\ 2 \end{bmatrix}$

## 第 6 章　特徵值系統的應用

### 6-1　方陣函數

**習題演練 P6-9**

1. $\frac{1}{10}\begin{bmatrix} -4 & 10 & -8 \\ -15 & 5 & -15 \\ -8 & 0 & -6 \end{bmatrix}$

2. $\begin{bmatrix} -524288 & -1572864 \\ 524288 & -524288 \end{bmatrix}$

3. $\begin{bmatrix} 0 & -e^2 \\ e^2 & 2e^2 \end{bmatrix}$

4. $\begin{bmatrix} -399 & 0 & 100 \\ -800 & 1 & 200 \\ -1600 & 0 & 401 \end{bmatrix}$

5. $\begin{bmatrix} -6 & 8 & -36 \\ 0 & 42 & -26 \\ 0 & -26 & 16 \end{bmatrix}$

6. $3^7 \cdot \begin{bmatrix} 1 & 1 & 1 \\ 1 & 1 & 1 \\ 1 & 1 & 1 \end{bmatrix}$

7. $\begin{bmatrix} e^1 & e^1-1 & e^1-1 \\ 1-e^1 & 2-e^1 & 1-e^1 \\ e^1-1 & e^1-1 & e^1 \end{bmatrix}$

8. $\begin{bmatrix} \alpha & \alpha & \alpha+\beta \\ \alpha & \alpha & \alpha+\beta \\ \alpha+\beta & \alpha+\beta & 3\alpha+\beta \end{bmatrix}$

9. $\begin{bmatrix} 2e^3-e & -2e^3+2e^2 & e^3-e \\ 2e^3-e^2-e & -2e^3+e^2+2e & e^3-e \\ 2e^3-2e^2 & -2e^3+2e^2 & e^3 \end{bmatrix}$

## 6-2 特殊矩陣及其應用

### 習題演練 P6-20

1. $Q=\begin{bmatrix}\frac{1}{\sqrt{2}} & \frac{1}{\sqrt{2}}\\ \frac{1}{\sqrt{2}} & \frac{-1}{\sqrt{2}}\end{bmatrix}$、$D=\begin{bmatrix}4 & 0\\ 0 & 6\end{bmatrix}$

2. $Q=\begin{bmatrix}\frac{-1}{\sqrt{2}} & \frac{-1}{\sqrt{2}} & \frac{1}{\sqrt{3}}\\ \frac{1}{\sqrt{2}} & 0 & \frac{1}{\sqrt{3}}\\ 0 & \frac{1}{\sqrt{2}} & \frac{1}{\sqrt{3}}\end{bmatrix}$、

   $D=\begin{bmatrix}5 & 0 & 0\\ 0 & 5 & 0\\ 0 & 0 & 11\end{bmatrix}$

3. $Q=\begin{bmatrix}\frac{1}{\sqrt{3}} & \frac{2}{\sqrt{6}} & 0\\ \frac{-1}{\sqrt{3}} & \frac{1}{\sqrt{6}} & \frac{1}{\sqrt{2}}\\ \frac{1}{\sqrt{3}} & \frac{-1}{\sqrt{6}} & \frac{1}{\sqrt{2}}\end{bmatrix}$、

   $D=\begin{bmatrix}0 & 0 & 0\\ 0 & 3 & 0\\ 0 & 0 & 7\end{bmatrix}$

4. $Q=\begin{bmatrix}1 & 0 & 0\\ 0 & \frac{1}{\sqrt{2}} & \frac{1}{\sqrt{2}}\\ 0 & \frac{1}{\sqrt{2}} & \frac{-1}{\sqrt{2}}\end{bmatrix}$、

   $D=\begin{bmatrix}1 & 0 & 0\\ 0 & 1 & 0\\ 0 & 0 & -1\end{bmatrix}$

5. $Q=\begin{bmatrix}\frac{1}{\sqrt{17}} & \frac{-4}{\sqrt{306}} & \frac{4}{\sqrt{18}}\\ 0 & \frac{17}{\sqrt{306}} & \frac{1}{\sqrt{18}}\\ \frac{4}{\sqrt{17}} & \frac{1}{\sqrt{306}} & \frac{-1}{\sqrt{18}}\end{bmatrix}$、

   $D=\begin{bmatrix}-9 & 0 & 0\\ 0 & -9 & 0\\ 0 & 0 & 9\end{bmatrix}$

## 6-3 二次式及其應用

### 習題演練 P6-31

1. (1) 正定
   (2) 負定
   (3) 正定
   (4) 未定
   (5) 半正定
2. $(\frac{y_1}{\sqrt{3}})^2+(\frac{y_2}{\sqrt{2}})^2=1$、橢圓。
3. $(\frac{y_1}{1})^2-(\frac{y_2}{2})^2=-1$、雙曲線。
4. $y_1^{\ 2}+y_2^{\ 2}+4y_3^{\ 2}$

5. $2{y_2}^2+6{y_3}^2$

6. $4{y_1}^2-2{y_2}^2-2{y_3}^2$

## 6-4 奇異值分解

**習題演練 P6-36**

1. $U=\begin{bmatrix}\frac{1}{\sqrt{2}} & \frac{1}{\sqrt{2}}\\ \frac{1}{\sqrt{2}} & -\frac{1}{\sqrt{2}}\end{bmatrix}$、

$V=\begin{bmatrix}\frac{1}{\sqrt{2}} & \frac{1}{\sqrt{18}} & \frac{2}{3}\\ \frac{1}{\sqrt{2}} & -\frac{1}{\sqrt{18}} & -\frac{2}{3}\\ 0 & \frac{4}{\sqrt{18}} & -\frac{1}{3}\end{bmatrix}$、

$\Sigma=\begin{bmatrix}5 & 0 & 0\\ 0 & 3 & 0\end{bmatrix}$

2. $U=\begin{bmatrix}\frac{2}{\sqrt{5}} & \frac{1}{\sqrt{5}} & 0\\ \frac{1}{\sqrt{5}} & -\frac{2}{\sqrt{5}} & 0\\ 0 & 0 & 1\end{bmatrix}$、

$V=\begin{bmatrix}\frac{2}{\sqrt{5}} & \frac{1}{\sqrt{5}}\\ -\frac{1}{\sqrt{5}} & \frac{2}{\sqrt{5}}\end{bmatrix}$、$\Sigma=\begin{bmatrix}5 & 0\\ 0 & 0\\ 0 & 0\end{bmatrix}$

3. (1) 特徵值：$\lambda=3$、$1$，
特徵向量：
$u_1=\frac{1}{\sqrt{2}}\begin{bmatrix}1\\ -1\end{bmatrix}$、$u_2=\frac{1}{\sqrt{2}}\begin{bmatrix}1\\ 1\end{bmatrix}$

(2) $U=\begin{bmatrix}\frac{2}{\sqrt{2}} & -\frac{1}{\sqrt{2}}\\ -\frac{1}{\sqrt{2}} & \frac{2}{\sqrt{2}}\end{bmatrix}$、

$V=\begin{bmatrix}-\frac{1}{\sqrt{6}} & -\frac{1}{\sqrt{2}} & \frac{1}{\sqrt{3}}\\ \frac{2}{\sqrt{6}} & 0 & \frac{1}{\sqrt{3}}\\ -\frac{1}{\sqrt{6}} & \frac{1}{\sqrt{2}} & \frac{1}{\sqrt{3}}\end{bmatrix}$、

$\Sigma=\begin{bmatrix}\sqrt{3} & 0 & 0\\ 0 & 1 & 0\end{bmatrix}$

國家圖書館出版品預行編目資料

線性代數 / 姚賀騰編著. – 初版. -- 新北市 :.
全華圖書, 2018.12
面 ; 公分
ISBN 978-986-503-018-6(平裝附光碟)
1. 線性代數

313.3 107022426

# 線性代數

作者 / 姚賀騰
發行人 / 陳本源
執行編輯 / 黃皓偉
封面設計 / 楊昭琅
出版者 / 全華圖書股份有限公司
郵政帳號 / 0100836-1 號
印刷者 / 宏懋打字印刷股份有限公司
圖書編號 / 06362007
初版三刷 / 2023 年 3 月
定價 / 新台幣 550 元
ISBN / 978-986-503-018-6（附參考資料光碟）
全華圖書 / www.chwa.com.tw
全華網路書店 Open Tech / www.opentech.com.tw
若您對書籍內容、排版印刷有任何問題，歡迎來信指導 book@chwa.com.tw

---

**臺北總公司(北區營業處)**
地址：23671 新北市土城區忠義路 21 號
電話：(02) 2262-5666
傳真：(02) 6637-3695、6637-3696

**南區營業處**
地址：80769 高雄市三民區應安街 12 號
電話：(07) 381-1377
傳真：(07) 862-5562

**中區營業處**
地址：40256 臺中市南區樹義一巷 26 號
電話：(04) 2261-8485
傳真：(04) 3600-9806

（請由此線剪下）

# 歡迎加入 全華會員

## ● 會員獨享

會員享購書折扣、紅利積點、生日禮金、不定期優惠活動…等。

## ● 如何加入會員

掃 QRcode 或填妥讀者回函卡直接傳真（02）2262-0900 或寄回，將由專人協助登入會員資料，待收到 E-MAIL 通知後即可成為會員。

# 如何購買 全華書籍

## 1. 網路購書

全華網路書店「http://www.opentech.com.tw」，加入會員購書更便利，並享有紅利積點回饋等各式優惠。

## 2. 實體門市

歡迎至全華門市（新北市土城區忠義路 21 號）或各大書局選購。

## 3. 來電訂購

(1) 訂購專線：(02) 2262-5666 轉 321-324

(2) 傳真專線：(02) 6637-3696

(3) 郵局劃撥（帳號：0100836-1　戶名：全華圖書股份有限公司）

※ 購書未滿 990 元者，酌收運費 80 元。

全華網路書店 www.opentech.com.tw

E-mail: service@chwa.com.tw

※ 本會員制如有變更則以最新修訂制度為準，造成不便請見諒。

廣告回信

板橋郵局登記證

板橋廣字第540號

行銷企劃部　收

23671

新北市土城區忠義路21號

全華圖書股份有限公司

（請由此線剪下）

# 讀者回函卡

掃 QRcode 線上填寫 ▶▶▶

姓名：＿＿＿＿＿＿ 生日：西元＿＿＿年＿＿＿月＿＿＿日 性別：□男 □女

電話：（ ）＿＿＿＿＿＿ 手機：＿＿＿＿＿＿

e-mail：（必填）

註：數字零，請用 Φ 表示，數字 1 與英文 L 請另註明並書寫端正，謝謝。

通訊處：□□□□□

學歷：□高中・職 □專科 □大學 □碩士 □博士

職業：□工程師 □教師 □學生 □軍・公 □其他

學校／公司：＿＿＿＿＿＿ 科系／部門：＿＿＿＿＿＿

・需求書類：

□ A. 電子 □ B. 電機 □ C. 資訊 □ D. 機械 □ E. 汽車 □ F. 工管 □ G. 土木 □ H. 化工 □ I. 設計

□ J. 商管 □ K. 日文 □ L. 美容 □ M. 休閒 □ N. 餐飲 □ O. 其他

・本次購買圖書為：＿＿＿＿＿＿ 書號：＿＿＿＿＿＿

・您對本書的評價：

封面設計：□非常滿意 □滿意 □尚可 □需改善，請說明＿＿＿＿＿＿

內容表達：□非常滿意 □滿意 □尚可 □需改善，請說明＿＿＿＿＿＿

版面編排：□非常滿意 □滿意 □尚可 □需改善，請說明＿＿＿＿＿＿

印刷品質：□非常滿意 □滿意 □尚可 □需改善，請說明＿＿＿＿＿＿

書籍定價：□非常滿意 □滿意 □尚可 □需改善，請說明＿＿＿＿＿＿

整體評價：請說明＿＿＿＿＿＿

・您在何處購買本書？

□書局 □網路書店 □書展 □團購 □其他＿＿＿＿＿＿

・您購買本書的原因？（可複選）

□個人需要 □公司採購 □親友推薦 □老師指定用書 □其他＿＿＿＿＿＿

・您希望全華以何種方式提供出版訊息及特惠活動？

□電子報 □ DM □廣告（媒體名稱＿＿＿＿＿＿）

・您是否上過全華網路書店？（www.opentech.com.tw）

□是 □否 您的建議＿＿＿＿＿＿

・您希望全華出版哪方面書籍？＿＿＿＿＿＿

・您希望全華加強哪些服務？＿＿＿＿＿＿

感謝您提供寶貴意見，全華將秉持服務的熱忱，出版更多好書，以饗讀者。

填寫日期：　　/　　/

2020.09 修訂

親愛的讀者：

感謝您對全華圖書的支持與愛護，雖然我們很慎重的處理每一本書，但恐仍有疏漏之處，若您發現本書有任何錯誤，請填寫於勘誤表內寄回，我們將於再版時修正，您的批評與指教是我們進步的原動力，謝謝！

全華圖書　敬上

## 勘誤表

| 書　號 | | 書　名 | | 作　者 | |
|---|---|---|---|---|---|
| 頁　數 | 行　數 | 錯誤或不當之詞句 | | 建議修改之詞句 | |
| | | | | | |
| | | | | | |
| | | | | | |
| | | | | | |
| | | | | | |
| | | | | | |
| | | | | | |
| | | | | | |
| | | | | | |

我有話要說：（其它之批評與建議，如封面、編排、內容、印刷品質等・・・）